Robert Storz, Florian Schneider & Fabrice Takin

Digital Mathematik unterrichten

Grundlagen, Impulse und Perspektiven

Klett | Kallmeyer

Bibliografische Information der Deutschen Nationalbibliothek
Die Deutsche Nationalbibliothek verzeichnet diese Publikation in der Deutschen Nationalbibliografie; detaillierte bibliografische Daten sind im Internet über http://dnb.d-nb.de abrufbar.

Impressum

Robert Storz, Florian Schneider & Fabrice Takin
Digital Mathematik unterrichten
Grundlagen, Impulse und Perspektiven

1. Auflage 2022

Redaktion: Dirk Haupt, Leipzig
Realisation: SchwabScantechnik GmbH & Co. KG
Cover: © Gorodenkoff/stock.adobe.com
Druck: Beltz Grafische Betriebe GmbH, Bad Langensalza
Printed in Germany

ISBN: 978-3-7727-1588-4

Robert Storz, Florian Schneider & Fabrice Takin

Digital Mathematik unterrichten

Grundlagen, Impulse und Perspektiven

Klett | Kallmeyer

Warum dieses Buch?

Ende der 1990er-Jahre wurde ein Mathematiklehrer mal gefragt, warum man das große Einmaleins eigentlich auswendig lernen müsse, wenn doch ein Taschenrechner das schneller und fehlerfrei berechnen kann. Er antwortete: „Weil du nicht immer einen Taschenrechner dabeihast." Vor einem Vierteljahrhundert war das unter Umständen sogar eine korrekte Antwort.

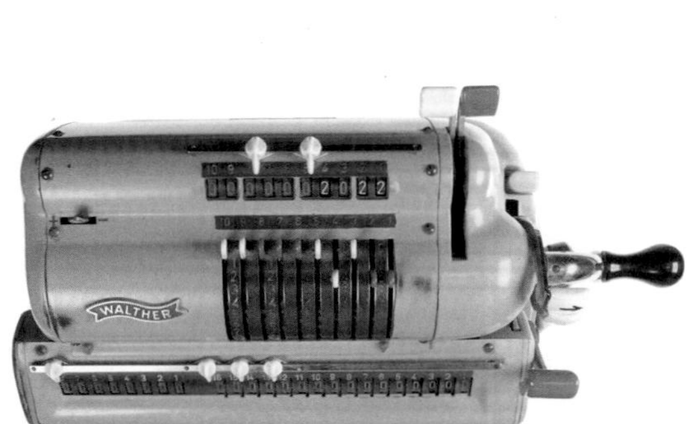

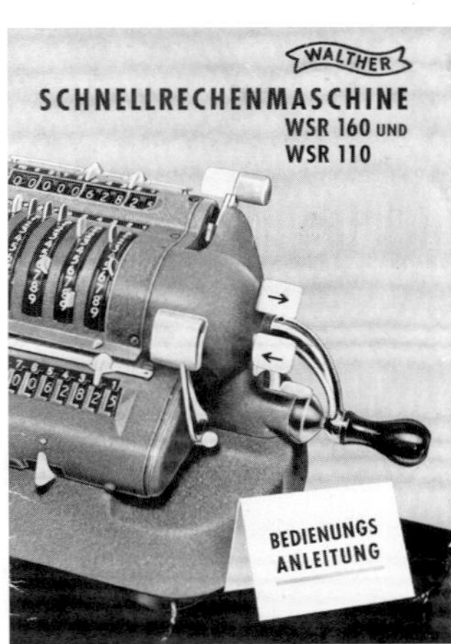

Abb. 0.1 a/b: Rechenmaschine aus den 1960er-Jahren und Bedienungsanleitung

Noch einmal 30 Jahre früher funktionierten Maschinen zum Rechnen, die in Büros verwendet wurden, rein mechanisch. Bis zu dieser Zeit wäre vielleicht die Antwort auf eine entsprechende Frage gewesen: „Weil eine Rechenmaschine mühsam zu transportieren ist und außerdem hast du keine." Eine damals gebräuchliche „Schnellrechenmaschine"[1] (Abb. 0.1a) war nämlich etwas größer als heute ein Toaster und wog fast 5 Kilogramm. Mittels Kurbelumdrehung konnten eingegebene Zahlen addiert, subtrahiert, multipliziert und dividiert werden. Wer heute Mathematiklehrkraft ist, wird nach unserer Einschätzung erst nach einem ausführlichen Studium der Bedienungsanleitung (Abb. 0.1b) überhaupt in der Lage sein, damit einfachste Berechnungen durchzuführen. Zweifellos funktionierten solche Maschinen analog, denn es waren Teile aus Stahl, die beim Rechnen ineinandergriffen.

1 Walther WSR 160, gebaut von 1956–1968

Als in den 1970er-Jahren die ersten elektronischen Taschenrechner (vgl. Abb. 0.2) auf den Markt kamen, wurden diese wenig später auch in den Schulen genutzt und ergänzten oder verdrängten die Rechenschieber. Das wurde damals von kaum jemandem bedauert. Die Taschenrechner konnten nicht viel mehr, als die Grundrechenarten auszuführen, aber sie entlasteten die Lernenden von Routinetätigkeiten.

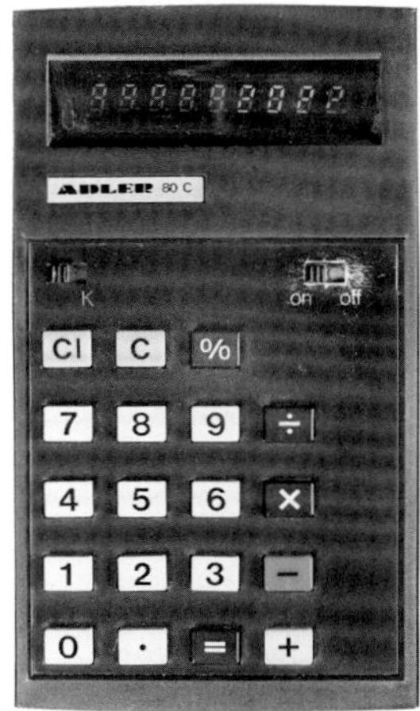

Abb. 0.2: Taschenrechner um 1970

Außerhalb der Schulen gab es bereits Spielecomputer, und Personal Computer eroberten die Arbeitswelt. Die Schulen zogen rasch nach und begannen Anfang der 1980er-Jahre, im Unterricht Computer zu nutzen, der Umgang mit dem Computer wurde in die Lehrpläne geschrieben.[2] Die Lehrkräfte mussten teilweise die Erfahrung machen, dass manche Lernende ihnen in der Nutzung der neuen Technik überlegen waren. Es gab eine Kluft zwischen den technischen Ständen inner- und außerhalb der Schulen, aber sie war im Vergleich zu heute gering und überbrückbar. Denn man konnte diese Kluft als Lehrkraft mit überschaubaren Anstrengungen überwinden und das fand auch weitgehend statt.

Ein paar Merkmale zur Einordnung dieser Zeit: Man fuhr VW Golf II, den rechten Außenspiegel hatte man als Extra bezahlt, die Fenster wurden mit Handkurbeln betätigt, die Radiovorbereitung bestand aus je einem Lautsprecher in beiden Türen und einer aus dem Kotflügel ragenden Teleskopantenne, denn das Radio selbst kaufte man im Elektrohandel. Es war die Zeit, als die ersten Compact Discs (CD) in den noch zahlreich vorhandenen Fachgeschäften für Schallplatten (heute „Vinyl“) auftauchten. Das Album „Brothers in Arms“ von den Dire Straits verhalf dem Medium CD zum Durchbruch. Die Mehrzahl der Menschen sah schwarzweiß fern, die Computer hatten Röhrenbildschirme mit winzigen Diagonalen, mächtigem Platzbedarf nach hinten und Arbeitsspeichern mit wenigen MB.[3] Man konnte auch in größeren Städten fast überall sein Auto einfach so am Straßenrand abstellen, die Post hieß noch so und investierte in die ersten Kabelfernsehnetze, aber nur in größeren Städten. Und die Schulen hinkten dem technischen Stand des Alltags ein halbes Jahrzehnt hinterher.

2 z. B. MKS BW Bildungsplan für die Realschule 1984, S. 328

3 1 MB (Megabyte) besteht aus 10^6 = 1 000 000 Byte. Byte ist die kleinste Maßeinheit der Digitaltechnik. Diese setzt sich aus 8 Bits (binären Zeichen) zusammen; mit einem Byte können 2^8 = 256 Zeichen verschlüsselt werden. Neben der dezimalen Einheitenreihe wird eine binäre Einheitenreihe verwendet; darin besteht 1 MB aus 2^{20} = 1 048 576 Byte.

Außerhalb der Schulen ging danach die Entwicklung rasant und in großen Schritten weiter, aber in den Schulen schien die Zeit irgendwie stehen zu bleiben oder die nachholende Entwicklung dort verlangsamte sich extrem. „Es ist erstaunlich, wie langsam die digitalen Technologien, die fast jeden Aspekt unseres Lebens radikal verändert haben, ihren Weg in die Klassenzimmer gefunden haben“ (Schleicher 2019, S. 247).

Heute ist die Musik-CD so gut wie tot, Autos können selbst einparken, ein Datenspeicher mit der hunderttausendfachen Kapazität der Festplatte eines Computers aus den 1980er-Jahren passt in jede Hosentasche, und die Schulen sind zu technischen Inseln geworden.

Immer noch wird in manchen Lehrerkollegien darüber diskutiert, ab welcher Klassenstufe man den Lernenden die Benutzung eines „Taschenrechners“ erlauben sollte, so früh oder so spät wie möglich, und Ministerien verbieten immer noch den Einsatz gewisser technischer Medien[4] wie programmierbarer oder Computeralgebra-fähiger „Taschenrechner“ in Schullaufbahnprüfungen, vermutlich damit veraltete Prüfungsformate weiter eingesetzt werden können. Weil heute kaum jemand zusätzlich zum Mobiltelefon einen Rechner mehr in der Tasche hat, werden diese seit Langem nicht mehr als Taschen-, sondern als Schulrechner verkauft.

Schulrechner können Gleichungen umformen, zwischen Zahldarstellungen wechseln, Funktionen darstellen und vieles mehr. Das können Mobiltelefone auch. Es erscheint wenig zeitgemäß, Lernenden die Nutzung solcher Geräte in der Schule zu untersagen, nur weil die Geräte können, was die Lernenden nach traditionellen Vorstellungen in der Schule händisch ausführen sollten und was sie dann in Schullaufbahnprüfungen nachweisen müssen, aber ansonsten nicht brauchen.

Außerhalb der Schulen nutzen die Lernenden diese Geräte[5], also nicht „Taschenrechner“, sondern moderne Endgeräte, ständig. Man könnte sie fast als „Zusatzgehirne“ (Kortenkamp/Hoffkamp 2015, S. 2) bezeichnen, die aber beim Betreten des Lernorts Schule meist abgeschaltet werden müssen. Weil eine Brücke fehlt, werden digitale Medien außerhalb der Schulen eher selten genutzt für Inhalte, die innerhalb der Schule relevant sind; das wird den

4 Zum Beispiel an den Realschulen in Bayern werden ab dem Schuljahr 2022/2023 zwar in Leistungsüberprüfungen grafikfähige „Taschenrechner“ zugelassen, nicht jedoch Computeralgebra-fähige. Formelsammlungen sind nur zugelassen, wenn sie einer Vorlage des Ministeriums entsprechen. Neu eingeführt wird ein Aufgabenteil in der Abschlussprüfung, der hilfsmittelfrei, also auch ohne Schulrechner, bearbeitet werden muss. Quelle: isb.bayern/de/realschule/faecher/mathematik-naturwissenschaften/mathematik/weiterentwicklung-abschlusspruefungen-mathematik, aufgerufen am 20.07.2021.

5 Wir haben darauf verzichtet, auch für moderne Geräte Beispielfotos einzufügen, weil bereits bei Erscheinen dieses Buchs gezeigte Geräte durch eine Nachfolgegeneration ersetzt sein würden und damit veraltet wären.

Jugendlichen meist zu wenig gezeigt. Das heißt, die Kapazität der „Zusatzgehirne“ wird nur zu einem geringen Teil genutzt.

Eine Brücke muss neu gebaut werden, wohl weil die vorhandene irgendwann unbemerkt eingestürzt ist. Man sollte den Lernenden zeigen, dass und wie sie mit ihren Endgeräten mehr anfangen können, als soziale Kontakte zu pflegen, Filme und Musik zu konsumieren und Erlebtes zu dokumentieren oder vorzugaukeln. Es muss sich etwas ändern, wenn nicht jetzt, wann dann? Wir alle müssen das mit Nachdruck fordern, wenn nicht wir, wer dann?

Wir plädieren dafür, die längst digitale reale Welt in die analoge Schulwelt zurückzuholen und mit ihr zu verbinden, wie das in den 1980er-Jahren noch funktioniert zu haben scheint, anstatt die digitale gegen die analoge Welt abzugrenzen. Mobiltelefone kamen Mitte der 1990er-Jahre auf und ihre Nutzung ist noch heute in vielen Schulen verboten. Der Rückstand der Bildung hat sich damit verfünffacht, von einem halben Jahrzehnt auf mehr als ein Vierteljahrhundert. Es kann nicht sein, dass in einem Land, welches sich selbst als fortschrittlich versteht und immer noch weitgehend vom Verkauf technischer Produkte lebt, das so bleibt.

Heute hat fast jeder, auch Lehrkräfte und gerade Lernende, immer und überall ein kleines und leichtes Gerät dabei, mit dem man gleichzeitig auf einen großen Teil des Wissens der gesamten Menschheit zugreifen und mit dem man mit unglaublich vielen Menschen synchron oder asynchron kommunizieren kann und welches ganz nebenbei auch noch einen wissenschaftlichen Rechner enthält. Digitale Medien ermöglichen Zugänge, die vor noch nicht einmal einer Generation undenkbar waren. Das muss endlich Konsequenzen auch für den Mathematikunterricht haben. Denn sonst läuft der technische Fortschritt den Kompetenzen der Menschen davon (Schleicher 2019, S. 277) bzw. ist das schon geschehen und es ist an der Zeit, den technischen Fortschritt wieder wenigstens ein Stück weit einzuholen. Ein Rückstand von einem halben Jahrzehnt wie damals in den 1980er-Jahren kann nicht das Ziel sein, wäre aber akzeptabel.

Anlässlich mehrerer herumliegender Smartphones zeigte bei einem geselligen Beisammensein ihrer Eltern mit Parallelerziehenden eine Zweijährige auf ein bestimmtes Gerät und verkündete, obwohl sie noch keinen vollständigen Satz sprechen konnte: „Will Apfel-Handy“. War „Auto“ in den 1960er-Jahren das dritte Wort, das Kleinkinder nach „Mama“ und „Papa“ aussprechen konnten, ist es heute „Handy“. Dieses kleine Mädchen hat bereits ihrer umgebenden Welt abgeschaut, dass das Mobiltelefon und der damit verbundene Zugriff auf digitale Inhalte für ihre Mitmenschen einen sehr hohen Stellenwert haben, und sogar, dass es da gewisse Unterschiede gibt.

Bedenkt man die Langsamkeit von Veränderungen im Bildungssektor, dann ist die Bemerkung nicht ganz falsch, dass wir dieses Buch auch für die zukünftigen Lehrkräfte genau dieser Zweijährigen geschrieben haben, die dann hoffentlich mehr zu denen gehören, die etablierte Routinen weiterentwickeln, und weniger zu denen, die um eigentliche Selbstverständlichkeiten kämpfen müssen.

Dieses Buch soll kein blindes Befürworten des Einsatzes digitaler Medien vermitteln, sondern es richtet den Fokus auf die enormen Potenziale digitaler Medien für den Unterricht, insbesondere an Stellen, wo analoge Medien an ihre Grenzen gestoßen sind. Denn wir können die Lernenden von heute nicht länger nur mit Methoden, Medien und Verboten von gestern auf die Welt von morgen vorbereiten.

Wir wollen nicht den Eindruck erwecken, dass wir davon ausgingen, digitaler Mathematikunterricht, wie wir ihn in diesem Buch beschreiben, sei schon überall an allen Schulen möglich. Aber es ist allerhöchste Zeit, sich auf diesen Weg zu machen.

Die Coronapandemie 2020 und in der Folgezeit zeigte schonungslos und sehr schmerzhaft, welche erheblichen Versäumnisse sich in Bezug auf digitale Medien in der Bildung aufsummiert hatten. Mit enormem Einsatz kämpften Lehrkräfte und Lernende darum, binnen kürzester Zeit die seit mehr als zwei Jahrzehnten versäumte digitale Medien- und Schulentwicklung aufzuholen. Plötzlich war die Politik bereit, überzogene und hemmende Vorschriften und Verbote zeitweise auszusetzen und für Bildung Milliarden Euro bereitzustellen. Jedoch darf die Gefahr nicht übersehen werden, dass finanzielle Ressourcen in Entwicklungen investiert werden könnten, die sich als nicht nachhaltig erweisen werden. Dieses Buch wird unter anderem zeigen, dass gute digitale Bildung nicht teuer sein muss.

Entscheidend wird eine Lehrkraft sein, die zuerst den Mut hat und die Notwendigkeit sieht, die Potenziale digitaler Medien zu nutzen, sowie die Bereitschaft aufbringt, sich erfolgreich durch die zunehmende Vielfalt digitaler Angebote hindurchzuarbeiten. Und die trotzdem nicht vergessen hat, was die Qualität von Mathematikunterricht ausmacht, analog wie digital. Dieses Buch wird der Leserschaft die digitalen Potenziale für Mathematikunterricht, die richtigen Werkzeuge und gelungene Praxisbeispiele bieten. Es möchte dazu beitragen, dass die Leserschaft die Begeisterung von Mathematiklernenden im schulischen Umgang mit digitalen Medien selbst erlebt, die dabei die Ästhetik der Mathematik in ihrer Umwelt entdecken und teilen.

Wir beschreiben das so, dass die Leserschaft unsere Erkenntnisse und Erfahrungen auf ihren eigenen Unterricht übertragen kann. Deshalb ist es auch in einer Sprache geschrieben, die nicht nur Informatiker und „Digital Natives" verstehen, sondern auch diejenigen, die Wissenslücken schließen wollen und die eher Zurückhaltung üben, irgendwelche Apps auf ihr Handy zu laden, die aber eingesehen haben, dass sich bezüglich Digitalität an den Schulen vieles ändern muss, und zwar schnell.

Und es war uns wichtig, digitalen Mathematikunterricht in ein bestehendes pädagogisches und didaktisches Konzept nachvollziehbar einzubetten. Das Anliegen dieses Buches ist also weniger auf Technik oder Informatik bezogen, sondern es geht darum, Rückstände aufzuholen und die schulische Bildung wieder näher an die Lebenswirklichkeit heranzuführen, wie das in der Vergangenheit möglich war. Wir möchten auch aufzeigen, welche Voraussetzungen dafür nötig sind.

Was wir nicht wollen, ist, nach der Coronakrise ein Buch nachzureichen, das man in der Krise gebraucht hätte. Aber der Schock bezüglich der Rückständigkeit des Bildungssystems hat deren Wahrnehmung verändert und dieser Perspektivwechsel muss genutzt werden, um Versäumnisse der Vergangenheit zügig aufzuholen. Im Vordergrund steht eine Konzeption von Mathematikunterricht für heute und morgen. Digitaler Mathematikunterricht ist keine Alternative, sondern der Begriff beschreibt die Richtung, in die sich Mathematikunterricht öffnen muss und wird, ohne Bewährtes infrage zu stellen. Digitalität ist außerhalb der Schulen längst Alltag und sie muss endlich auch in den Schulen stattfinden. Weil Digitalität technisch zu fast hundert Prozent auf Mathematik basiert, ist dieses Thema ein Thema vor allem des Unterrichtsfaches Mathematik.

In technischer Hinsicht wird schulische Bildung immer hinter dem außerschulischen Alltag hinterherlaufen müssen. Aber der Abstand ist jetzt schon viel zu groß geworden. Digitaler (Mathematik-)Unterricht ist auch ein Thema, wie in der Vergangenheit Versäumtes zügig aufzuholen ist, ohne dabei hastig und unreflektiert vorzugehen.

Robert Storz
Reutlingen und Eckernförde 2022

Florian Schneider
Freiburg 2022

Fabrice Takin
Stuttgart 2022

1 Einstiegsbeispiel: Authentisches Modellieren

Unsere ganze Kultur ist voller Mathematik, und oft fehlt vielen Menschen der Blick dafür, dass das so ist. Mathematik hat heute zu allen Lebensbereichen Verbindungen oder schafft meistens sogar die Grundlagen. Nicht einmal Natur, Musik oder Malerei, die bei oberflächlicher Betrachtung Gegenpole zur Mathematik zu bilden scheinen, lassen sich ohne Mathematik hinreichend verstehen. Deshalb ist man seit vielen Jahren bemüht, den Mathematikunterricht näher an den außerschulischen Alltag zu rücken und aus der überall vorkommenden Mathematik Lernanlässe zu schöpfen, Kontexte zu nutzen.

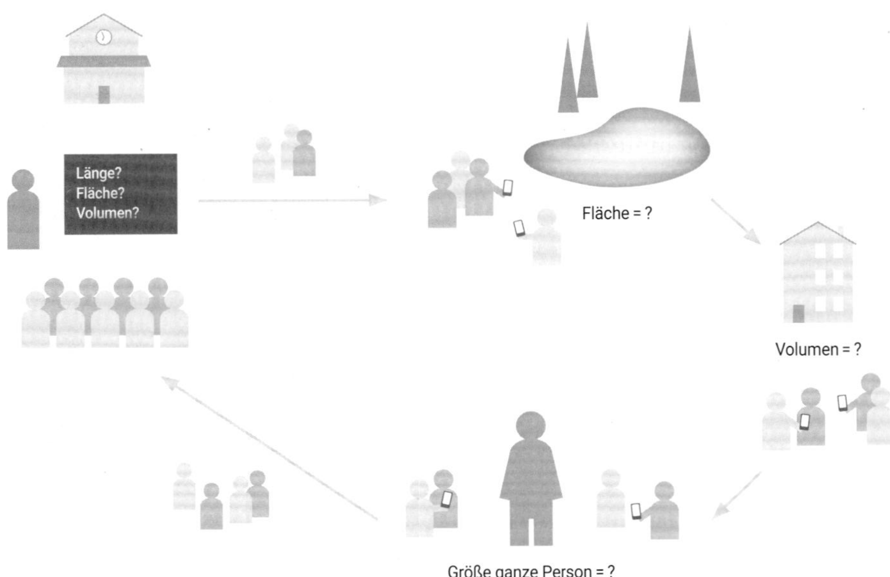

Abb. 1.1: Die Grundidee von MathCityMap

Aus solchen Erkenntnissen ist die Überzeugung gewachsen, dass das Modellieren, also die Übertragung von Alltagsfragen in die Mathematik und deren Beantwortung mithilfe der Mathematik, in hohem Maß Bestandteil von Mathematikunterricht sein muss. Deshalb verlangen alle Bildungspläne, die Kompetenz *Mathematik modellieren* zu fördern.

Mit „Modellieraufgaben“ oder genauer vor allem „Fermi-Aufgaben“[6] wurden zwar außerschulische Fragestellungen in den Unterricht hineingenommen. Es waren Aufgaben der Art:

- Wie viele Personen sitzen in einem x Kilometer langen Stau?
- Wie viel Mehrverbrauch an Wasser verursacht ein tropfender Wasserhahn im Zeitraum eines Jahres?
- Wie viel Zeit verbringst du in deinem Leben in der Schule?
- Welchen Anteil deines Lebens verbringst du im Schlaf?
- Wie hoch oder wie schwer ist die Statue, die ein beigefügtes Foto zeigt?

Sie wurden aber weitgehend mithilfe von Medien wie Arbeitsblättern, Plakaten und Tafelanschrieben innerschulisch analog bearbeitet.

In dem Beispiel hier wird ein anderer Weg gegangen. Die Lerngruppe geht raus aus der Schule und digitale Medien werden eingesetzt, um Fragestellungen, die sich im außerschulischen Leben ergeben können oder könnten, auch genau dort zu bearbeiten und zu beantworten. Dadurch gewinnen die Aufgaben an Authentizität. Inhaltlich geht es weitgehend um die Leitideen *Messen* und *Raum und Form*. Bei den prozessbezogenen Kompetenzen wird im Kern die Kompetenz *Mathematisch modellieren* gefördert, flankiert von den Kompetenzen *Mathematisch kommunizieren* und *Mathematisch argumentieren*. Natürlich sind auch die hier beschriebenen Fragen didaktisch bedingt, und man würde viele davon ohne Mathematikunterricht wahrscheinlich nicht stellen. Aber sie bringen die Lernenden im Blick auf den Alltag stärker weiter als im isolierten Blick auf die Mathematik.

Abb. 1.2: MCM-Karte von Stuttgart
© MathCityMap 2022

6 Die Bezeichnung geht auf den italienischen Physiker Enrico Fermi (1901–1954) zurück. Fermi-Aufgaben sind offene Aufgaben, die zu wenige Informationen enthalten, um sie direkt lösen zu können. Sondern man löst sie, indem man Annahmen und Schätzungen vornimmt und durch Überschlagen und Runden Näherungslösungen erarbeitet. Fermi-Aufgabe führen nicht zu einer einzigen eindeutigen Lösung, sondern eine richtige Lösung einer Fermi-Aufgabe besteht aus einer Argumentationskette, die den Adressaten überzeugt.

Mobiles Lernen in Form mathematischer Wanderwege gab es im englischen Sprachraum schon in den 1980er-Jahren (Gurjanow u. a. 2019, S. 95). Die App *MathCityMap (MCM)*[7] ist eine interessante Wiederaufnahme dieser Idee. Grundgedanke ist, die Umwelt aus einer mathematischen Perspektive zu entdecken und zu erleben (Abb. 1.1). Kombiniert wird die Idee mit modernen Technologien, wie GPS-Lokalisierung und netzbasierter interaktiver App. Diese beinhaltet eine einfache Chat-Funktion, bis zu drei gestufte Lösungshilfen, ein Feedbacksystem für die Kontrolle der Lösungen sowie eine wachsende MCM-Community mit mittlerweile über 1400 geprüften Pfaden (Stand 28.01.2022). Alle Aufgaben lassen sich mithilfe der allgemeinbildenden Schulmathematik lösen und sind nach Jahrgangsstufen sortiert.

Abb. 1.3: Vorstellung MCM Video

In der MCM-App sind auf einer Karte (Beispiel für Stuttgart in Abb. 1.2) interessante Objekte markiert – in der Regel zehn – und jedes ist mit einer mathematischen Modellieraufgabe verbunden. Der Anwender erlebt die dahinterstehende Mathematik durch Schätzen, Messen, Umsetzen eigener Ideen, Abstrahieren und Berechnen. Abgerundet werden die Aufgaben durch ein motivierendes Spielszenario.

Die eigentlichen Objekte in MCM entstammen der realen Lebenswelt und ermöglichen einen enaktiven Zugang. Fragestellungen und die Karte können zwar ausgedruckt werden, jedoch ist es nicht möglich, die Aufgaben analog oder aus der Distanz, also quasi im Klassenzimmer, zu lösen.

Außer der hier beschriebenen Möglichkeit, einen bereits bestehenden mathematischen Wanderweg über die App aufzusuchen, können Lehrkräfte über das Portal auch selbst Wanderwege erstellen, zum Beispiel indem sie direkt in Schulnähe Wege kreieren, deren Nutzung dann besser in das Korsett eines bestehenden Stundenplans passt und keine Stundenverlegungen notwendig macht. Dazu mehr in Kap. 10.4.

Unabhängig von dieser Entscheidung bietet es sich an, die Lernenden in kleinen, heterogenen Gruppen die Lernwege entdecken zu lassen. Die Lernobjekte geben genügend Anlässe, um mathematisch zu argumentieren und zu kommunizieren. Insbesondere in Kleingruppen sind kritisches Denken und Kreativität gefordert, gepaart mit kollaborativem und kommunikativem Handeln. Dadurch werden direkt die digitalen Kompetenzen gefördert (siehe 4K-Modell Kap. 2.2.3).

7 *MathCityMap* ist ein Projekt, das seit 2012 auf einer Initiative von Matthias Ludwig gründend, an der Goethe-Universität Frankfurt beheimatet ist und inzwischen weltweit Partnerschaften pflegt.

Die Gruppen starten an unterschiedlichen Aufgabenobjekten, damit die Merkmale der Sozialform Gruppenarbeit gewährleistet sind, also wirklich in Gruppen gearbeitet wird ohne nennenswerten Austausch der Gruppen untereinander. Von da an werden die Gruppen von den digitalen Unterstützungssystemen geführt und begleitet. Als Abschluss werden vor Ort oder auch zurück in der Schule die unterschiedlichen Vorgehensweisen der Gruppen und die Lösungsvielfalt als Gesprächsanlässe für Reflexionen genutzt.

Abb. 1.4: Skulptur „Der Denker" in Stuttgart © MathCityMap 2022

Herzstücke von *MathCityMap* sind die kognitiv aktivierenden Modellierungsaufgaben sowie die digitalen Unterstützungssysteme. Die Skulptur „Der Denker" in der Stuttgarter Innenstadt lädt beispielsweise dazu ein, sich zu überlegen, wie groß die ganze Person wäre, wenn sie nicht den Rumpf verloren hätte. Das Foto (Abb. 1.4) allein wäre für eine analoge Bearbeitung der Aufgabe wenig geeignet, weil es keine Hilfe anbietet, um die Größenordnung einzuschätzen. Der Baum und das Gebäude taugen nicht als Vergleichsgrößen, weil es keinen zuverlässigen Hinweis auf die Entfernung zwischen den Objekten gibt. Man könnte für ein Foto beispielsweise eine Person neben die Skulptur stellen, würde damit aber wiederum die Modellierung weitgehend vorgeben.

Weil die Lernenden aber vor Ort sind, werden sie unmittelbar veranlasst, selbst nach Vergleichsgrößen zu suchen und argumentativ deren Tauglichkeit zu begründen. Wenn sie dann auch eine Person als Größenvergleich neben die Skulptur stellen, haben sie das selbst gedacht und nicht nur nachvollzogen.

Eine Gruppe überraschte, indem sie die Hand als Vergleichsgröße vermaß. Das Argument, die Hand sei leichter zu vermessen als der Kopf, überzeugte. Eine Lernende entgegnete, dass der Messfehler bei einer kleineren Länge aber stärker ins Gewicht fallen würde als bei der Kopfgröße. Letztendlich verfolgte die Gruppe beide Ansätze. Eine weitere Gruppe versuchte es mit einer Schätzung und argumentierte mit der Größe des Baumes hinter der Skulptur. Ihre grobe Schätzung von zehn Metern traf in diesem Fall sogar annähernd zu. Warum? Wohl weil die Schätzung vor Ort vorgenommen wurde und die Lernenden dem Baum unmittelbar gegenüberstanden, um ihn herumlaufen und ihn aus mehreren Perspektiven betrachten konnten.

Als Lehrkraft kennt man das Bedürfnis, sich selbst am liebsten aufteilen zu können, um mehrere Lernende oder Gruppen Lernender zeitgleich zu unterstützen. Durch die App bekommen die Lernenden Unterstützung per Klick und man hat als Lehrkraft an Freiheit dazugewonnen. Denn per Handy kann man jederzeit nachprüfen, was die anderen Gruppen, die man gerade nicht sieht, bisher gemacht haben.

Einige Lerngruppen fanden zunächst keine Idee, für sie war die Hürde des Problemlösens zu hoch. Sie nutzten dann die Möglichkeit, sich bis zu drei gestufte Hinweise in der App anzeigen zu lassen.

Der erste Hinweis (Abb. 1.5) beschreibt den Lösungsansatz, über annähernd gleiche Körperproportionen aller Menschen zum Ergebnis zu kommen. Dadurch kam einer Gruppe die nötige Erkenntnis und sie konnte selbstständig fortfahren. Sie bestimmte das Verhältnis von Kopfgröße zu Körpergröße, aber nicht nur von einem einzelnen Lernenden, wie von der Hilfe vorgeschlagen, sondern sie berechneten den Durchschnitt der ganzen Gruppe.

Die Lehrkraft notierte sich, dass sie die Studie über Körperproportionen von Leonardo da Vinci (1452–1519) und den Goldenen Schnitt (Abb. 1.6) später beim Erkunden als Einstieg in das Thema „Ähnlichkeit" hinzuziehen und den Lernenden eine Brücke zu ihren heute gemachten Erfahrungen bauen wird. Interessiert ließ sie sich dann erklären, wie die Lernenden die Höhe des Kopfes mithilfe ihres Smartphones gemessen hatten. Damit konnten sie auch untersuchen, wie zuverlässig ihre App zum Messen von Längen ist.

Abb. 1.5: Hinweis 1
© MathCityMap 2022

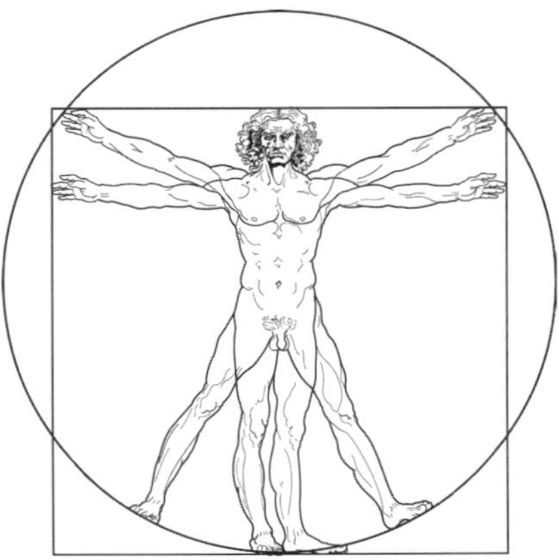

Abb. 1.6: Körperproportionen nach Leonardo da Vinci
© «MysticaLink»/stock.adobe.com

Eine andere Lerngruppe verstand den Hinweis, konnte ihn aber nicht in eine zielführende Handlung übertragen. Hier leistete der zweite Hinweis der App (Abb. 1.7) Abhilfe. Dieser beschreibt die konkrete Tätigkeit, die eigene Kopfhöhe auszumessen, um das eigene Körperverhältnis zu bestimmen. Interessanterweise gewann eine Lerngruppe erst Klarheit über die Aufgabenstellung, während sie mit der praktischen Durchführung dieses Hinweises beschäftigt war. In dieser Gruppe zeigte sich, dass das kognitive Begreifen an die enaktive Handlung gekoppelt ist. Und die beobachtende Lehrkraft setzte ein Ausrufezeichen hinter ihre Notiz „Da Vinci!".

Der dritte Hinweis (Abb. 1.8) liefert das Verhältnis als Zwischenergebnis. Die anfangs mehrstufige Aufgabe wird somit verkürzt und eine Teilergebniskontrolle wird möglich. Durch diesen Hinweis lässt sich auch eine Fehleranalyse schneller vollziehen. Gab es einen Messfehler oder Rechenfehler beim Bestimmen des Verhältnisses oder erst beim Übertragen des Verhältnisses auf den „Denker"?

Abb. 1.7: Hinweis 2
© MathCityMap 2022

Abb. 1.8: Hinweis 3
© MathCityMap 2022

Aber auch nach drei Hinweisen bleibt die Minimalanforderung zumindest, eine Größe sinnvoll zu messen und mithilfe des Verhältnisses die Größe des „Denkers“ zu berechnen, die nicht alle Gruppen erfüllten.

Bloßes Raten stellt als Lösungsstrategie keine zielführende Option dar, es muss schon geschätzt werden und dafür braucht man Referenzgrößen, und auch bei diesem Beispiel hilft eine unkritische Übernahme eigener Rechenergebnisse nicht weiter. Jede zu stark abweichende Eingabe bestraft die App mit Abzugspunkten, denn jeder Wanderweg ist mit einer Wettbewerbsfunktion ausgestattet, die die Motivation zusätzlich steigern soll. Bei der Begegnung mit anderen Gruppen werden Punktezwischenstände verglichen.

Besonders interessant ist das Feedback, das die Gruppen zu ihrer Modellierung in Echtzeit bekommen. Beim Modellieren gibt es nicht die eine Lösung, es gilt nicht „richtig“ oder „falsch“, sondern es werden Annahmen getroffen, die realistisch sein und dadurch überzeugen können sollten. Aufgrund dieser Annahmen werden Berechnungen durchgeführt, die für sich dann schon eher richtig oder fehlerhaft sein können. Diese Konstellation verbietet einen Lösungsvergleich.

Während des Modellierens bekommen die Lernenden über den Text und über die Farben Grün, Gelb und Rot Rückmeldungen, ob die Lösungen als treffend, akzeptabel oder falsch eingestuft werden. Die Rückmeldungen können auch von der Lehrkraft eingesehen werden, sodass sie sich mithilfe der Farben sehr schnell einen Überblick verschaffen kann, welche Gruppe welche Station bearbeitet hat, mit welchem Erfolg, und welche ausgelassen wurde.

Die Rückmeldungen können den Validierungsprozess anstoßen, müssen aber nicht. Deshalb ist die Lehrkraft dabei und deshalb bietet die App Hilfen auf drei Niveaustufen an. Auf jeden Fall bietet die Methode der Lösungsintervalle eine praktikable Möglichkeit, die Richtigkeit auch offener Aufgaben zeitökonomisch, glaubwürdig und nachprüfbar festzustellen.

Orientiert man sich im Modellierungskreislauf (Abb. 1.9), dann fällt rasch auf, was die App auf jeden Fall hervorragend leistet: Sie erleichtert den Einstieg in das Modellieren, weil sie nicht nur die reale Situation repräsentiert, sondern weil das Lernen tatsächlich in der realen Situation stattfindet und weil die darauf folgende Vereinfachung zum realen Modell fast zwangsläufig ebenfalls auf einer enaktiven Ebene stattfindet, denn auch das reale Modell wird vor Ort, also in der Realität, erstellt. Und danach wird der Modellierungskreislauf komplett durchlaufen.

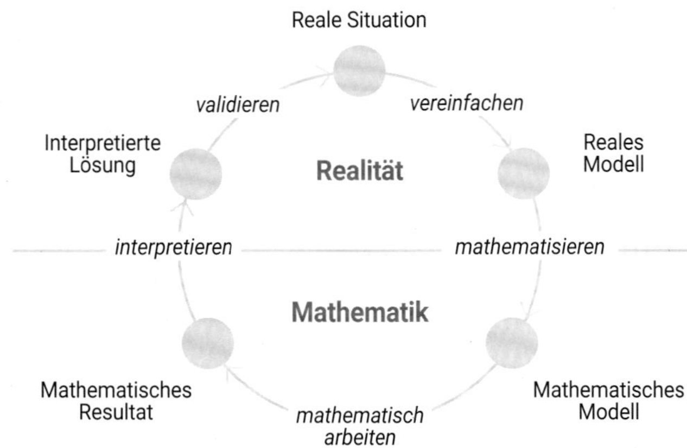

Abb. 1.9: Modellierungskreislauf nach Storz 2018, S. 110

Beim Schritt *Validieren* fördert die App nicht unbedingt den Kompetenzaufbau, gibt den Lernenden aber eine hilfreiche Rückmeldung: Deine Modellierung konnte ganz/teilweise/nicht überzeugen. Gegebenenfalls beinhaltet das eine Aufforderung, den Kreislauf ein zweites Mal zu betreten. Für die Begründung der Rückmeldungen und die Ableitung von persönlichen Konsequenzen ist dann wieder analoger Präsenzunterricht nötig, der seine Berechtigung immer behalten wird.

Gute digitale Bildung muss nicht automatisch teuer sein. Die Nutzung der hier vorgestellten App ist kostenlos, darüber hinaus ist die App werbefrei und datenschutzkonform (vgl. Kap. 7.1). Für den Unterrichtseinsatz reicht ein Smartphone pro Gruppe aus, wenn mehrere vorhanden sind, schadet das nicht. Datenvolumen wird nicht benötigt, alle Trails lassen sich vorab für den Offline-Einsatz downloaden.

Die Lernenden sind hier keine passiven Konsumenten eines digitalen Mediums, sondern sie bringen ihre konstruktiven Überlegungen in einen Austausch mit parallel Lernenden ein (vgl. ICAP-Modell Kap. 9.2.9), lernen also, wie sie das aus ihrem Alltag nicht wegzudenkende digitale Gerät für andere als die bisher gewohnten Zwecke sinnvoll nutzen können.

Seit 2019 gibt es das „Digitale Klassenzimmer" als Erweiterung. Anfangs hat die Lehrkraft in der Durchführung eine zentrale Beobachtungsposition eingenommen, indem sie mit dem Fahrrad von Gruppe zu Gruppe gefahren ist. Mit dem digitalen Klassenzimmer kann die Lehrkraft nun in der Nutzerübersicht die GPS-Position der Teilnehmer kontrollieren. Über einen Code treten die Lernenden einer „Session" bei. Verschiedenfarbige Pins zeigen an, welche Aufgaben sehr gut, gut, schlecht, abgebrochen, übersprungen oder gar nicht bearbeitet wurden. Alle Eingaben sind für die Lehrkraft wie für die

Lernenden sichtbar. Die Lehrkraft kann per Chat-Funktion spezielle Hinweise einzelnen Teilnehmern oder auch an die ganze Klasse geben.

Abb. 1.10: Impressionen vom Wanderweg Stuttgart

2 Allgemeinbildung im Wandel

2.1 Was ist Allgemeinbildung?

In diesem Buch geht es um Mathematikunterricht an allgemeinbildenden Schulen. Es ist vorab zu klären, was „Allgemeinbildung" eigentlich ist. Wenn „Bildung" individuell unterschiedlich initiiert und strukturiert ist, ist dann „Allgemeinbildung" eher verordnet und für alle gleich? Ist Allgemeinbildung folglich alles, was man in den „allgemeinbildenden Schulen" lernt, bleibt also der Bildungswert alles Traditionellen somit unantastbar, nur weil es gelehrt wird: schriftliche Rechenverfahren, binomische Formeln, Trigonometrie, Mitternachtsformel? Und verändern sich Bildungsinhalte eigentlich und wenn ja, in welchem Tempo und nach welchen Kriterien?

Allgemeinbildung sollte im Spannungsfeld zwischen ursprünglich zweckfreier Bildung und Lebensvorbereitung einen angemessenen Platz einnehmen. „Allgemeinbildung ist so zu konzipieren, dass sie individuelle Bildung in großer Vielfalt möglich macht. Allgemeinbildung muss Raum lassen für eine Fülle unterschiedlicher, eventuell auch konkurrierender individueller Bildungsideale" (Heymann 1996/2013, S. 46).

Faktenwissen und die Beherrschung von Routineverfahren haben als (Allgemein-)Bildungsinhalte an Bedeutung verloren, weil beides zunehmend von technischen Hilfsmitteln übernommen wird. Was dagegen an Bedeutung zugenommen hat, sind Aspekte der Flexibilität, der Kritikfähigkeit, der Teamfähigkeit und der Bereitschaft zur Zusammenarbeit mit anderen. In der Zukunft wird immer weniger die Wiedergabe vorhandenen Wissens gebraucht, sondern immer mehr die Generierung neuen Wissens und dessen Vernetzung. Bildung muss auch auf Berufe vorbereiten, die es heute noch nicht gibt, auf Technik, die noch nicht erfunden wurde, und auf die Lösung sozialer Probleme, deren Entstehen man heute noch nicht ahnt (Schleicher in Fadel u. a. 2017, S. 1). Grundsätzlich neu sind diese Aspekte nicht, sie nehmen nur an Dynamik zu. Dies alles kann aber immer nur im Ansatz gelingen. Denn jedes noch so perfekt zusammengestellte Konglomerat an Bildungsinhalten ist bereits veraltet, sobald es fertiggestellt ist. Jeder Gegenstand, der heute großen praktischen Nutzen verspricht, kann schon morgen unnütz sein. Wer es etwa fahrschulmäßig perfekt beherrscht, ein Auto rückwärts in eine enge Parklücke zu rangieren, hat einen Vorteil gegenüber demjenigen, der das nicht kann. Der Vorteil ist dahin, wenn das Auto selbst einparken kann. Trotzdem ist es für Autofahrende sinnvoll, händisch einparken zu können, solange es noch Autos ohne Parkassistenzsystem gibt.

Dass die Vermittlung der „Kulturtechniken“ Lesen, Schreiben und Rechnen zur Allgemeinbildung nicht nur dazugehört, sondern sie trägt, ist unstrittig. Dabei umfasst Lesen nicht nur die Fähigkeit, vorliegende Texte in gesprochener Sprache wiederzugeben, sondern man muss den Texten auch Sinn entnehmen, sie beurteilen und verarbeiten können. Schreiben beschränkt sich nicht auf das mechanische Abschreiben, sondern beinhaltet das Verschriftlichen eigener Gedanken in zielgruppengerechter Form. Zum Rechnen gehört nicht nur das Beherrschen von Rechenverfahren, sondern man muss auch selbst entscheiden können, welche Verfahren zielführend sind, und man muss über die Richtigkeit der Ergebnisse befinden können.

Mit der Digitalität, also dem Umgang mit digitalen Geräten und Informationen, ist eine vierte Kulturtechnik hinzugekommen. Wenn Lernende in der Schule die Erfahrung machen, dass sie mit digitalen Endgeräten kompetenter und routinierter umgehen können als manche Lehrkräfte, und ihnen gleichzeitig verboten wird, diese Geräte in der Schule zu nutzen, dann treibt das einen Keil zwischen Schule und das, was die dort Lernenden unter Allgemeinbildung verstehen, auch wenn sie dafür andere Wörter benutzen.

Digitale Kompetenzen sind heute in fast jedem Beruf erforderlich und selbstverständlich, die Gestaltung des Alltags und die Pflege sozialer Kontakte sind ohne digitale Unterstützung nur schwer vorstellbar. Deshalb muss die Digitalität als Kompetenz in den Allgemeinbildungsbegriff aufgenommen werden, und zwar nicht additiv, sondern integrativ. Das beschränkt sich nicht auf Fragen des Medieneinsatzes, sondern macht eine längst fällige Anpassung des Allgemeinbildungsbegriffs deutlich.

2.2 Überfachliche Kompetenzen

2.2.1 Schlüsselkompetenzen

Bildung und Schule haben sehr alte Wurzeln, und gewisse Merkmale von Bildung haben sich über Jahrhunderte nicht wesentlich verändert. „Überall auf der Welt ist der Unterricht entlang der Grenzen von Fächern aufgeteilt“ (Fadel u. a. 2017, S. 95). Die Einsicht ist nicht neu, dass der Fächerkanon, auch wenn er einem stetigen Wandel unterliegt, nicht die Gesamtheit dessen abbildet, was in der Schule gelernt werden sollte. Deshalb gibt es schon lange immer wieder geäußerte und immer weiter reichende Überlegungen und Forderungen, nicht nur das Wissen, das Schule vermitteln soll, ständig neu zu bewerten und zu gruppieren, sondern dass die Lernenden über den Wissenserwerb hinaus Kompetenzen erwerben müssen, die durch die Einteilung der Bildung in Unterrichtsfächer nicht erfasst werden.

Es sind vor allem die Abnehmer der Absolventen allgemeinbildender Schulen, also Berufsschulen, Hochschulausbildung und Wirtschaft, die diesbezüglich Erwartungen äußern und mit Modellen kommunizieren. Die Erkenntnis, dass Inhalte nicht ausschließlich fachbezogen unterrichtet und gelernt, sondern dass Chancen zu Vernetzungen der Fächer genutzt werden sollten, ist weder neu, noch kann ihr ernsthaft widersprochen werden. Denn auch das außerschulische Leben, auf das schulisches Lernen vorbereiten soll, ist bei Weitem nicht nach Fächern unterteilt. Die Modelle wandeln sich, was auch mit einer zunehmenden Bedeutung englischsprachiger Literatur für die deutsche Pädagogik zusammenhängt, ergänzen sich aber mehr, als dass sie sich widersprechen würden. Man sollte bei dem Ansinnen, Modelle aus der Berufsausbildung auf das allgemeinbildende Schulwesen zu transformieren, behutsam sein, denn es sind zwei Unterschiede zu beachten:

- Berufsausbildung ist weniger auf Differenzierung angewiesen als allgemeine schulische Bildung, weil die Zielgruppen aufgrund getroffener Berufswahl und vorhandener Zugangsvoraussetzungen wesentlich homogener sind, als sie es in allgemeinbildenden Schulen je waren oder sein werden.
- Bei nicht erfolgreichem Verlauf der Berufsausbildung droht der Zielgruppe früher und konsequenter ein Abbruch, als dies in den allgemeinbildenden Schulen der Fall ist. Mag die Motivation auch extrinsisch sein, so muss sich eine Lehrkraft in der Berufsausbildung über die Motivation der Lernenden doch weniger Gedanken machen als eine andere an einer allgemeinbildenden Schule.

Schon in den 1950er-Jahren gab es (nicht nur in Deutschland) Überlegungen und Erkenntnisse, dass beruflicher Erfolg nicht ausschließlich von eng berufsbezogenen Kompetenzen abhängt, sondern dass es übergreifende Kompetenzen gibt, die von Bildung mit berücksichtigt und gefördert werden müssen.[8] Der Arbeitsforscher Dieter Mertens (Mertens 1974, S. 36 ff.) prägte in den 1970er-Jahren den Begriff der Schlüsselqualifikationen als zum Wissenserwerb querliegende Kompetenzen. Damit werden „grundlegende, fachunabhängige Qualifikationen“ beschrieben, die die Lernenden befähigen, „disponibel handeln zu können“ (Hüttner 2009, S. 54). Man könnte es auch so ausdrücken, dass damit „Tugenden“ als Schlüssel zur Verwendbarkeit von Gelerntem gemeint sind, und zwar sowohl solche, die auf individuelles, als auch solche, die auf soziales Handeln bezogen sind (Hüttner 2012, S. 6).

Schlüsselqualifikationen sind nicht nur die „altmodischen“ (Reibold/Regier 2009, S. 14) Sekundärtugenden wie Pünktlichkeit, Sauberkeit, Reinheit, Ord-

8 Ralf Dahrendorf (Dahrendorf 1956) unterschied schon 1956 berufliche Qualifikationen in funktionale und extrafunktionale Qualifikationen (Bodensohn 2001, S. 23)

nungssinn, Gewissenhaftigkeit, Loyalität, enthalten diese aber durchaus als Teilmenge.

Mit der Einsicht, dass sich Schulunterricht mehr an Kompetenzen als an Wissen orientieren sollte, wurden aus den „Schlüsselqualifikationen“ dann „Schlüsselkompetenzen“. Das ist mehr als eine Angleichung der Begriffe, sondern der Begriff „Schlüsselkompetenz“ stellt den Aspekt der Eigenaktivität der Lernenden mehr in den Vordergrund: Man kann jemanden „qualifizieren“, aber man kann niemand „kompetenzieren“. Qualifikationen sind oft isoliert oder fokussiert und können vielen Lernenden gleichzeitig „beigebracht“ werden. Kompetenzen werden vom einzelnen Lernenden selbst erworben, das umso leichter, je günstiger die Bedingungen sind, die dafür geschaffen wurden. Auch hier wird der Unterschied zwischen beruflicher und schulischer Ausbildung deutlich. Hartmut von Hentig (Hentig 2004, S. 13) zählt zu den Schlüsselkompetenzen (Abb. 2.1) für die allgemeinbildenden Schulen

- personale Kompetenz,
- Sozialkompetenz,
- Methodenkompetenz,
- Fachkompetenz.

Handlungskompetenz

Fach-komptetenz	Methoden-kompetenz	Sozial-kompetenz	Personal-kompetenz

Schlüsselkompetenzen

Abb. 2.1: Schlüsselkompetenzen

Personale Kompetenz

Der wichtigste Aspekt personaler Kompetenz ist die individuelle Einstellung zum Lernen. In der Schule äußert sich das in grundsätzlicher Lern- und Leistungsbereitschaft, man könnte es auch Neugier nennen, also der Bereitschaft zu lernen ohne Aussicht auf direkte Belohnung. In der Berufsausbildung äußert sich diese Einstellung als Interesse am gewählten Beruf (Reibold/Regier 2009, S. 3), was man als spezialisierte Form von Neugier auffassen kann.

Gerade an dieser Stelle wird aber deutlich, dass das gar nicht so einfach ist. Denn heute kann kaum jemand mehr davon ausgehen, dass er einen einmal gewählten Beruf, auf den er neugierig ist, ein Berufsleben lang ausüben wird. Bereits vor der Jahrtausendwende arbeiteten 50 % der in Deutschland Ausgebildeten nicht im ursprünglich erlernten Beruf (Heidegger 1996, S. 102). Dieser Anteil wird mit Sicherheit weiter steigen. Wer im erlernten Beruf bleibt, wird im Laufe seines singulären Berufslebens höchstwahrscheinlich stark veränderte Tätigkeiten ausüben. Die Bereitschaft, Veränderungen zu akzeptieren und mitzutragen und ein Leben lang dazuzulernen, gehört also unmittelbar zu den personalen Kompetenzen.

Wer aus Freude an der Holzbearbeitung Tischler geworden ist, baut später wahrscheinlich in einem großen Teil seiner Arbeitszeit fertig gelieferte Fenster und Türen aus Kunststoff in Häuser ein. Gelernte Maurer rühren nur noch in Ausnahmefällen Mörtel an und legen Backsteine zum Verbund. Und wer heute eine Ausbildung zum Buchbinder absolviert, hat sich zwar für eine interessante Tätigkeit entschieden, hat aber mit Abschluss der Berufsausbildung die Frage noch nicht geklärt, wovon er seinen Lebensunterhalt bestreiten wird. In der Zukunft werden solche Veränderungen in noch größerem Tempo stattfinden. Das Interesse am Beruf ist für eine erfolgreiche Berufsausbildung immer noch eine notwendige, aber nicht mehr hinreichende Voraussetzung.

In der allgemeinbildenden Schule kommt der Aspekt hinzu, dass sich die Lernenden nicht bewusst dafür entschieden haben, sondern dass sie an schulischer Bildung großenteils teilnehmen, weil sie das müssen und weil sie einen Abschluss erreichen wollen. Das steht in krassem Gegensatz zu Ländern zum Beispiel in Afrika, in denen Schulbesuch als etwas sehr Wünschenswertes, sogar als Privileg, betrachtet wird. Allgemeinbildende Schule in Deutschland ist aber gezwungen, Neugier und Lernbereitschaft überhaupt erst zu wecken oder zu begünstigen.

Auch die Tätigkeiten einer und die Anforderungen an eine Lehrkraft haben sich gewandelt und werden sich weiter wandeln. Waren wir früher hauptsächlich Wissensvermittler, so sind wir heute Organisatoren individuellen Lernens und zunehmend Erzieher und wissen noch nicht, wie sich das Lernen und damit das Lehren weiterentwickeln werden. Wer hätte vor der Coronazeit geahnt, dass sich für Lehrkräfte die bis dahin zum Teil untersagte Nutzung digitaler Medien im und für den Unterricht in so kurzer Zeit zu einer zentralen und unverzichtbaren Kompetenz entwickeln würde?

Eine weitere wichtige Teilkompetenz der personalen Kompetenz ist die Selbstbewertung, also eigene Stärken und Schwächen zutreffend zu diagnostizieren und stattgefundene, begonnene oder vollzogene eigene Lernprozesse bewusst wahrzunehmen. Einzelne Rückmeldungen von Lehrkräften können dabei hilfreich sein, wie: „Hast du gemerkt, was du gerade gelernt hast?"

Sozialkompetenz

Bislang wurde die Nutzung sozialer Medien in den Schulen weitgehend ignoriert bzw. wurde sie sogar verboten. Das hatte zur Folge, dass Lernende bei der Nutzung sozialer Medien, die einen Großteil ihres Tagesablaufs bestimmt[9], weitgehend sich selbst überlassen waren. „Die Schulen von morgen werden den Schülerinnen und Schülern dabei helfen müssen, selbstständig zu denken und anderen mit Empathie zu begegnen" (Schleicher 2019, S. 15).

Was ist unter selbstständigem Denken und Lernen zu verstehen? Thorsten Bohl (Bohl 2015, S. 17) versteht darunter ein Ensemble von Teilkompetenzen:

- sich selbst Ziele setzen,
- angemessene Verfahren zur Zielerreichung auswählen,
- diese anwenden,
- sie im Laufe des Prozesses überprüfen
- und gegebenenfalls verändern.

Dieser Ablauf lässt sich auch auf kooperative Formen selbstständigen Denkens und Lernens übertragen.

Selbstständiges Denken und Einfühlsamkeitsbereitschaft sind schon heute Bildungsziele und deshalb gilt schon für die Gegenwart: „Das Wohlbefinden von Gesellschaften hängt zunehmend davon ab, ob Menschen zu gemeinsamem Handeln in der Lage sind" (Schleicher 2019, S. 36). Die Digitalisierung verschärft und beschleunigt diesen Aspekt. Schon die Schulen von heute müssen sich deshalb dringend um die Bereitschaft der Lernenden zu einer Balance aus Eigenverantwortung und Kollaboration kümmern. In den Schulen muss Teamarbeit stattfinden und Teamleistungen müssen genauso wie individuelle Leistungen in die Leistungsmessung einfließen. Teamarbeit ist zwar auch online möglich, diese unterscheidet sich aber deutlich von präsenter Teamarbeit, weil synchrone digitale Teamarbeit schwer zu organisieren ist und weil asynchrone digitale Teamarbeit Formen der Kooperation schwierig macht, die in Präsenz kein Problem darstellen. Erstrebenswertes Ziel wäre, dass auch bei Leistungsüberprüfungen und Schullaufbahnprüfungen Teamleistungen zugelassen und gleichgestellt bewertet werden.

9 Genauere Angaben dazu finden sich in Kap. 5.4.1 und Kap. 7.4.

Methodenkompetenz

Das Ansinnen, Methodenkompetenz isoliert von Fachkompetenz zu fördern[10], darf weitgehend als gescheitert angesehen werden. Es ergibt „keinen Sinn, eine Engführung der Unterrichtsentwicklung auf eine einzige Variable vorzunehmen“ (Meyer 2008, S. 57). Trotzdem gibt es an vielen Schulen immer noch „Methodentage“, an denen die Lernenden mithilfe jahrelang aufbewahrter Materialsätze inhaltsleer Methoden trainieren, meist in den ersten oder letzten Unterrichtswochen des Schuljahrs, weil dann die Schulbücher noch nicht oder nicht mehr verfügbar sind, oder anlässlich sogenannter Projekttage. Methoden sind aber Wege, gesetzte Ziele zu erreichen, und dafür sind Inhalte notwendig, und deshalb mangelt es „Methodentagen“ sehr oft an Nachhaltigkeit.

Gerade im Fach Mathematik spielt Methodenkompetenz eine wichtige Rolle. Etwa beim Problemlösen und beim Modellieren reicht es nicht aus, Verfahren zu beherrschen, sondern in einer konkreten Situation muss ein geeignetes Verfahren aus mehreren möglichen ausgewählt werden können. Erst dadurch können Fertigkeiten zu Kompetenzen wachsen. Teilkompetenzen der Methodenkompetenz sind:

- die Nutzung eigener Wissensspeicher,
- die Nutzung von Wissensspeichern, die von anderen erstellt wurden;
- die Befragung von Experten,
- die Nutzung analoger technischer Hilfsmittel,
- die Nutzung digitaler technischer Hilfsmittel.

Bei Bedarf kann die Methodenkompetenz gefördert werden, indem die Lehrkraft den Lernenden konkrete „nächste“ Schritte vermittelt oder sie darauf hinweist.

Der Einsatz solcher Teilkompetenzen der Methodenkompetenz wird den Lernenden bei Leistungsüberprüfungen aktuell aber teilweise oder ganz verboten:

- in einem individuell erstellten und komprimierten Wissensspeicher nachsehen, einen „Spickzettel“ verwenden,
- im Schulbuch oder der Formelsammlung nachsehen,
- beim Tischnachbarn nachfragen oder darauf antworten, „einsagen“;
- mit dem Schulrechner rechnen oder einen anderen als den zugelassenen Schulrechner verwenden,
- ein digitales Endgerät nutzen oder ins Internet gehen.

10 Das sogenannte „Klippert-Konzept“ nach Heinz Klippert (Erstauflage 1994) sorgte in den 1990er-Jahren und später für Furore an den Schulen und beschert noch heute Verlagen bei der Vermarktung von Unterrichtsmaterialien fast allein mit dem Hinweis auf den Markennamen „Klippert“ hohe Auflagen.

Im Ergebnis führen solche Einschränkungen und Verbote, die letztlich nur einer wie auch immer als „gerecht“ verstandenen Leistungsüberprüfung dienen sollen, dazu, dass auch im Unterricht Methodenkompetenz weniger gefördert wird, als es möglich, sinnvoll oder nötig wäre; eine gängige Begründung: „... in der Klassenarbeit/der Abschlussprüfung darfst du das auch nicht.“ Richtig ist allerdings auch, dass neue Formen der Leistungsüberprüfung gefunden und entwickelt werden müssen, denn „mit traditionellen Formen der Leistungsbewertung (Klassenarbeiten, Tests, mündliche Noten) sind Kompetenzen eines erweiterten Lernbegriffs nicht überprüfbar“ (Bohl 2015, S. 50).

„Seit dem Beginn des Informationszeitalters gibt es eine exponentielle Steigerung sowohl im Umfang des produzierten Wissens als auch in der Einfachheit, mit der Wissen zugänglich ist“ (Fadel u. a. 2017, S. 87). Unsere Schulen arbeiten zu einem großen Teil noch aktiv daran, die Lernenden daran zu hindern, vorhandenes Wissen zu nutzen, und damit wird Methodenkompetenz nicht nur nicht gefördert, sondern behindert.

Digitaler Mathematikunterricht zeichnet sich auch dadurch aus, dass solche Behinderungen abgeschafft werden und einer zeitgemäßen Förderung von Methodenkompetenz Platz machen.

Fachkompetenz

„Der vermeintliche Gegensatz von Fachkompetenz und Methodenkompetenz ist insofern irreführend, als damit suggeriert wird, die Schüler könnten auch ohne differenzierte Methodenbeherrschung nachhaltig fachlich lernen“ (Klippert 1994/2006, S. 38). Die Darstellung in Abb. 2.1 entkräftet dieses Missverständnis, denn alle Säulen sind gleich stark.[11] Meist wird ein Begriff der Handlungskompetenz als Überkategorie für Schlüsselkompetenzen verwendet[12] (z. B. Hüttner 2012, S. 9), der von diesen Säulen getragen wird.

„Im Zeitalter der Netzkultur verliert die Schule ihr Informationsmonopol“ (Christian Albrecht in: Klee u. a. 2021, S. 133). Lernende können sich über Suchmaschinen schlaumachen und auf eine Vielfalt von Informationen zugreifen und in Lernnetzwerken kommunikativ arbeiten. Allerdings befindet sich auch dies bereits im Wandel. Zunehmend werden Informationen kostenpflichtig angeboten. Die Presse platziert Schlagzeilen prominent auf Suchmaschinen, um Nutzer anzulocken, weiterlesen können aber nur bezahlende

11 Leicht modifiziert nach Reibold/Regier 2009, S. 24

12 Im Bereich der Berufsausbildung wird meist ein Drei-Säulen-Modell verwendet, weil davon ausgegangen wird, dass beim Eintritt in die Berufsausbildung die Entwicklung der Personalkompetenz weitgehend abgeschlossen ist (Reibold/Regier 2009, S. 3 und S. 24).

Abonnenten. Von Büchern ist das Inhaltsverzeichnis öffentlich, das E-Book aber ist kostenpflichtig und ist nur unwesentlich günstiger als die Printausgabe. Die Epoche, als das Internet durch freie Verfügbarkeit für eine Demokratisierung und mehr Emanzipation von Wissen gesorgt hat, strebt erkennbar ihrem Ende zu.

Frei gewährte Zugänglichkeiten von Inhalten[13] sorgen dafür, dass bestimmte Inhalte eine größere und raschere Verbreitung erfahren als andere; die Qualität der Inhalte und die Kompetenz der Urheber spielt wegen der Verfügbarkeit dabei eine immer geringere Rolle. Nach wie vor ist es also besser, etwas selbst zu wissen und zu können, als in der Lage zu sein, es im Netz aufzufinden. Die sichere Unterscheidung von Meinung und Tatsache, von fundierten und oberflächlich dargestellten Inhalten nimmt die im Netz dargebotene Vielfalt dem Nutzer und der Nutzerin nicht ab.

Die überfachlichen Kompetenzen müssen in einer Zeit, in der Digitalisierung nicht nur wahrgenommen, sondern als willkommene Herausforderung angenommen wird, überprüft werden. Während man sich schnell einig werden kann, dass Schule und darin Mathematikunterricht personale, soziale und Methodenkompetenzen auch im 21. Jahrhundert noch vermitteln sollte, stellen sich bei der Fachkompetenz Fragen wie:

- Wie viel mathematische Fachkompetenz ist nötig, wo doch Maschinen zur Verfügung stehen, die schneller und freier von Fehlern Rechenoperationen ausführen können als man selbst?
- Wie viel mathematische Fachkompetenz ist nötig, damit ich als mündiger Bürger überprüfen kann, ob für mich von Vorteil ist, was Maschinen an meiner Stelle mithilfe von Mathematik herausfinden und bestimmen?
- Inwieweit muss ich verstehen, was die Maschinen für mich oder in meinem Namen entscheiden, oder muss ich selbst können, was sie dabei machen?

Stellt man solche Überlegungen an, kann man sich schon erstaunt zeigen über die Stabilität, mit der überholte schulische Prüfungsformate fast jeglicher Veränderung widerstehen. Wenn sich die Prüfungsformate nicht endlich dem pädagogischen und fachdidaktischen Erkenntnisstand anpassen, wird es schwierig bleiben, die jahrzehntelangen Rückstände bezüglich Digitalität an den Schulen einigermaßen aufzuarbeiten.

Denn es ist relativ gleichgültig, was im Bildungsplan steht; fast jede Lehrkraft wird fast immer ihren Unterricht genau so gestalten, dass die ihr anvertrauten Lernenden die bestmöglichen Zukunftschancen erreichen, sprich den Anforderungen des jeweiligen Prüfungsformats genügen.

13 Creative Commons Lizenzen erlauben die kostenlose Verwendung von Inhalten unter bestimmten Bedingungen.

Prüfungsformate haben anders als Bildungspläne einen wesentlich nachhaltigeren Einfluss darauf, was in den Schulen tatsächlich geschieht. Wenn sich an den Schulen etwas ändern soll, muss primär an den Prüfungsformaten angesetzt werden.

2.2.2 Digitale Kompetenzen

Digitalität lenkt das Augenmerk vor allem auf diejenigen Schlüsselkompetenzen, die auf soziales Handeln und Kommunikation ausgerichtet sind. Wissen ist digital freier verfügbar als analog, also ist es nicht mehr so wichtig, dieses Wissen individuell zu speichern, aber man muss kompetenter sein in der Einschätzung, welchen Quellen man trauen kann, und man muss wissen, wie man zu externen Wissensspeichern Zugang bekommt. Und dafür ist eben doch wieder Fachkompetenz nötig.

Arbeitsergebnisse werden immer weniger individuell erstellt, sondern sind zunehmend Erträge aus gelungener Kommunikation und Kooperation. Eigeninitiative, Kreativität und Teamfähigkeit sind die am meisten von den Abnehmern der allgemeinbildenden Schulen nachgefragten Qualifikationen, bei Weitem ist das nicht Fachwissen (Reibold/Regier 2009, S. 7), denn dieses veraltet rasch. Die Einsicht und Bereitschaft zum Erwerb nachgefragter Qualifikationen muss in der Schule erworben werden, wo sonst? „Algorithmik und Spieltheorie sind Themen von besonderer Relevanz für gegenwärtige Weiterentwicklungen in Bereichen, die auf Mathematik aufbauen" (Fadel u. a. 2017, S. 48). Traditionell orientierte Mathematiklehrkräfte müssen sich teilweise umorientieren.

„Wenn wir fernsehen, im Internet surfen, soziale Netzwerke und Blogs besuchen, per Smartphone Neuigkeiten und Bilder austauschen, SMS verschicken sowie Einkäufe erledigen und Apps zu allen erdenklichen Funktionen einsetzen, dann beteiligen wir uns am globalen Austausch von Daten, der für die meisten Nutzer nicht nur grenzenlos, sondern auch in seinen möglichen Folgen unübersehbar geworden ist" (Schreiber/Siege 2016, S. 65). Natürlich gehören unsere Lernenden schon lange zu denen, die genau so leben und das völlig normal finden, weil sie nichts anderes kennen. Diese Tatsache aber als Schule zu ignorieren ist mit dem Begriff „Fahrlässigkeit" nur mild umschrieben.

Eine weitere Erkenntnis ist, dass der Anteil der Methodenkompetenz unter dem Dach der Handlungskompetenz zunehmend an Bedeutung gewonnen hat und die Vielfalt und die starken Veränderungen der medienbezogenen Kompetenzen so zugenommen haben, dass es naheliegt, Medienkompetenz als Teil der Methodenkompetenz auszugliedern und als eine eigene Teilkompetenz der Schlüsselkompetenzen zu definieren.

Handlungskompetenz

Fach-komptetenz	Methoden-kompetenz	Medien-kompetenz	Sozial-kompetenz	Personal-kompetenz

Schlüsselkompetenzen

Abb. 2.2: Erweiterte Schlüsselkompetenzen

Mit einer solchen Erweiterung der Begriffe bezüglich der Schlüsselkompetenzen (Abb. 2.2) scheint es uns leichter möglich, dass diese auch von Lehrkräften unterstützt und gefördert werden, die sich nicht zu den „Digital Natives“ zählen. Der Begriff „Digital Natives“ ist eigentlich irreführend, denn digitale Kompetenzen werden nicht durch Geburt erworben, sondern was man über digitale Medien und deren Nutzen weiß, hat man irgendwann gelernt.

Was die Autoren anbelangt, können wir uns unter Kompetenzen Konkreteres vorstellen als unter „Skills“ und wir vertrauen einheimischer Literatur mehr als notdürftigen Übersetzungen von Texten aus dem Einflussbereich einer vorwiegend außereuropäisch dominierten Wirtschaft.

Medienkompetenz

Unter Medien verstehen wir alle Mittler in Kommunikationsprozessen zwischen Sendern, Empfängern und Inhalten.[14] Der Begriff Medien verkörpert einen ziemlich umfassenden Begriff, an dessen Anfang kein technisches Gerät steht, sondern menschliche Sprache, Mimik und Gestik; Hardware und Apps sind natürlich hier die zentralen Aspekte.

Medienkompetenz meint vor allem den kompetenten Umgang mit technischen Mitteln, sollte aber nicht losgelöst von analogen Formen der Kommunikation diskutiert werden, weil sonst allzu leicht ein zu starker Fokus auf gerätebezogene und technische Aspekte entsteht. Medienkompetenz beinhaltet nicht nur, dass man sein Smartphone bedienen kann, sondern dass

14 Mehr dazu in Kap. 10.

man auch weiß, welcher Sprache man sich wann bedienen sollte und was man damit auslöst oder auslösen kann.

Wenn früher am Stammtisch schon mal fahrlässig Sprüche rausgehauen wurden, die nicht ganz korrekt waren, blieb das ohne Konsequenzen, weil nur Freunde oder Wohlgesinnte zuhörten und das Gespräch schon am Nebentisch akustisch nicht verfolgt werden konnte. Wer sich in gleicher Weise digital im Internet äußert, der kann unter Umständen über Anzahl und Heftigkeit der Rückmeldungen überrascht sein. Schon oft haben uns Politiker anhand unbedachter Äußerungen auf digitalem Weg über den niedrigen Stand ihrer Medienkompetenz wissen lassen.

Die aktuell Lernenden und auch manche Erwachsene kennen das Format „Stammtisch" oft nur aus den Erzählungen ihrer Großeltern. Trotzdem verhalten sich viele so, als wären sie dort aufgezogen worden. „Besonders bei Kindern, die sich, möglicherweise aufgrund gewohnheitsmäßigen Medienkonsums, bereits eine ausgeprägte „Empfängerhaltung" zugelegt haben, ist eine Neuorientierung hin zu eigenständigem Tun dringend geboten" (Reibold/Regier 2009, S. 27). Ein elementarer Bestandteil von Medienkompetenz ist die Einnahme einer selbstbestimmten aktiven Rolle und Übernahme von Verantwortung bzw. das Verlassen einer Konsumentenrolle, in der viele Lernende unreflektiert verhaftet sind.

2.2.3 Vier Dimensionen der Bildung: das 4K-Modell

Das von der OECD unterstützte und unter anderen von Andreas Schleicher propagierte Modell der vier Dimensionen der Bildung (Fadel u. a. 2017)[15], das sogenannte 4K-Modell für allgemeine, überfachliche oder Kernkompetenzen, setzt zwar die Schwerpunkte anders als das Modell der Schlüsselkompetenzen:

- Kommunikation,
- Kollaboration,
- Kreativität,
- kritisches Denken.

Was uns am „Framework" des CCR[16] und den „vier Dimensionen der Bildung" nicht gefällt: Bildungsziele und Charaktereigenschaften werden mit

15 Jöran Muuß-Merholz, der das Buch von Fadel u. a. ins Deutsche übersetzt hat, ist Inhaber einer privaten Bildungsagentur. Das Buch ist als einfacher Druck nur bei Amazon erhältlich (Stand Mitte 2022).

16 Das CCR-Framework (Center for Curriculum Design) ist eine Initiative der (vor allem amerikanischen) Wirtschaft, die weltweit geltende Bildungsziele festlegen will.

unscharfer Abgrenzung vermischt (Fadel u.a. 2017, S. 69). Dieses Manko meinten wir mit der Ablösung der Sekundärtugenden durch Schlüsselkompetenzen eigentlich überwunden zu haben.

Wenn es auch im 4K-Modell so nicht impliziert kommuniziert wird, ist trotzdem klar: mit den vier Dimensionen der Bildung gibt die Wirtschaft über die OECD Pädagogen, Politik und Lehrenden den Rahmen vor, innerhalb dessen sie zu wirken haben (Bezug auf Fadel u. a. 2017, S. 4).

Skills, also Kompetenzen, werden im 4K-Modell getrennt von den Wissensbereichen dargestellt (Fadel u. a. 2017, S. 128). Wenn man aber innerhalb der Schlüsselkompetenzen Fachkompetenz mit einem Kompetenzmodell aus prozessbezogenen und inhaltsbezogenen Dimensionen präzisiert, gelingt aus unserer Sicht eine detailliertere und aussagekräftigere Konkretion, wie Unterricht des 21. Jahrhunderts aussehen sollte, vor allem wenn die daraus gezogenen Schlüsse fachbezogen sein sollen.

Wir untersuchen das 4K-Modell, um innerhalb der Schlüsselkompetenzen Schwerpunkte zu identifizieren, die unter dem Einfluss der Digitalität an Bedeutung zuzunehmen scheinen, bleiben ansonsten aber bei dem Begriff „Schlüsselkompetenzen" und deren Einteilung und beziehen uns auf das Kompetenzmodell der KMK (Kap. 3.2). Die folgenden Zeilen führen uns auch vor Augen, wie schwer es ist, Fachliteratur in eine andere Sprache zu übersetzen, ohne damit zwangsläufig Missdeutungen, Fehlinterpretationen und Verflachungen zu riskieren.

Kommunikation

Kommunikation meint weniger den technischen Aspekt, also ob jemand digitale Geräte bedienen und seriöse von unseriösen Quellen unterscheiden kann. Sondern damit ist gemeint, das eigene Denken teilen, also mitteilen zu können und in Zusammenarbeit und im Austausch mit anderen zu lernen (Muuß-Merholz 2022). Ebenfalls gehört der passive Aspekt dazu: das Denken und Arbeiten der anderen verstehen wollen und können. Kommunikation hängt eng mit Kollaboration zusammen. Innerhalb des mathematischen Kompetenzmodells (Kap. 3.2) könnte man die Bildungsdimension *Kommunikation* als Schnittmenge der Kompetenzen *Mathematisch argumentieren* und *Mathematisch kommunizieren* definieren.

Kollaboration

Kollaboration meint, mit anderen integrativ zu denken und zu handeln und nicht nur additiv Bausteine zu einem Ganzen zusammenzusetzen, sondern gemeinsam auf ein gemeinsames Ziel hinzuarbeiten. Kollaborative Aufgaben können helfen, Kommunikationsfähigkeiten zu erlernen. Aber: „Wenn Zusammenarbeit schlecht ausgeführt wird, unterliegt sie dem Groupthink-

Phänomen[17] und ist weniger effektiv als individuelle Arbeit" (Fadel u. a. 2017, S. 139)

Dass wir in einer „Leistungsgesellschaft" leben, sagt sich schnell dahin. Aber was ist Leistung? Ist Leistung auch außerhalb der Physik ein Quotient aus verrichteter Arbeit geteilt durch die dafür benötigte Zeit? Dann hätten wir unsere Leistung als Autoren, die in diesem Buch steckt, mit jedem Korrekturdurchgang, jeder Ergänzung und jeder Reflexion verringert, obwohl es mit jedem Überarbeitungsschritt immer ein wenig besser geworden ist.

„Unsere Gesellschaft ist weniger von einem Leistungs- als vielmehr einem Erfolgsprinzip gekennzeichnet" (Bohl 2015, S. 26). Kollaboration kann die Erfolgsaussicht sehr oft deutlicher optimieren als individuell investierter Arbeitsaufwand oder die Zusammenführung individuell erstellter Bausteine.

Eine solche Sichtweise ist in den Schulen noch nicht angekommen. Schulische Leistungsmessung basiert immer noch weitgehend auf Ideen wie Einzelleistung, Konkurrenz und individualisierter Nachprüfbarkeit und bestraft Kooperation und Solidarität als Regelverstöße.

Kreativität

Kreativität wird hier nicht im Sinne von künstlerischem Schaffen verstanden, sondern es geht darum, sich auf Neues einzulassen, also um die Bereitschaft zu lebenslangem Lernen und die Kompetenz, das auch umzusetzen. Kreativität meint also eine Teilkompetenz der oben beschriebenen personalen Kompetenz, meint divergentes Denken und geistige Beweglichkeit (Fadel u. a. 2017, S. 130) und kann eben nicht „gelehrt" (Fadel u. a. 2017, S. 132), sondern bestenfalls angeregt und gefördert werden.

Kritisches Denken

Kritisches Denken konzentriert sich im 4K-Modell nicht etwa darauf, Kritik und Alternativen aktiv zu äußern, sondern Behauptungen zu hinterfragen und zu reflektieren (Fadel u. a. 2017, S. 134). Das heißt, das kritische Denken richtet sich eher „nach dem Innen des Einzelnen" als auf eine Form der Kommunikation. Es kann zu Missverständnissen führen, wenn Begriffe einfach nur übersetzt werden.

17 Groupthink-Phänomen meint Gruppendenken: Innerhalb einer Gruppe werden an die erwartete Gruppenmeinung angepasste Entscheidungen gefällt, die nicht von allen oder sogar nur von einer Minderheit der Gruppenmitglieder unterstützt oder gewollt werden.

2.2.4 Strategie der Kultusministerkonferenz (KMK)

Unbestritten finden derzeit Veränderungen der Lebensbedingungen statt, die man getrost in Anlehnung an die „industrielle Revolution" als „digitale Revolution" bezeichnen kann. Die Digitalisierung betrifft alle Lebensbereiche und wird verstanden als „Prozess, in dem digitale Medien und digitale Werkzeuge zunehmend an die Stelle analoger Verfahren treten und diese nicht nur ablösen, sondern neue Perspektiven in allen gesellschaftlichen, wirtschaftlichen und wissenschaftlichen Bereichen erschließen, aber auch neue Fragestellungen z. B. zum Schutz der Privatsphäre mit sich bringen" (KMK 2016/2017, S. 8).

Die Strategie „Bildung in der digitalen Welt" der KMK beinhaltet Maßnahmen für Schulen, Hochschulen, berufliche Bildung und Lehrerausbildung. Es sollen „infrastrukturelle, rechtliche und personelle Rahmenbedingungen" (KMK 2016/2017, S. 8) geschaffen werden, um bisherige Lehr- und Lernformen, Lernumgebungen und Bildungsziele zu überprüfen und zu erweitern. Einige Details der Strategie für die Schulen:

- Das Lernen mit und über digitale Medien und Werkzeuge soll bereits in der Primarstufe beginnen (S. 11).
- Bis 2021 soll möglichst jeder Lernende jederzeit, sofern es pädagogisch sinnvoll erscheint, eine digitale Lernumgebung und Internetzugang nutzen können (S. 11).
- Digitalität wird nicht über ein eigenes Fach umgesetzt, sondern als Teil der Fachcurricula (S. 12).
- Durch die neu zur Verfügung stehenden Möglichkeiten erfolgt mehr Individualisierung und Eigenverantwortung der Lernenden (S. 12).
- „Die Einbindung der digitalen Welt (ist) in jedem Fach erforderlich" (S. 13).
- Lernenden, die wegen Krankheit oder aus anderen Gründen nicht in der Schule anwesend sein können, bieten digitale Medien die Möglichkeit einer Teilhabe (S. 14).
- Verhaltensregeln für den virtuell erweiterten Lernort müssen entwickelt und durchgesetzt werden (S. 14).
- „Die genutzten Plattformen, Lernumgebungen und Netzwerke müssen datenschutzkonform sein" (S. 14).
- Netzwerkstrukturen werden aufgebaut und genutzt (S. 14).
- Es besteht die Möglichkeit der Entwicklung neuer Aufgabenformate (S. 15).

> „Die Länder verpflichten sich dazu, dafür Sorge zu tragen, dass alle Schülerinnen und Schüler, die zum Schuljahr 2018/2019 in die Grundschule eingeschult werden oder in die Sek I eintreten, bis zum Ende der Pflichtschulzeit die in diesem Rahmen formulierten Kompetenzen erwerben können." (KMK 2016/2017, S. 19)

Das ist eine sehr konkret formulierte Vereinbarung. Daraus folgt, dass im Schuljahr 2021/2022 an den Primarschulen und im Schuljahr 2023/2024 an den Schulen, die zu einem mittleren Bildungsabschluss führen, der Übergang der allgemeinbildenden Schulen in die Digitalität abgeschlossen sein wird.

Mit dem Beschluss der Kultusministerkonferenz haben sich die Bundesländer auch verpflichtet, Voraussetzungen für Distanzunterricht zu schaffen, deren Fehlen sich in der Coronakrise drei Jahre nach dem Beschluss als schmerzlich und kontraproduktiv herausgestellt hat.

Wir erwarten, dass solche ehrgeizigen Zielsetzungen sich am ehesten an Schulen, die zur Hochschulreife führen, und an ambitionierten Privatschulen durchsetzen werden. Für den Rest sind wir gedämpft optimistisch. Inwieweit seit 2021 (S. 11) Lernende „sofern möglich" eine digitale Lernumgebung und Internetzugang tatsächlich nutzen konnten oder für welchen Anteil dies möglich gemacht worden ist, kann die Leserschaft bezogen auf ihr eigenes Umfeld und den Zeitpunkt der Lektüre selbst beurteilen bzw. kann sie Vermutungen darüber anstellen, woran es dort lag, wo es nicht möglich war. Wir befürchten, dass dieses „sofern Mögliche" auch nach 2021 noch viele Schulen von der Digitalität fernhalten wird und werden uns gern belehren lassen, sollten wir in diesem Punkt nicht recht behalten haben.

2.2.5 Digitalität in den Bildungsplänen

Natürlich braucht es Zeit, bis ein Beschluss in Bildungspläne einfließen kann. Allerdings sollte in einem Bildungsplan, der deutlich nach 2016 erschienen ist (vgl. Kap. 2.5), der Beschluss der KMK schon Spuren hinterlassen haben, zumal es um Kompetenzen geht und nicht um Empfehlungen, denn die Länder haben sich „verpflichtet".

Deshalb haben wir in die Bildungspläne geschaut, die zwischen Anfang 2018 und Anfang 2021 für die Sekundarstufe und den Mittleren Bildungsabschluss erschienen sind.

Erwartungsgemäß ist die Stichprobe[18] durch den gewählten Erfassungszeitraum übersichtlich geblieben. Nur in sechs Bundesländern sind in diesem Zeitraum neue Bildungspläne für den Mittleren Abschluss oder den Hochschulabschluss in Kraft getreten. In der Mehrzahl der Fälle wurde der Beschluss der KMK dahingehend berücksichtigt, dass der Einsatz „traditioneller digitaler Medien" zugelassen oder verbindlich eingefordert wird: wissenschaftliche Schulrechner und Programme wie Excel und GeoGebra. Da-

18 https://www.kmk.org/dokumentation-statistik/rechtsvorschriften-lehrplaene/uebersicht-lehrplaene.html, abgerufen am 10.02.2021

mit wird eigentlich nur ein Stand abgebildet, den engagierte Lehrkräfte über die Anforderungen des jeweiligen Bildungsplans hinaus meist „von sich aus" bereits mehr als zehn Jahre früher erreicht hatten, und dies ohne große Anstrengungen, was die Medienkompetenz anbelangt.

Die Coronakrise hat den längst fälligen Einzug der Digitalität in die allgemeinbildenden Schulen mit Sicherheit enorm beschleunigt. Am schnellsten hat der Stadtstaat Hamburg die Arbeit der Lehrkräfte auf eine sichere Basis gestellt. Laut einer Anlage zum Bildungsplan (Freie und Hansestadt Hamburg 2020, S. 5) gehören dort zur Umsetzung des KMK-Beschlusses von 2016/2017:

- die Nutzung digitaler Kommunikationswege wie E-Mail, SMS, Messenger-Dienste und Videochats,
- der Einsatz und eine kritische Beschreibung von digitalen Kommunikationswegen,
- die Verwendung von Aufgabenpools und Übungsplattformen,
- die Nutzung und Evaluation von Lernvideos.

In Sachsen-Anhalt wird die Verwendung digitaler „Mathematikwerkzeuge" bei Lernkontrollen zugelassen (Ministerium für Bildung Sachsen-Anhalt 2019, S. 15). Die einzelnen Lehrkräfte können deren Verwendung hinsichtlich der „Zielstellung der Lernkontrollen" zwar ausschließen, aber aus der Zulassung muss zwingend folgen, dass die Hilfsmittel in Schullaufbahnprüfungen in Zukunft ebenfalls zugelassen werden.

Der Blick in die Bildungspläne legt offen, wie wenig Digitalität in den Schulen bisher angekommen ist. Dass aufgrund und in der Coronakrise hastig Landeslösungen für Distanzunterricht erstellt wurden, mag den verheerenden Eindruck des Rückstands der Schulen gegenüber dem sie umgebenden Alltag etwas abmildern.

Die in den Schulen eingesetzte Technik hinkt der außerschulischen Wirklichkeit hinterher und das wird immer so bleiben. Aber der Abstand ist viel zu groß geworden. Rückstände müssen zügig aufgearbeitet werden, zumindest mit dem Ziel, wieder auf den Stand der 1980er-Jahre zurückzukehren (vgl. Kap. Warum dieses Buch?): ein halbes Jahrzehnt.

2.3 Die Kulturtechnik Digitalität

Über Digitalität als Kulturtechnik gibt es unterschiedliche Auffassungen. Wir sehen Digitalität als vierte Kulturtechnik neben Lesen, Schreiben und Rechnen an. Man könnte auch die Technik des mündlichen Ausdrucks, also das Sprechen, dazunehmen, wonach angeblich Norwegen strebt (Fadel 2017, S. 59), womit es dann fünf Kulturtechniken wären.

Digitalität bedeutet nicht nur, Geräte bedienen zu können, sondern dazu gehört auch ein kritischer Umgang damit. Leider hat Digitalisierung uns alle bereits ein Stück weit entmündigt und wir können wegen der Digitalisierung in einer immer größeren Anzahl von Kontexten nicht mehr selbst entscheiden, wie groß dieses Stück Entmündigung ist, das wir noch zulassen wollen. Die Anerkennung von Digitalität als Kulturtechnik ist kein Votum für optimale Digitalisierung, was oft unterstellt wird, sondern eher das Gegenteil.

Ein kleines Beispiel, nicht aus dem Mathematikunterricht, sondern aus dem Leben als Erwachsener. Wir alle haben einen oder mehrere Stromzähler im Keller, Flur oder Treppenhaus, mit deren Hilfe der Stromanbieter die Höhe des Stromverbrauchs ermittelt und die zu bezahlende Summe festlegt.

In analogen (elektromechanischen) Stromzählern lief ein Rad, das man durch ein Fenster beobachten konnte. Je schneller es lief, umso mehr Strom wurde im Moment der Beobachtung verbraucht. Man konnte also

- sich eine Vorstellung über den Stromverbrauch eines einzelnen Geräts verschaffen, indem man alle anderen Geräte abschaltete und dann im Keller den Stromzähler beobachtete;
- seinen eigenen Stromverbrauch mit dem der Hausnachbarn vergleichen;
- sich den Standby-Verbrauch der vorhandenen Geräte durch Anschauung modellieren, indem man „alles" ausschaltete und dann den Zähler beobachtete;
- überprüfen, ob im Mehrfamilienhaus ein böser Nachbar in seinem Keller heimlich eine Tiefkühltruhe auf Allgemeinstrom laufen hatte, indem man sich bei ausgeschalteter Treppenhausbeleuchtung eine Weile im Keller aufhielt;
- überprüfen, ob ein neu angeschaffter Herd am richtigen Stromkreis angeschlossen war, indem man alle Kochfelder voll aufdrehte und dann dem richtigen Stromzähler beim Rasen zusah.

Man konnte also mit den analogen Stromzählern den eigenen Stromverbrauch nachvollziehen und dadurch selbstbestimmt Schlüsse ziehen und sein Verhalten anpassen.

Mit den heute vielerorts bereits flächendeckend verbreiteten digitalen Stromzählern kann man das nicht mehr. Sie dokumentieren keinen Verlauf mehr, sondern sie zeigen in bestimmten zeitlichen Abständen erfasste Stände an und sonst nichts. Das Artefakt „Stromzähler" hat durch die Digitalisierung von einer enaktiven auf eine symbolische Darstellungsebene umgestellt und macht es dem Nutzer zumindest sehr viel schwerer, wie es mathematische Inhalte den Lernenden oft auch schwerer machen, wenn von der enaktiven auf die symbolische Ebene gewechselt wird.

Dass uns Digitalisierung an vielen Stellen Transparenz und Entscheidungsmöglichkeiten wegnimmt, ist den Lernenden nicht bewusst und deshalb schwer zu vermitteln, weil sie es wegen der Kürze ihrer Biografie nicht anders kennen. Möglicherweise wurde auch von einem Teil der Leser dieses Buchs das Beispiel Stromzähler nicht voll nachvollzogen, denn wer in den letzten Jahren nur in neueren Gebäuden gewohnt hat, kennt möglicherweise die alten analogen Stromzähler überhaupt nicht.

Aber es geht noch weiter. Digitale Stromzähler sind nämlich „intelligent" und können mit dem Stromanbieter kommunizieren. So ist es möglich, zu unterschiedlichen Tageszeiten unterschiedliche Tarife abzurechnen. Wer Strom zu Zeiten verbraucht, in denen im Netz ein Überangebot besteht, zum Beispiel nachts, bekommt ihn billiger. Die Idee ist nicht neu und durchaus sinnvoll und rechnet sich in der Summe, zum Beispiel wenn man die Waschmaschine nachts laufen lässt, aber der Verbraucher muss immer mehr darauf vertrauen, dass alles seine Richtigkeit hat. Überprüfen kann er es nicht mehr.[19]

Und Strom ist digital geworden; man kann damit handeln und wer „grünen" Strom nutzen will, muss im analogen Leben nichts ändern. Der Strom kommt aus derselben Steckdose wie bisher, wird aber anders abgerechnet. Der Verbraucher nutzt den Strom mit einem guten Gewissen, weil er darauf vertraut, dass genau sein Anteil am Verbrauch umweltunschädlich erzeugt wurde. Auch das Milchmädchen hat gelernt, digital zu rechnen.

Vielleicht sind solche Aspekte doch nicht ganz sinnvoll, weil sie das Verhalten von Verbrauchern nicht direkt transparent machen. Sie müssen sich auf die Richtigkeit der Stromabrechnung und die Richtigkeit der Information, dass der Strom in Zeiten von Niedriglast billiger abgerechnet wird, verlassen. Und sie müssen daran glauben, dass durch ihre Entscheidung für grünen Strom nicht an anderer Stelle ein Mehrverbrauch an fossil oder atomar erzeugtem Strom entsteht. Genauso wie sie darauf vertrauen müssen, dass es seine Richtigkeit hat, was die Betreiber sozialer Netzwerke mit ihren Daten machen. Weil es sehr schwer nachzuvollziehen ist.

Hiermit sind wir an einem Merkmal angelangt, das die Kulturtechnik Digitalität zu einem nicht unwesentlichen Anteil ausmacht, mit dem sich nicht „digital geborene" Lehrkräfte mitunter schwertun. Man muss ein Stück weit Eigenverantwortung und Selbstbestimmung aufgeben und durch Vorschüsse an Vertrauen und Verluste an Überprüfbarkeit ersetzen. Älteren Lehrkräften fällt das oft schwer, aber den Lernenden sollte unaufgeregt aufgezeigt werden, was sie da tun, wenn sie Vertrauensvorschüsse ohne Ende verteilen im Umgang mit ihren eigenen Daten, die ja eigentlich nur ihnen selbst gehören. Die Kulturtechnik Digitalität beinhaltet ein großes Maß an Kritikfähigkeit und Letztere wird nicht selten dazu führen, digitale Angebote eben

19 In den fast überall vergangenen Zeiten von Nachtstromheizungen konnte man das noch überprüfen, denn für Tages- und Nachtstrom waren getrennte Zähler vorhanden.

nicht zu nutzen. Das unterscheidet sie von den traditionellen Kulturtechniken und deshalb kann man verstehen, dass es Auffassungen gibt, Digitalität eben nicht unter die traditionellen Kulturtechniken einzureihen. Trotzdem kann es keine Bildung mehr geben, die diesen Aspekt unberücksichtigt lässt.

2.3.1 Künstliche Intelligenz

Eine Definition künstlicher Intelligenz ist schon deshalb nicht leicht, weil bereits über die Definition menschlicher Intelligenz keine Einigkeit besteht. Der Begriff *Künstliche Intelligenz* wird schon seit Mitte des vergangenen Jahrhunderts verwendet und geht von der Annahme aus, „dass grundsätzlich alle Aspekte des Lernens und anderer Merkmale der Intelligenz so genau beschrieben werden können, dass eine Maschine zur Simulation dieser Vorgänge gebaut werden kann“ (Precht 2020, S. 14).

Menschliche Intelligenz ist „die Gleichgewichtsform, zu der alle Strukturen streben, deren Entstehung man bereits in der Wahrnehmung, in den Gewohnheiten und in den elementaren senso-motorischen Mechanismen finden kann“ (Piaget 2000, S. 9). Übersetzen wir diese betagte Definition für Intelligenz, die ursprünglich aus dem Jahr 1947 stammt, in eine technische, „künstlich“ genannte Form von Intelligenz, dann besteht diese aus: Daten, Algorithmen, Sensorik.

Eine aktuelle Definition versteht künstliche Intelligenz als „Methoden, die es einem Computer ermöglichen, solche Aufgaben zu lösen, die, wenn sie vom Menschen gelöst werden, Intelligenz erfordern“[20]. Ein technisches Artefakt nimmt also dem Menschen Entscheidungen ab, die er theoretisch auch selbst fällen könnte, aber unter Umständen nicht so schnell oder nicht so zuverlässig oder nicht so wirksam. Dafür braucht es Daten, die es analysiert, um Muster zu erkennen und die Prognosequalität zu verbessern. Neben „Daten“ gehört das Thema „Muster“ deshalb zu Inhalten im Mathematikunterricht, denen in Zukunft deutlich mehr Beachtung geschenkt werden sollte als bisher.

Künstliche Intelligenz ist aber in der Regel eine Inselbegabung: „Eine einzige Tätigkeit beherrscht sie oft sehr gut, die zugrunde liegenden Fähigkeiten kann sie aber nicht so leicht auf andere Bereiche übertragen – was Menschen in der Regel gut gelingt“ (Häusser 2021).

Das Antiblockiersystem (ABS) im Auto verhindert bei einer Vollbremsung, dass das Fahrzeug wegen des Blockierens der Räder ins Schleudern gerät, indem es den Bremsdruck wiederholt absenkt und wieder erhöht, obwohl der Fahrer das Bremspedal ununterbrochen fest durchdrückt. Die älteren Leserinnen und Leser haben in der Fahrschule noch die „Stotterbremse“ ge-

20 https://wirtschaftslexikon.gabler.de/definition/kuenstliche-intelligenz-ki-40285, abgerufen am 14.09.2021

lernt, was im Prinzip dasselbe ist, nur analog und langsamer. Seit Anfang des 21. Jahrhunderts ist jeder neu zugelassene Pkw mit ABS ausgestattet. Diese künstliche Intelligenz hat dazu geführt, dass dem Menschen Entscheidungen abgenommen werden, die die Technik wirksamer und schneller ausführen kann als er selbst. Sie lernt nicht dazu, sondern reagiert auf die immer gleiche Art. Beim jüngeren Teil der Leserschaft hat diese künstliche Intelligenz auch dazu geführt, dass er das überhaupt nicht mehr lernt und folglich nicht selbst ausführen kann und möglicherweise nicht einmal weiß, wie es funktioniert und wozu es gut ist. Künstliche Intelligenz kann also beiläufig zum Verlust an menschlicher Intelligenz oder zumindest an Handlungskompetenz führen.

Auch das Navigationssystem ist eine künstliche Intelligenz, die durch ihre Nutzung den Menschen weniger kompetent macht. Die Fahrtzeit kann es deshalb so präzise vorhersagen, weil es ganz viele tatsächliche Fahrzeiten einrechnet und seine Berechnung korrigiert, wenn es von einem Stau erfährt. Das kann menschliche Intelligenz nicht leisten.

Aber die Fähigkeit, sich selbst in einer Landschaft oder in einer unbekannten Stadt zu orientieren und zurechtzufinden, nimmt ab, die Fülle an Informationen, die verarbeitet werden, wird geringer, das Erinnerungsvermögen wird ausgelagert und nicht mehr trainiert (Precht 2020, S. 39), wenn man ein Navigationssystem nutzt. Dies ist einer der Gründe, weshalb wir die Nutzung künstlicher Intelligenz im Beispiel des digital geführten Klassenausflugs (Kap. 11.2) in Verbindung zu analogen Hilfsmitteln setzen. Dabei erfahren die Lernenden direkt, was künstliche Intelligenz zu leisten vermag und wo die Grenzen sind, ohne die Nutzung der eigenen menschlichen Intelligenz einzustellen, sondern damit vernetzt.

Seit einigen Jahren ist jeder neu zugelassene Pkw auch mit einem elektronischen Stabilitätsprogramm (ESP) ausgestattet. Dieses wirkt bei zu schneller Kurvenfahrt oder auf glattem Untergrund einem Ausbrechen des Fahrzeugs entgegen, indem es gezielt einzelne Räder abbremst. Hier sieht man, weshalb der Begriff *Künstliche Intelligenz* so schwer zu definieren ist. Denn einzelne Räder gezielt abzubremsen, überhaupt zu wissen, welches Rad und wann und wie stark, ist dem Menschen am Steuer überhaupt nicht möglich, und dies nicht nur, weil dafür die Bedienelemente fehlen. Denn gäbe es die Möglichkeit, dass die fahrende Person Räder einzeln abbremst, hätte das katastrophale Fehlermöglichkeiten zur Folge. Die Maschine ist in diesem Aspekt also intelligenter als der Mensch geworden, der sie steuert.

Wir haben hier Beispiele aus der Technik gewählt, weil wir eine erwachsene Leserschaft in einem aus ihrem Alltag vertrauten Kontext ansprechen wollten. Die Erkenntnis, dass technische Artefakte, wie auch das Internet eines ist, teilweise mehr können als der betroffene Nutzer, gehört unserer Meinung nach in den Kontext digitalen Unterrichts und zu dessen Lernzielen;

dann natürlich mit anderen Beispielen, wovon eines weiter unten folgt. Mit Lernenden wird man auch thematisieren, wie es eigentlich kommt, dass von Streaming-Diensten[21] vorgeschlagene Listen ihren Geschmack so gut und immer besser treffen. Weil nämlich Daten personalisiert und ausgewertet werden.

Bleiben wir noch einen Moment beim Auto. „Autonomes Fahren" ist eines der beherrschenden Zukunftsthemen. Damit ist gemeint, dass Fahrzeuge in Zukunft intelligent genug sein werden, um ohne Einwirkungen des Fahrers am Verkehr teilzunehmen. Assistenzsysteme wie Einparkhilfe, Spurassistent oder Abstandsradar zeigen uns die Richtung heute schon auf. Die Ethik, die in die künstliche Intelligenz programmiert werden soll, wird kontrovers diskutiert: Soll das Auto abwägen, ob es besser eine einzelne alte Person mit einem geringen Rest an Lebenserwartung überfährt oder in eine Schülergruppe rast, wenn es keine dritte Ausweichmöglichkeit sieht? Was oft missinterpretiert wird: Autonomes Fahren bedeutet nicht, dass der Fahrer autonom ist, weil er nichts mehr zu tun hat, sondern das Fahrzeug ist autonom, und der Fahrer oder die Fahrerin wird um immer mehr Entscheidungsmöglichkeiten und Verantwortung beraubt, je autonomer sein Fahrzeug ist.

Der Fahrer oder die Fahrerin ordnet sich den Entscheidungen des Autos unter. Das ist keine Zukunftsmusik. Schon heute entscheidet das Auto, ob das Fahrlicht eingeschaltet wird, und nicht die steuernde Person, und schon heute gibt es Fahrzeuge, die den Fahrer oder die Fahrerin überhaupt nicht mehr darüber informieren, ob er oder sie mit Licht fährt, weil es dafür keine Anzeige mehr gibt. Und der Regensensor entscheidet autonom (selbstständig, unabhängig) darüber, welche Menge an Regentropfen noch zu akzeptieren ist, bevor die Scheibe gewischt wird. Der Mensch hat die von der Technik getroffene Entscheidung zu akzeptieren und es bleibt ihm immer seltener der Ausweg, die intelligente Technik wenigstens abzuschalten.

Man kann künstliche Intelligenz auch so definieren, dass das technische System in der Lage sein soll dazuzulernen. Nach dieser Definition wären ABS, ESP und andere keine Intelligenz, weil sie nach festgelegten Regeln in sich entsprechenden Situationen immer gleich reagieren. Auch der Computer Deep Blue von IBM, der im Jahr 1997 gegen den amtierenden Schach-Weltmeister Garri Kasparow einen Wettkampf gewonnen hat, würde dann nicht unter den Begriff *Künstliche Intelligenz* fallen, weil er nach festen Regeln

21 Beim „Streaming" (strömen, fließen) werden Video- oder Audiodateien gleichzeitig übertragen und wiedergegeben; der Nutzer erwirbt also keine Kopie. Mehrfache Nutzung derselben Datei führt zu mehrfachem Datenverkehr, zu tieferen Datenspuren und verursacht damit bei jeder einzelnen Nutzung Energieverbrauch anders als es war, als man noch eine Silberscheibe erwarb und die Musik oder den Film damit tausendmal nutzen konnte, ohne nennenswerten weiteren Energieverbrauch zu verursachen. Damit reiht sich Streaming in ökologisch unerwünschte Verhaltensweisen wie den Verzehr von Rindfleisch ein.

spielte. Aber wie schon erwähnt, wenn es schon schwierig ist, menschliche Intelligenz zu definieren, dann gilt das erst recht für künstliche.

Was hat das jetzt mit Mathematikunterricht zu tun? Künstliche Intelligenz ist kein Zukunftsthema mit Robotern in Menschengestalt und fliegenden Autos, in die man sich nur hineinzusetzen braucht, um völlig automatisch dahin gebracht zu werden, wohin man möchte.

Künstliche Intelligenz ist längst in der Gegenwart angekommen und hat sehr viel mit Daten und deren Verarbeitung und Verknüpfung zu tun. Wenn eine Kamera selbst entscheiden kann, welchen Punkt im Bild sie scharf stellt und dann auch bei Porträts die Augen und nicht die Nase scharf stellt, dann kann sie das deshalb, weil ihre Software mit sehr vielen Daten von richtig und falsch fokussierten Bildern gefüttert wurde. Das Handy kann Gesichter erkennen, weil es viele Bilder von Gesichtern mit anderen Bildern, die keine Gesichter zeigen, vergleichen und gemeinsame Merkmale herausfiltern kann. Auch ein Kind lernt, Katzen zu erkennen, weil ihm jedes Mal das Wort „Katze" gesagt wird, wenn es eine sieht. Eine Katze von einer Raubkatze zu unterscheiden, lernt es erst später.

„Eine Studie hat gezeigt, dass allein durch die Kombination von Geschlecht, Geburtsdatum und Postleitzahl 87 Prozent der US-amerikanischen Bevölkerung eindeutig identifizierbar sind" (Google Nr. 22, S. 14). Wir haben die Studie[22] auch gelesen und das etwas anders verstanden: Die Treffsicherheit, Einzelpersonen zu identifizieren, lag bei 87 %. Das ist ein bisschen weniger bedrohlich, trotzdem gilt: Man kann nicht vorsichtig genug mit Daten umgehen, und das fängt spätestens bei der Vergabe von Piktogrammen mit stilisierten Daumen in sozialen Netzwerken an. Und wenn ich bei einem Online-Händler beim zweiten Kontakt mit meinem Namen angesprochen werde, kann ich mir ganz sicher sein, dass er nicht nur diesen gespeichert hat. Der Erfassung von Daten kommt große Bedeutung zu, dabei spielt es oft keine Rolle, wie relevant oder wie intim die einzelnen Daten sind. Vielmehr ist die Menge entscheidend. In die Ziele von Mathematikunterricht, der Digitalität mitdenkt, gehört also unserer Auffassung nach unbedingt eine Sensibilität für die Macht großer Zahlen und großer Datenmengen.

Für Lehrkräfte kann sich die Wunschvorstellung ergeben, dass Mathematik-Plattformen immer besser die Eingaben der Lernenden analysieren können sollten. Beginnend bei Rückmeldungen wie richtig/falsch über differenzierende Rückmeldungen bis hin zur Analyse falscher Grundvorstellungen könnten Programme mit künstlicher Intelligenz bald den Lernstand von Lernenden besser zu verstehen lernen als eine Lehrkraft, und daraus automatisiert Aufgaben und Lernvideos generieren.

22 Nature Communications https://doi.org/10.1038/s41467-019-10933-3

Das oben Beschriebene gibt es in Ansätzen schon und die Nutzung künstlicher Intelligenz wird sich unvermeidlich auch im Bildungsbereich noch deutlich weiterentwickeln. Intelligente tutorielle Systeme (ITS) passen ihre Rückmeldungen über adaptive Elemente am Leistungsstand der Lernenden an, indem sie ihn mit den Leistungen zuvor und parallel Lernender vergleichen. Welche Funktion kommt dann der Lehrkraft noch zu? Nur noch die Fokussierung auf eine effiziente Klassenführung? Für Einstiege und den Kernprozess Erkunden ist die Lehrkraft zuständig und dann übernehmen digitale Systeme?

Wenn aber Lernplattformen Lösungen und Lösungswege von Lernenden kontrollieren und bewerten, dann gibt die Lehrkraft zunehmend Verantwortung ab, ihre Ermessensspielräume werden kleiner. Zwar kann sie mithilfe künstlicher Intelligenz Daten gewinnen und Zeit einsparen, aber die Verantwortung für Vorbereitung und Durchführung von Unterricht sowie die Leistungsbewertung sollten bei der Lehrkraft bleiben.

Welche Auswirkungen hat der zunehmende Einsatz künstlicher Intelligenz auf die Lerninhalte? Wird wieder mehr auf die Wissensebene fokussiert, weil diese auch für künstliche Intelligenz leichter zu erfassen ist? Und wollen wir das? Eine Zunahme an Digitalität ist nicht automatisch mit Fortschritt in positivem Sinne gleichzusetzen, wie wir in anderen Zusammenhängen längst gelernt haben. An Bedeutung zunehmen werden Kompetenzen von Lehrkräften, die sich nicht digital optimieren lassen: persönliche Zuwendung, Klassenführung, Interaktion, Verklammerung von fachlichem und sozialem Lernen.

Sehr spannend ist in diesem Kontext eine Erkenntnis aus der Hattie-Studie (Hattie 2015, S. 260). Die Analyse der Wirksamkeit des Einsatzes von Technologie ergab, dass es keine Korrelation zwischen den Effektstärken und dem Jahr der Studie gibt. Damit hat Hattie die These widerlegt, wonach der Einsatz von Technologie mit zunehmenden Verfeinerungen der Technik lernwirksamer werde. Das bedeutet, dass neuere Technologien nicht wirksamer sind als ältere und zukünftige vermutlich nicht wirksamer sein werden als heutige, dass also Digitales nicht automatisch einen Vorsprung vor Analogem hat.

Um mit künstlicher Intelligenz zu kommunizieren, bedarf es gemeinsamer Begriffe. Dabei kann es durchaus an der künstlichen Intelligenz liegen, wenn die Kommunikation misslingt. Wenn man von künstlicher Intelligenz falsche Antworten bekommt, hilft immer noch menschliche Intelligenz, zum Beispiel ein engmaschiges Netz von Begriffen, um Fehler zu erkennen.[23]

23 Auf die Frage, wer in Deutschland Regierungschef sei, kann man die Antwort „Frank-Walter Steinmeier" bekommen, weil die künstliche Intelligenz den Begriff „Regierungschef" nicht zutreffend kategorisieren und von „Staatsoberhaupt" unterscheiden kann (wir haben das am 26.04.2021 und erneut am 03.10.2021 bei Google überprüft). Einen Tag später könnte das schon anders sein.

Unterrichtsbeispiel „Begriffe zeichnen“

Mit dem Online-Spiel *Quick, Draw!* von Google[24] (Abb. 2.3) kann leicht nachvollzogen werden, wie künstliche Intelligenz funktioniert und wie sie lernt. Über einen Zufallsgenerator werden verbal einzelne Begriffe aus einer großen Auswahl vorgegeben (Abb. 2.5), zu denen der oder die Spielende in einer begrenzten Zeit eine Zeichnung erstellen kann. Sobald das Programm erkennt, dass die Zeichnung den genannten Begriff darstellt, nennt es den Begriff, man bekommt einen Punkt gutgeschrieben und das Spiel geht weiter. Ein Beispiel zeigt Abb. 2.4.

Abb. 2.3: quickdraw.withgoogle.com

Mit jedem Durchlauf des Spiels wird dieses intelligenter, denn jeder Spielzug wird in die Datenmenge eingerechnet, auf die das Spiel zugreift. Dadurch wird das Spiel befähigt, auch auf dilettantischen Zeichnungen mit hoher Trefferquote zu erkennen, was die zeichnende Person wohl gemeint hat. Abb. 2.6 zeigt eine Spielrunde mit weniger gut gelungenen Zeichnungen. Dass davon vier richtig zugeordnet wurden, ist bemerkenswert.

Abb. 2.4: Online-Spiel *Quick, Draw!* Auswertung einer Spielrunde eines guten Zeichners

24 Quickdraw.withgoogle.com Herausgeber Google LLC Kidgames 2016

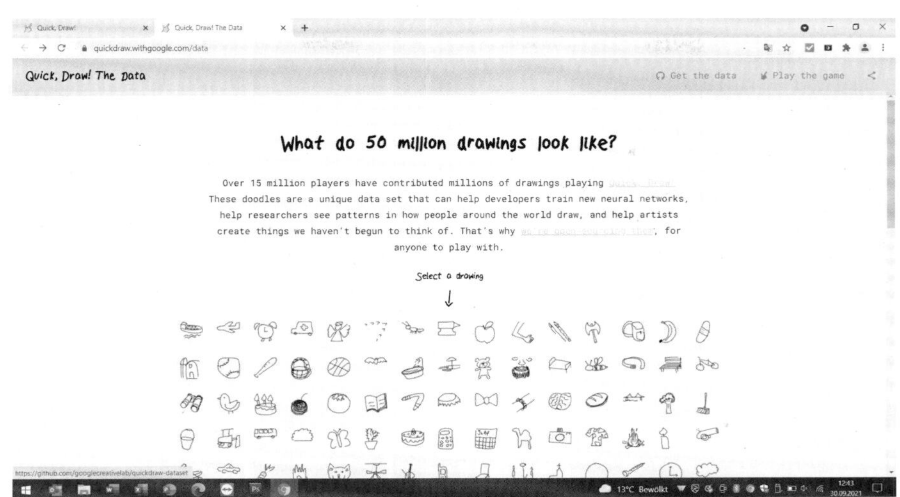

Abb. 2.5: Google Datenbank zu *Quick, Draw!*

Beim Spielen wird schnell klar, dass schematische und ungefähre Formen wichtiger sind als eine saubere Ausführung der Zeichnung. In den 1980er-Jahren kursierte der Begriff „Fuzzy-Logik" für eine Theorie der unscharfen Mengen. Damit war gemeint, dass ein digitales System nicht nur nach der Boole'schen Algebra, in der es nur „wahr" und „falsch" gibt, entscheidet, sondern mit unscharfen Mengenüberschneidungen rechnen kann.[25] Künstliche Intelligenz lernt an Mustern, die leicht erkennbar und kategorisierbar sind, nicht an Präzision und Details.

Das Programm *Quick, Draw!* gibt ab und zu die Rückmeldung, es könne nicht erkennen, was die Zeichnung darstellen soll, das führt dann zu einem fehlenden Häkchen. Wir haben es nicht geschafft, ein Beispiel hinzubekommen, bei dem sich das Programm für einen Begriff entschieden hat und damit dann falschlag. Das bestätigt, dass auch mit unscharfen Daten präzise Vorhersagen getroffen werden können, solange nur die zugrunde liegende Datenmenge groß genug ist.

25 Die Theorie der unscharfen Mengen (Fuzzy-Logik) stammt aus der zweiten Hälfte des vergangenen Jahrhunderts, geht auf den amerikanischen Mathematiker Lotfi Zadeh zurück und basiert auf der Idee, Unpräzises präzise zu erfassen.

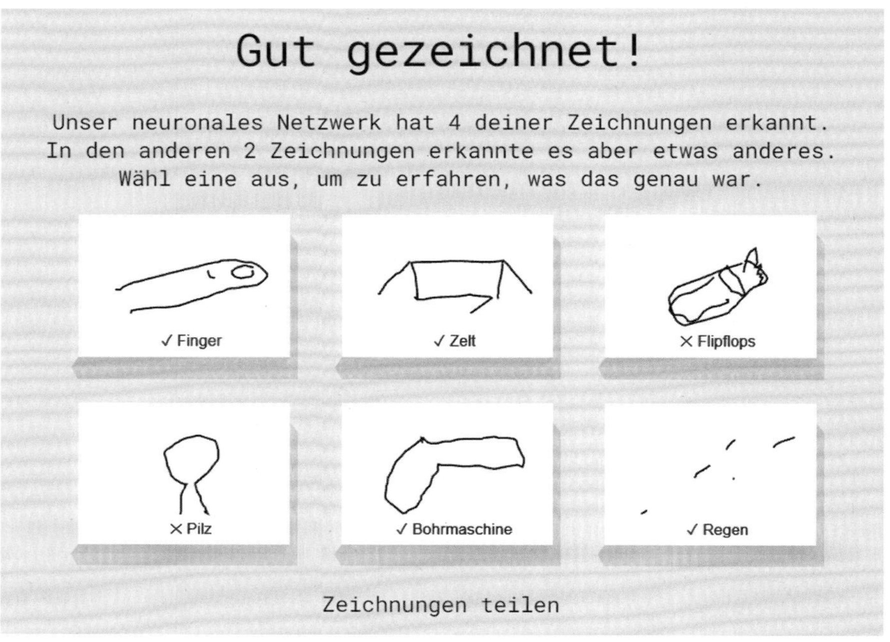

Abb. 2.6: Auswertung einer Spielrunde eines weniger guten Zeichners

Eine unterrichtliche Umsetzung können wir uns so vorstellen:

Erkunden: Spiel	In Einzelarbeit werden so viele Runden von *Quick, Draw!* gespielt, wie die Zeit erlaubt, z. B. 15 Minuten lang. Jeder Lernende protokolliert in einer Tabelle für jede Runde die Begriffe, die Anzahl seiner Treffer und die Anzahl der Treffer des Systems, ob also die Zuordnung zu richtig oder falsch zutreffend war. Die Ausfüllung der Tabelle für die Spielrunde aus Abb. 2.6 zeigt Abb. 2.8.
Sammeln: Ergebnisse	Die erarbeiteten Tabelleninhalte werden in einer gemeinsamen Tabelle analog oder digital zusammengeführt, die Stichprobe wird also vergrößert. Dabei stellt sich eine sehr hohe Trefferanzahl des Programms heraus.
Systematisieren: Datenbank	In Partnerarbeit werden die von jedem Tandem bearbeiteten Begriffe mit der Datenbank von Google verglichen (siehe Abb. 2.7). Dabei stellt sich heraus, dass die Zeichnungen sehr unterschiedlich und teilweise schlecht sind. Im Plenum wird das Ergebnis der Recherche besprochen.
Sichern: Lernzuwachs	Begriffe wie neuronales Netzwerk, unscharfe Mengen oder Fuzzy-Logik werden nicht gesichert, sondern die Erkenntnis, dass auch ungenaue und ungefähre Daten Informationen transportieren, sofern die Datenmenge groß genug ist.

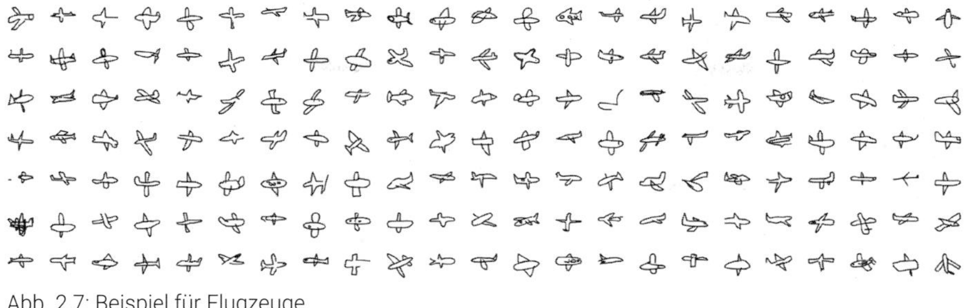

Abb. 2.7: Beispiel für Flugzeuge

Begriff	Treffer des Spielers	Treffer des Systems
Finger	1	1
Zelt	1	1
Flipflops	0	1
Pilz	0	1
Bohrmaschine	1	1
Regen	1	1
…		
…		

Abb. 2.8: Ergebnistabelle für Abb. 2.6

Beim Ansinnen, unsere Unterrichtsidee im für uns zuständigen Bildungsplan zu verorten, ist uns aufgefallen, dass das gar nicht so einfach ist. Medienbildung wird dort hauptsächlich mit Statistik, Informationsbeschaffung und der Nutzung von Rechner und Software gleichgesetzt. Das Thema *Daten im Fach Mathematik* fokussiert sehr stark auf Statistik und Wahrscheinlichkeit, also auf eine isoliert fachspezifische Sichtweise. Aber genau eine solche reicht für digitalen Mathematikunterricht nach unserer Einschätzung nicht mehr aus.

Mit Wohlwollen lässt sich unser Thema inhaltlich in unserem Bildungsplan in der Leitidee *Daten und Zufall* Klasse 7–9 verorten: „Aussagen, die auf einer Datenanalyse basieren, bewerten."[26] Aber vor dem Bewerten muss stehen, dass diese Datenanalyse überhaupt verstanden wird. Und dafür halten wir das Beispiel für sehr gut geeignet, wenn auch der Bildungsplan das Verstehen vor dem Bewerten nicht explizit fordert, obwohl das eigentlich gar nicht anders möglich ist.

26 MKS BW 2016b, S. 42

2.3.2 Algorithmen

Analoge Algorithmen

Sucht man in der fachdidaktischen Literatur nach dem Begriff *Algorithmus,* dann tut man sich zunächst schwer. Das mag daran liegen, dass seit Jahrzehnten die Kritik an Mathematikunterricht hauptsächlich darauf gründete, dass zu viel Wert gelegt worden war auf die Beherrschung festgelegter Verfahren und zu wenig darauf geachtet worden ist, dass diese verstanden wurden und dass in problemhaltigen Situationen aus einer Auswahl auf passende Verfahren zugegriffen werden konnte. Deshalb nahmen Algorithmen immer mehr den Anschein an, im Mathematikunterricht eher zu den Auslaufmodellen zu zählen.

„Ein Algorithmus ist eine eindeutige Handlungsvorschrift zur Lösung eines Problems oder einer Klasse von Problemen. Algorithmen bestehen aus endlich vielen, wohldefinierten Einzelschritten“ (Kortenkamp/Lambert 2015, S. 2). Das Wort Handlungsvorschrift liest sich zunächst nicht sympathisch, denn es deutet auf mechanisches unreflektiertes Handeln hin.

Aber wir halten alle mit unserem Auto mechanisch und unreflektiert an jeder roten Verkehrsampel an, weil sie uns mit der roten Farbe und der damit verbundenen Handlungsvorschrift „jetzt hier anhalten und warten, bis eine andere Handlungsvorschrift angezeigt wird“ davor bewahrt, mit anderen Verkehrsteilnehmern zu kollidieren, und finden es völlig normal, solche Handlungsvorschriften zu beachten. Das Ausführen von vorgegebenen Vorschriften ist oft sehr sinnvoll, trotzdem ist es nicht unbedingt bildend.

Ein Beispiel aus dem Mathematikunterricht:
Löse die Gleichung $\frac{x+3}{2x+2} - \frac{1}{2} = \frac{x^2}{x+1}$

Die Handlungsvorschriften für das Lösen einer Bruchgleichung wie dieser sind:

1 Bestimme die Definitionsmenge der Gleichung.
2 Ermittle den Hauptnenner aller enthaltenen Bruchterme.
3 Multipliziere die Gleichung mit dem Hauptnenner „durch“.
4 Kürze jeden Bruchterm so weit wie möglich.
5 Löse vorhandene Klammern auf.
6 Vereinfache die Gleichung mithilfe von Äquivalenzumformungen.
7 Löse die quadratische Gleichung mit der Lösungsformel.
8 Vergleiche die möglichen Lösungen mit der Definitionsmenge.
9 Bestimme die Lösungsmenge.

Die Leserinnen und Leser werden uns recht geben mit unserer Einschätzung, dass diese Aufgabe am Ende der Sekundarstufe I nicht allzu schwer zu lösen ist: Der Hauptnenner ist einer der Nenner und das Produkt der beiden anderen Nenner, es geht alles schön auf und am Ende steht: $1=x^2$. Da braucht man ja noch nicht einmal eine Lösungsformel, denn man zieht einfach die Wurzel. Also: $\mathbb{L}=\{+1\}$, denn die zweite mögliche Lösung $\{-1\}$ ist wegen des Bruchs auf der rechten Seite der Gleichung, sogar wegen zweier Brüche, nicht definiert.

Trotzdem hat sich herausgestellt, dass gerade diese Aufgabe wohl wegen ihrer Einfachheit für Lernende besonders schwer zu lösen scheint (Storz 2020, S. 59 ff.). Nicht immer, aber oft wurden Lernende im analogen Mathematikunterricht gezwungen oder fühlten sich veranlasst, Algorithmen wie die oben stehende Liste von Handlungsvorschriften auswendig zu lernen. Und wehe, es kam dann zu Konstellationen, die es möglich machten, einen Schritt auszulassen oder zu vereinfachen, und man nutzte die Konstellation nicht kompetent.

Im obigen Beispiel ist man gut beraten, nach dem Durchmultiplizieren nicht die Klammern aufzulösen, sondern mit Klammertermen zu kürzen. Und am Ende die Lösungsformel anzuwenden ist zwar nicht falsch, aber dieser Schritt enthält zusätzliche Fehlermöglichkeiten. Allein wenn man die Definitionsmenge erst dann bestimmen würde, wenn man die Gültigkeit gefundener Lösungsmöglichkeiten überprüfen möchte, würde das die nötige Gedächtnisleistung zum Behalten des Verfahrens verringern und das Verständnis erhöhen.

Es bleibt richtig, dass das Beherrschen von Algorithmen weniger wichtig und wert ist als die Kompetenz, sie verstanden zu haben. Weil die Leserschaft über beide Kompetenzen verfügt, findet sie die Aufgabe nicht schwer. Ein Ziel von Mathematikunterricht sollte sein, dass auch Lernende solche Aufgaben nicht schwer finden, weil sie die Algorithmen verstanden haben, die grob auf der Idee beruhen, auf beiden Seiten der Gleichung „dasselbe“ zu tun. Die Algorithmen auswendig memorieren zu können hat dann untergeordnete Bedeutung.

Wozu gibt es Wissensspeicher, die digital ohne Probleme verfügbar sind, die es aber auch schon analog gab? Wieso wurde Lernenden in Situationen der Leistungsfeststellung eigentlich das Nachschlagen in Formelsammlungen verboten? Ist Gedächtnis die relevanteste Form von Leistung, und warum soll ausgerechnet diese Leistungsform über den Verlauf von Schulkarrieren entscheiden?

Bei so einfachen Zahlenbeispielen wie in der Aufgabe oben wird zwar kaum jemand auf die Idee kommen, zum Schulrechner zu greifen, obwohl genau hier beim Rechnen häufig Fehler gemacht werden. Der zweitletzte Schritt von $2=2x$ zur Lösung $x=1$ bereitet mehr Schwierigkeiten, als wenn die Zahlen größer wären. Denn viele Lernende beherrschen zwar den Algorithmus des Dividierens und sehen auch, dass es sich hier nicht lohnt, schriftlich zu rechnen, sie kommen dann wegen unvollkommener Vorstellungen schnell zu der Ansicht, die Lösung sei $x=0$. Die einfachsten Zahlen sind die schwierigsten: Null und Eins. Es wäre in der Vergangenheit für die Lernenden also besser gewesen, Lernzeit in die Zahlbegriffsbildung zu investieren als in das Training von Rechenverfahren.

Wir halten es auch für sinnvoller, Lernzeit in das Verstehen von Algorithmen zu investieren, als deren von Hilfsmitteln freie Ausführung zu trainieren. Wenn zum Beispiel Algorithmen für die Berechnung von Zinsen und Zinseszinsen eingesetzt werden, dann kann die Verwendung eines Tabellenkalkulationsprogramms enorm zum Verständnis exponentiellen Wachstums beitragen, sofern die Lernenden den Algorithmus in die Befehlszeile selbst eingeben und ihn fortan auch nutzen. Auch was eine Variable ist, wird dadurch auf eine beiläufige Art deutlich: die Koordinaten in der Befehlszeile bedeuten ja nur: Nimm die Zahl, die dort steht, und führe damit die folgende Handlungsvorschrift aus.

In der Digitalität sehen wir große Chancen, Algorithmen am Verstehen orientiert zu lernen und zu lehren, indem technisch unterstützte Vereinfachungen genutzt werden. Weshalb sollte man Lernenden die Nutzung vorhandener und zugänglicher technischer Hilfsmittel verbieten?

Man könnte zum Beispiel auf die Idee kommen, Aufgaben wie die oben stehende mit einem Tabellenkalkulationsprogramm zu lösen und diese Idee zu erkunden. Das würde zwar den Aufwand enorm erhöhen. Aber durch den Versuch würde das Verständnis für den Algorithmus wesentlich besser gefördert als durch die wiederholte Ausführung mehrerer ähnlicher Aufgaben. Ergebnis eines solchen Versuchs wäre zum Beispiel, dass es im Prinzip möglich wäre, mit einem Tabellenkalkulationsprogramm selbst einen Algorithmus für die Lösung dieser Aufgabe zu entwerfen, dass sich der Aufwand dafür aber kaum lohnt.

Abb. 2.9: *Math Solver* Abb. 2.10: *photomath*

Seit geraumer Zeit gibt es Programme und Apps, die in der Lage sind, die Lösung unterschiedlicher Aufgaben, zum Beispiel die von Gleichungen, zu bestimmen, ohne dass der Nutzer oder die Nutzerin etwas anderes tun muss, als die Aufgabe einzugeben oder abzufotografieren. Und die Programme und Apps werden immer leistungsfähiger.

Als kostenfreie Beispiele seien hier *Math Solver* von Microsoft (Abb. 2.9) und *photomath* (Abb. 2.10) genannt. Letztere gilt als „ultimative Schummel-App“ (Klinger/Schüler-Meyer 2019, S. 42). Für die Eingabe ist nicht einmal gedruckter Text erforderlich, auch Handschriftliches wird erkannt. Es wird nicht nur die Lösung ermittelt, sondern für jeden Lösungsschritt kann eine Erklärung oder ein Video angesehen werden und zum Teil werden bei Bedarf ähnliche Aufgaben zum Üben angeboten. Der Servicecharakter solcher digitaler Medien kann nicht die Kompetenzen der Lehrkraft ersetzen, kommt ihnen in fachlicher Hinsicht aber erstaunlich und für manche Lehrkraft auch beängstigend nahe.

Die Lehrkraft kann über den Zugriff von Lernenden auf solche Hilfsmittel nicht entscheiden – es gibt sie. Hausaufgabenkontrollen über die Bekanntgabe von Lösungszahlen waren schon immer sinnlos, mit Digitalität wird das nur noch deutlicher. Außerhalb der Schule genutzt, verbreitern digitale Hilfsmittel den Spalt zwischen den mehr oder weniger leistungsstarken Lernenden. Die wenig motivierten scannen grinsend die Aufgaben ein und schreiben die Lösungen in ihr Schulheft ab, andere schreiben auch noch den Lösungsweg dazu.

Die motivierten und die leistungsstarken Lernenden lösen die Aufgaben selbst und holen sich dann im Internet die Bestätigung für die Richtigkeit ihrer Lösungswege oder Hilfen, falls sie fehlerhaltig waren. Wenn sie dann noch Fragen an die Lehrkraft haben, sind diese sehr präzise und individuell. Das ist doch ein Merkmal von gutem Mathematikunterricht.

Wenn man sicherstellen will, dass sich allen Lernenden ein adäquater Zugang zu dieser Hilfe öffnet, sollte man im Unterricht gemeinsam die Anwendung der App erarbeiten. Ihr sinnvoller Einsatz muss vermittelt werden zum Beispiel mit Aufgaben wie dieser: „Finde mithilfe von *photomath* den Fehler, den dein Mitschüler bzw. deine Mitschülerin gemacht hat. Erkläre ihm bzw. ihr ihren Fehler.“

Bei der oben stehenden Beispielaufgabe haben die digitalen Hilfsmittel „umständlicher“ gerechnet als nötig, weil sie die Möglichkeit, mit Klammertermen zu kürzen, nicht genutzt haben. Dass Algorithmen umständlich sind, weil sie „immer“ funktionieren sollen, kennen wir aus der analogen Mathematik. Digital ist dies mit Sicherheit ein zeitlich begrenzter Zwischenstand, denn die digitalen Hilfsmittel werden ständig weiterentwickelt. Ein Lernender, der den Algorithmus verstanden hat, wird erkennen, dass er selbst immer noch zielorientierter vorgehen kann als eine Maschine, und das ist grundsätzlich keine schlechte Erkenntnis.

Da stellt sich schon die Frage, welchen Sinn es noch hat, Algorithmen reproduzieren zu können, die ein Gerät, das man eigentlich immer bei sich hat, ausführen kann. Oder wie viel Aufwand man als Lehrkraft betreiben möchte, um Lernende in Situationen einer Leistungsüberprüfung daran zu hindern, die Fähigkeiten solcher Geräte zu nutzen. Beinhalten unsere Bildungsziele nicht eigentlich das Gegenteil: Lernende befähigen, verfügbare technische Mittel selbstbestimmt zu ihrem eigenen Vorteil zu nutzen?

Wir plädieren dafür, solche Hilfsmittel in den Präsenzunterricht zu integrieren. Die Erfindung des Buchdrucks hat ermöglicht, dass Bücher vervielfältigt werden konnten, ohne dass jedes einzelne von Hand abgeschrieben werden musste. Trotzdem haben die Menschen das Schreiben nicht verlernt. Die Einführung des Schulrechners, damals noch Taschenrechner genannt, hat die Lernenden von aufwendigen Rechenroutinen befreit. Trotzdem können wir immer noch rechnen, nutzen aber für kompliziertere Berechnungen ein Hilfsmittel. Digitalität führt dazu, dass Mathematikaufgaben gelöst werden können, ohne dass der Lösungsalgorithmus für jede Aufgabe einzeln durchlaufen werden muss. Trotzdem versteht man noch den Vorgang, den die App durchläuft. Aufgabe von digitalem Mathematikunterricht ist, dass Algorithmen verstanden werden, auch wenn sie nicht unzählige Mal reproduziert werden. „Mathematikunterricht wird dadurch nicht überflüssig, aber anders“ (Kortenkamp/Hoffkamp 2015, S. 5).

„Ja, aber dann können die das doch nicht in der Prüfung!“ ist ein berechtigter Einwand. Die genauso berechtigte Antwort ist: „Dann muss sich die Prüfung eben ändern.“ Dann müssen Leistungsüberprüfungen eben mit Aufgaben durchgeführt werden, die sich mit digitaler Unterstützung nicht leichter lösen lassen oder so, dass der Einsatz digitaler Helfer gezielt Lerngelegenheiten schafft (Klinger-Schüler-Meyer 2019, S. 42), deren erfolgreiche Wahrnehmung dann durch eine Prüfung bestätigt wird. Kompetenzen wie Nachdenken und Reflektieren und Aufgabenformate wie Umkehraufgaben und Wechsel der Darstellungsform können hier weiterhelfen.

Das Bewusstsein, dass sich daran dringend etwas ändern muss, setzt sich in der Bevölkerung nach unserer subjektiven Wahrnehmung momentan mit großer Geschwindigkeit durch. Das bürokratische Ansinnen, mit dem Festhalten an Überholtem Zukunftschancen zu vergeben, ist ein Bremsklotz. Übrigens sind Bremsklötze nicht ganz, aber überwiegend aus dem Alltag verschwunden, weil die Bremsen der meisten Fahrzeuge inzwischen so wirksam sind, dass man getrost darauf vertrauen kann.

„An Bedeutung verloren haben (hingegen) generell die gedächtnismäßige Verankerung von Kenntnissen und alle Routinefertigkeiten, die in der Alltagspraxis durch den Einsatz technischer Hilfsmittel (Taschenrechner, Computer) effektiver ausgeführt werden können, insbesondere die Durchführung umfangreicher Rechnungen“ (Heymann 1996/2013, S. 64). Das Zitat von Hans Werner Heymann stammt aus seinem Buch von 1996, das damals einen Skandal auslöste und ihn auf die Titelseiten der Boulevardpresse brachte. Heute stützt sich die Fachdidaktik Mathematik weitgehend auf seinen Anspruch,

Mathematikunterricht müsse allgemeinbildend sein. Trotzdem ist Mathematikunterricht immer noch nur zum Teil allgemeinbildend und deshalb muss auch heute diese Forderung wiederholt werden.

Digitale Algorithmen

Der Begriff *Algorithmus* hat sich in den letzten Jahrzehnten gewandelt und wird heute weniger auf Mathematik als auf Digitaltechnik bezogen verwendet: Unter Algorithmen „versteht man eine Abfolge von formalisierten Anweisungen, die dem Computer vorschreiben, wie Eingaben und Daten verarbeitet und ausgegeben werden sollen“ (Petko 2014, S. 17). Solche Algorithmen sind nicht grundsätzlich schlau, viele können aber ständig dazulernen und dabei manipulatives Potenzial entwickeln oder sogar gefährlich sein.

So verfolgen Algorithmen vieler auch großer Online-Händler die Strategie, einem Nutzer dasselbe oder ein ähnliches Produkt, nach dem er einmal gesucht hat, nach einer gewissen Zeit erneut anzubieten. Dass der Nutzer an dem Produkt nicht mehr interessiert ist, weil er es inzwischen gekauft hat, möglicherweise sogar bei demselben Händler, berücksichtigt der Algorithmus nicht, sondern verschickt bisweilen jahrelang sinnlose Werbung. Denn mit den fürs Aufhören nötigen Daten ist er nicht vernetzt. Solche Algorithmen sind meist harmlos, aber sie nerven. Als ausgleichende Gerechtigkeit kann empfunden werden, dass sie wenig positive Aufmerksamkeit erzeugen.

Nicht ganz so dumme Algorithmen von anderen Online-Händlern, auch von großen, vergleichen die Bestellungen ihrer Nutzer mit Bestellungen anderer Nutzer über die Schnittmenge eines Artikels, den der Nutzer gekauft oder angesehen hat, und schicken ihm personalisierte Werbung für Artikel, die andere Nutzer mit demselben Schnittmengeartikel auch gekauft oder angesehen haben. Das wird oft als angenehm empfunden, weil man auf diesem Weg Vorschläge präsentiert bekommt, die einen tatsächlich interessieren.

Dann gibt es noch Algorithmen, die Daten wie den Wohnort und das bisherige Kaufverhalten ihrer Kunden auswerten. Wer in einer „guten Gegend“ wohnt und in der Vergangenheit hochpreisige Artikel gekauft hat, bekommt unter Umständen einen höheren Preis vorgeschlagen als andere, oder umgekehrt. Wer das nicht glaubt, sollte den Test machen: Suchen Sie mehrmals nacheinander beim selben Händler nach immer demselben Produkt und beobachten Sie, was mit dem Preis passiert. Das können Sie aber nur beobachten, wenn dieser Händler schon genügend Ihrer Daten gesammelt hat, Sie also schon oft genug bei ihm angeschaut oder gekauft haben. Und welchen Teil der über Sie gesammelten Daten der Algorithmus zu veränderten Angeboten veranlasst, müssen Sie selbst interpretieren.

Auch im Journalismus werden Algorithmen genutzt. Online-Texte werden dahingehend ausgewertet, wie viele Nutzer darauf zugreifen und wie lange sie im Text verweilen (Google Heft 23 Journalismus, S. 23). Das könnte dazu führen, dass die Auswahl von Inhalten, über die berichtet wird, davon beeinflusst wird, was gern gelesen wird. Ist das noch unabhängiger Journalismus?

Das ist nichts grundsätzlich Neues. Schon immer gab es zielgruppenbezogenen Journalismus, allein die digitale Präzision könnte beunruhigen. Anders als heute war die Zielgruppe früher transparent. Wer eine Autozeitschrift kaufte, erwartete darin keine Backrezepte und Gartentipps. Und wer eine als „links“ eingestufte Zeitung las, hatte eine dementsprechende Erwartung, die in der Regel erfüllt wurde.

Aus einfachen Wenn-dann-Anweisungen können durch Verkettung komplexe Abläufe werden (Petko 2014, S. 17). Von alldem haben unsere Lernenden in der Regel keine Ahnung. Sie sollten in der Schule lernen, wie man das Internet nutzt bzw. wie die Methoden sind, mit denen man übervorteilt wird. Weshalb ausgerechnet im Mathematikunterricht? Weshalb nicht? Wir wollen allgemeinbildenden Mathematikunterricht und halten solche Kompetenzen für wichtiger als das Memorieren von Formeln. Denn diese kann man nicht nur, aber zum Beispiel im Internet ganz leicht recherchieren, wenn es einem erlaubt wird.

In der Summe kommen wir zu der Überzeugung, dass Algorithmen an Bedeutung zugenommen haben, wenn es um das Verstehen des Alltags geht. Dass die Bedeutung, Algorithmen Hilfsmittel frei ausführen zu können, aber zunehmend wertlos geworden ist und wird. Aber wenn Lernende in mathematischen Kontexten erfahren, was Algorithmen sind und wie sie funktionieren, haben sie die Chance, digitale Algorithmen besser zu verstehen.

Grundrechenarten

Dass die Beherrschung der Grundrechenarten auch in Zeiten digitaler Endgeräte ein wichtiger Bildungsinhalt geblieben ist, wird kaum von jemandem bestritten. Aber die Funktion der Beherrschung diesbezüglicher Algorithmen hat sich gewandelt. Wenn große und unübersichtliche Zahlen ins Spiel kommen, greift man heute selbstverständlich zum digitalen Helfer. Trotzdem sollte man die Grundrechenarten so weit sicher beherrschen, dass man von der Richtigkeit absolut überzeugt sein kann, wenn man Schätzungen und Überschlagsrechnungen durchgeführt hat, man also über eine tragfähige Vorstellung ungefährer Berechnungen verfügt. Solche macht man im Kopf und nicht auf dem Smartphone.

Eine ungute Situation ist bei der Subtraktion natürlicher Zahlen entstanden, weil die zu einem Algorithmus fast zwingend dazugehörende Standardisierung aufgeweicht wurde. In den meisten Bundesländern ist es seit den 2010er-Jahren den Grundschulen freigestellt, nach welchem Verfahren sie die Subtraktion lehren (Bayerischer Landtag 2010).

Angesichts der Tatsache, dass es dafür mit Berücksichtigung von Darstellungsvarianten fünf Möglichkeiten gibt, ist an vielen weiterführenden Schulen der Eindruck entstanden, dass die Abgänger der Primarstufe nicht mehr subtrahieren können. Denn wenn eine Lehrkraft in der Eingangsstufe der Sekundarstufe Kindern gegenübersitzt, die nach vier von fünf (Storz 2020, S. 177) verschiedenen Algorithmen das Subtrahieren gelernt haben, dann bedeutet das schon eine enorme Herausforderung, erst recht wenn der Lehrkraft nicht bewusst ist, dass der eine Algorithmus, der zu ihrer eigenen Schul- und meist auch noch Studienzeit in allen Bundesländern vorgeschrieben war, nicht mehr zwingend verwendet werden muss.

Wir treten dafür ein, dass die Beherrschung der Grundrechenarten sich auf einfache oder zumindest nicht allzu komplexe Zahlenbeispiele beschränken kann, weil für umfangreiche und schwierige Berechnungen digitale Helfer überall zur Verfügung stehen. Trotzdem muss das Verfahren in einem überschaubaren Zahlenraum sicher beherrscht werden. Gleichzeitig treten wir dafür ein, dass Rechenverfahren als das gesehen werden, was sie sind: Algorithmen, also festgelegte Verfahren. Und wenn es auch mehrere parallel verwendbare Verfahren gibt, die zum selben Ziel führen, dann sollte darüber Einigkeit bestehen, welches davon verwendet wird; am besten in ganz Deutschland, aus politischen Gründen zumindest landesweit. Aber dass in einer Kommune jede Schule unabhängig und frei über die Wahl eines Verfahrens entscheidet und demzufolge Kinder in derselben Klasse landen, die den Algorithmus unterschiedlich gelernt haben, das ist Unsinn und muss wieder geändert werden, nicht erst wegen Digitalität, aber jetzt erst recht.

Algorithmen in der Sekundarstufe

Die gängigsten Algorithmen, die in der Sekundarstufe gelernt werden, sind:

- Binomische Formeln anwenden,
- Lineare Gleichungen lösen,
- Quadratische Gleichungen lösen,
- Bruchgleichungen lösen,
- Gleichungssysteme lösen,
- Differentiale berechnen,
- Integrale berechnen,
- Funktionsterme ableiten.

Welche dieser Algorithmen kann man im Alltag nutzen?

Wir wollen hier keine weitere Diskussion über Inhalte von Mathematikunterricht anzetteln, sondern wir möchten den Aspekt des Medieneinsatzes diskutieren. Daraus ergibt sich die veränderte Fragestellung: Welche dieser Algorithmen muss man auswendig lernen und wiedergeben können?

Wenn wir als studierte Mathematiklehrkräfte eine Klassenarbeit zur Leistungsüberprüfung zusammenstellen, dann liegen die Formelsammlung und andere Wissensspeicher auf dem Schreibtisch. Nicht weil wir den mathematischen Inhalt nicht kennen würden, sondern weil wir ganz sichergehen möchten, keine unbemerkten Flüchtigkeitsfehler einzubauen. Warum kann man das Lernenden nicht auch zugestehen? Deren Wissensspeicher ist eher nicht die Formelsammlung, sondern das Smartphone.

Wenn es solche tollen Apps gibt, die übliche Mathematikaufgaben lösen, Lösungswege erklären, Defizite diagnostizieren und Fördermaßnahmen vorschlagen können, dann sollte Unterricht den Lernenden zeigen, wie man solche Medien lernzielfördernd einsetzt, statt deren Nutzung zu verbieten. Die gestellten Anforderungen verlagern sich vom Beherrschen von Algorithmen weg hin zum Beurteilen und Argumentieren über selbst erstellte oder vorgegebene Algorithmen. Genau eine solche Verlagerung war Ziel der Einführung kompetenzorientierter Bildungspläne. Was wir noch brauchen, sind kompetenzorientierte Prüfungsformate.

Mathematikunterricht hat das Ziel, dass Lernende sich die Mathematik aneignen, und nicht, dass sie sich kurzfristig überprüfbares Wissen und Fertigkeiten aneignen, um es im Anschluss an die Überprüfung schnell wieder zu vergessen. Mathematik kann auch verstanden werden, indem Eigenschaften und Zusammenhänge beobachtet und erforscht werden.

Wer beispielsweise die Zusammenhänge von Funktionsgleichungen, Funktionswerten und Graphen mit digitalen Medien erforscht, kann einen sehr viel größeren Erfahrungsschatz im Umgang mit Funktionen erwerben als jemand, der immer nur aus einer Funktionsgleichung eine Wertetabelle erstellt und dann mit dem Bleistift den Graph zeichnet. Ein Unterschied ist, dass mit digitalen Medien eher induktiv als deduktiv gelernt wird.

Herkömmlicher analoger Mathematikunterricht geht sogar noch weiter: Die Begegnung mit Funktionen wird streng nach Funktionsarten segmentiert. In einem Schulbuchkapitel zu quadratischen Funktionen kann man ziemlich sicher sein, keiner linearen Funktion zu begegnen bis zu der Stelle, an der es um Schnittpunkte von Funktionen geht.[27] Mit Algorithmen kann man auch vertraut werden, indem man, nachdem man sie an elementaren Beispielen selbst ausgeführt hat, komplexere Berechnungen von digitalen Hilfsmitteln erledigen lässt. Der Algorithmus bleibt derselbe. „Die Parole, Schülerinnen und Schüler könnten so etwas durch den Einsatz digitaler Medien gerade nicht mehr, läuft ins Leere“ (Pallack 2015, S. 5).

27 z. B. Backhaus u. a. 2018, S. 98–113

2.3.3 Digitalität und Verbraucherbildung

Nach dem aktuell gültigen Bildungsplan unseres und auch anderer Bundesländer soll im Sinne einer Leitperspektive *Verbraucherbildung* „selbstbestimmtes und verantwortungsbewusstes Verbraucherverhalten" unterstützt werden (MKJS BW 2016b, S. 5). In welche Art von Verbraucherrolle begibt man sich aber, wenn man sich einen Unterhaltungsfilm anschaut? Wie wählt man einen passenden Telefontarif? Wie verschafft man sich Zugang zu Unterhaltungsmedien? Wie verschafft man sich Teilnahme an der gesellschaftlichen Debatte, oder ist dieser Aspekt damit schon nicht mehr gemeint? Antworten auf solche Fragen sind einem starken zeitlichen Wandel ausgesetzt, dessen Tempo beängstigend zunimmt.

Zuschauer-Rolle

In den 1960er-Jahren gab es in Westdeutschland zwei Fernsehprogramme. Wenn eine Folge der Kriminalfilmreihe *Stahlnetz,* die als Vorgängerreihe der immer noch produzierten *Tatort*-Krimis gilt, gesendet wurde, waren die Städte wie ausgestorben, denn wer Zugang zu einem Fernsehgerät hatte, nutzte diesen. Das hatte durchaus positive soziale und kommunikative Effekte, denn viele, die noch kein Fernsehgerät besaßen, gingen zu Nachbarn oder in die Kneipe, um dem Ereignis gemeinsam beiwohnen zu können. Dort schaute man synchron, also alle zur gleichen Zeit dasselbe. Solche synchronen Zuschau-Erlebnisse gibt es heute noch bei Fußballspielen: man trifft sich zum Public Viewing und die, die zu Hause schauen, sind übers Fernsehen auch synchron dabei und deshalb jubelt die ganze Stadt wie aus einem Mund sekundengenau, wenn ein Tor fällt. Ansonsten hat die Rolle des synchronen Zuschauens wenig Zukunft: „Ich kenne wenig Leute, vor allen Dingen unter den jungen, die überhaupt noch Fernsehen gucken (Frank Elstner)."[28]

Nutzer-Rolle

Mit dem Aufkommen von immer mehr Fernsehprogrammen schwand das Maß an Synchronität. Nicht alle Zuschauer sahen zur selben Zeit dasselbe, außer bei Fußball und bis vor ein paar Jahren noch *Wetten dass?.* Die größer gewordene Auswahl hatte dafür gesorgt, dass die Menschen mit dem Medium Fernsehen selbstbestimmter umgingen; aus Zuschauern wurden Nutzer. Der Aspekt des Nutzens wurde durch das Aufkommen von Aufzeichnungsmöglichkeiten noch verstärkt. Man programmierte den Festplattenrecorder und schaute sich die Sendung den eigenen Bedürfnissen entsprechend zeit-

28 Moderator und Erfinder von *Wetten dass …?* in der Sendung *DAS!* des Norddeutschen Rundfunks (NDR) am 26.10.2021

versetzt an; was einem besonders gut gefiel, wurde nicht gelöscht und stand weiterhin zur Verfügung. Die Nutzer hatten mehr Selbstbestimmungsrechte bekommen, als die Zuschauer sie hatten.

Käufer-Rolle

Mit der technischen Möglichkeit, Musik und Filme auf digitalen optischen Datenträgern[29] zu speichern, ergab sich die Möglichkeit, die Nutzung auch von Filmen und Teilen von Fernsehprogrammen zu kaufen. Denn die seit den 1980er-Jahren rasch angestiegene Verbreitung des Privatfernsehens hatte dazu geführt, dass dessen Nutzung zunehmend unattraktiv wurde, weil das Programm ständig von Werbeblöcken unterbrochen wurde; je attraktiver das Programm, desto mehr Werbung.[30] Wer die Datenträger gekauft hatte, erwarb damit noch mehr Selbstbestimmungsrechte als die Nutzerinnen und Nutzer.

Abonnenten-Rolle

Es folgte die Flatrate als Tarif für digitale Endgeräte. Der Kunde oder die Kundin hat zwar die Wahl zwischen unterschiedlichen Datenvolumina und Leistungsmerkmalen, zahlt aber selten die tatsächliche Nutzung, sondern das, was sie oder er maximal nutzen könnte. Durch das pauschale Angebot bezahlen Wenig-Nutzer für Viel-Nutzer mit und Sparsamkeit bei der Nutzung wird unattraktiv. Der ungenutzte Teil der bezahlten Nutzung verfällt, Überschreitungen müssen extra bezahlt werden. Und selten haben einzelne Abonnenten nennenswerten Einfluss darauf, was sie abonnieren und wie lange sie die Daten nutzen können. Das Lieblingslied kann plötzlich „nicht mehr verfügbar" werden.

Konsumenten-Rolle

Wer in einer Mediathek oder bei einem Streamingdienst Medien nutzt, der erwirbt sie nicht, auch nicht zum ausschließlich persönlichen Gebrauch, sondern Übertragung und Wiedergabe erfolgen zeitgleich, die Möglichkeiten zum Eingriff in die Wiedergabe sind begrenzt. Mehrfache Wiedergabe erfordert mehrfache Übertragung. Das sind dann Klicks, die gezählt werden und über den Erfolg zum Beispiel von Musiktiteln entscheiden. Die Listen,

29 Digital Versatile Disc (DVD) und Blue Ray Disc (BD)

30 Einer der Verfasser dieses Buches hat zum Beispiel schon mehrmals alle Folgen der stark mathematikhaltigen Serie *Big Bang Theory* gesehen, weil er alle Staffeln auf DVD im Regal stehen hat, und dabei unheimlich viel Vergnügen gehabt. Im Privatfernsehen werden diese Staffeln in ungeordneter Reihenfolge und mit langen Werbeunterbrechungen gezeigt. Unter diesen Bedingungen war und ist der Verfasser trotz der Qualität der Serie nicht bereit, sich auch nur eine einzige Folge im linearen Fernsehen anzusehen. Wer die Serie nicht kennt, dem sei zum Kennenlernen die Folge 10 aus Staffel 4 empfohlen, in der Sheldon überzeugend erklärt, weshalb die Zahl 73 die beste von allen sei. Wahrscheinlich hat er damit recht.

die daraus entstehen, dokumentieren anders als die „Hitparaden" früherer Zeiten Wiedergabezahlen und nicht Verkaufszahlen. Weil aber künstliche Intelligenz das Konsumverhalten ständig mitverfolgt und weiterte Produkte anbietet, die das bisherige Verhalten von Nutzern spiegelt, können diese unbedacht zu willenlosen Abnehmern werden.

Ein großer Teil der Nutzung digitaler Medien gilt heute sozialen Netzwerken. Ein zunehmendes Problem ist der „digitale Giftmüll" aus Verleumdung und Demütigung, der dort verbreitet wird (Schmitz/Kaes 2021, S. m8). Einerseits sind die Betreiber gehalten, beleidigende, diffamierende und volksverhetzende Inhalte zu löschen, dies aber mit gebotener Zurückhaltung, um sich nicht dem Vorwurf der Zensur auszusetzen. Andererseits erzeugen gerade grenzwertige Inhalte und Äußerungen hohe Anzahlen an Klicks, und diese bestimmen über die Höhe der Werbeeinnahmen, denn diese finanzieren die sozialen Netzwerke, die für die Nutzer kostenlos sind. Soziale Netzwerke fördern also schon mit ihrer Grundidee eine Verrohung von Sprache und Gesellschaft, weil diese letztlich Geld bringen, und sind zu einem großen Teil eben alles andere als „sozial" (gesellschaftlich, gemeinnützig, wohltätig).[31]

Die Verbreitung und Evaluation über das Internet haben auch den Journalismus verändert. Weil die Akzeptanz von Informationen bei den Adressaten erhoben wird, wird zunehmend das berichtet, was am besten ankommt. Emanzipation, Selbstbestimmung und Kritikfähigkeit tun sich immer schwerer. Das alles ist ein Ergebnis der konsequenten Anwendung von Mathematik, also hier künstlicher Intelligenz.

Jeder Lehrkraft sollte klar sein, dass die ihr anvertrauten jungen Menschen nicht nur ungesunde Nahrungsmittel, zu viele Computerspiele und zu viele digital übertragene Kontakte konsumieren, sondern auch Inhalte, die ihrem Entwicklungsstand nicht entsprechen, sowie Kommunikationsformen, die ihre Lehrkraft für unangemessen bis verabscheuungswürdig halten kann. Verbote sind wenig wirksam. Das ist eine Realität, die niemand mit Absicht geschaffen hat, die wir aber zur Kenntnis nehmen müssen. Und unsere Lernenden sind am wenigsten dafür verantwortlich, wie die Welt ist, in der sie aufwachsen.

Die Fortsetzung der „Geiz ist geil"-Philosophie ist die „Kostet nix"-Mentalität des Internets. Dieser Mentalität wurde viel an Sicherheitsdenken geopfert. Es wird schwer sein, die verloren gegangene Sicherheit im Umgang mit Daten zurückzugewinnen, denn einerseits vergisst das Internet nicht, andererseits können Informationen verloren gehen, weil sie aus dem Netz

31 Im Strategiepapier der KMK (Bildung in der digitalen Welt) wird gefordert, dass die Lernenden Chancen und Risiken digitaler Medien kennen, den eigenen Mediengebrauch reflektieren und ggf. modifizieren (KMK 2017, S. 19).

genommen wurden, worauf die Nutzer und Konsumenten aber keinen Einfluss haben.

Dass mit der Kostenfreiheit bald Schluss ist, zeichnet sich schon ab. Das Internet als allen zugänglicher umfassender Wissensspeicher mit seiner vermeintlich demokratisierenden Funktion ist dabei, sich in die Exklusivität zu verabschieden. Immer mehr Informationen dienen nur noch dazu, Aufmerksamkeit zu erwecken und die Nutzer für kostenpflichtige Angebote zu interessieren. Die wirklich gewünschte Information kostet vielerorts schon und führt nicht selten zu Abonnements, die dann vergessen, aber weiter bezahlt werden. Programme können nicht mehr gekauft werden, sondern werden nur noch über pauschale Nutzungsgebühren zugänglich gemacht, und die Nutzerinnen und Nutzer sind längst gezwungen, über Updates Eingriffe auf ihren Endgeräten zu gestatten, deren Tragweite sie nicht überschauen können. Monopolähnliche Konzerne haben uns längst unser digitales Selbstbestimmungsrecht abgenommen.

Zurück auf den Boden der Mathematik: Die Zeit ist vorbei, als man lineare Funktionen mit Telefontarifen erklären und Problemstellungen finden konnte, die auf lineare Gleichungssysteme führten (die Grundgebühr als Modell des Achsabschnitts und die Verbrauchswerte als Steigung). Mit dem Alltagsbezug von Mathematikunterricht fallen viele „schöne“ Zugänge weg, weil sie inzwischen ihren Alltag verloren haben. Aber es kommen auch neue hinzu: Für die Elektroroller (E-Scooter), die in Großstädten überall herumstehen, zahlt man einen festen Betrag für das Entsperren und dann einen Betrag pro Minuten. Die alte Telefontarif-Stunde lässt sich darauf transformieren.

Wir halten es für keine gute Idee, sich deshalb ins Innermathematische zurückzuziehen und die Mathematik wieder von der erlebten Welt der Lernenden ein Stück weiter wegzuschieben, nur weil man gewisse Inhalte schon immer gelehrt hat und weil sie schließlich in der Prüfung drankommen. Schule kann die Zeit nicht zurückdrehen, aber sie kann den Lernenden zeigen, wie sie die Welt, in der sie leben, verstehen können und ihnen damit helfen, den Rest an Selbstbestimmung, der ihnen noch bleibt, so gut wie möglich zu nutzen. Mehr geht wahrscheinlich nicht, außer wir gingen davon aus, aus dem Mathematikunterricht heraus die Welt verändern zu können.

3 Mathematische Kompetenzen

3.1 Der Kompetenzbegriff

Eigentlich sollte es an dieser Stelle nicht nötig sein, Kompetenzorientierung zu thematisieren. Aus unseren Beobachtungen an manchen Schulen und aus Fortbildungen schließen wir aber, dass es zumindest nicht schadet. Prüfungsformate, die beharrlich Fertigkeiten und innermathematisches Problemlösen in vertrauten Konstellationen abprüfen, behindern immer noch konsequent die Durchsetzung wirklich kompetenzorientierten Mathematikunterrichts.

„Unter Kompetenzen versteht man die bei Individuen verfügbaren oder durch sie erlernbaren kognitiven Fähigkeiten und Fertigkeiten, um bestimmte Probleme zu lösen, sowie die damit verbundenen motivationalen, volitionalen und sozialen Bereitschaften und Fähigkeiten, um die Problemlösungen in variablen Situationen erfolgreich und verantwortungsvoll nutzen zu können" (Weinert 2003, S. 27–28). Lernende sollen Kompetenzen erlangen, durch die sie befähigt werden, konkrete und komplexe Anforderungen zu bewältigen.

Die Begriffsbestimmung nach Weinert wurde und wird oft und vielerorts zitiert. Der Aspekt, dass die Bereitschaften und Fähigkeiten der Lernenden motivational, volitional und sozial bestimmt sein können, wird zugunsten einer Kürzung des sperrigen Zitats bisweilen weggelassen (z. B. Blum u. a. 2006/2010, S. 15). Im digitalen Zusammenhang lenken gerade diese Adjektive einen neuen Fokus auf den Kompetenzbegriff.

Denn zu Kompetenz gehört nicht nur, dass man etwas kann, sondern auch, dass man es können will, für sinnvoll hält, es auszuführen, und dass dies in einem sozialen Umfeld stattfindet. Bisherige Prüfungsformate gehen davon aus, dass eine Leistungsüberprüfung weder freiwillig noch gern, und eben nicht in einem sozialen Umfeld ausgeführt wird, sondern in sozialer Isolation. Deshalb sind solche Formate überhaupt nicht in der Lage, Kompetenzen im Sinne von Weinert zutreffend zu überprüfen oder abzubilden.

Der Auftrag unseres Buches ist nicht, neue Prüfungsformate zu entwerfen. Aber wir werden immer wieder an geeigneter Stelle darauf hinweisen, dass Prüfungsformate, die schon bisher einer wirksamen Weiterentwicklung von Mathematikunterricht im Wege standen, dies im digitalen Mathematikunterricht erst recht tun und zu Hindernissen mit weitreichenden Konsequenzen geworden sind, die zu überwinden eine einzelne Lehrkraft nicht in der Lage ist.

Die Pandemie hat der Digitalisierung des Mathematikunterrichts einen Schub verschafft. Es müssen zeitgemäße Prüfungsformate erstellt und die alten verworfen werden; nicht irgendwann, sondern als Nächstes.

3.2 Das Kompetenzmodell der KMK

Das Kompetenzmodell der Kultusministerkonferenz (KMK 2004) beschreibt mathematische Kompetenzen im Zusammenspiel einer inhaltlichen, einer prozessbezogenen und einer kognitiven Dimension. Die inhaltliche Dimension wird durch Leitideen beschrieben, die prozessbezogene Dimension umfasst Handlungen und Abläufe, die sich bei einer Erschließung der mathematischen Strukturen ergeben oder dafür notwendig sind. Die kognitive Dimension beschreibt mithilfe von Abstufungen den Grad der Ausprägung, mit dem mathematische Handlungen ausgeführt werden.

Inhaltliche und prozessbezogene Kompetenzen[32] lassen sich nicht getrennt erwerben, und Kompetenzerwerb findet immer auf einem bestimmten Niveau statt. Weil inhaltliche Kompetenzen sich aber leichter und konkreter auflisten lassen als prozessbezogene, führt jeder Versuch, Kompetenzlisten zu erstellen, letztlich dazu, dass die prozessbezogenen Kompetenzen zu wenig Berücksichtigung erfahren und die Betrachtung sich zunehmend auf die inhaltliche und die kognitive Dimension beschränkt; auch Kompetenzraster sind letztlich zweidimensionale Listen. Einen Überblick über die mathematischen Kompetenzen gibt die Tabelle[33] Abb. 3.1.

Dimension	Inhalte
Prozessbezogene mathematische Kompetenzen	(K1) Mathematisch argumentieren (K2) Probleme mathematisch lösen (K3) Mathematisch modellieren (K4) Mathematische Darstellungen verwenden (K5) Mit symbolischen, formalen und technischen Elementen der Mathematik umgehen (K6) Mathematisch kommunizieren
Inhaltsbezogene mathematische Kompetenzen	(L1) Leitidee Zahl (L2) Leitidee Messen (L3) Leitidee Raum und Form (L4) Leitidee Funktionaler Zusammenhang (L5) Leitidee Daten und Zufall
Anforderungsbereiche	I. Reproduzieren II. Zusammenhänge herstellen III. Verallgemeinern und Reflektieren

Abb. 3.1: Mathematische Kompetenzen

32 Teilweise werden prozessbezogene mathematische Kompetenzen auch als „allgemeine mathematische Kompetenzen" bezeichnet.

33 Tabelle in Anlehnung an Heymann 2009, S. 75

Das Zusammenspiel der inhaltlichen, prozessbezogenen und kognitiven Dimensionen lässt sich mit einem dreidimensionalen Modell (Abb. 3.2) veranschaulichen. Eine Balance aus produkt- und prozessorientiertem Kompetenzaufbau, also aus Leitideen und Kompetenzen, ist unverzichtbar und muss immer durch Maßnahmen der Differenzierung ergänzt werden. Die grafische Darstellung des Kompetenzmodells als Quader hat sich durchgesetzt und ist teilweise direkt oder fast identisch in den Bildungsplänen zu finden.

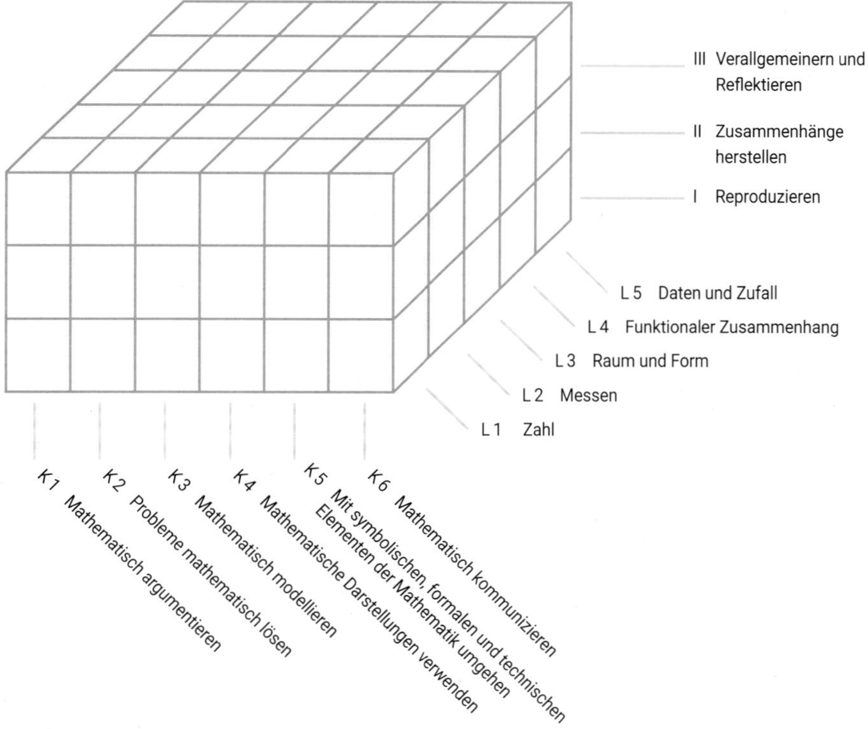

Abb. 3.2: Mathematisches Kompetenzmodell

3.2.1 Inhaltsbezogene Kompetenzen

Erfahrungsgemäß haben Lehrkräfte wenige Schwierigkeiten mit inhaltsbezogenen Kompetenzen. Die einzelne Lehrkraft kann in der Regel dem gültigen Bildungsplan sehr gut entnehmen, welche inhaltsbezogenen Kompetenzen sie wann vermitteln soll. Da Digitalität zwar nicht nur, aber vordergründig eine Frage des Medieneinsatzes ist, könnte man schnell zu dem Schluss kommen, inhaltsbezogene Kompetenzen wären nicht Thema dieses Buchs.

Das sind sie primär auch nicht. Dennoch muss gefragt werden, welche Sichtweisen auf die Inhalte von Mathematikunterricht sich ändern, wenn man davon ausgeht, dass generell digitale Medien und dadurch bedingt digitale Methoden eingesetzt werden.

Die Bedeutung der Beherrschung von Verfahren nimmt in Abhängigkeit von der Verwendung von Medien, die das können, ab. Das bedeutet nicht, dass diese Verfahren im Unterricht nicht mehr thematisiert zu werden brauchen. Aber auf einem anderen Niveau.

Wer etwa einen Handwerksbetrieb gründet, muss bald die eigentlichen Tätigkeiten des Handwerks nicht mehr selbst ausführen, sobald er Mitarbeiter eingestellt hat und weil er in die Rolle des „Chefs“ wechselt. Aber er muss genau darüber Bescheid wissen, wie die Abläufe funktionieren, wo Fehlerquellen sind, wie man Fehler vermeiden und Abläufe optimieren kann. Vor allem sollte er beurteilen können, wie erfolgreich Abläufe abgewickelt wurden, die in seinem Namen, aber nicht von ihm selbst ausgeführt wurden, bevor er dem Kunden eine Rechnung stellt.

Nach dieser Metapher bedeutet Digitalisierung im Mathematikunterricht, dass man den Lernenden erlauben sollte, Routinetätigkeiten an digitale Medien zu delegieren, und darüber „Chefs“ zu werden: Bescheid wissen, Fehlerquellen kennen, Fehler vermeiden, Abläufe optimieren, Ergebnisse reflektieren, Verantwortung übernehmen.

Was heißt das für den Mathematikunterricht konkret? Lernende müssen auch weiterhin Verfahren lernen, aber deren Ausführung nicht auch in komplexen Konstellationen „beherrschen“, sondern die Richtigkeit zutreffend beurteilen und Ergebnisse interpretieren können, nachdem sie die Ausführung an digitale Geräte delegiert haben. Verfahren an komplexen Zahlenbeispielen zu üben, hat weitgehend an Sinn verloren, das Verständnis, wie ein Verfahren „funktioniert“, hat an Bedeutung zugenommen.

Wir haben den für uns zuständigen Bildungsplan (MKJS BW 2016b) untersucht und darin reichlich Hinweise auf die Einfachheit händischen Ausführens von Verfahren gefunden. Im Bildungsplan steht demnach nicht nur, was Gegenstand des Unterrichts sein sollte, sondern auch, was nicht. Es sind klare Grenzen des analogen Unterrichts definiert, zum Beispiel:

- Multiplikation mit maximal dreistelligen Faktoren,
- Division mit maximal zweistelligem Divisor,
- Quadratzahlen von 1^2 bis 15^2,
- Klammerterme in einfachen Fällen berechnen,
- mit nur einer Variable faktorisieren,
- einfache Bruchgleichungen,

- Schrägbilder und Netze skizzieren,
- einfache Potenzgleichungen.

Wir haben zahlreiche Hinweise auf Verstehensorientierung gefunden:
- Lösbarkeit und Lösungsvielfalt untersuchen,
- Begriffe erläutern,
- Formeln erklären,
- Zusammenhang erklären,
- Dreiecksformen identifizieren,
- Konstruierbarkeit von Dreiecken untersuchen,
- Beispiele angeben,
- Aussagen bewerten.

Auch Hinweise auf den Einsatz digitaler Medien haben wir gefunden:
- Tabellenkalkulation verwenden,
- „mit dem Taschenrechner“,
- „zeichnerisch lösen mit dynamischer Geometriesoftware“,
- Daten aus Sekundärquellen übernehmen,
- Daten darstellen unter Verwendung von Software.

Ergebnis unserer kleinen Recherche ist, bezogen auf unseren Bildungsplan, dass dieser uns nicht nur ermutigt, die händische Ausführung von Verfahren zu reduzieren und auf einfache Beispiele zu beschränken, sondern uns vorgibt, verständnisorientiert zu unterrichten, und dass er zumindest einen Einstieg in Digitalität verbindlich macht. Wir kommen noch nicht zu der Einschätzung, dass durch den Bildungsplan digitaler Mathematikunterricht, wie wir ihn uns vorstellen, angemessen vorgeschrieben wäre, aber die Richtung stimmt.

Wir können unserer Leserschaft nicht abnehmen herauszufinden, wie sich das in ihrem eigenen Bundesland und ihrer eigenen Schulart verhält. Aber wir sind überzeugt, dass die Erkenntnisse nicht grundsätzlich andere sein werden: ein Einstieg in digitalen Mathematikunterricht ist getan, aber er geht bei Weitem noch nicht so weit, wie es in der heutigen Zeit geboten wäre.

3.2.2 Prozessbezogene Kompetenzen

„Meta-Konzepte sind Konzepte, die von ihrem Wesen her nicht auf ein Thema begrenzt sind, sondern für eine ganze Disziplin und manchmal darüber hinaus auch für andere Disziplinen relevant sind. Ein solches Meta-Konzept aus der Mathematik ist der Beweis. Die Grundidee eines soliden Beweises ist nicht nur im gesamten Feld der Mathematik, sondern auch darüber hinaus anwendbar“ (Fadel u. a. 2017, S. 91). Das Zitat bezieht sich auf die prozessbezogene

Kompetenz *Mathematisch argumentieren,* die zu einer der wichtigsten Grundlagen der Bildungspläne gehört. Argumentationsketten und Beweise gibt es nicht nur in der Mathematik, sondern auch in Philosophie, Recht, Handel, Verwaltung und Politik. Wer in der Lage ist, einen Nachweis zu führen, etwas zu „beweisen", ist im Vorteil.

Auch wer es beherrscht, Probleme zu lösen, mit Modellen die Realität zu beschreiben und verständlich zu kommunizieren, hat Vorteile, erst recht wenn es ihm gelingt, Erkenntnisse angemessen darzustellen. Digitaler Mathematikunterricht erfüllt die Ziele analogen Mathematikunterrichts ebenso, guter digitaler Mathematikunterricht erfüllt sie besser als analoger.

Wenn es in Anfangszeiten der Pandemie an manchen Schulen zu einem Rückfall in überholte Unterrichtsmodelle kam, dann ist das nicht den Lehrkräften anzulasten, die gezwungen waren, völlig unvorbereitet neue Wege zu finden, ihre Schülerinnen und Schüler irgendwie zu erreichen, zu „beschulen" und zu beschäftigen. Dass dabei teilweise Schubladen mit eigentlich längst überholt geglaubten Aufgabenplantagen aufgemacht wurden, ist nur verständlich.

Inzwischen sind wir aber einige Schritte weiter. Es ist erkannt worden, dass der digitale Aspekt in den Schulen weitgehend vernachlässigt worden war. Die Notwendigkeit, ihn ernst zu nehmen und in das pädagogische Konzept einzubinden, wurde zu einer konsensfähigen Erkenntnis. Jetzt geht es um das Wie, unabhängig von weiteren Pandemieverläufen. Schule ohne Digitalität geht nicht mehr und wird es in Deutschland wohl auch nicht mehr geben.

Bei den oben aufgeführten prozessbezogenen mathematischen Kompetenzen hat eine gefehlt: *Mit symbolischen, formalen und technischen Elementen der Mathematik umgehen.* Jahrzehntelang hat sich Mathematikunterricht schwerpunktmäßig genau auf diese Kompetenz konzentriert, wenn sie auch nicht als Kompetenz bezeichnet wurde, sondern so war Mathematikunterricht eben.

Weil es inzwischen Geräte nicht nur gibt, sondern weil sie überall verfügbar sind, die diese Kompetenz übernehmen können, fordert genau diese mathematische Kompetenz dazu auf, nachzudenken oder umzudenken.

Die Kompetenz meint „den Einsatz von mathematischem Wissen und mathematischen Fertigkeiten als mathematische Werkzeuge. Ziel des Einsatzes von Werkzeugen sind Vereinfachungen und Qualitätsverbesserungen. Zu den möglichen mathematischen Werkzeugen zählen Kenntnis und Anwendung von Begriffen, Regeln, Formeln und Algorithmen" (Storz 2018, S. 155). Genau das alles kann ein Smartphone oder ein Computer besser und konsequenter als seine Nutzerin oder sein Nutzer, wobei in allen anderen prozessbezogenen mathematischen Kompetenzen die Nutzerinnen und Nutzer besser sind. Nur den Einsatz mathematischer Werkzeuge müssen sie nicht mehr notwendig selbst ausführen; verstehen müssen sie es schon, sonst endet die Mündigkeit.

Man muss damit aufhören, Jugendlichen Kompetenzen zu vermitteln, die Geräte, die sie alle in der Tasche haben, besser beherrschen, als sie es selbst lernen können, und ihnen in Abhängigkeit davon Bildungschancen zu vergeben. Sonst kann sich die Bedeutung von Mathematikunterricht schnell auf den historischen Aspekt reduzieren. Von einem Autofahrer verlangt man auch nicht, 130 Stundenkilometer schnell laufen zu können, sondern er darf eine Maschine benutzen, die das kann. Übrigens wird in der Fahrschule zwingend eine Autobahnfahrt verlangt, um zur Fahrprüfung zugelassen zu werden. Trotzdem wird in der Prüfung nicht darüber befunden, wie gut zu Fuß gegangen werden kann.

4 Unterrichtsqualität

4.1 Allgemeinbildender Mathematikunterricht

Mathematik ist in einer immer mehr technologisierten Welt eine unentbehrliche Basiswissenschaft, wenn nicht die umfassendste überhaupt, und gewinnt immer noch mehr an Bedeutung, wenn sie auch oft von ihren Anwendungen verdeckt und dadurch kaum wahrgenommen wird.

Die Ausführungen in diesem Buch sind als Teil eines Konzeptes allgemeinbildenden Mathematikunterrichts zu verstehen. Mathematik, wie sie in den allgemeinbildenden Schulen unterrichtet wird, wird heute verstanden als „zentrale kulturelle und zivilisatorische Errungenschaft", die „bei der Bewältigung vielfältiger Lebenssituationen" unterstützt und „als Sprache in einer zunehmend technisierten und ökonomisierten Welt" dient (MKJS BW 2016b, S. 3). Die Merkmale Anwendungsorientierung, Nützlichkeit und Anschaulichkeit von Mathematikunterricht werden heute ganz selbstverständlich von Bildungsplänen eingefordert.

Unter allgemeinbildender Mathematik wird eine Mathematik verstanden, die sich im Wesentlichen nicht vorrangig an der Wissenschaft orientiert, sondern an der Alltagstauglichkeit. Allgemeinbildende Mathematik ist eine Mathematik für alle, also diejenigen ausdrücklich einschließend, die sich im späteren Beruf oder Studium nicht direkt mit Mathematik beschäftigen werden, und die sich in der Schulzeit nicht als speziell für Mathematik Begabte begreifen.

Es gibt Berufe wie Tischler, Landschaftsgärtner und Bauingenieur (Vernay 2008, S. 38–41), in denen mathematische Inhalte eine besondere Rolle spielen. Aber auch hier sind es weniger wissenschaftsbezogene Kompetenzen, die erforderlich sind, sondern allgemeinbildende mathematische Kompetenzen: Grundrechenarten, Flächenberechnungen, Volumenberechnungen, Rechnen mit Maßeinheiten, Flächenzerlegungen. Deren Grundlagen werden in der Sekundarstufe I der allgemeinbildenden Schulen vermittelt.

Der Gegenpol zu allgemeinbildendem Mathematikunterricht ist der schon lange in die Kritik geratene traditionelle, an Wissenschaft und der Beherrschung von Verfahren orientierte Mathematikunterricht, der noch nicht an allen Schulen der Vergangenheit angehört.

Betrachtet man erste Schritte mancher Schulen in die Digitalität, dann kann der Eindruck entstehen, diese seien Rückschritte in traditionelle Formen von Mathematikunterricht, die man überwunden zu haben glaubte:

- Es werden wieder verstärkt Aufgaben abgearbeitet, anstatt differenziert zu lernen und zu üben.

- Es werden wieder verstärkt Lösungszahlen statt Lösungswege verglichen und kontrolliert.
- Die Kommunikationswege konzentrieren sich wieder stärker auf den Kanal zwischen der Lehrkraft auf der einen und den Lernenden als gedacht homogene Gruppe auf der anderen Seite.
- Die Lehrkraft erklärt wieder mehr, anstatt die Lernenden bei spannenden Entdeckungsprozessen zu begleiten.

Unser Anliegen ist, zu vermitteln, dass digitaler Mathematikunterricht mehr sein kann als alter Wein in neuen Schläuchen, mehr als Altes und längst Überholtes in digitaler Verpackung. Digital übertragener Unterricht ersetzt nicht analog übertragenen, deshalb gelten für beide dieselben Qualitätsmerkmale. Diese müssen unter Umständen präzisiert werden, um Missverständnisse zu vermeiden.

Wenn zum Beispiel Erklärvideos erstellt werden, dann ist die Lehrkraft mit ihrer „Erklär-Kompetenz“ gefordert. Eine gute Lehrkraft ist eine, die gut erklären kann; das war vor einem halben Jahrhundert so. Aber anders als damals ist die Gefahr heute geringer, dass gutes digitales Erklären Teil von fragend-entwickelnden Unterrichtsgesprächen wird oder in solche abgleitet, und es ist heute meist der oder die Lernende, welche von sich aus auf Erklärungen zugreifen, anstatt sie zu einem von der Lehrkraft bestimmten Zeitpunkt aufgedrängt zu bekommen.

4.2 Lehren und Lernen

„Guter Unterricht ist ein Unterricht, in dem mehr gelernt als gelehrt wird“ (Helmke 2015, S. 20, zitiert nach Weinert 1998). Diese Aussage ist zu unkonkret, als dass sich daraus Merkmale für Qualität von Unterricht verbindlich ableiten ließen. Andererseits lassen sich bei einer wirkungsorientierten Betrachtung, aus empirischen Analysen des Ertrags von Unterricht, keine relevanten Schlussfolgerungen für die Gestaltung von Unterricht ziehen, weil sie keine Bestätigung einer zugrundeliegenden Theorie beinhalten (Helmke 2015, S. 20).

Unterrichtsqualität ist eine zentrale Frage der Pädagogik und jeder Fachdidaktik. Selten gibt es vollständige Übereinstimmungen, was unter Unterrichtsqualität konkret zu verstehen ist. Unterschiede in den Sichtweisen gerade auf Mathematikunterricht stützen sich oft auf grundlegende Überzeugungen, nämlich die Gegenpole rezeptiver und konstruktivistischer Auffassungen von Lernen: Soll das Lehren oder das Lernen im Vordergrund didaktischer und methodischer Überlegungen stehen? Die Bildungspläne geben diesbezüglich weitgehend Antworten in dieselbe Richtung: Mathematikunterricht sollte aus der Perspektive des Lernens gedacht werden, wie die folgenden Zitate beispielhaft belegen.

- Schleswig-Holstein: „Die fortschreitende Entwicklung und Ausbildung d(ies)er überfachlichen Kompetenzen ermöglicht es den Schülerinnen und Schülern, Lernprozesse zunehmend selbst zu gestalten, das heißt: zu planen, zu analysieren und zu bewerten" (MSB SH, S. 8). „Beim Entdecken von Gesetzmäßigkeiten sowie beim Vergleichen und Reflektieren von Lösungswegen bilden sich Denk- und Handlungsstrategien heraus" (MSB SH, S. 12).
- Baden-Württemberg: „Das Lernen von Mathematik ist ein konstruierend-entdeckender Prozess, der sich an bereits vorhandene Kompetenzen anschließt und in dessen Verlauf man zur Auseinandersetzung mit mathematischen Sachverhalten angeregt wird" (MKJS BW 2016b, S. 9).
- Mecklenburg-Vorpommern: „Nicht alles, was technisch möglich ist, ist pädagogisch sinnvoll. Deshalb hat ganz klar das Vorrang, was dem Lernen und den Lernenden nutzt" (MBWK MV 2019, Vorwort der Kultusministerin).
- Nordrhein-Westfalen: „Eine einseitig kleinschrittige Methodik, die entlang einer vorgegebenen Stoffsystematik eine Engführung der Lernenden betreibt, ist nicht geeignet, junge Menschen verständnisorientiert in mathematisches Denken einzuführen" (MSJK NRW, S. 12). „Zudem darf er (der Unterricht, d. Verf.) sich nicht auf die nachvollziehende Anwendung von Verfahren und Kalkülen beschränken, sondern muss in komplexen Problemkontexten entdeckendes und nacherfindendes Lernen ermöglichen" (MSJK NRW, S. 12).

Solche Zitate bestätigen die oben stehende Aussage von Helmke und deshalb würden wir gern von einem Konsens mit der Leserschaft ausgehen, dass im Zentrum von Mathematikunterricht das Lernen stehen soll, dass Didaktik keine Lehre des Lehrens ist und dass ein konstruktivistisches Verständnis von Lernen zugrunde zu legen hat.

Die Pandemie hat den längst dringend notwendigen Einzug von Digitalität in den Unterricht an allgemeinbildenden Schulen enorm beschleunigt, was man nur begrüßen kann. Mit Digitalität kann die Qualität von Unterricht gesteigert werden; die Beispiele in diesem Buch machen das hoffentlich deutlich. Aber mehr Digitalität bedeutet nicht zwangsläufig mehr Unterrichtsqualität, sondern kann dieser auch schaden. Die Qualitätsfrage muss also neu gestellt werden, wie das stets bei erheblichen Veränderungen der Fall sein sollte. Qualitätsverluste aufgrund von digitalem Medieneinsatz wären unerfreulich bis verhängnisvoll.

4.3 Qualitätsmerkmale für Mathematikunterricht

Im Folgenden orientieren wir uns an der Liste von Qualitätsmerkmalen (Storz 2020, S. 28), die aus empirischen und normativen Sichtweisen mehrerer namhafter Pädagogen, Pädagoginnen, Fachdidaktikerinnen und Fachdidaktiker[34] zusammengestellt wurde (Tab. 4.1), und vertiefen die Merkmale unter dem Aspekt der Digitalität.

Fächerübergreifende Qualitätsmerkmale	Fachspezifische Qualitätsmerkmale und solche, die einer fachspezifischen Konkretisierung bedürfen
• Klassenführung • kognitive Aktivierung • Schülerorientierung und Individualisierung • zielführende und angemessene Vielfalt • Sicherung	• Bildungsplanbezug • inhaltliche und didaktische Fundiertheit • Kompetenzorientierung • Sinnstiftung • Verstehensorientierung • Differenzierung • Aufgabenkultur • Lösungswegevielfalt • konstruktiver Umgang mit Fehlern • intelligentes Üben

Tab. 4.1: Qualitätsmerkmale für Mathematikunterricht

Grundsätzlich gibt es Qualitätsmerkmale, die für alle Unterrichtsfächer gelten, und es tun sich dann Unterschiede auf, wenn man sich auf einzelne Fächer konzentriert. Wenn eine Mathematiklehrkraft zum Beispiel Offenheit zulässt und Fehler sogar als willkommene Lernchancen auffasst, was ja richtig ist, kann das dieselbe Lehrkraft in ihrem zweiten Unterrichtsfach wie Sport, Chemie, Physik oder Technik ganz anders sehen, weil dort durch Offenheit und gewisse Fehler die Gesundheit oder sogar das Leben der Lernenden bedroht oder das Eigentum des Schulträgers beschädigt werden könnte.

Qualitätsmerkmal Klassenführung

Gute Klassenführung erkennt man an gegenseitig respektvollem Umgang, klaren und verbindlichen Rollenzuweisungen und Regeln. Verantwortung und Führung liegen bei der Lehrkraft, die gerecht und effektiv handelt. Zudem agiert die Lehrkraft bevorzugt präventiv und nur selten reaktiv, und ihre Unterrichtsführung passt in die vorgefundene und vorbereitete Umgebung.

34 Meyer 2014, Helmke 2015, Heymann 1996, Heymann 2009, Leuders 2001, Leuders in Vogel 2018, Blum/Leiß 2005, Blum u. a. 2006, Barzel u. a. 2011, Barzel/Holzäpfel 2011

In Bezug auf digitale Medien schließen wir daraus, dass von der Lehrkraft festgelegt und durchgesetzt wird, welche digitalen Medien wann und mit welchen Zielen von wem im Unterricht genutzt werden. Sofern die Nutzung eigener Endgeräte zugelassen wird, muss sichergestellt sein, dass diejenigen Lernenden, die über kein eigenes Gerät verfügen, ein solches leihweise zur Verfügung gestellt bekommen. Die Lehrkraft nutzt nur solche Medien und Methoden, mit deren Nutzung sie sicher vertraut ist und die den rechtlichen Vorgaben entsprechen. Digitale Verstöße Lernender gegen Anstands- und Benimmregeln werden konsequent und unmittelbar verfolgt und gegebenenfalls sanktioniert.

Qualitätsmerkmal kognitive Aktivierung

Kognitive Aktivierung erkennt man am Erkenntnisinteresse der Lernenden, das durch den Unterricht veranlasst oder verstärkt wird und das dazu führt, dass die Lernenden sich mit dem Lerninhalt selbstaktiv auseinandersetzen. Damit das stattfinden kann, plant und reflektiert die Lehrkraft ihren Unterricht lernzielbezogen. Sie stellt sicher, dass Lernangebote an Vorwissen und Vorerfahrungen anknüpfen, und sie vermittelt den Lernenden Ziele und Sinn einer Auseinandersetzung mit dem Lerninhalt.

In Bezug auf digitale Medien macht dies vor allem den Unterschied zwischen „aktiviert“ und „kognitiv aktiviert“ klar. Ein Unterricht, in dem Lernende mit Begeisterung digitale Medien nutzen, erfüllt dadurch nicht automatisch das Merkmal kognitiver Aktivierung. Denn das Interesse der Lernenden muss auf den Lerninhalt gerichtet sein. Es reicht nicht, wenn sie motiviert sind, zu tun, was sie tun, sondern ihr Tun muss lernzielbezogene kognitive Aktivitäten auslösen. Auch Unterforderung kann motivieren, weil sie schnell zu Erfolgserlebnissen führt, aber kognitive Aktivierung meint etwas anderes.

Qualitätsmerkmal Schülerorientierung und Individualisierung

Schülerorientierung und Individualisierung erkennt man an einer Vernetzung des Lernens mit dem individuellen Vorwissen jedes einzelnen Lernenden sowie an einer Vielfalt zugelassener, geöffneter und geförderter Zugänge sowie Lernwege. Die diagnostische Haltung der Lehrkraft zeigt sich darin, dass abweichende Schülerwege bemerkt, beobachtet und positiv verstärkt werden, und dass individuell adressierte Erklärungen und Rückmeldungen gegeben werden. Die Lehrkraft stellte eine Balance zwischen Selbststeuerung und Instruktion her, die Verantwortung für das Lernen bleibt aber bei der Lehrkraft.

Beim Einsatz digitaler Medien ist dieses Qualitätsmerkmal mit besonderen Anforderungen verbunden. Denn für individuelle Adressierungen von Aufgaben, Rückmeldungen und Erklärungen in digitaler Form gibt es zwar Ansätze, deren Umsetzungsmöglichkeiten sind aber noch nicht ausgereizt. Auf jeden Fall kann digitaler Medieneinsatz der Lehrkraft Routinetätigkeiten abnehmen und damit Freiräume schaffen, um individuell auf Lernende einzugehen und diese diagnostisch begründet zu fördern und zu fordern.

Qualitätsmerkmal zielführende und angemessene Vielfalt

Zielführende und angemessene Vielfalt entstehen durch Passung und Variation von lernzielorientierten Sozialformen, Methoden und Medien. Zeitökonomie kann dadurch erreicht werden, dass Sozialformen, Methoden und Medieneinsatz eingeübt und im Wechsel immer wieder eingesetzt werden. Dabei sollte dosierte und zurückhaltende Visualisierung dafür sorgen, dass diese nicht den Lernprozess dominiert und damit vom Lerninhalt ablenkt.

Gerade der letztgenannte Aspekt sollte beim Einsatz digitaler Medien besonders beachtet werden. Weil digitaler Medieneinsatz im Mathematikunterricht oft etwas Neues und Motivierendes darstellt, kann leicht eine Situation entstehen, in der eine Stellschraube überdreht wird und die Digitalität den Unterricht dominiert. Nur weil sie relativ neu ist, verbessert Digitalität nicht automatisch den Unterricht, und Vielfalt beinhaltet eben einen angemessenen Wechsel von analogen und digitalen Medien und digital unterstützten Tätigkeiten.

Qualitätsmerkmal Sicherung

Sicherung beschreibt Maßnahmen, die dazu führen sollen, dass neu erworbenes Wissen und Können nicht verloren gehen, sondern sicher verwahrt sind. Gute Sicherung erkennt man daran, dass nicht nur die Kenntnis von Fachbegriffen und die Beherrschung von Verfahren, sondern Verständniskerne aller erworbenen Kompetenzen gesichert werden. Neue Elemente des Wissens und Könnens müssen mit vorhandenem Wissen und Können vernetzt werden und bereits Gesichertes genießt Bestandschutz: Was einmal als richtig erachtet wurde, darf nicht plötzlich als falsch gelten.

Wenn zum Beispiel Verfahren mit digitalen Mitteln sehr viel einfacher durchgeführt werden können als mit analogen, dann dürfen dadurch keine Widersprüche entstehen, sondern die Lernenden müssen verstehen, weshalb und wie digitale Wege einfacher und kürzer zum Ziel führen können, dass es möglicherweise Abkürzungen, aber keine grundsätzlich anderen Wege sind.

Qualitätsmerkmal Bildungsplanbezug

Dieses Qualitätsmerkmal ist eigentlich schnell beschrieben: Der Unterricht muss sich in überzeugender Form auf die grundlegenden Konzepte für Mathematikunterricht stützen, die im aktuell gültigen Bildungsplan festgeschrieben sind oder ihm nachvollziehbar zugrunde liegen. Aktuell ist das in allen

Bundesländern das Kompetenzmodell der Kultusministerkonferenz (KMK) von 2003 (siehe Kap. 3).

Digitalität wird in den Bildungsplänen weniger berücksichtigt, als dies zu wünschen oder zu erwarten wäre. Dies lässt sich dadurch erklären, dass Digitalität als Medieneinsatz aufgefasst werden kann und Medieneinsatz als Teilbereich der Methodik nicht Gegenstand der Bildungspläne ist, zumindest nicht deren fachbezogener Teile. Wenn man in einem Bildungsplan also zum Beispiel nichts über Erklärvideos liest, bedeutet das nicht, dass der Einsatz von Erklärvideos nicht bildungsplankonform wäre. Trotzdem kann über die Art der Videos und ihre Stellung innerhalb des Lernprozesses insgesamt eine Konstellation nachvollziehenden, belehrenden Lernens entstehen, die dann nicht den Intentionen des Bildungsplans gerecht wird.

Qualitätsmerkmal inhaltliche und didaktische Fundiertheit

Was im Unterricht gelernt wird, muss vor allem eines sein: richtig. Im Fach Mathematik ist das gar nicht so einfach einzuhalten, denn das mathematisch Richtige ist oft zu komplex und zu allgemein für Allgemeinbildung, sodass es für den Unterricht vereinfacht, didaktisch reduziert werden muss. Zum Beispiel sind die Merkmale von Prismen, Zylindern, Pyramiden usw. einfacher zu beschreiben, wenn man sich jeweils auf gerade Formen beschränkt. Weil es aber auch schiefe Körper gibt, sind viele Aussagen an allgemeinbildenden Schulen dadurch streng genommen falsch und nicht so streng genommen nicht vollständig. Über die Balance aus fachlicher Richtigkeit und didaktischer Reduktion in der jeweiligen Schulart herrscht bei Begriffen weitgehend Einigkeit.

Nicht ganz so verhält es sich beim Gebrauch von Fachsprache und dem Formulieren von Regeln. Das Prinzip, dass Fachsprache eine Sprache nicht des Lernens, sondern des Gelernten ist, wird häufig missachtet. Und beispielsweise geht die Gleichung „$a^2 + b^2 = c^2$“ noch oft als „Satz des Pythagoras“ durch[35], was darauf hinweist, dass von einem falschen Verständnis dafür ausgegangen wird, was eigentlich eine Regel oder ein mathematischer Satz ist.

Eine Lehrkraft, der an der Qualität ihres Mathematikunterrichts gelegen ist, wird gerade auf diese beiden Aspekte besonders achten: Die Namen für Fachbegriffe werden erst verwendet, nachdem von den Lernenden die Begriffe gebildet wurden, und Regeln werden grundsätzlich nach dem Prinzip „wenn ..., dann ...“ formuliert. Weil die Lernenden sich heute auch im Internet mathematisch schlaumachen, hat in digitalen Zeiten die Lehrkraft noch mehr als in analogen Zeiten Mühe, fachlichen Ungenauigkeiten und Fehlern

35 Auch Daniel Jung, der als Pionier der Kurz-Erklärvideos gilt, lehrt: „Es gilt der Satz: $a^2 + b^2 = c^2$“ (Youtube.com/watch?v=z5wP7i7FNkE, angesehen am 19.12.2020).

entgegenzuarbeiten. Sie muss den digitalen Hilfslehrer nicht selten korrigieren, um die Lernziele so zu erreichen, dass es ihren eigenen didaktischen Überzeugungen entspricht. Denn die Verantwortung bleibt bei der Lehrkraft.

Qualitätsmerkmal Kompetenzorientierung

Auch viele Jahre nach der Einführung kompetenzorientierter Bildungspläne ist nach unserer Wahrnehmung eine gelungene und konsequente Kompetenzorientierung in den Schulen kaum angekommen. Nach unserer Einschätzung liegt das daran, dass es deutlich schwieriger ist, Kompetenzen zu prüfen als die Beherrschung von Fertigkeiten und klassischem Problemlösen. Was in der Prüfung drankommt, hat für Lehrkräfte mehr Verbindlichkeit, als was im Bildungsplan steht; das ist ja durchaus nachvollziehbar.

Kompetenzorientierung bedeutet, „Situationen zu schaffen und zu nutzen, in denen Lernende mit relevanten Elementen der Mathematik umgehen und dadurch selbstaktiv Wissen, Fertigkeiten und Fähigkeiten erwerben“ (Storz 2018, S. 6). Das trifft auf digitalen Mathematikunterricht deutlich mehr zu als auf analogen. Vielleicht muss manche Lehrkraft akzeptieren, dass digital anders gelernt wird, als die Lehrkraft selbst gelernt hat: Man lernt heute weniger systematisch als intuitiv. Kompetenzorientierung erkennt man an einer Verschiebung der didaktischen Aufmerksamkeit weg vom Lehren hin zum Lernen, weg vom Lerninhalt hin zu dem, was die Lernenden am Ende können sollen.

Digitalität eröffnet neue Chancen zur Förderung prozessbezogener Kompetenzen (siehe das Einstiegsbeispiel), die an mancher Stelle mit anderen Begriffsnamen beschrieben werden; vielleicht bekommen sie durch die Digitalität einen neuen Anstrich in gefälligen Farben und die Kompetenzorientierung kommt über die Digitalisierung der Bedeutung, die ihr zusteht, endlich näher.

Im digitalen Mathematikunterricht sind weitere Nuancen der Sicht auf Kompetenzen aufgetreten. So ist zum Beispiel aufgefallen, dass die Kompetenz *Mathematisch kommunizieren* die Bereitschaft zu und das Stattfinden von Kooperation beinhalten muss. Gleichzeitig ist als Teilkompetenz des Kooperierens die Kompetenz *Mathematisch Argumentieren* erforderlich. Das 4 K-Modell der vier Dimensionen von Bildung (Kap. 2.2.3) hilft hier, den Blick abermals zu schärfen.

Qualitätsmerkmal Sinnstiftung

Im Kern geht es bei dem Qualitätsmerkmal *Sinnstiftung* um Motivation, also um „alle aktuellen Faktoren und Prozesse, die unter gegebenen situativen Anregungsbedingungen zu Handlungen führen und diese bis zu ihrem Abschluss in Gang halten“ (Heckhausen 1974, zitiert nach Zech 1977/1996, S. 187), also um alle Gründe, weshalb eine Person etwas tut. Tut sie es aus eigenem Antrieb, nennt man die Motivation intrinsisch, tut sie es aufgrund äußerer Faktoren, ist die Motivation extrinsisch. Ziel jeder Lehrkraft ist wohl, möglichst oft und bei möglichst vielen Lernenden intrinsische Motivation zu erreichen, das heißt Anregungsbedingungen zu schaffen, die bei den Lernenden einen eigenen Antrieb auslösen oder unterstützen. Aber wenn die Lehrkraft versucht, aktiv zu „motivieren", also etwas unternimmt, damit die Lernenden motiviert „sind", dann wird die Motivation immer extrinsisch sein, weil sie ja von außen kommt.

Wenn hingegen ein Lerninhalt selbst Fragen stellt, die aus Sicht der Adressaten relevante Alltagsprobleme lösen oder Erklärungen für Alltagsphänomene liefern können, dann erkennen Lernende einen Sinn darin, sich mit dem Lerninhalt auseinander setzen, weil es aus ihrer eigenen Sicht Sinn stiftet. Sinnstiftung ist dennoch nicht mit intrinsischer Motivation gleichzusetzen, denn es kann zum Beispiel auch Sinn stiften, sich mit einer Sache zu beschäftigen, die man eigentlich für wenig interessant hält, nur um in einer für die Schullaufbahn relevanten Leistungsüberprüfung gut abzuschneiden; man ist dann auch motiviert und das ist dann extrinsische Motivation.

Gerade im digitalen Unterricht besteht die Gefahr von Fehleinschätzungen, wenn Lernende begeistert am Unterricht teilnehmen, und die Lehrkraft interpretiert das dann als intrinsische Motivation. Denn die Begeisterung kann sich natürlich auch auf die Möglichkeit stützen, digitale Endgeräte zu nutzen, oder auf die Erlaubnis, das eigene Smartphone zu verwenden, oder die digitalen Medien und Inhalte begeistern durch ihr Format, ihre Animation oder ihren Spielcharakter. Das wäre dann auch extrinsische Motivation.

Die oben genannten Aspekte sprechen aus unserer Sicht keinesfalls gegen den Einsatz von Digitalität im Unterricht. Aber ein wirklicher Qualitätszuwachs entsteht erst dann, wenn die digital transportierten mathematischen Inhalte selbst so dargeboten werden, dass die Lernenden Sinn darin sehen, sich damit zu beschäftigen. Sinnstiftung ist inhaltsbezogen und geht über einen durchaus legitimen und wünschenswerten Spaßfaktor hinaus.

Qualitätsmerkmal Verstehensorientierung

Mathematik ist kumulativ, die Inhalte bauen aufeinander auf, es gibt wenige wirkliche Neueinstiege. Deshalb ist Mathematik stärker als andere Fächer auf das Verstehen angewiesen, im Mathematikunterricht „ist Verstehensorientierung gerade im Hinblick auf die langfristigen Lernprozesse absolut zentral" (Prediger in Vogel (Hrsg.) 2018, S. 157). Weil es in der Vergangenheit so viel Mathematikunterricht gab, der eben nicht auf Verstehen aufbaute, können Prominente ungestraft in der Öffentlichkeit bekunden, „in Mathematik habe ich nichts verstanden", was dann wahrscheinlich auch zutrifft, und genau das sollte sich inzwischen für nachfolgende Generationen eigentlich geändert haben.

Für das Verstehen sind Vorstellungen von herausragender Bedeutung als Grundlage für die Bildung von Begriffen. Nach Hans Aebli gibt es kein Wissen, „das man dem Schüler einfach geben könnte. Er muss es in jedem Fall selber aufbauen“ (Aebli 1983/2011, S. 28). Stattdessen stellt Lernen einen individuellen Konstruktionsprozess dar, in dem Lernende ihre eigenen Repräsentationen aufbauen müssen. Das Verstehen von Mathematik baut sich hauptsächlich über Grundvorstellungen auf. Grundvorstellungen sind mentale Modelle für mathematische Begriffe, sind imaginierte Darstellungen.

Ebenfalls von großer Bedeutung für den Aufbau von Grundvorstellungen ist der Wechsel zwischen verschiedenen Darstellungen. Das Modell der enaktiven, ikonischen und symbolischen Darstellungsformen nach Jerome Bruner (Bruner 1974) versteht man heute nicht mehr als Stufen, sondern als Säulen, zwischen denen häufig gewechselt werden sollte (Abb. 4.2).

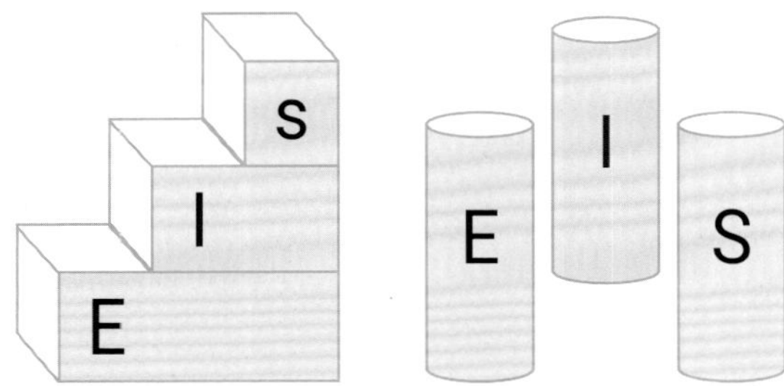

Abb. 4.2: E-I-S als Stufen- und als Säulenmodell

Digitale Medien können das Verstehen unterstützen, indem sie eine Handlungsebene bereitstellen, zum Beispiel indem geometrische Konstruktionen parallel zur ikonischen Darstellung auf Papier mithilfe von dynamischer Geometriesoftware enaktiv interpretiert werden, oder wenn sich die Lernenden in interaktiven Lernumgebungen bewegen. Pikas[36] spricht in diesem Zusammenhang davon, mentale Operationen virtuell darzustellen.[37] Weil digitale Medien zu statischen wie dynamischen Visualisierungen fähig sind, sind sie geeignet, das Verstehen zu unterstützen auch in Aspekten, in denen sie allein noch kein Verständnis erreichen können.

Multimediale Präsentationen können aber auch zu Nachteilen beim Lernen führen, wenn also z. B. ein Text mit einem Bild oder Film kombiniert wird und die Kombination nicht dem Vorwissen des Einzelnen entspricht (Zum-

36 PIKAS: **P**rozessbezogen, **I**nhaltsbezogen, **K**ompetenzorientiert, Anregung fachbezogener **S**chulentwicklung; ein Projekt der Technischen Universität Dortmund seit 2009, ergänzend DZLM (Deutsches Zentrum für Lehrkräftebildung Mathematik).

37 https://pikas-digi.dzlm.de/software, abgerufen am 28.01.2022

bach 2021, S. 52) oder Fehlvorstellungen aktiviert. Dann kann ein unpassendes Bild schlechter sein als gar kein Bild.

In Bezug auf das Verstehen hat das Erklären in einer digitalen Umgebung eine neue Funktion bekommen. Die Erklär-Kompetenz der Lehrkraft ist weniger als im traditionellen analogen Unterricht gefordert, sondern die Lernenden holen sich über Erklärvideos selbst Erklärungen. Wenn ihnen eine Erklärung nicht weiterhilft, klicken sie auf eine andere, sie fragen also quasi eine andere Lehrkraft in der Hoffnung, dass diese den Sachverhalt „besser erklären kann", dass also die Erklärung besser zu der individuellen kognitiven Struktur des einzelnen Lernenden passt.

Die Rolle der realen Lehrkraft verlagert sich damit zum Teil weg von der selbstaktiven Erklärenden hin zu einer Unterstützung und Beratung der Lernenden, die sich die Erklärungen, die sie überzeugen können, selbst suchen. Eine gute Lehrkraft ist also nicht unbedingt mehr eine Lehrkraft, die selbst gut erklären kann, sondern eine Lehrkraft, die weiß, wo sich Lernende die zu ihnen persönlich passende Erklärung abholen können.

Qualitätsmerkmal Differenzierung

Differenzierung meint den Umgang mit Heterogenität, die es immer gibt, und beinhaltet die Passung von Unterricht, Lernvoraussetzungen und Lernmöglichkeiten mit allem, was dazu dient, das schulische Lehren dem Denken und Können der Lernenden möglichst individuell anzupassen (Storz 2014). Differenzierung ist also immer notwendig, sobald es mehr als einen Lernenden gibt, und es geht dabei um mehr als um Zusatzaufgaben für die leistungsfähigeren und Hilfen für die schwächeren Lernenden.

Gute Differenzierung erkennt man daran, dass Leistungsstarke in gleichem Maße gefordert, wie Leistungsschwache gefördert werden. Im analogen Unterricht gelang das der Lehrkraft unter anderem dadurch, dass sie bewusst und adressatenbezogen zwischen Alltags-, Bildungs- und Fachsprache wechselte und Wechsel der Darstellungsformen E-I-S gezielt einsetzte.

Differenzierung kann im digitalen Unterricht eine große Herausforderung bedeuten, weil sie zu einem großen Teil neu gedacht und neu erarbeitet werden muss, andererseits ist sie einfacher geworden, wenn die Lehrkraft vorhandene Materialien kennt und niederschwellig zur Verfügung stellen kann. So zeichnet sich digitale Differenzierung dadurch aus, dass Lernende automatisierte Rückmeldungen bekommen, angefangen von Rückmeldungen über die Richtigkeit von Lösungen über das Angebot von Hilfen bis hin zu differenziert zugeordneten weiterführenden Aufgaben.

Eine digitale Qualität von Differenzierung hat sich auf den Weg gemacht, eine, die Elemente von Diagnostik anbietet und nutzt. Die wichtigste Funktion von Differenzierung im digitalen Mathematikunterricht liegt aber wohl darin, dass digitale Medien den größeren Teil einer Klasse erfolgreich mit Aufgaben, Lösungen und Hilfen bedienen können, sodass jeder in seinem eigenen Tempo arbeiten kann und die passenden Rückmeldungen und Hilfen bekommt, während die Lehrkraft Freiräume bekommt, sich individuell um Einzelne zu kümmern. Auch in dieser Konstellation zeichnet sich gelungene Differenzierung dadurch aus, dass nicht nur Lernschwache die nötige Unterstützung bekommen, sondern dass auch Zeit und Raum dafür vorhanden sind, Lernstarken zusätzliche Herausforderungen anzubieten und auch dafür Rückmeldungen zu geben.

Qualitätsmerkmal Aufgabenkultur

Aufgaben sind keine Beschäftigungsmaßnahmen, und sollten auch in ungünstigen Situationen nicht dazu verkommen, sondern sie dienen dazu, kostbare Lernzeit zielorientiert zu initiieren und zu strukturieren, ob sie nun kooperativ oder singulär verbracht wird. Die Lehrkraft erstellt oder wählt Aufgaben in der Regel in entspannten, kontemplativen Situationen aus, sodass es ihr leicht möglich ist, hinsichtlich der Aufgaben hohe Qualität zu erreichen.

Gute Aufgabenkultur erkennt man daran, dass die Aufgaben zielführend ausgewählt wurden und die Lehrkraft mit ihnen vertraut ist. Wann immer möglich, stellen Aufgaben Alltagsbezüge her, aber gute Aufgaben mit rein innermathematischem Kontext sind immer noch gegenüber solchen mit unrealistischem oder fehlerhaftem Realitätsbezug zu bevorzugen.

Aufgaben sollten fachlich und sprachlich so einfach anfangen, dass allen Lernenden ein Einstieg möglich ist. Sie sollten sich dann im Schwierigkeitsgrad steigern, sodass Aufstiege und Ausstiege auf unterschiedlichen Niveaus stattfinden können. Zu einer guten Aufgabenkultur gehören größtmögliche Vielfalt hinsichtlich der Objekte, der Darstellungsformen und der möglichen Lösungswege und das Wissen der Lehrkraft über Aufbau und Potenzial der Aufgaben.

Aufgaben transportieren stets didaktische und methodische Entscheidungen. Deshalb sind Aufgaben, die die Lehrkraft selbst konstruiert und erstellt hat, in der Regel am besten zur Erreichung der Lernziele geeignet. Es ist aber der Lehrkraft selten möglich, sämtliche Aufgaben, die sie im Unterricht einsetzt, selbst zu erstellen. Im analogen Unterricht wurden hauptsächlich Aufgaben aus dem vorhandenen Schulbuch verwendet, was die Lehrkraft zwang, ihre eigene didaktische Struktur derjenigen der Schulbuchautoren bis zu einem gewissen Maß zu unterwerfen.

Die Auswahl an digital angebotenen Mathematikaufgaben wächst rasant und ist leicht zugänglich. Ein Aspekt digitalen Mathematikunterrichts besteht darin, dass sich die Lehrkräfte zunehmend gegenüber dem Schulbuch emanzipieren können, weil es nur noch ein Aufgabenlieferant unter mehreren ist. Auf Onlineplattformen[38] tauschen Lehrkräfte Materialien, also hauptsächlich Aufgaben, aus. Dabei ist zu beachten, dass nur ein Teil der Materialien geprüft ist, wie zum Beispiel Materialien auf Bildungsservern der Bundesländer, der größere Teil aber nicht. Der Lehrkraft kann die Verantwortung nicht abgenommen werden, alle Materialien, die sie zu Unterrichtszwecken einsetzt, selbst zu überprüfen. Das ist eigentlich nichts Neues, neu ist die größere Auswahl.

Wenn aber Aufgabenplantagen zum Eintrainieren von Verfahren, wie sie aus den Schulbüchern weitgehend verschwunden sind, auf digitalen Wegen in den Unterricht zurückkehren würden, wäre das sicher ein Rückschritt. Digitalität sollte dazu genutzt werden, attraktive analoge Aufgabenformate weiterzuentwickeln und nicht nur alte Aufgaben neu zu verpacken.

Qualitätsmerkmal Lösungswegevielfalt

Natürlich sollten Lösungen richtig, aber der Weg dahin offen sein, egal wie umständlich er auch erscheinen mag. Und es darf keine Rolle spielen, ob ein vom Lernenden gewählter Lösungsweg den von der Lehrkraft gewählten Lernzielen dient, solange der Weg richtig ist. Lösungswegevielfalt erkennt man daran, dass grundsätzlich jeder zielführende Lösungsweg zugelassen wird und eine Lösung erst dann als falsch gilt, wenn sie gegen gemeinsam getroffene oder gelernte Vereinbarungen verstößt.

Lösungen sind grundsätzlich zu unterscheiden von Lösungswegen. Lösungen zu vergleichen, also meist Lösungszahlen, ist ein Ritual aus dem traditionellen Mathematikunterricht vergangener Zeiten, ist langweilig und verbraucht kostbare Zeit. Lösungswege zu vergleichen kann dagegen sehr oft sehr schnell sehr spannend werden.

Zum Lösen von Aufgaben ist hauptsächlich die Kompetenz *Probleme mathematisch lösen* nötig bzw. wird diese durch das Aufgabenlösen gefördert. Es muss also ein Lösungsweg gefunden und strukturiert werden, der dem oder der Lernenden zwar bekannt ist, aber erst noch ausgewählt und zugeordnet werden muss (Storz 2018, S. 149). Den Lösungsweg zu kennen ist Voraussetzung dafür, ihn beschreiten zu können. Das tatsächliche Beschreiten des Lösungswegs trägt weniger zur Lösung bei, als ihn gefunden zu haben.

---

38 Hier gibt es unterschiedliche Anbieter, welche die Materialien teilweise kostenfrei, teilweise kommerziell, teilweise geprüft und teilweise ungeprüft offerieren. Z. B. eduki.com/de, das 2016 als Lehrermarktplatz gestartet ist und seit 2021 als *Eduki* auch außerhalb des deutschsprachigen Raums seine Produkte anbietet. Oder *4teachers* für analoge Materialien. Digitales Material von Kollegen für Kollegen, aber ohne Qualitätssicherung, gibt es reichlich z. B. bei *learningapps, learningsnacks, kahoot*. Weiterhin gibt es Anbieter, die großen Wert auf OER-Materialien (vgl. Kap. 7.3) legen. Hier sind zum Beispiel die Suchmaschine für freie Bildungsmaterialien *wirlernenonline.de,* die Zentrale für Unterrichtsmedien *zum.de* und die Landesbildungsserver zu nennen.

Grundsätzlich sollten keine prinzipiell möglichen Lösungswege versperrt werden, auch wenn sie umständlich, unüblich oder wenig elegant sind; darüber kann schnell Einigkeit erzielt werden. Aber sollten Lösungswege versperrt werden dürfen, weil sie einfach zu beschreiten sind? Äußerungen wie „ich kenne da eine App“ müssen aus der Schmuddelecke der unerlaubten Hilfsmittel herausgeholt werden und als das anerkannt werden, was sie sind: die Anwendung der heuristischen Strategie, Hilfsmittel zu nutzen: „Was lässt sich aus dem Gegebenen unmittelbar berechnen? Mit welchen Hilfsmitteln (Formeln o. Ä.) ist dies möglich?“ (Bruder/Collet 2011, S. 107)

Zu den analogen mathematischen Hilfsmitteln wie Formeln sind digitale dazugekommen und mit welcher Berechtigung sollte man die Lernenden daran hindern, sie zu nutzen? Die Einsicht, dass wir die Geometrie nicht ausschließlich mit Zirkel und Lineal betreiben müssen, wie die alten Griechen es getan haben, hat auch eine Weile gebraucht, sich durchzusetzen. Wir gestatten den Lernenden, eine Seitenmitte zu finden, indem sie die Seite messen, die Hälfte berechnen und dann mithilfe des Geodreiecks an der berechneten Stelle eine Markierung anbringen, anstatt zwei Kreisbögen zu schneiden. Dabei üben sie sich sogar zusätzlich im Kopfrechnen.

Wir gestatten ihnen auch, den Umkreismittelpunkt eines Dreiecks mithilfe von Geometriesoftware zu bestimmen, und freuen uns darüber, dass die Lernenden dann durch Verschieben von Punkten verstehen, was für ein „Mittelpunkt“ das ist, den sie früher besser konstruieren konnten als verstanden haben.

Weshalb also sollte man heute Lernenden verbieten, zum Beispiel ein Gleichungssystem mit der Lösungsstrategie „ich habe da eine App“ zu lösen, wenn sie das zu Hause bei der Erledigung der Hausaufgabe sowieso machen? Wer nicht weiß, was ein Gleichungssystem ist und wie der Lösungsalgorithmus geht, dem oder der wird selten gelingen, erfolgreich mit der App zu „schummeln“, weil er oder sie gar nicht auf die Idee kommt, sie zu nutzen. Allerdings sind fantasievollere Aufgabenstellungen nötig als: „Löse das Gleichungssystem mit dem xy-Verfahren.“

Qualitätsmerkmal konstruktiver Umgang mit Fehlern

Einen konstruktiven Umgang mit Fehlern erkennt man daran, dass in Phasen des Lernens Fehler nicht als Störfaktoren, sondern als selbstverständlicher Bestandteil des Lernens erlebt werden. Sogar werden lernzielfördernde Fehlerquellen von der Lehrkraft bewusst geschaffen oder spontan genutzt, damit Fehlerkorrekturen mit Begründungen verknüpft werden können. Das geht nur, wenn die Lernenden darauf vertrauen können, dass Fehler nicht mit Herabsetzungen oder persönlichem Tadel verbunden sind, wenn also eine klare Trennung zwischen Lernen und Leisten gilt.

Eine Form des konstruktiven Umgangs mit Fehlern ist Diagnostik. Denn wenn eine Lehrkraft herauszufinden versucht, wo Lernende Probleme haben und weshalb, dann schaut sie hauptsächlich auf gemachte Fehler. „Ziel der Diagnostik ist es, die tief liegenden Probleme des Kindes sowie die vorhandenen Kompetenzen zu identifizieren, an denen eine Förderung mit Aussicht auf Erfolg anknüpfen kann." (Wartha/Rottmann/Schipper 2008, S. 22).

Digitale Medien und Geräte sind oft so aufgebaut, dass das Machen von Fehlern als normale oder oft sogar einzige Lernstrategie für deren Bedienung angeboten wird. Ein digitales Endgerät wie ein Smartphone ist kein Gerät mit vielen Tasten und Knöpfen, wo auf jedem Bedienelement draufsteht, was man damit bewirken kann und wie. Sondern es wird intuitiv bedient und man lernt seinen Gebrauch, indem man einfach probiert, was passiert, wenn man die Eingabeelemente betätigt. Wie man mit dem Smartphone einen Anruf annimmt oder wie man es ausschaltet, steht auf keiner Taste, sondern der Nutzer muss selbst herausfinden, wie und in welche Richtung dafür über das Gerät gewischt werden muss. Er muss mit dem Gerät spielen, um seine Benutzung zu lernen.

Ältere Nutzer haben damit oft Probleme, weil sie es gewohnt sind, möglichst geführt von einer schriftlichen Bedienungsanleitung, Schritt für Schritt die Nutzung eines Geräts beigebracht zu bekommen.

Für heutige Lernende ist es normal, durch Probieren und Spielen zu lernen. Die Diskussion, ob Probieren eine legitime Problemlösungsstrategie sei, sollte damit endgültig begraben sein, auch wenn es sich nicht um „systematisches Probieren" (Bruder/Collet 2011, S. 70) handelt, sondern um diffuses und chaotisches.

Qualitätsmerkmal intelligentes Üben

„Lernen wir noch, oder üben wir schon?" Wir sind sehr dafür, die Kernprozesse des Mathematiklernens (vgl. Kap. 4), in denen das Üben „Vertiefen" heißt, trennscharf abzugrenzen. Denn man kann nur üben, was man schon gelernt hat. Üben ist eine gezielte Wiederholung von einem Teil der Abläufe, die beim Lernen stattgefunden haben. Das bedeutet nicht, dass wir Lernen und Üben organisatorisch trennen wollen, im Gegenteil: Damit neu Gelerntes ins Langzeitgedächtnis gelangen kann, sollte davon innerhalb von zwanzig Minuten, also in derselben Unterrichtsstunde, erneut Gebrauch gemacht werden (Heymann 1998). In jeder Unterrichtsphase sollte der Lehrkraft klar sein, ob und wann ihr didaktischer Fokus auf dem Lernen oder dem Üben liegt.

In jedem Falle soll Üben mit Verbesserung und Steigerung verbunden sein, durch Üben soll erreicht werden, dass der oder die Übende in vergleichbaren Situationen künftig besser und erfolgreicher agiert als vor dem Üben. Wenn etwas sicher beherrscht wird, wird weiteres Üben überflüssig und zur puren Beschäftigung. Nicht jede zusätzliche Autofahrt macht uns zu einem besseren Autofahrer, einfach weil wir Auto fahren können. Und nicht jede mit einem Computerspiel verbrachte Stunde hat den Ertrag, dass der Spieler oder die Spielerin dieses Spiel noch besser spielen kann als zuvor.

Beim intelligenten Üben sind neue Lernaspekte enthalten, die Aufgaben bieten Entdeckungsmöglichkeiten, die über den eigentlichen Übungsgegenstand hinausreichen. Das widerspricht nur oberflächlich betrachtet der trennscharfen Abgrenzung von Lernen und Üben, weil der hinzukommende Lernzuwachs nicht der Gegenstand ist, der geübt wird, sondern darüber hinausgeht.

Im digitalen Unterricht ist ein wesentlich effektiveres Üben möglich, als man es aus dem analogen Unterricht kennt, vorausgesetzt die technischen Möglichkeiten werden genutzt:

- aus einem breiten Angebot können den einzelnen Lernenden für sie adäquate Aufgaben bereitgestellt werden;
- die Richtigkeit der Lösungen kann unmittelbar angezeigt werden;
- fehlerhafte Lösungen können nach Fehlerart diagnostiziert werden;
- Lösungswege können angezeigt werden;
- einzelne nächste Lösungsschritte können angezeigt werden;
- gezielte Hilfen können angeboten werden;
- durch Verlinkung ist es möglich, dass individuelle Lernende für einzelne Lernschritte aufgefordert werden, den Lernprozess erneut aufzunehmen.
- der Übungsfortschritt der Lernenden kann von der Lehrkraft eingesehen werden;
- durch den Einbau spielerischer Elemente kann die Motivation der Lernenden gesteigert werden;
- der Lernfortschritt der Lerngruppe kann festgestellt werden.

Die Qualität des Übens kann mithilfe von digitalen Medien enorm gesteigert werden, sodass der Begriff *Intelligentes Üben* sich mit neuer Bedeutung füllt.

Auch diesbezüglich gilt, dass alles in ein stimmiges didaktisches und methodisches Konzept eingebettet sein muss. Für jede Lehrkraft sollte gelten, dass die besten und wirksamsten Medien diejenigen sind, die sie selbst erstellt hat. Das gilt auch dann, wenn die gestalterische Ausführung nicht perfekt ist.

Natürlich wissen wir, dass alles Sinnvolle und Wünschenswerte viel Arbeit macht, und deshalb muss sich jede Lehrkraft damit abfinden, nicht immer das Optimale zu geben, sondern auch Kompromisse eingehen. Deshalb verwendet man ab und zu eben doch fremd erstellte Materialien, auch wenn man sie selbst ein wenig anders aufgebaut hätte. Wenn die Materialien digital sind, lassen sie sich schnell für die eigenen Bedürfnisse anpassen. Wenn sich neue Wege auftun, auf denen man besser ans Ziel kommt, sollte man diese auch gehen, obwohl sie noch nicht geteert oder gepflastert sind und über keine Beleuchtung verfügen.

5 Kernprozesse des Mathematiklernens

Das Modell der Kernprozesse des Mathematiklernens beschreibt Lernschritte konsequent aus der Perspektive der Lernenden: Einstieg, Erkunden, Ordnen mit den Teilschritten Sammeln und Systematisieren, Sichern, Vertiefen. Den Kernprozessen[39] liegt eine Theorie des individuellen Lernens zugrunde, wie sie von Peter Gallin und Urs Ruf (Gallin/Ruf 1998) eindrücklich begründet und im KOSIMA-Projekt[40] und dem daraus hervorgegangenen Schulbuch *mathewerkstatt* grundlegend konkretisiert wurde.[41] Der Unterricht wird nicht aus der Perspektive der wissenschaftlichen Mathematik, sondern konsequent aus den Perspektiven der Lernenden gedacht und artikuliert, nicht aus der Sicht der Lehrkraft, sondern aus den Sichten der Lernenden geplant und durchgeführt.

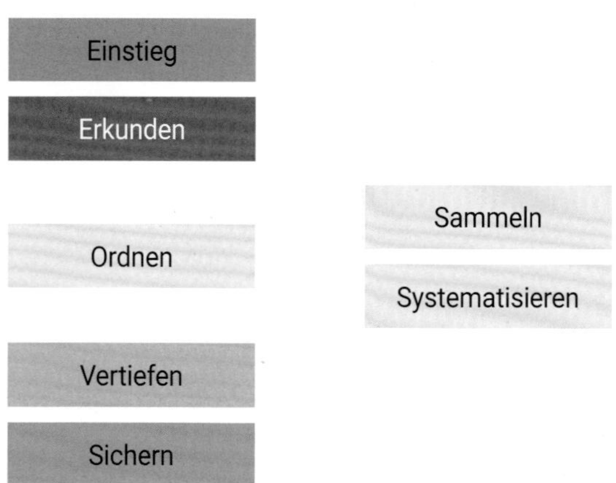

Abb. 5.1: Kernprozesse des Mathematiklernens

39 im Folgenden sinngemäß dargestellt nach: Barzel u. a. Handreichungen zur Mathewerkstatt, vgl. dazu auch Barzel/Hußmann/Leuders/Prediger (Hrsg.), PM Praxis der Mathematik Heft 37/2011.

40 KOSIMA war ein groß angelegtes Forschungs- und Entwicklungsprojekt (Kontexte sinnstiftenden Mathematikunterrichts) der Technischen Universität Dortmund und der Pädagogischen Hochschule Freiburg 2006–2016, aus dem u. a. das Schulbuch *mathewerkstatt* hervorgegangen ist. In diesem Schulbuch sind die Kernprozesse farblich markiert; diese Farben haben wir in der Übersicht im Text übernommen.

41 Die in Abb. 5.1 verwendeten Farben, im Download-Material farbig dargestellt, gehen auf die im KOSIMA-Projekt und dem daraus hervorgegangenen Schulbuch *mathewerkstatt* eingesetzten Farben zurück: Erkunden Blau, Ordnen Gelb, Sichern Rot, Vertiefen Grün. Unserer Erfahrung nach sind die Farben sehr hilfreich bei der Kommunikation über die Qualität und Optimierung von Mathematikunterricht vgl. Storz 2020.

- Einstieg: Einstiege dienen dazu, an Vorerfahrungen anzuknüpfen und diese zu aktivieren, also bieten Einstiege „den Lernenden sinnstiftende, anschauliche Situationen, die an die Kernfragen [...] heranführen" (Barzel u. a. 2012, S. 6). Kernfragen beschreiben Teillernziele in einfacher Sprache aus der Perspektive der Vorschau und unterscheiden sich dadurch von der Beschreibung von Teilkompetenzen in Kompetenzrastern, in denen meist Fachbegriffe verwendet werden, deren Inhalte erst gelernt werden sollen.
- Erkunden: Der Kernprozess des Erkundens gibt als erster Lernschritt einem beziehungshaltigen Entdecken und Nacherfinden Raum. Ausgehend von ihren singulären Welten gehen die Lernenden eigene Lernwege. An das aktivierte Vorwissen und an Vorerfahrungen wird angeknüpft, Zusammenhänge werden gefunden und im gemeinsamen Dialog kooperativ diskutiert. In diesem Lernschritt gibt es kein Richtig oder Falsch, sondern Argumente können das Gegenüber überzeugen oder nicht.
- Sammeln: Die im Erkunden gewonnenen Erkenntnisse werden zunächst weitgehend ohne Wertung gesammelt und allen Lernenden zugänglich gemacht.
- Systematisieren: Die Teilschritte des Sammelns und Systematisierens wurden in früheren Veröffentlichungen unter dem Begriff „Ordnen" zusammengefasst. Beim Systematisieren werden Begriffe zugeordnet, Regeln aufgestellt und verstanden, mathematische Symbole eingeführt, Vereinbarungen getroffen. Hier findet der Übergang von den singulären Welten der Lernenden in die reguläre Welt der Mathematik statt; unter aktiver Beteiligung der Lernenden wird gemeinsam eine Abstraktion erarbeitet.
- Sichern: In diesem Lernschritt wird erworbenes Wissen und Können gespeichert und für eine zukünftige Nutzung zugänglich gemacht; damit verbunden sind die Diagnostik individueller Kompetenzstände und individuelle Förderung.
- Vertiefen: Beim Vertiefen werden erworbene Kenntnisse und Fertigkeiten wiederholt, trainiert und geübt, wobei weitere Lernfortschritte möglich und erwünscht sind. Der Lernschritt des Vertiefens kann auch schon vor dem Sichern stattfinden oder das Sichern kann in das Vertiefen integriert sein.

Wenn Mathematik an den Kernprozessen orientiert unterrichtet wird, ergeben sich klare Konsequenzen, zum Beispiel dass das Mathematiklernen nicht mit dem Lernen einer Regel beginnt oder dass die Struktur des Lernprozesses nicht mit „Kompetenzrastern" gesteuert werden kann, denn davor muss zumindest ein Prozess des Ordnens stehen und damit stehen Regeln und Checklisten am Ende von Lernprozessen und können sie nicht steuern.

Wenn die Kernprozesse des Mathematiklernens als Richtschnur für die Artikulation von Mathematikunterricht genommen werden, und die Kernprozesse des Sicherns und des Vertiefens vertauscht werden, rückt das Modell wieder näher heran an das, was man aus traditionellem Mathematikunterricht gewohnt ist: Zuerst wird das Lernen abgeschlossen und das Ergebnis gesichert, dann wird geübt. Es bleibt eine klare Unterscheidung zwischen Lernen und Üben.

Der Einsatz digitaler Medien ändert nichts am Ablauf dieser Kernprozesse und er sollte auf keinen Fall als Begründung missbraucht werden, diese nicht mehr zu beachten.

5.1 Der Kernprozess *Erkunden*

5.1.1 Einstieg

Wohl für alle Unterrichtsfächer wurden schon ganze Bücher zum Aspekt des Unterrichtseinstiegs gefüllt und mit Buchtiteln wie „100 motivierende Unterrichtseinstiege für den ... – Unterricht" erzielen Verlage immer noch hohe Auflagen. Angehende Lehrkräfte nutzen solche Bücher, weil sie darauf vertrauen, dass ihr Unterricht vor allem dann erfolgreich verläuft, wenn die Lernenden motiviert sind, genau das zu lernen, was die Lehrkraft vorgesehen hat. Bei der Vorbereitung von Prüfungslehrproben wird oft erheblicher Aufwand auf die Suche und Ausgestaltung „zündender" Ideen für Einstiege gelegt. Vieles davon hat sich auf Lernplattformen und soziale Medien verlagert, aber Unterrichtseinstiege haben ihre Faszination nicht verloren; der Glaube von Lehrkräften an deren Wirksamkeit ist groß.

Grundsätzlich kann auf verschiedene Arten in Mathematikunterricht eingestiegen werden:

- *ritualisiert* durch Anmeldung auf einer Plattform, Hausaufgabenkontrolle, Wiederholung, Rückbesinnung auf die vergangene Stunde, ein digitales Quiz.
- *motivierend* durch konstruierte Alltagsbezüge, Problemstellungen oder Diskrepanzerlebnisse, die digital zum Beispiel über ein Video oder eine Präsentation transportiert werden können. Auch analoge oder digitale Spiele können motivierend in ein Unterrichtsthema führen.
- *sinnstiftend,* indem Informationen über inner- und außermathematische Kontexte aus der Erlebenswelt der Lernenden gegeben oder Verbindungen dazu geknüpft werden, die aus Lernendensicht Sinn stiften. Die Vorerfahrungen können sich auch auf die Nutzung des eigenen digitalen Endgeräts nicht unbedingt beschränken, aber konzentrieren.

- *informierend* durch sachliche neutrale Information über das Stundenthema oder die vorgesehene Struktur des Lernablaufs zum Beispiel mittels eines Präsentationsmediums. In Erklärvideos werden häufig informierende Einstiege verwendet.

Weil man mit Motivierung nur extrinsische Motivation erzielen kann, bevorzugt man heute zunehmend, mit einem sinnstiftenden Kontext die Motivation der Lernenden zu erreichen. Denn es genügt oft, wenn den Lernenden gesagt wird, worum es im folgenden Unterricht gehen wird, und wenn sie dann erkennen, dass es für sie Sinn stiftet, sich damit zu beschäftigen, sind sie motiviert, ohne motiviert worden zu sein.

Für die Planung von Unterricht ist es generell hilfreich, methodische Überlegungen hinsichtlich des Unterrichtseinstiegs und solche bezüglich der Motivation voneinander getrennt zu betrachten; denn Letztere beziehen sich auf den Kontext und gehen weit über die Phase des Unterrichtsbeginns hinaus.

5.1.2 Erkunden mit digitaler Unterstützung

Die Heterogenität von Schulklassen wird in allen Schulformen immer größer und es ist nicht zu erwarten, dass sich dieser Trend in absehbarer Zukunft zurückentwickeln wird. Demzufolge gewinnen individualisierende Unterrichtsmethoden an Bedeutung. Der Traum, man müsse nur Listen von Aufgaben aus einem konventionellen Schulbuch erstellen, anhand derer die Lernenden in herkömmlichen Räumlichkeiten, in denen zwar die Möbel umgestellt wurden, „individualisiert lernen" könnten, und dass sie das, was sie an Aufgaben abgearbeitet und mit einem Häkchen auf ihrer Liste versehen haben, dann auch gelernt hätten, also könnten, ist weitgehend ausgeträumt.

Geblieben ist die Erkenntnis, dass Unterrichtsphasen sehr wertvoll sind, in denen die Lernenden allein arbeiten, schon weil dadurch eine Ruhe und Konzentration der Lernenden entstehen kann, die man mit anderen Methoden kaum erreicht. Erste Voraussetzung ist, dass die Lernenden durch geeignete organisatorische Maßnahmen veranlasst und bisweilen auch gezwungen werden, tatsächlich allein und lernzielbezogen zu arbeiten.

Im digitalen Mathematikunterricht kann man den Traum, individualisiertes Lernen zu organisieren, wieder neu zu träumen beginnen. Mit digitalen Unterstützungssystemen ist es weitaus besser möglich, nicht nur Phasen des Übens, sondern auch Phasen des Lernens mehr zu individualisieren als nur mit analogen Medien.

Voraussetzung ist ein effektives Hilfesystem, das mehr umfassen muss, als dass der einzelne Lernende, wenn er oder sie eine Hilfe braucht, die Hand hebt und wartet, bis die Lehrkraft Zeit hat, ihm oder ihr das zu erklären, was er oder sie nicht verstanden hat. Das ist auch dann so, wenn hilfebedürftige Lernende stattdessen der Lehrkraft ein Namenskärtchen auf den Tisch legen dürfen und dann aber auch warten müssen. Warteschlangen für Hilfen widersprechen dem Wesen der Hilfebedürftigkeit. Eine wirksame Hilfe kommt sofort.

Eine Erkenntnis aus früheren Erfahrungen mit analogem „individualisiertem Lernen" ist die, dass Lernen im Fach Mathematik so nicht gelang, sondern Konzepte individualisierten Lernens ausschließlich auf der Ebene der Schul- und Unterrichtsstruktur zulasten der Lernqualität gingen (Leuders/Prediger 2016, S. 5). Die analogen Medien reichten nicht aus, um die Lernenden in die Lage zu versetzen, individuell mathematische Kompetenzen zu erwerben, also Mathematik zu lernen.

Dagegen gelang individualisiertes Üben sehr wohl und sogar sehr gut. Das zeigten auch erste Erfahrungen im Distanzunterricht. Um auch das Erkunden zu individualisieren, mussten erst neue Unterrichtsformate entwickelt werden, die berücksichtigten, dass zeitliche und örtliche Synchronität nicht immer gegeben sind. Weil sich diese Formate als wirksam erwiesen haben, werden sie sich auch im Präsenzunterricht etablieren.

Alle Lernenden verfügen über ihr eigenes Repertoire an Vorwissen, Grundvorstellungen, Fehlvorstellungen und beherrschten Routinen. Damit sie nicht nur einen von der Lehrkraft vorgegebenen Weg nachvollziehen, müssen den Lernenden Hilfen an die Hand gegeben werden, die gewährleisten, dass möglichst viele Lernende möglichst passend neue Lerninhalte mit ihrer kognitiven Struktur vernetzen können. Das stellt für die Lehrkraft eine große Herausforderung dar, denn sie muss Verantwortung und Kontrolle des Lernprozesses ein Stück weit an die Lernenden abgeben.

Im Folgenden geht es ganz gezielt um die Gestaltung von Erkunden- bzw. Lernphasen, in denen die Lernenden individuell auf dem für jeden einzelnen Lernenden passenden Niveau arbeiten und dabei die richtigen Hilfen und Rückmeldungen erhalten. Gerade an dieser Stelle ist zu erkennen, dass eine Zuhilfenahme digitaler Medien die Akzeptanz und Effektivität individualisierter Lernphasen im Mathematikunterricht deutlich erhöhen kann. Denn hier ist digitaler dem analogen Unterricht überlegen, weil er durch die Interaktivität ein unverstandenes Abarbeiten verhindert.

Wir stellen hier ein Organisationssystem für Mathematiklernstunden vor, welches über mehrere Jahre entwickelt wurde und das sich in der Praxis bewährt hat. Lernende übernehmen schrittweise mehr Verantwortung und bearbeiten gemäß ihrer Fähigkeiten adäquate Aufgaben, und dies mit der Integration digitaler Medien. Hierbei werden Aufgaben aus dem eingeführten Schulbuch zum Beispiel durch Erklärvideos ergänzt, die Lernende für ihre parallel Lernenden selbst erstellen oder erstellt haben, oder digitale OER-Materialen[42], die die Lehrkraft als Link eingestellt hat.

Ein komplexes Organisationssystem entsteht in einer Lerngruppe nicht von heute auf morgen. Vielmehr kann man mit einer Lerngruppe im Laufe der Zeit immer mehr methodische Elemente umsetzen. Die Dimensionen der Entwicklung eines solchen Systems (siehe Abb. 5.2) sind

- zunehmende Motivierung[43]: Belohnungspunkte, Belohnungskarten, Erwerb von Sonderrechten;
- zunehmende Eigenverantwortung der Lernenden in Abhängigkeit der verwendeten digitalen Unterstützungssysteme;
- zunehmende Komplexität des Systems: Stillarbeit, Expertenmodell, digitale Expertenliste, Erklärvideo-Produktion, Workshops für Teilgruppen.

zunehmende Motivierung
- Belohnungspunkte
- Belohnungskarten
- Erwerb von Sonderrechten

zunehmende Komplexität
- selbstständiges Arbeiten in Stillarbeit
- einzelne Experten ausbilden
- digitale Expertensystem-Liste
- Erklärvideo-Produktion
- Workshops für Teilgruppen

zunehmende Eigenverantwortung
- einfache Differenzierungsaufgaben
- Arbeiten mit interaktiven, digitalen Checklisten
- selbstständiger Zugriff auf digitale Unterstützungssysteme

Abb. 5.2: Entwicklung eines Organisationssystems für Erkunden- bzw. Lernstunden

Jede Dimension lässt sich theoretisch auch unabhängig von den anderen realisieren. Beispielsweise kann eine Lehrkraft der Überzeugung folgen, dass sie, statt die Eigenverantwortung der Lernenden zu fördern, lieber die Kon-

42 OER (Open Educational Resources) sind über das Internet frei zugängliche Materialien, die kostenlos genutzt werden können und bei Angabe des Urhebers je nach Lizenzvorgabe sogar weitergegeben oder verändert werden dürfen. Zum Beispiel auf dem Landesbildungsserver Baden-Württemberg finden sich zahlreiche solcher Materialien.

43 Den Unterschied von Motivation und Motivierung vertiefen wir in Kap. 9. Motivierung hat nichts mit intrinsischer Motivation zu tun, sondern steuert das Verhalten Lernender mit Maßnahmen von außen.

trolle über das Geschehen uneingeschränkt bei sich behalten will. Auf der anderen Seite hat sie Interesse, ein Belohnungssystem zu nutzen. Genau hier wird aber deutlich, dass die guten Absichten schnell den gegenteiligen Effekt erzeugen können, wenn Lehrkräfte mithilfe von Klebepunkten, Listen und Kreuzchen die Lernenden „abrichten“, Aufgaben abzuarbeiten und Belohnungen einzusammeln, ohne dass diese dabei wirklich Eigenverantwortung übernehmen: „Warum hast du diese Aufgabe gemacht?“ – „Damit ich sie abhaken kann.“ Sehr leicht kann dadurch aus der Absicht, erkundende Erkenntnisprozesse auszulösen, eine enge Führung der Lehrkraft werden, auch wenn sie eigentlich nicht persönlich anwesend ist, sondern durch analoge und digitale Medien den Lernprozess steuert.

Stillarbeit als Ausgangspunkt für komplexe Unterstützungsformate

Wenn man als Lehrkraft eine Klasse übernimmt, die noch über keine Erfahrungen mit individualisierten Lernformaten verfügt, sollte man über die Vorteile und den Sinn des individualisierten Lernens mit den Lernenden sprechen, bevor man es einführt. Das Heranführen über eine konsequente Stillarbeit gewöhnt den Lernenden den Reflex ab, bei der kleinsten Herausforderung automatisch die Lehrkraft zu fragen bzw. den Service in Anspruch zu nehmen, sich die Aufgabe erklären zu lassen, anstatt sie selbst zu lesen.

Vorteilhaft ist dann natürlich, wenn die Materialien Lösungen und möglichst auch optionale Hilfen enthalten. Der Markt für solche Materialien ist in den letzten Jahren stetig gewachsen, analog wie digital. Das Material stellt eine erste gute Grundlage für eine konstruktive Unterstützung dar. Nun kann man weitere Elemente hinzufügen.

Nutzung eines Expertenmodells

Lernende qualifizieren sich durch die erfolgreiche Bewältigung bestimmter Aufgaben, ihren parallel Lernenden als Experten zur Verfügung zu stehen. Davon profitieren nicht nur die Hilfesuchenden, weil ihnen die Expertisen parallel Lernender sprachlich näher sind als die der Lehrkraft, sondern auch die Expertinnen und Experten erfahren nach Hattie (Hattie 2015, S. 221 ff.) ähnliche Kompetenzzuwächse, weil sie durch Erklären selbst lernen.

Hattie weist außerdem darauf hin, dass die Gesamteffekte für den Einsatz von parallel Lernenden als Experten insbesondere dann besonders stark sind, wenn sie nicht als Ersatz, sondern ergänzend zur Lehrkraft dienen, und wenn die Erklärenden über eigene Kontrolle und Autonomie verfügen.

Die Lehrkraft sollte bei der Zuordnung des Expertenstatus also darauf achten, dass sich „Möchtegern-Experten“ nicht beliebig selbst ernennen können und dass auch die Inanspruchnahme von Expertise nicht den Reflex weiterführt zu fragen, anstatt die Aufgabe zu lesen.

Fit werden – KA-Vorbereitung mit Expertensystem		
Schwierigkeit	**Aufgaben**	**Experten**
Warm-up	S. 9 Alles klar? Nr. 1–2 & A/B	Matti, **Amelie, Pene,** Serena, Abel, Serkan, **Stella,** Nicole, Caro, Lukas, Klara, Hyoung-Tae, **Sharniya,** Nisa, Nicole, Fabienne, Celal
	S. 9 Nr. 3–5 links	Pene, Stella, Serena, **Serkan,** Abel, Amelie, Matti, Nisa, Lukas, Klara, **Nicole,** Caro, Hyoung-Tae, **Zehra, Fabienne,** Celal
	S. 9 Nr. 3–5 rechts	**Stella, Pene,** Serena, Caro, Hyoung-Tae, Nisa, **Klara,** Sharniya, Nicole, Zehra, Caro, Fabienne, Celal
Mittel	S. 10 Nr. 6–8 links S. 10 Nr. 6–9 rechts	Hyoung-Tae, Lukas, Nicole, Caro, Zehra, Fabienne Stella, **Serena,** Celal, Nicole, Sharniya
	S. 12 Alles klar? Nr. 1–2 & A/B	**Matti,** Amelie, Pene, Serena
Ich bin fit!	S. 12 Nr. 3–4 links	Caro, Serena, **Matti**
	S. 12 Nr. 3–4 rechts	**Serena, Matti, Nicole**
Unschlagbar?	S. 13 Nr. 5–6 links	**Matti, Nicole, Serena**
	S. 13 Nr. 5–6 rechts	**Nicole, Matti, Stella**

Abb. 5.3: Beispiel Expertenliste zu Aufgaben aus dem Schulbuch

Ein Werkzeug eines Expertensystems kann eine Liste (Abb. 5.3) sein mit den Spalten

- Anforderungsniveau,
- Aufgaben aus dem Schulbuch,
- Nennung der Experten.

Als Experten tragen sich alle Lernenden selbst ein, die diese Aufgabe richtig gelöst haben. Dadurch ist erstens für die Lehrkraft transparent, wer schon welche Aufgabe bearbeitet hat und welche Aufgaben einen großen Teil der Lernenden vor Probleme stellen. Zum anderen können alle Schülerinnen und Schüler zu Expertinnen oder Experten werden, wenn auch unterschiedlich häufig.

„Als ich Caro die Aufgabe erklärt habe, habe ich gemerkt, dass ich sie selbst erst danach wirklich richtig verstanden habe.“ Hingegen Dimi, der erkennbar das Expertensystem nutzt, nur um vorzugeben, er würde seinem Freund Mathe erklären können, verliert vorerst die Möglichkeit, bei diesem Unterstützungsinstrument mitzuwirken. Sein Name wird im Dokument „gesperrt“.

Eine solche Liste ließe sich auch analog an einer Kreidetafel führen oder man könnte ein Plakat benutzen. Jedoch wird solches erfahrungsgemäß schnell unsauber und unübersichtlich und zumindest die Tafel muss am

Ende der Stunde gelöscht werden. Ein digitales Dokument lässt sich speichern, in der nächsten Stunde und selbst nach Wochen oder Monaten wieder öffnen, im Rahmen der folgenden Übungseinheit, bei der Vorbereitung auf eine Leistungsüberprüfung oder Schullaufbahnprüfung.

Außerdem kann man es in einer geschützten Schulplattform der Lerngruppe auch außerhalb des Unterrichts zur Verfügung stellen.[44] Gerade im Distanz-Lernen bleiben parallel Lernende als Experten weiterhin greifbar. Ist Hilfe nötig, kann der oder die Lernende zu Hause nachsehen, wer ihm oder ihr weiterhelfen kann. Anstatt mit viel Frust aufzugeben und in Zukunft die Hausaufgaben nur noch unvollständig zu erledigen, wird der Zugriff auf eine konstruktive Unterstützung auch zu Hause möglich. Durch die Digitalisierung wird der Trend der Verfügbarkeit in das schulische Lernen übertragen, Kollaboration wird gefördert.

Die Expertenlisten institutionalisieren und perfektionieren das, was die Lernenden sowieso schon machen: Sie holen sich bei Bedarf über soziale Medien bei Klassenkameradinnen und Klassenkameraden, die sie dafür als kompetent ansehen, Informationen und Hilfen.

Erstellt man als Lehrkraft ein kollaboratives Dokument, so kann diese Liste im Distanzunterricht und für Hausaufgaben weitergeführt werden. Dies ist z. B. mit dem Tool Cryptpad[45] möglich. Über einen Link kommen die Lernenden direkt zum gemeinsamen Dokument. Erfahrungen mit Cryptpad haben gezeigt, dass solche Expertenlisten eifrig und vor allem selbstständig ohne weiteres Hinzutun der Lehrkraft genutzt werden.

Erstellung von Erklärvideos

Ein weiterer Schritt in Richtung konstruktiver Unterstützung ist die Produktion und Bereitstellung von Erklärvideos durch die Lernenden selbst. Natürlich muss das Erstellen eigener Erklärvideos davor gelernt und geübt worden sein (siehe Kapitel 9.2.7). Lernende, die ein Erklärvideo zu einer Aufgabe erstellt haben, kennzeichnen ihren Namen in der Expertenliste[46] entsprechend. Die Lernenden können dann während des Erkundens einsehen, welcher parallel Lernende ihm/ihr ein Erklärvideo über einen Messengerdienst zusenden kann.

44 Zu beachten ist, dass auch hier personenbezogene Daten erzeugt und weitergegeben werden. Es könnte Eltern geben, die es stört, wenn die Nachbarn nachschauen können, wie gut ihr Kind in Mathe ist. Als Lehrkraft sollte man sich deshalb die Einwilligung auch für solche Listen geben lassen.

45 CryptPad (https://cryptpad.fr/) ist eine kostenlose kollaborative Software, die durch Forschungsgelder und Spenden finanziert wird. Nach eigenen Angaben arbeitet CryptPad mit verschlüsselten Daten und hat keine Einsicht in Nutzerdaten und profitiert in keiner Weise von Nutzerdaten.

46 Im Beispiel aus Abb. 5.3 durch fett gedruckte Schrift ihres Namens.

Workshops
Trotz des hohen Grads an Schüleraktivität in solchen Erkunden-Stunden kann auch die Lehrkraft aktive, konstruktive Unterstützung leisten. Durch die zahlreichen digitalen Unterstützungsformate im erzeugten Organisationssystem erhält sie viele und breite Freiräume. Eine Möglichkeit, diese zu nutzen, ist, dass die Lehrkraft eine weitere Form konstruktiver Unterstützung in Form von sogenannten Workshops anbietet. Die Lernenden können Wünsche äußern und an die Tafel schreiben, oder die Lehrkraft sieht z. B. anhand der Expertenliste, welche inhaltlichen Impulse zielführend wären.

Workshops sind kleine Unterrichtsbausteine, in denen unterschiedliche Methoden und Medien zum Einsatz kommen können. Sie werden mit Uhrzeit angekündigt, sodass die Lernenden sie in ihre individuelle Planung einbauen können. Im Gegensatz zum klassischen Unterricht versammeln sich dann nur diejenigen Lernenden um die Lehrkraft, die diese Ausführungen aktuell für sich als relevant ansehen, also auch hier wird differenziert: Nicht jeder muss sich alles anhören, was ihn nicht weiterbringt. Alle anderen Lernenden beschäftigen sich weiter mit ihren Aufgaben und sind dank der digitalen Unterstützung hierfür nicht auf die Lehrkraft angewiesen.

5.1.3 Der Weg zu mehr Eigenverantwortung beim Erkunden

Ein Lernender oder eine Lernende kann nach der Bearbeitung einer analogen oder digitalen Checkliste zu der Erkenntnis gelangen, dieses Teilgebiet üben zu wollen. Hierfür kann sie oder er kleine interaktive Lernbausteine[47] heranziehen, die idealerweise die eigene Lehrkraft eingestellt hat. Diese Apps sind kleine Lernprogramme, die in der Regel von Lernenden als sehr attraktiv empfunden werden. Beispielsweise können die Lernenden in einem Multiplayer-Pferderennen gegeneinander um die Wette Aufgaben lösen.[48] Alle Apps geben dem oder der Lernenden auch eine Rückmeldung. So finden Lernende mit diesen Listen ein ansprechendes, vernetztes und digitales Fundament zum selbstständigen Üben mutmaßlich erreichter Teilziele, das in eine Konzeption des selbstbestimmten Weiterlernens münden kann. Dabei empfiehlt es sich, den Lernenden, die damit schon umgehen können, schrittweise mehr Eigenverantwortung zu übertragen.

47 Der Web-Dienst *LearningApps.org* zum Beispiel entstand im Rahmen eines Forschungsprojekts der Pädagogischen Hochschule Bern, der Johannes-Gutenberg-Universität Mainz und der Hochschule Zittau/Görlitz. Lehrkräfte können multimediale Bausteine wie Zuordnungsübungen, Multiple-Choice-Aufgaben etc. erstellen und sie auf dieser Plattform entweder nur ihren Lernenden oder auch anderen Personen zur Verfügung stellen.

48 Beispiel für einen multimedialen Baustein: https://learningapps.org/view6708828

5.2 Der Kernprozess *Ordnen*

Wir verstehen den Kernprozess *Erkunden* als einen freien Prozess, in dem es kein Richtig oder Falsch gibt, und *Ordnen* als den Prozess, bei dem schrittweise Richtig von Falsch unterschieden wird. Dafür muss erst einmal gesammelt werden, welche Erkenntnisse überhaupt gefunden wurden, und dann müssen die beim Erkunden gefundenen Ergebnisse systematisiert werden.

Der Kernprozess *Ordnen* ist also „die entscheidende Unterrichtsphase zwischen dem Erkunden und dem Üben" (Prediger u. a. 2011, S. 2). „Beim *Ordnen* werden die Lerninhalte unter aktiver Beteiligung der Lernenden und mit Unterstützung der Lehrkraft systematisiert [...]" (Barzel u. a. 2012, S. 6). *Ordnen* ist die Abfolge von *Sammeln* und *Systematisieren* der Erkenntnisse, die im *Erkunden* gewonnen wurden. Das *Sichern* sehen wir als eigenständigen Kernprozess, der gelungenes Ordnen voraussetzt, wobei wir eine Zusammenschau von *Sammeln, Systematisieren und Sichern* (Büchter/Leuders 2009, S. 136 ff.) nicht grundsätzlich infrage stellen.

Auf den ersten Blick ist *Ordnen* derjenige Kernprozess, in dem sich analoger und digitaler Mathematikunterricht am wenigsten unterscheiden bzw. in dem die Art der eingesetzten Medien die geringsten Unterschiede zur Folge haben sollte. Das ist aber nicht so. Denn es gibt auch hier Vorsprünge des digitalen Wegs. Zwar ist am Ende das Lernergebnis, also eine Erkenntnis, ein Begriff, eine Regel, ein Verfahren, dasselbe. Aber es gilt eine viel größere Anzahl an Erkundungsergebnissen zu systematisieren, wenn Digitalität im Spiel ist, und die Veröffentlichung der gesammelten Ergebnisse des Erkundens geschieht zeitökonomischer. Deshalb wird das Ergebnis des Systematisierens im digitalen Unterricht plastischer und schneller erreichbar sein als im analogen.

5.2.1 Sammeln

Nachdem zum Beispiel die Zusammenhänge des Satzes des Pythagoras mit einer dynamischen Geometriesoftware erkundet wurden (Aufgabenstellung siehe Abb. 5.4), entsteht dadurch eine große Anzahl von Beispielen für die Abhängigkeit der Verhältnisse der Quadrate über den Seiten von unterschiedlichen Dreiecksformen. Der Inhalt des Satzes des Pythagoras wird über dessen Umkehrung gewonnen, wobei dieser Aspekt den Lernenden gegenüber nicht thematisiert wird oder höchstens im Nachhinein, nachdem sie bezüglich des Themas eine Rückschauperspektive einnehmen konnten. Weil in der Form „wenn ..., dann ..." erkundet wurde, steht diese Form beim Ordnen von selbst zur Verfügung.

a) Zeichne mit Geometriesoftware ein beliebiges Dreieck.
b) Errichte über jeder Dreiecksseite ein Quadrat.
c) Verändere Form und Größe des Dreiecks und beobachte, was sich dadurch bei den Quadraten verändert.
d) Verändere die Form des Dreiecks zu besonderen Dreiecken. Nutze dafür die Berechnungen, die dir das Programm abnimmt.
e) Formuliere deine Erkenntnisse in der Form „wenn ..., dann ...“.

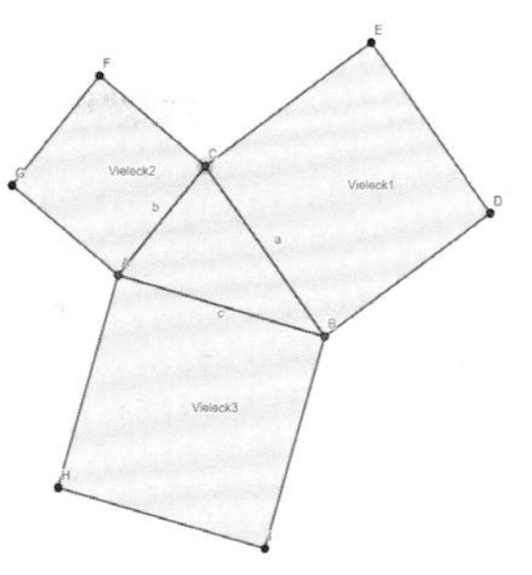

Abb. 5.4: Aufgabenstellung zur Erkundung des Satzes des Pythagoras

Die Lernenden entdecken sehr schnell die Dynamik in der Konstellation, dass nämlich der Flächeninhalt der Quadrate sich in Abhängigkeit von der Form des Dreiecks ändert (Abb. 5.5a). Die Aufgabenstellung führt dazu, dass viele Lernende zunächst versuchen, über die Veränderung des Dreiecks gleich große Quadrate zu erzeugen, und sie stellen dabei fest, dass das bei Gleichseitigkeit der Dreiecke der Fall ist (siehe Abb. 5.5b). Es gelingt nur wenigen Lernenden, Quadrate mit exakt gleich großem Flächeninhalt zu erzeugen. Weil sie das aber selbst mit der Computermaus in der Hand oder dem Finger auf dem Touchscreen tun, erfahren die Lernenden unmittelbar, dass der funktionale Zusammenhang nicht „ungefähr“ gilt, sondern dass nur sie selbst feinmotorisch nicht in der Lage sind, diesen exakt darzustellen.

Andere Lernende haben gleichschenklige (Abb. 5.5c) oder extrem spitzwinklige Dreiecke (Abb. 5.5d) erzeugt und beim Versuch, extrem stumpfwinklige Dreiecke zu erzeugen, die Erfahrung gemacht, dass das dasselbe ist und „extrem spitzwinklige“ Dreiecke in der mathematischen Sprache als stumpfwinklig bezeichnet werden, was sie zwei Jahre früher vielleicht gelernt haben, aber erst jetzt verstehen. Solche Aspekte mit Lernenden zu diskutieren hatte im analogen Unterricht fast philosophischen Charakter, im digitalen führen sie von selbst zu spannenden Erkenntniserlebnissen, wenn sie an richtigen Stellen stattfinden.

5.2.2 Systematisieren

Systematisieren dient der Vernetzung neuen Wissens mit vorhandenem Wissen und der Regelfindung. Ein Impuls der Lehrkraft, die Anzeige der Winkelgröße einzublenden, kann hilfreich sein, ist aber nicht unbedingt nötig: „Jeweils eine Dreiecksseite und eine Seite eines Quadrats bilden eine gemeinsame Strecke, dann ist da ja ein rechter Winkel.“ Ein einziger Lernender oder eine einzige Lernende, die dies entdeckt hat, reicht unter Umständen aus, um eine erkenntnisgetragene Formulierung des Satzes des Pythagoras zu formulieren, die dann ungefähr so lautet:

- Wenn ein Dreieck spitzwinklig ist, dann ist das Quadrat des Flächeninhalts über der größten Dreiecksseite kleiner als die Summe der Quadrate über den beiden anderen Dreiecksseiten (Abb. 5.5a);
- wenn ein Dreieck rechtwinklig ist, dann ist das Quadrat des Flächeninhalts über der größten Dreiecksseite gleich der Summe der Quadrate über den beiden anderen Dreiecksseiten (Abb. 5.6);
- wenn ein Dreieck stumpfwinklig, dann ist das Quadrat des Flächeninhalts über der größten Dreiecksseite größer als die Summe der Quadrate über den beiden anderen Dreiecksseiten (Abb. 5.5d).

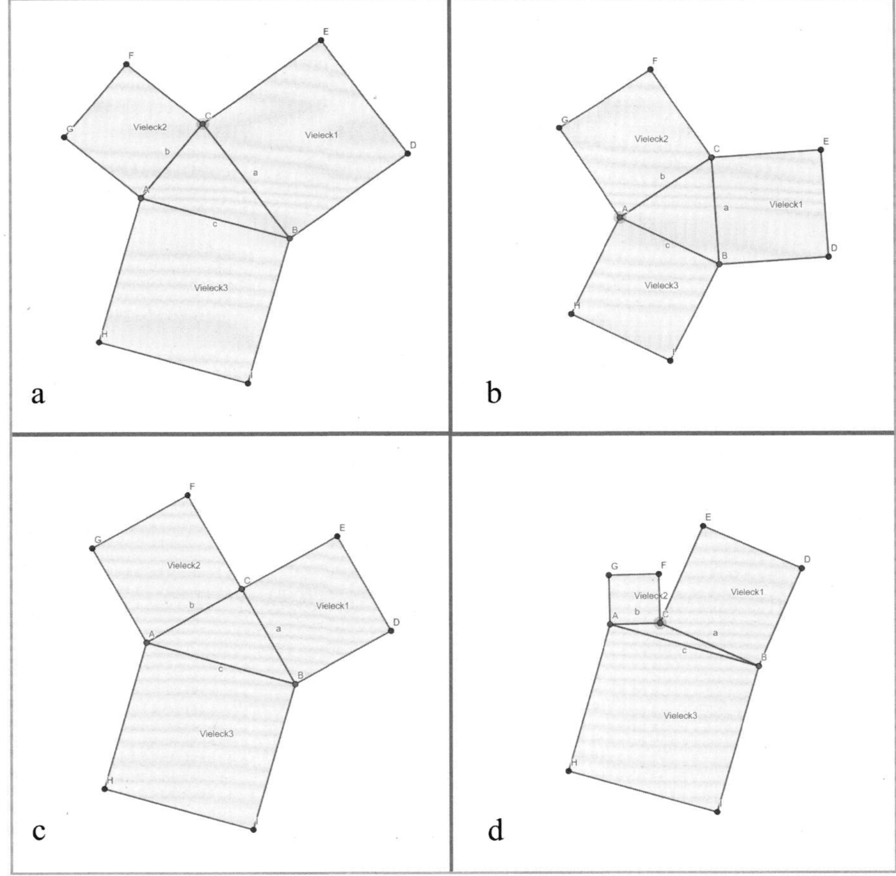

Abb. 5.5: Erkunden des Satzes des Pythagoras

Die in der Mitte stehende Erkenntnis beschreibt den Inhalt des Satzes des Pythagoras. Lernende, die auf diesem Weg den Satz kennengelernt und gelernt haben, haben den Zusammenhang vermutlich verstanden und können möglicherweise wenig mit der Gleichung „$a^2 + b^2 = c^2$" anfangen, aber das ist kein Problem, denn sie allein sagt nichts aus.

Wir können auf keine empirische Studie verweisen, wissen aber aus langjährigen Erfahrungen als Lehrkräfte, dass Lernende, die den Satz des Pythagoras als einen Zusammenhang im Sinne von „wenn ..., dann ..." erfahren haben, ihn selten in anderen als rechtwinkligen Dreiecken anwenden. Für solchen verständnisorientierten Unterricht ist nicht zwingend Digitalität notwendig, aber sie erzeugt eine größere Vielfalt an Beispielen, erleichtert den Weg dahin enorm und spart Zeit; Lernzeit, die anderweitig genutzt werden kann.

Im Umgang mit Digitalität fällt es leichter, Zusammenhänge mit „wenn ..., dann ..." – Beziehungen zu beschreiben und endeckendes Lernen zu ermöglichen. Denn die Handlungsabläufe folgen dem Muster: *Wenn* der Nutzer Veränderungen vornimmt, *dann* bewirkt das zwangsläufige Folgen.

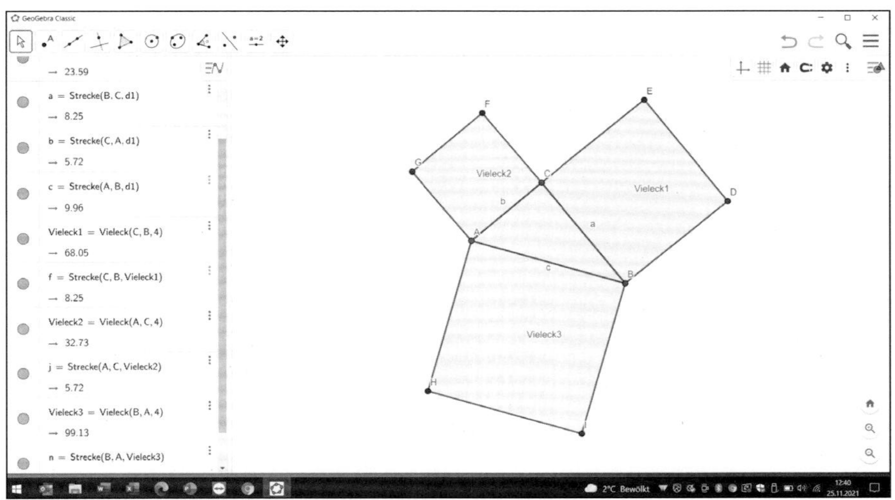

Abb. 5.6: Figur zum Satz des Pythagoras

Vorgehensweisen wie die oben beschriebene sind in vielen anderen thematischen Kontexten möglich. Es seien hier nur einige Beispiele genannt.

- Eine Ordnung von Dreiecksformen und Dreiecksarten lässt sich mit digitalen Mitteln leicht erarbeiten; dafür reicht ein Textverarbeitungsprogramm.
- Das Haus der Vierecke kann induktiv und kooperativ erarbeitet werden.
- Dass ein Gleichungssystem entweder keine, eine oder unendlich viele Lösungen hat, können Lernende selbst entdecken, wenn sie frei die gemein-

samen Lösungen zweier funktionaler Zusammenhänge erkunden, wobei es immer einer Lehrkraft bedarf, die die Lerngruppe unterstützt, die gesammelten Ergebnisse zu systematisieren und damit zu ordnen.
- Die Transparenz linearer Tarifsysteme kann mit digitalen Mitteln sehr schnell erfahrbar werden, wobei damit klar wird, weshalb im Alltag immer weniger lineare Tarife angeboten werden: weil die Anbieter Transparenz nicht wünschen. Die einst beliebte Einstiegsaufgabe in das Thema *lineare Gleichungssysteme* über den Vergleich von Telefontarifen funktioniert nicht mehr. Trotzdem kann man genau damit zeigen, weshalb es weitreichend solche Zuordnungen fast nicht mehr gibt.

5.3 Der Kernprozess *Sichern*

Bei Unterrichtsberatungen ist eine oft gestellte Frage, wie Lernergebnisse gesichert werden sollen, ob immer ein Merksatz erforderlich sei oder ob eine andere Form der Sicherung auch genügen würde. Selten werden wir gefragt, was eigentlich gesichert werden soll.

Sicherung beschreibt Maßnahmen, die dazu führen sollen, dass neu erworbenes Wissen und Können nicht mehr verloren gehen, sondern sicher verwahrt werden. Gelerntes wird in einem Speicher untergebracht, wobei das menschliche Gehirn der nächstliegende und leistungsfähigste Speicher ist. Nicht alles, was im Mathematikunterricht gelernt wurde, kann und muss gesichert, also gespeichert, werden. Gesichert wird der Ertrag an Begriffen, Regeln und Verfahren, die als Lernergebnisse dauerhaft behalten werden sollen. Lernwege dagegen werden gegangen, nicht aufbewahrt. Andererseits sollte alles, was gelernt wurde, gesichert werden, nicht nur Regeln und Verfahren, und diesbezüglich dürfen die prozessbezogenen Kompetenzen nicht vernachlässigt werden.

Im traditionellen Mathematikunterricht gab es zum Zweck des Sicherns penibel geführte Merkhefte, die aber viele Lernende überhaupt nicht als Wissensspeicher nutzten. Manche Lehrkräfte verzichteten darauf, weil ihnen die Unterrichtszeit zu kostbar erschien, um vorformulierte Sätze abschreiben zu lassen. Der Kompromiss Lückentext ging etwas schneller, war aber im Prinzip nichts anderes. Nur was schon gelernt wurde, kann gesichert werden. Deshalb steht das Sichern in der Abfolge der Kernprozesse an letzter Stelle.[49] Es braucht nicht allerletzter Schritt zu sein, denn ein Lernergebnis kann auch

49 Schulbücher, in denen Kapitel mit Merksätzen begannen und Materialien für „Individualisiertes Lernen“ mit Kompetenzrastern, die am Anfang standen und das Lernen steuern sollten, beruhten diesbezüglich auf Missverständnissen.

gesichert werden, bevor seine Anwendung durch erneutes Üben vertieft wird (siehe Kap. 5.4), aber niemals bevor es gelernt wurde.

Ein erstaunlicherweise relativ junger Gedanke ist, auch das Sichern motivierend zu gestalten. Analoge Kartenabfragen, wobei bei vorhandener Ausstattung die Karten bald durch Präsentationen abgelöst wurden (Storz 2020, S. 63 ff.), ersetzen an vielen Schulen den stupiden Merksatz auch als Lernkontrolle, weil sie mehr auf den Speicherort Gehirn setzen als auf das Schulheft und weil sich gezeigt hat, dass die Lernenden daran Spaß haben.

Der Einsatz von digitalen Medien bietet hinsichtlich der Motivation ein enormes weiteres Potenzial, wobei sich Lernkontrollen im digitalen Format mit geringer Vorbereitungszeit realisieren und mit Kollegen teilen lassen. Digitale Medien ermöglichen zeitgleiches Sichern und bieten mit einer sofortigen Rückmeldung Ausgangspunkte für individuelle Fördermaßnahmen. Der Lehrkraft verschaffen sie eine detaillierte Rückmeldung über den Lernstand der Klasse sowie Einzelner.

5.3.1 Interaktive Checklisten

Die Überzeugung einer Lehrkraft, eine gute Lernstunde müsse grundsätzlich damit schließen, dass die Lernenden einen Merksatz aufschreiben, dessen Inhalt aus der Stunde hervorgegangen ist, passt nicht ganz in ein Konzept von Unterricht, das sich mehr am Lernen als am Lehren orientiert. Der Merksatz wurde schon im analogen Unterricht zunehmend von anderen Formen der Sicherung abgelöst, zum Beispiel mit

- Angeboten an die Lernenden nachzufragen,
- Kartenabfragen oder
- Checklisten.

Das alles lässt mehr Flexibilität zu als der traditionelle Merksatz.

Angebote zum Nachfragen

werden dann von Lernenden genutzt, wenn sie Vertrauen in die Klassenführung der Lehrkraft gewonnen haben:

- Lernen und Leisten sind klar getrennt,
- Defizite und Rückstände können von Lernenden sanktionsfrei geäußert werden,
- Konsequenzen oder Antworten auf gestellte Fragen folgen diesen in kurzem zeitlichem Abstand.

Kartenabfrage

Eine Kartenabfrage besteht aus einer überschaubaren Anzahl von eindeutig zu beantwortenden Fragen (ein Beispiel und die Antwort siehe Abb. 5.7), die direkt aus den Lernzielen abgeleitet wurden, und einer Auswahl aus verschiedenen Lösungsmöglichkeiten. Die Fragen und Antworten werden per Beamer oder Smartphone präsentiert, noch früher per Tageslichtprojektor, jeder Lernende hatte einen Satz farbiger Karten, mit dessen Hilfe er die vermeintlich richtige Antwort anzeigte. Bevor die nächste Frage kommt, zeigt der Beamer die richtige Antwort. Schon im analogen Unterricht baute man gern Mehrfachnennungen ein, damit weniger geschummelt wurde, und setzte auf Taktung und Tempo. Die Lehrkraft erhielt mit der Kartenabfrage einen Überblick, ob und wie weit sie die Lernziele erreicht hatte, die Lernenden erhielten Rückmeldungen, ohne selbstaktiv nachfragen zu müssen oder sich womöglich bloßzustellen. Aber solche Kartenabfragen waren mit keinen individuellen Hilfen verbunden.

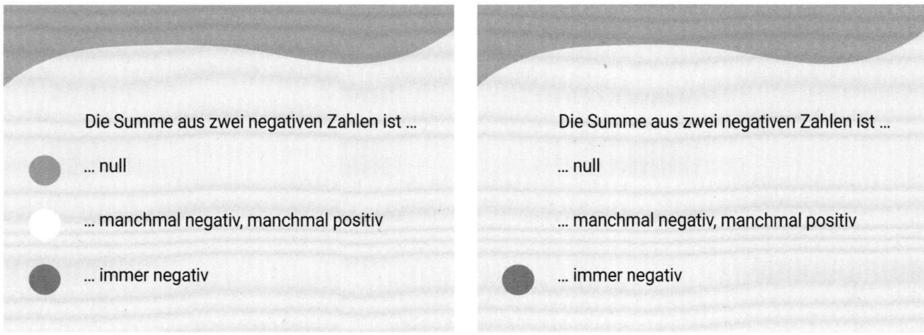

Abb. 5.7: Beispielfrage für die Darstellung einer Kartenabfrage und der Antwort

Analoge Checklisten

sind Listen von Teilkompetenzen, die die Lernenden nach Abschluss einer Unterrichtseinheit erworben haben müssten. Je nach Ausführung wird ihnen dabei geholfen:

- Erläuterung der Teilkompetenz,
- Musteraufgabe,
- Möglichkeit der Selbsteinschätzung,
- Hinweis auf hilfreiche Aufgaben, um erkannte Defizite auszugleichen.

Interaktive Checklisten

haben in der Pandemie aus dem Zwang heraus, Werkzeuge für Distanzunterricht zu entwickeln, einen enormen Zuwachs an Beachtung erfahren, können aber auch die Qualität von Präsenzunterricht merklich verbessern. Digitalität öffnet die Möglichkeit, die obigen drei Konzepte in interaktiven Checklisten (Beispiele siehe Abb. 5.9 und 5.10) zusammenzuführen.

Dass sie typische Merkmale von analogem Unterricht übernehmen, ist verständlich, aber genau hier liegt das Potenzial, auch solche digitalen Medien im Sinne eines Lernenden-orientierten Mathematikunterrichts weiterzuentwickeln, und wir sind deshalb froh, dass solche Formate entstanden sind.

Zum Beispiel auf dem Bildungsserver des Landes Baden-Württemberg (https://www.schule-bw.de/) werden zahlreiche interaktive Checklisten zum kostenlosen Download angeboten (Abb. 5.8)[50], die editierbar sind und frei verwendet werden dürfen.[51] Die Listen können den Lernenden über analoge oder digitale Medien zur Verfügung gestellt werden und stellen dabei eine Schnittstelle aus analogem und digitalem Medium dar. Interaktive Checklisten können sowohl zur Sicherung von Lernabschnitten (Abb. 5.9) eingesetzt werden als auch am Ende größerer Einheiten zum Beispiel im Rahmen einer Prüfungsvorbereitung (Abb. 5.10).

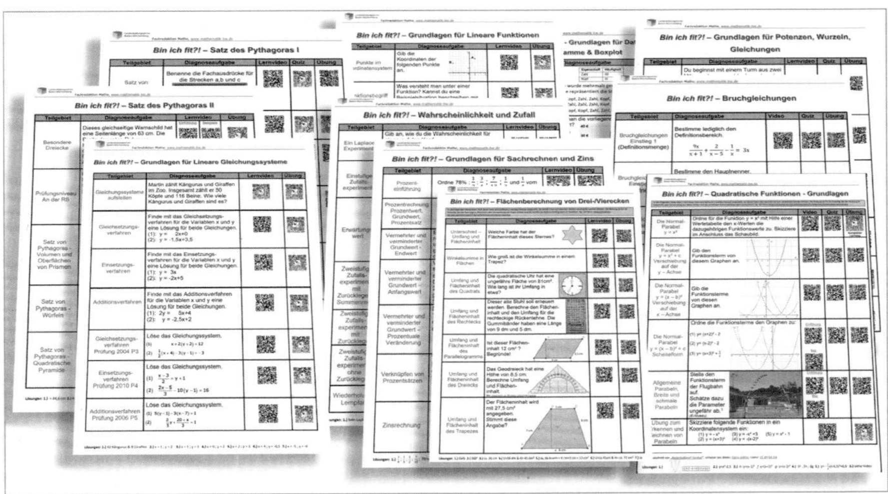

Abb. 5.8: Interaktive Checklisten auf dem Landesbildungsserver BW (Takin, Fabrice; <Interaktive Checklisten>; <2022> in: Landesbildungsserver Baden-Württemberg (Hg.); <Fachportal Mathematik>; via <https://www.schule-bw.de/faecher-und-schularten/mathematisch-naturwissenschaftliche-faecher/mathematik/interaktiv_digital/checklisten>)

50 Bildausschnitt Basketballwurf Parabel von Elena Jedtke mit CC-BY-SA 3.0 Lizenz via https://unterrichten.zum.de/wiki/Quadratische_Funktionen_erforschen/Die_Scheitelpunktform

51 Geodreieck-Bild von mbnachhilfe_de mit Pixabay Lizenz via https://pixabay.com/de/illustrations/geodreieck-geometrie-mathematik-1016726/

Fachredaktion Mathe, www.mathematik-bw.de

Bin ich fit?! – Flächenberechnung von Drei-/Vierecken

In den folgenden Materialien / Auf dieser Seite wird Software / werden Dienste vorgestellt, bei denen Daten auf externen Servern verarbeitet werden können. Die Nutzung ist für Sie freiwillig. Bei der Nutzung im Unterricht oder Verwendung von Daten Dritter sind die rechtlichen Rahmenbedingungen zu beachten. Vgl. Sie hierzu https://it.kultus-bw.de/,Lde/Startseite/IT-Sicherheit/Datenschutz+an+Schulen

Teilgebiet	Diagnoseaufgabe	Lernvideo	Übung
Unterschied – Umfang und Flächeninhalt	Welche Farbe hat der Flächeninhalt dieses Sternes? 		
Winkelsumme in Flächen	Wie groß ist die Winkelsumme in einem Trapez?		
Umfang und Flächeninhalt des Quadrats	Die quadratische Uhr hat eine ungefähre Fläche von 81cm². Wie lang ist ihr Umfang in etwa? 		
Umfang und Flächeninhalt des Rechtecks	Dieser alte Stuhl soll erneuert werden. Berechne den Flächeninhalt und den Umfang für die rechteckige Rückenlehne. Die Gummibänder haben eine Länge von 9 dm und 5 dm. 		
Umfang und Flächeninhalt des Parallelogramms	Ist dieser Flächeninhalt 12 cm² ? Begründe! 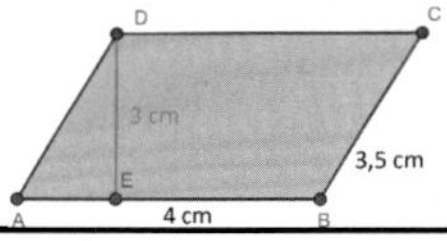		
Umfang und Flächeninhalt des Dreiecks	Das Geodreieck hat eine Höhe von 8,5 cm. Berechne Umfang und Flächeninhalt. 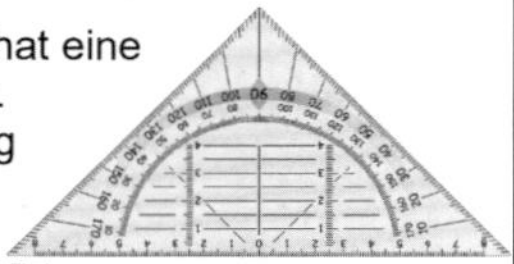 Bild: mbnachhilfe.de [Pixabay Lizenz] via Pixabay		
Umfang und Flächeninhalt des Trapezes	Der Flächeninhalt wird mit 27,5 cm² angegeben. Stimmt diese Angabe? 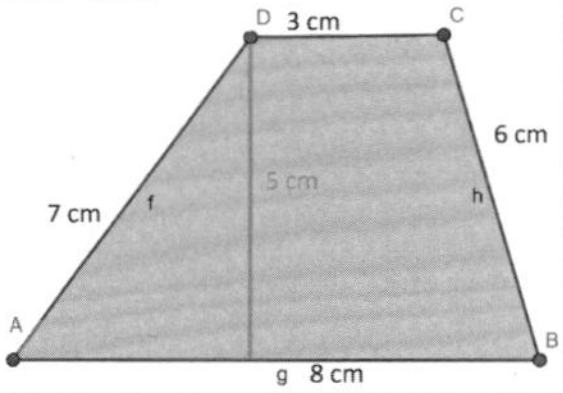		

Lösungen: **1.)** Gelb **2.)** 360° **3.)** ca. 36 cm **4.)** U=28 dm & A= 45 dm² **5.)** Ja, da A=a•h = 4 cm•3 cm = 12 cm² **6.)** U=ca.41cm & A= ca. 72 cm² **7.)** Ja

Abb. 5.9: Beispiel einer interaktiven Checkliste für Klasse 8 (Takin, Fabrice; <Bin ich fit?! – Flächenberechnung von Drei-/Vierecken>; <2018> in: Landesbildungsserver Baden-Württemberg (Hg.); < Fachportal Mathematik >; via < https://www.schule-bw.de/resolveuid/209edebaf99f41c7b99cf8d3a4665a17>

Fachredaktion Mathe, www.mathematik-bw.de

Bin ich fit?! – Quadratische Funktionen - Grundlagen

Teilgebiet	Diagnoseaufgabe	Video	Quiz	Übung
Die Normal-Parabel $y = x^2$	Ordne für die Funktion $y = x^2$ mit Hilfe einer Wertetabelle den x-Werten die dazugehörigen Funktionswerte zu. Skizziere im Anschluss das Schaubild.			Kompletter Lernweg
Die Normal-Parabel $y = x^2 + c$ Verschiebung auf der y – Achse	Gib den Funktionsterm von diesem Graphen an. 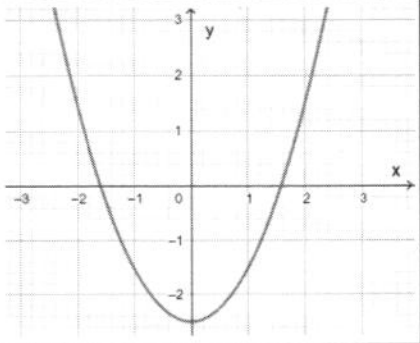			
Die Normal-Parabel $y = (x - b)^2$ Verschiebung auf der x – Achse	Gib die Funktionsterme von diesen Graphen an. 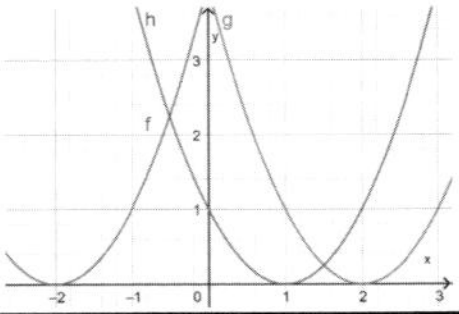			
Die Normal-Parabel $y = (x - b)^2 + c$ Scheitelform	Ordne die Funktionsterme den Graphen zu: (1) $y = (x+2)^2 - 2$ (2) $y = (x-2)^2 - 2$ (3) $y = (x+3)^2 + \frac{1}{2}$ 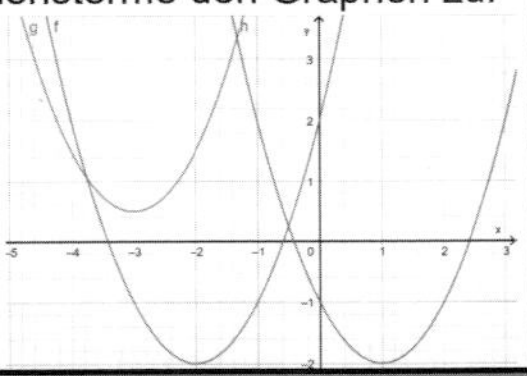	Einführung Bsp.		
Allgemeine Parabeln, Breite und schmale Parabeln	Stelle den Funktionsterm der Flugbahn auf. Schätze dazu die Parameter ungefähr ab.[1] *(E-Niveau)* 	Einführung Bsp.		
Übung zum Erkennen und Zeichnen von Parabeln	Skizziere folgende Funktionen in ein Koordinatensystem ein: (1) $y = -x^2$ (3) $y = -x^2 + 3$ (5) $y = x^2 - 1$ (2) $y = (x+3)^2$ (4) $y = -(x-2)^2$			

[1] Bildausschnitt von „Basketballwurf Parabel", Urheber des Bildes: Elena Jedtke; Lizenz: CC-BY-SA 3.0

Lösungen: 1.)

Y	-2	-1	0	1	2
X	4	1	0	1	4

2.) $y=x^2-2{,}5$ **3.)** *h*: $y=(x-1)^2$ *f*: $y=(x+2)^2$ *g*: $y=(x-2)^2$ **4.)** 1f ; 2h ; 3g **5.)** $y=-\frac{1}{3}\cdot(x-6{,}5)^2+6{,}5$ **6.)** siehe Video

Abb. 5.10: Beispiel einer interaktiven Checkliste für den mittleren Bildungsabschluss (Takin, Fabrice; <Bin ich fit?! – Quadratische Funktionen - Grundlagen>; <2019> in: Landesbildungsserver Baden-Württemberg (Hg.); < Fachportal Mathematik >; via <https://www.schule-bw.de/resolveuid/307ccaf2e18b4db7960b8be3e495b99f>)

Eine interaktive Checkliste besteht im Kern aus einer übersichtlich strukturierten Tabelle mit den Spalten:

- Teilgebiet: fachsprachliche Beschreibung der Teilkompetenz;
- Diagnoseaufgabe: typische Aufgabe zur Erkennung der Teilkompetenz, meist eine eingekleidete, anwendungsbezogene Textaufgabe;
- Lösungen: unterhalb der Tabelle sind die Lösungszahlen zu jeder Aufgabe in kleiner Schrift angegeben;
- Video: passendes Erklärvideo, das Lernende, die die Diagnoseaufgabe nicht lösen konnten, aufrufen können;
- Quiz: Kartenabfrage zum Beispiel im Format „Wer wird Millionär?“ zur Überprüfung der Inhalte des Erklärvideos;
- Übung: Aufgabe zur erneuten Lernkontrolle.

Setzt man sie ausschließlich digital ein, so kann per Klick auf den jeweiligen QR-Code das Lernvideo, Quiz oder die Übung geöffnet werden. In gedruckter Version funktioniert der Zugriff über das Scannen des Codes z. B. über den Kameramodus eines Handys oder Tablets.

Die Entwicklung interaktiver Checklisten ist durch die Nöte der Coronakrise enorm beschleunigt worden. Deshalb hat man zeitweise in Kauf genommen, dass verlinkte Erklärvideos teilweise Werbung enthielten und nicht ganz den Anforderungen des Datenschutzes entsprachen. Das kann aber kein Dauerzustand sein.[52]

Schon vor der Coronapandemie haben wir mit Checklisten und seit der Coronapandemie mit interaktiven Checklisten zum Beispiel bei der Hausaufgabenkontrolle oder in Phasen individuellen Übens sehr gute Erfahrungen gemacht. Deshalb sind wir der Überzeugung, dass interaktive Checklisten einen festen Platz im Methodenrepertoire für Mathematikunterricht eingenommen haben und behalten werden. Langfristiges Ziel sollte sein, dass die Erklärvideos von der Lehrkraft selbst erstellt worden sein sollten. Das ergibt ein durchgängiges didaktisches Konzept und führt zu weniger Datenschutzproblemen. Dass und wie die Erstellung eigener Lernvideos für die Lehrkraft nicht automatisch unüberschaubaren Zeitaufwand bedeutet, legen wir in Kap. 9.2 dar.

5.3.2 Sichern mittels Fragespielen

Fragespiele sind unter der Bezeichnung „Quiz“ wahrscheinlich bekannter als unter der Bezeichnung „Fragespiel“. Generell ist ein Quiz ein Frage- oder Ratespiel mit Wissens- oder Denkaufgaben. Im Fernsehen sind Quizsendun-

52 Dem Vernehmen nach sind einzelne Kultusverwaltungen dabei, eigene Plattformen für Videos einzurichten (Stand Oktober 2021).

gen sehr populär, allerdings hauptsächlich bei älteren Zielgruppen; trotzdem kann man wohl davon ausgehen, dass den Lernenden Quizformate wie „Wer wird Millionär?“ oder „Der Quiz-Champion“ mehrheitlich vertraut sind.

Quiz wurden in den letzten Jahren an Schulen zunehmend als Form der Ergebnissicherung und generell im Zuge des Distanzunterrichts eingesetzt. Allerdings unterscheidet sich ein Quiz im Unterricht von einem Quiz im TV dadurch, dass der Aspekt des Ratens unerwünscht ist und unterdrückt wird. Wer durch Raten eine richtige Antwort auf eine gestellte Frage gibt, hat nicht gesichert, was Inhalt der Frage war, sondern Glück gehabt. Während beim Quiz im Fernsehen der Glücksfaktor beim Raten wegen des damit verbundenen Unterhaltungswertes durchaus erwünscht ist, ist er das im Unterricht weniger, erst recht wenn es darum geht, Gelerntes zu sichern.

In einem Quiz werden Fragen gestellt und es werden Antwortmöglichkeiten vorgegeben. Merkmal eines guten Quiz ist, dass falsche Antwortmöglichkeiten plausibel erscheinen. Dann muss nachgedacht, abgewogen und entschieden werden und nicht nur Wissen repetiert. Das gilt auch für Quiz, die im Unterricht zum Sichern eingesetzt werden.

Bei analogen Kartenabfragen wurde auf Tempo geachtet, damit die Lernenden sich nicht so leicht vom Abstimmungsverhalten der parallel Lernenden beeinflussen lassen konnten. Bei digitalen Quiz als Sicherungsformat im Unterricht liegt der Fokus mehr auf der eindeutigen Beantwortbarkeit der Fragen, um den Anteil geratener, also zufällig richtiger Antworten zu minimieren.

Ein weiteres Merkmal ist, eine gelingende Balance aus didaktischem Anspruch auf der einen und Animation und Spaßfaktor auf der anderen Seite zu finden. Unterrichtsphasen dürfen nicht zu „Events“ mutieren, wenn auch bei der Gestaltung von Unterricht durchaus unterhaltende Aspekte Anregungen bringen können.

Abb. 5.11: Schritt-für-Schritt-Videoanleitung von Sebastian Schmidt

Beispiel Kahoot

Eine der populärsten Anwendungen aus dem Bereich Quiz ist zurzeit *Kahoot* (vgl. Abb. 5.13). Über einen Beamer werden die Fragen gestellt. Die verschiedenen Antwortoptionen sind farblich unterschiedlich hinterlegt. Dies zeigt durchaus Parallelen zur analogen Kartenabfrage. Statt mit einer Karte aus Karton wählen die Lernenden über ein digitales Endgerät in einer vorgegebenen Zeit ihre Antwort aus. Hintergrundmusik, die auch abgeschaltet werden kann, und die Einblendung von Ergebnislisten nach jeder Frage verleihen dem Quiz eine gewisse Anmutung von Computerspiel oder Linearfernsehen. Leider ist wie so oft auch hier der Datenschutz das Problem (vgl. Kap. 7.1).

Der Ratgeber *Mobilsicher.de* stuft die Datensicherheit bei der Nutzung von *Kahoot* durch Lernende als „gerade noch akzeptabel" ein, rät aber davon ab, als Lehrperson auf dem Privatgerät *Kahoot* mit Registrierung zu nutzen.[53] Eine datenschutzkonforme Alternative wäre *Quizacademy.de.* Solche Details untermauern die Forderung nach dienstlichen Endgeräten für alle Lehrkräfte, die inzwischen vielerorts erfüllt ist, und unterstreichen die Empfehlung an Lehrkräfte, Privates und Dienstliches sauber auseinanderzuhalten, gerade im digitalen Bereich.

Die Bedienung von *Kahoot* ist unkompliziert (Abb. 5.11). In einer Eingabemaske gibt die Lehrkraft die Quizfragen ein. Bilder lassen sich einfach hinzufügen. Auf die gleiche Art und Weise verfährt man mit den Antwortoptionen. Über die Parameter Zeitdauer und Punkte lassen sich die Rahmenbedingungen weiter setzen.

Auf zahlreiche schon erstellte Kahoot-Quiz, die über die Edit-Funktion den konkreten Anforderungen angepasst werden können, kann zugegriffen werden (siehe Abb. 5.12). Ob allerdings die Vorteile solcher Fragespiele die Nachteile bezüglich Datenschutz gegenüber offline genutzten Präsentationsmedien überwiegen, muss jede Lehrkraft anhand der für ihre Schule gültigen Bedingungen selbst entscheiden.

Abb. 5.12: Angebote von fertigen Kahoot-Quiz

Sollten sich die Vorteile ausschließlich auf „Gaming-Aspekte" und „Event-Charakter" beschränken, dann könnte schnell die Balance von Fachlichkeit und Animation ins Wanken kommen. „Nur didaktisch gezielter, reflektierter und methodisch gelungener Einsatz bringt unterrichtlichen und erzieherischen Erfolg" (Dreher 2002, S. 120).

53 https://mobilsicher.de/ratgeber/app-kahoot-pro-im-daten-test#toc1, abgerufen am 17.09.2021

Abb. 5.13: Vorschauansicht zur Einschreibung ins Quiz (Abb. ähnlich)

In Abb. 5.14 sieht man eine exemplarische Quizfrage zum Thema *Parabeln*. Der Graph einer quadratischen Funktion ist gegeben. Die Lernenden haben noch 25 Sekunden Zeit, um den richtigen dazugehörigen Funktionsterm auszuwählen. Der Ablauf entspricht dem einer analogen oder einer über ein Präsentationsmedium erfolgten digitalen Kartenabfrage, ist aber eigentlich nicht viel mehr als eine Multiple-Choice-Abfrage. Über eine zuvor eingegebene PIN und den erstellten Nutzernamen kann das System dem Lernenden die Antwort zuordnen und ihm für richtige Antworten Punkte vergeben. Jeder Lernende bekommt auf seinem Gerät eine Rückmeldung, ob die Antwort richtig oder falsch ist. Lernende werden bei falschen Antworten nicht bloßgestellt. Auf der Projektionsfläche sieht man nur, wie es um die Verteilung der Antwortauswahl in der Klasse bestellt ist. Die Kartenabfrage ist also interaktiv.

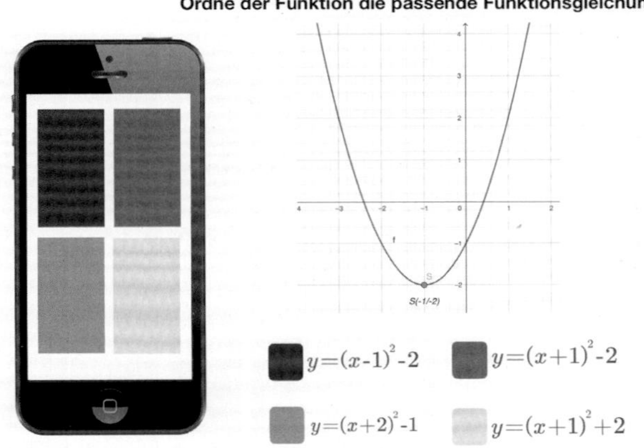

Abb. 5.14: Ansicht während einer Quizfrage (Abb. ähnlich)

Ein solches Quiz endet mit einer digitalen Siegerehrung. Im Anschluss können die Lernenden optional noch ein Feedback über den subjektiv wahrgenommenen Lernerfolg und den Spaßfaktor hinterlassen. Die Potenziale eines solchen digital durchgeführten Quiz können noch weiter genutzt werden. Denn mittlerweile bekommt die Lehrkraft einige Analyseergebnisse. Im Nachgang kann sie einsehen, wie viel Prozent in Summe richtige Antworten ausgewählt wurden, kann also den Erfolg ihres Unterrichts evaluieren.

Außerdem sind die Namen derjenigen eingeblendet, die nach der Auffassung des Programms noch Hilfe bei diesem Thema benötigen. Das Programm enthält also Ansätze mathematikdidaktischer Diagnostik. Möchte man als Lehrkraft tiefer in die Analyse eintauchen, besteht die Möglichkeit, von jedem Lernenden die Antwortauswahlen einzusehen, inklusive der Überlegungszeit. Alle Ergebnisse und Daten bleiben erhalten.

Solche Datensätze sind nur im digitalen Format denkbar und beschreiben zwar ein Potenzial, mit den erzeugten Daten muss aber sensibel umgegangen werden. Gleichzeitig schärfen sie das Verständnis für die Möglichkeiten, die in der Nutzung von Datenspuren stecken, die wir alle hinterlassen und über die wir aber in der Regel nicht informiert werden.

Bevor die Lehrkraft die Auswertung ansehen kann, weist *Kahoot* explizit darauf hin, gegebenenfalls das Teilen des Bildschirms zu beenden. Ob dadurch die Intentionen der EU-Datenschutz-Grundverordnung schon umgesetzt sind, bleibt zu bezweifeln, denn es sind personenbezogene Daten erhoben worden und durch Unachtsamkeit könnten Dritte darauf Zugriff bekommen. Und diese Dritten sind ganz nahe, denn es sind die unmittelbar mit anwesenden Klassenkameraden. Deshalb ist auf jeden Fall zu empfehlen, zufällig generierte Pseudonymnamen zu benutzen, was den Aufwand für die Lehrkraft natürlich vergrößert.

5.4 Der Kernprozess *Vertiefen*

Vertiefen oder Üben schafft „die Absicherung, dass das erworbene Wissen flexibel und nachhaltig verfügbar bleibt“ (Leuders/Prediger 2012, S. 54). Vertiefen bedeutet das Anlegen eines mentalen Wissensspeichers, der durch wiederholtes Ausführen von bereits Gelerntem gepflegt wird.

Vertiefen soll mit Verbesserung und Steigerung verbunden sein, durch Vertiefen soll erreicht werden, dass der oder die Übende in vergleichbaren Situationen künftig besser und erfolgreicher agiert als davor. Es geht also nicht nur um eine Sicherung verfügbaren Wissens gegen Vergessen, es geht immer auch um eine Steigerung in qualitativer Hinsicht. Vertiefen darf sich deshalb nicht auf die identische Reproduktion von bekannten Situationen beschränken, sondern muss immer auch neue, modifizierte Elemente enthalten.

„Kinder wollen lernen. Das ist in ihnen so angelegt, es ist für sie eine Frage des Überlebens. Aber kein Kind übt freiwillig etwas, was ihm keinen Spaß macht" (Winterhoff 2019, S. 138). Wenn man Lernende zum Üben verpflichtet, sie dann aber frei entscheiden lässt, was sie üben wollen, entscheiden sich die meisten, das zu üben, was sie schon können oder was Spaß macht. So wird aus Üben leicht pure Beschäftigung, die keine Verbesserung erwarten lässt.

Lernende üben selten aus Eigeninitiative. Öfter als das Lernen muss Vertiefen initiiert und geführt werden. Auch individuelles Üben mit größtmöglicher Selbstverantwortung und Entscheidungsfreiheit jedes einzelnen Lernenden braucht eine vorgegebene Struktur, Fremdinitiative, Überwachung und Kontrolle. Das ist die Basis für intelligentes Üben.

Fremdinitiative und Überwachung sind Begriffe, die negative Assoziationen wecken. Aber Üben bedeutet immerhin, etwas noch einmal auszuführen, von dem man weiß, dass man es noch nicht sicher kann. Das ist viel verlangt, und dafür ist ein gewisser Zwang notwendig, der durch unterschiedliche, hauptsächlich organisatorische Maßnahmen angemessen konsequent ausgeübt wird.

Ein wichtiges Qualitätsmerkmal ergibt sich aus der Zugänglichkeit der Aufgaben zum Üben hinsichtlich Sprache, Komplexität und Niveau. Aufgaben oder Aufgabenensembles müssen so einfach anfangen, dass die Lernenden Zugang finden, dabei dürfen sie im weiteren Verlauf komplexer werden. Wo Hilfestellungen nötig sind, werden sie gegeben, aber das sollte ganz am Anfang nicht nötig sein.

Paralleldifferenzierung

Lernende sollten in ihrer Eigenverantwortung, Selbstbestimmung und Mitbestimmung gefordert und gefördert werden. Dies gelingt bei unterschiedlichen Lernenden mit unterschiedlicher Anstrengung und mit unterschiedlichen Tempi. Ein erster Schritt der Öffnung können parallel-differenzierende Aufgaben sein. Diese findet man inzwischen in nahezu jedem Schulbuch. Die Lehrkraft achtet darauf, dass die Paralleldifferenzierung auch genutzt wird, kontrolliert also, ob die Lernenden wirklich das passende Niveau wählen oder ob sie sich eher unzutreffend einschätzen oder ob sie es sich durch Unterforderung einfach bequem machen.

Auch Aufgabenkarteien, die im Anschluss an eine Diagnoseaufgabe eine überschaubare Anzahl an Wegen zu üben aufzeigen, sind eine guter, erster Schritt[54], den Lernenden selbst die Entscheidung zu überlassen, ob sie noch

54 z. B. die Übekartei zum Schulbuch *mathewerkstatt* (Cornelsen-Verlag)

mehr üben oder weiterlernen möchten. Werden Aufgabenkarteien eingesetzt, die fachsprachlich nicht auf das Schulbuch abgestimmt sind, können allerdings schnell Schwierigkeiten auftauchen.

Kennzeichnend für mehr Eigenverantwortung der Lernenden ist auch die Tatsache, dass sich Lehrkräfte darauf einlassen müssen, dass die Abgrenzung von Lernen und Üben zunehmend unscharf wird. Die Unterscheidung von Lernstunden und Übungsstunden wird zunehmend schwierig, weil sich nicht der Lernprozess aller Lernenden im selben Kernprozess abspielt.

Trotzdem empfehlen wir, dass die Lehrkraft, auch im Dialog mit Lernenden, klar unterscheidet zwischen Lernen und Üben. Üben bzw. Vertiefen schafft „die Absicherung, dass das erworbene Wissen flexibel und nachhaltig verfügbar bleibt“ (Leuders/Prediger 2012, S. 54). Geübt werden aber kann nur, was zuvor gelernt wurde. Der individuelle Wissensspeicher wird dann durch wiederholtes Ausführen von bereits Gelerntem gepflegt (Storz 2020, S. 200).

Diagnostik

Ein guter zweiter Schritt ist das Arbeiten mit Checklisten, also Listen der inhaltlichen Kompetenzen, welche am Ende eines Lernabschnitts vorhanden sein sollten. Checklisten findet man in den meisten aktuellen Schulbüchern an Kapitelenden oder man kann sie als Lehrkraft in analoger oder digitaler Form selbst erstellen. Mit Beispiel-Diagnose-Aufgaben werden die Teilkompetenzen konkretisiert, im Anschluss wird auf Übungsmaterial im Buch verwiesen.

Starke Lernende sind mit dem Einsatz von Checklisten in der Regel äußerst zufrieden, hauptsächlich beim selbstständigen Üben. Denn der „Check“ vermittelt ihnen oft das Gefühl, „alles zu können“ oder fast alles. Und die kleinen Lücken, die sich aufgetan haben, können sie dann auch mithilfe der Hinweise auf Aufgaben selbstständig schließen. Mit der Auflistung der Teilkompetenzen gehen sie in eine Rückschauperspektive auf das Gelernte über und können so darüber hinaus voraussehen, was bei einer Leistungsbewertung von ihnen erwartet wird. Das erhöht ihr inhaltsbezogenes Selbstbewusstsein und damit ihre Leistungschancen.

Häufig besteht aber für Lernende die Herausforderung, wie sie oder er eine Aufgabe lösen soll, die er oder sie nicht versteht, oder wenn zuvor durch die Diagnose festgestellt wurde, dass hier Schwierigkeiten bestehen. Das Prinzip der vorgeschlagenen Aufgaben ist nämlich sehr oft: „Du kannst das noch nicht? Dann bekommst du noch einmal eine Aufgabe derselben Art.“ Das Ziel der Diagnostik, in die richtige Therapie zu münden, wird damit selten erreicht.

Als konstruktive Unterstützung können interaktive Checklisten (siehe Kap. 5.3.1) eingesetzt werden. Mithilfe solcher Checklisten können Lernende eigeninitiativ, als differenzierte Hausaufgabe oder zur Vorbereitung auf eine Leistungsüberprüfung ihren Kompetenzstand überprüfen und herausfinden, in welchen Teilgebieten sie noch Schwierigkeiten haben. Schon analoge Checklisten wurden von Lernwilligen zum selbst initiierten Üben oder zur Vorbereitung auf Leistungsüberprüfungen herangezogen („ich habe alle Checklisten durchgearbeitet und bin mir sicher, dass ich gut auf die Klassenarbeit vorbereitet bin“). Digitale Checklisten erweitern das Spektrum der selbstständigen Nutzung.

Was aus analogen Zeiten bleibt, ist die Warnung an Lehrkräfte, beim Einsatz von Checklisten im Kernprozess des Erkundens behutsam zu sein. Mit einer Checkliste wird der Gesundheitszustand einer Person oder die Verkehrssicherheit eines Autos festgestellt, aber Checklisten dienen nicht dazu, Krankheiten zu heilen oder Autos zu bauen. Checklisten auch für den Mathematikunterricht sind nach Fachbegriffen aufgebaut, die durch den Lernprozess erst erworben werden sollen, können also erst am Ende des Lernens richtig verstanden werden, sogar dann, wenn das Lernen erfolgreich gewesen zu sein scheint.

5.4.1 Spiele als Übungsformat

Wenn das Wort „Spiel“ verwendet wird, kann damit sehr Unterschiedliches gemeint sein: Greifversuche eines Säuglings, ein Gesellschaftsspiel, ein sportlicher Wettkampf, das Kennenlernen eines neuen Geräts oder ein Computerspiel. Johan Huzinga (Huzinga 1938/1987) und Roger Caillois (Caillois 1958/2021) haben weitgehend übereinstimmend Spiele mit folgenden Merkmalen[55] definiert:

- Freiwilligkeit,
- örtliche und zeitliche Grenzen,
- Unvorhersehbarkeit von Verlauf und Ausgang,
- Unproduktivität,
- Regelgebundenheit,
- Fiktivität.

Wenn sich Lernende im Unterricht mit Spielen beschäftigen, dann sind die Merkmale *Freiwilligkeit* und *Unproduktivität* nicht gegeben. Denn trotz auch hoher Motivation verfolgt die Lehrkraft damit Lernziele, legt oft den Zeitpunkt fest und initiiert das Spiel. Natürlich kann das Spielen unproduktiv verlaufen, aber das ist dann eher Beispiel für einen nicht gelungenen Spieleeinsatz. Spiele im Mathematikunterricht werden lernzielorientiert einge-

55 Wir haben uns orientiert am Beitrag von Nora Stampfl des Instituts für Ludologie, die dortige Aufzählung aber modifiziert, um beide Autoren zu berücksichtigen. Quelle: Roger Caillois (1913–1978): Spiel als Frage der inneren Haltung (ludologie.de). Aufgerufen am 21.10.2021

setzt. Wenn wir also im Kontext Unterricht über Spiele kommunizieren, dann steht dafür ein eingeschränktes Verständnis vom Spielen.

Schon im analogen Unterricht kamen Lehrkräfte auf die Idee, Spiele als Übungsformate einzusetzen. In der Praxis lässt sich beobachten, dass Lernende in Vertiefen-Phasen konzentrierter arbeiten, wenn ein geeignetes Spiel eingesetzt wird. Das gilt erst recht im digitalen Unterricht, weil damit eine noch größere Nähe zu den tatsächlich ausgeübten Freizeitbeschäftigungen erreicht werden kann. Natürlich erreicht man mit Spielen immer nur extrinsische Motivation, denn das Spielformat ist der Anreiz, nicht die darin verpackten mathematischen Inhalte. Die Lernenden wollen die mathematischen Inhalte verstehen, um beim Spiel oder Quiz ihre Gewinnchancen zu erhöhen.

Denkt man an den erheblichen Anteil des Alltags von Lernenden, den sie mit digitalem Spielen verbringen, so sind solche Konditionierungseffekte nicht überraschend. Einer Studie des Universitätsklinikums Hamburg-Eppendorf und der DAK[56] zufolge stieg während der Schulschließungen im Frühjahr 2020 im Vergleich zum September 2019 der durchschnittliche tägliche Konsum von digitalen Spielen von 83 auf 132 Minuten.[57] Die zeitliche Nutzung sozialer Medien liegt in einem noch höheren Bereich.

Digitale Spiele belegen also einen erheblichen Anteil in der Freizeit der Jugendlichen. Daraus könnte man genauso gut die Schlussfolgerung ziehen, dass angesichts eines so hohen Medienkonsums die Lernenden nicht auch noch durch die Schule angeleitet werden sollten, sich allein oder mit anderen Spielern zusammen mit Videospielen zu beschäftigen.

Eine weitere Möglichkeit des Vertiefens ergibt sich, wenn Lernende selbst in Gruppen Fragespiele erstellen. Durch die einfache technische Realisierung konzentriert sich die Gruppenarbeit darauf, dass die Lernenden das Thema wiederholen, Inhalte systematisieren und geeignete Fragen mit richtigen sowie falschen Antworten generieren. Bei der Punktevergabe ergibt es sich, dass sie über den Schwierigkeitsgrad ihrer Fragen diskutieren, gewichten und dementsprechend die Anzahl der Punkte vergeben. Die Notwendigkeit wohlüberlegter Formulierung von Quizfragen fördert den Gebrauch der mathematischen Fachsprache und die Sprachsensibilität.

Im Kernprozess *Vertiefen* sind Lerneffekt, Diagnostik und Differenzierung leitend; gelingt dies mit der Begeisterung einzelner oder auch vieler Lernender durch den Einsatz von Quiz mit „Event-Charakter“ und „Gamification“, so kann unserer Ansicht nach in Kauf genommen werden, wenn der Aspekt

56 DAK: Deutsche Angestellten-Krankenkasse

57 https://www.24hamburg.de/hamburg/studie-des-hamburger-uke-belegt-corona-macht-kinder-internetsuechtig-zr-90797009.html, abgerufen am 31.08.2021

der Animation auch mal mehr im Vordergund steht, als die reine Lehre der Didaktik dies vorsieht.

Es gibt noch zahlreiche weitere Anwendungen für Spiele als Übungsformat, wie zum Beispiel *Quizizz.*[58] Quizizz ist ein Quizformat ähnlich *kahoot,* wobei man die Quizfragen mit Präsentationsfolien á la *PowerPoint* kombinieren kann. Für Spiele als Übungsformat lässt sich noch *learningapps*[59] nennen. Das ist kein Quiz, bietet aber verschiedene Spielformate. Als Lehrkraft sollte man aber immer die datenschutzrechlichen Einschränkungen (vgl. Kap. 7.1) beachten.

5.4.2 Abstimmungen als Übungsformat

„Die Lehrkraft sammelt die von den Lernenden geäußerten Vermutungen an der Tafel und lässt dann die Klasse über deren Richtigkeit abstimmen." Solche Sätze in Unterrichtsentwürfen deuten auf lehrerzentrierte Unterrichtsführung hin und können leicht dazu führen, dass den Lernenden ihre vermeintliche Inkompetenz vor Augen geführt wird, wenn nämlich das Ergebnis der Stunde anders ausfällt als das Abstimmungsergebnis zu Anfang der Stunde. Deshalb werden Umfragen und Abstimmungen für den Mathematikunterricht eher nicht empfohlen.

Als Übungsformat und in Verbindung mit digitalen Mitteln können Abstimmungen in ein anderes Licht rücken. Denn mit einem digitalen Abstimmungswerkzeug kann man eine höhere Aktivierung einer größeren Anzahl Lernender erreichen, weil die Möglichkeit entfällt, den Arm dann zu heben, wenn der beste Freund oder der Klassenbeste das tut, und weil das eigene Abstimmungsverhalten nicht öffentlich einsehbar ist. Solche digitalen Abstimmungen sind als Antwortplattformen unter der Bezeichnung *Audience Response System (ARS)* bekannt. Dazu gehören zum Beispiel die unten beschriebenen Formate *Plickers* und *Clicker.*

Ein Beispiel: Die Lehrkraft hatte zuvor über die Eingabemaske eines Abstimmungstools ausgewählte Fragen eingestellt. Zu der Frage, ob die Funktion $y=2x^2$ symmetrisch zur y-Achse sei, zeigte eine anonym durchgeführte Abstimmung, dass 80 % der Klasse die Frage richtig beantwortet hatten. Die Lehrkraft entschloss sich deshalb fortzufahren. Auf die nächste Frage, wie viele Schnittpunkte die Normalparabel und die Funktion $y=x$ haben, wählten lediglich 45 % die richtige Antwort.

Zu diesem Zeitpunkt erfolgte noch keine Auflösung, sondern es wurden Tandems gebildet aus Lernenden, die richtig oder falsch abgestimmt hatten,

58 https://quizizz.com/, abgerufen am 13.06.2022

59 https://learningapps.org, abgerufen am 13.06.2022

um sich dann gegenseitig zu überzeugen. Im Anschluss wurde die Umfrage wiederholt. Das neue Umfrageergebnis wies eine deutlich höhere Anzahl an richtig gewählten Antworten auf.

Zu einer sehr anspruchsvollen weiteren Frage ergaben sich dann nur 18 % richtige Antworten. Daraufhin folgte eine Phase der Klärung im Plenum. Die Umfrage wurde also dafür genutzt, der Lehrkraft Rückmeldungen über den Lernstand der Klasse zu geben, auf deren Basis sie dann Entscheidungen über den weiteren Verlauf der Stunde treffen konnte.

Eine Untersuchung von Kay/LeSage aus den Jahren 2000 bis 2007[60] kommt zu dem Schluss, dass die wichtigsten Vorteile des Einsatzes von ARS die positivere Unterrichtsumgebung (Erhöhung der Anwesenheit, Aufmerksamkeit, Beteiligung und Engagement) und das wirksamere Lernen (Interaktion, Diskussion, formatives und normatives Feedback) betreffen. Damit unterstützen digitale Abstimmungen die Qualitätsmerkmale *Klassenführung* und *Kognitive Aktivierung* (vgl. Kap. 4.3) und nutzen einen konstruktiven Umgang mit Fehlern.

5.4.3 Digitale Abfragen über Antwortplattformen

Mit digitalen Antwortmethoden[61] kann man ohne Internetverbindung Lösungskontrollen durchführen, also die analogen Kartenabfragen (vgl. Storz 2020, S. 63 ff.) digitalisieren. *Clicker* überträgt die Antworten über ein Antwortgerät, das natürlich zuvor im Klassensatz angeschafft werden muss (Pinkernell 2015, S. 10). *Plickers* nutzt QR-Codes, die von der Lehrkraft für jeden Lernenden personalisiert erstellt werden. Wer ganz sichergehen will, nutzt Pseudonyme statt Klarnamen.

Eine Untersuchung unter Studierenden (Pearson 2020) hat ergeben, dass *Clicker*[62] ein wenig besser ankam als *Plickers,* weil die Handhabung einfacher und intuitiv ist. *Plickers* hat den großen Vorteil, dass dafür keine Geräte angeschafft werden müssen. Aber es hat den (kleinen) Nachteil, dass das Hantieren mit den Plakaten eine etwas antiquierte Anmutung ausstrahlt.

60 Examining the benefits and challenges of using audience response systems: A review of the literature – Learning & Technology Library (LearnTechLib), abgerufen am 06.10.2021
Abstract unter www.sciencedirect.com/science/article/abs/pii/S 0360131509001134?via%3Dihub, abgerufen am 31.01.2022

61 Audience Response System (ARS)

62 Um Missdeutungen bei der Internetrecherche vorzubeugen: Die Bezeichnung *Clicker* wird auch für kleine Tongeneratoren verwendet, „Akustik-Trainer", die dazu dienen, Tiere nach dem Prinzip des Pawlowschen Hundes zu konditionieren, also abzurichten. In beiden Fällen wird ein kleines Gerät genutzt, mit dessen Hilfe Klicks („Clicks") erzeugt werden. Ansonsten haben beide Wortbedeutungen nichts miteinander zu tun.

Abb. 5.15: *Plickers* Tutorial

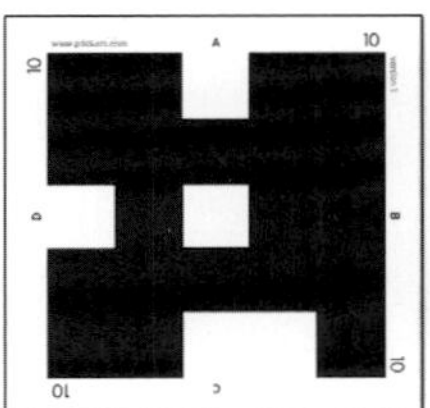
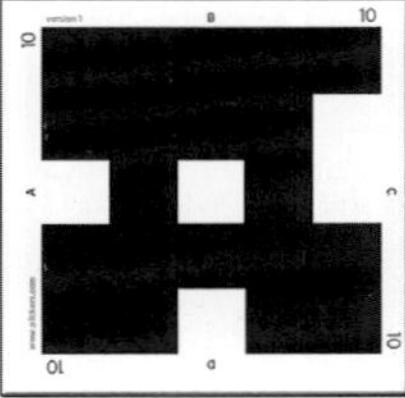
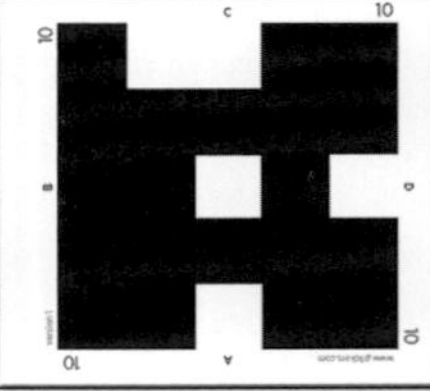
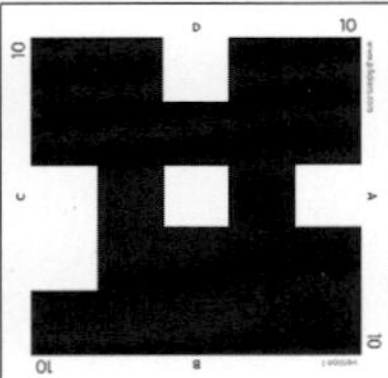

Abb. 5.16: *Plickers* Antwort A, B, C und D

Bei *Plickers* werden die QR-Codes großformatig ausgedruckt und den Lernenden ausgehändigt. Jede Kante steht für eine von vier per Beamer angebotenen Antwortoptionen. Die Lernenden wählen ihre Antwort, indem sie die jeweilige Kante, die ihrer Meinung nach für die richtige Antwort steht, nach oben drehen (Abb. 5.16). Lediglich die Lehrkraft benötigt die App, um die Codes der Lernenden zu scannen. Dabei reicht es, wenn die Lehrkraft ihre Kamera bzw. ihr Smartphone einmal im Unterrichtsraum umherschwenkt, während die ausgedruckten QR-Codes hochgehalten werden.

Das erinnert an die klassische analoge Kartenabfrage. Die Kompetenz der Lehrkraft, aussagekräftige Kartenabfragen zu erstellen, lässt sich auf die digitale Variante übertragen:

- Fragen sollen eindeutig zu beantworten sein,
- die Lösung sollte einschrittig sein,
- die Lösung sollte in kurzer Zeit gefunden werden können,
- richtige Lösungen sollten nicht zufällig aufgrund falscher Vorstellungen gefunden werden können,
- Grafiken und Bilder können in die Fragen eingebunden werden,
- Fragen mit diagnostischem Potenzial können und sollten ausgewertet werden.

Die Ergebnisse der Abfrage werden bei der digitalen Variante unmittelbar in Form eines Diagramms angezeigt. QR-Codes werden hier als Schnittstelle zwischen analogem und digitalem Medium genutzt, wobei auch klar ist, dass es sich nur um Mehrfachauswahlen (Multiple Choice)[63] mit den bekannten Grenzen handelt.

Mehrfachauswahlen ermöglichen im Zusammenhang mit Üben ökonomische Lösungsvergleiche, die aber weder Lösungswege erfassen noch Erklärungen beinhalten. Mehrfachauswahlen mit *Clicker* oder *Plickers* erlauben keine Mehrfachnennungen, sind in gewissem Sinne also den klassischen Kartenabfragen und ihren digitalen Weiterentwicklungen, die wir in Kap. 5.3 (Sichern) beschreiben, unterlegen. Damit Raten als Strategie nicht erfolgreich ist, sollten alle Antwortmöglichkeiten grundsätzlich plausibel sein.

Die Antworten mit *Clicker* sind nicht einsehbar, auch mit *Plickers* sind sie weitgehend vor Missbrauch geschützt. Welche Seite für welche Antwortmöglichkeit steht, ist auf den Karten sehr klein aufgedruckt, sodass maximal der direkte Sitznachbar noch abschauen könnte, wenn er sehr genau hinschaut. Es bleibt nur noch die Möglichkeit, die Lehrkraft zu täuschen, indem Lernende gegenseitig ihre QR-Ausdrucke vertauschen.

Es empfiehlt sich, Abfragen mit einer Antwortplattform regelmäßig durchzuführen, sie womöglich sogar als Stundeneinstieg oder Lernkontrolle zu ritualisieren. Dabei liegt es nahe, immer dasselbe Format zu verwenden, zum Beispiel was Anzahl und Design der Fragen anbelangt.

Dann ist es nur noch ein kleiner Schritt, die Aufgabenreihenfolge mit den immer gleichen Kompetenzen zu vernetzen. Guido Pinkernell (2015, S. 13) zeigt an einem Beispiel, wie das gehen könnte: Beginnend bei Rechenfertigkeiten über „weiche" mathematische Kompetenzen, Begriffsbildung, Vorstellungen bis Problemlösen könnte jede Abfrage ähnlich aufgebaut sein, wobei immer die gleiche Aufgabennummer für dieselbe Teilkompetenz steht. Das öffnet der Lehrkraft die Möglichkeit, die Abfragen für kompetenzspezifische Diagnostik zu nutzen, und damit wird deutlich, dass die Möglichkeiten der digitalen Kartenabfrage weit über denen der analogen liegen, wenn sie auch auf demselben Prinzip beruht.

Für die letzte Frage der Abfragen haben wir noch einen Vorschlag. Wenn hier eine Frage so gestellt wird, dass mehrere richtige Antworten möglich sind, entsteht ein kognitiver Konflikt, der als Einstieg in das dann folgende Stundenthema dienen kann. Den Ausdruck $\frac{1}{2} \square \frac{1}{2} = 1$ kann man zum Beispiel in eine wahre Aussage überführen, indem man in das Kästchen das Zeichen für Addition als auch das für Division einsetzt. Eine solche Erkenntnis kann Fragen stellen, die durch die gerade begonnene Stunde beantwortet werden. Damit mündet das Vertiefen in das Erkunden des nächsten Themas, was grundsätzlich der Idee des produktiven Übens entspricht.

63 Multiple Choice ist eine Fragetechnik, bei der Antworten gegeben werden, indem aus mehreren Antwortmöglichkeiten die vermeintlich richtige ausgewählt wird.

Erinnern wir uns kurz an Formen der Hausaufgabenkontrolle, die noch nicht allzu lange der Vergangenheit angehören und die wahrscheinlich für große Teile der Leserschaft persönliche Erinnerungen an die eigene Schulzeit wecken: Aufgabe für Aufgabe wurden Lösungszahlen abgefragt und verglichen. Wenn ein Lernender eine falsche Zahl genannt hatte, rief die Lehrkraft andere Lernende auf, bis die richtige Zahl genannt wurde. Oft ohne dass eine Erklärung gegeben oder ein Lösungsweg besprochen worden wäre, war mit solcher Hausaufgabenkontrolle, die häufig die Funktion eines ritualisierten Unterrichtseinstiegs einnahm, bis zu einem Viertel der Unterrichtszeit einer Schulstunde verstrichen.

Hier macht sich ein Merkmal bemerkbar, wodurch sich digitaler Mathematikunterricht von analogem unterscheidet. Es muss nicht prinzipiell etwas anderes gemacht werden, aber Routinen werden effizienter und transparenter erledigt und es gibt die Möglichkeit, sie später erneut abzurufen.

6 Differenzierung mithilfe von digitalen Mitteln

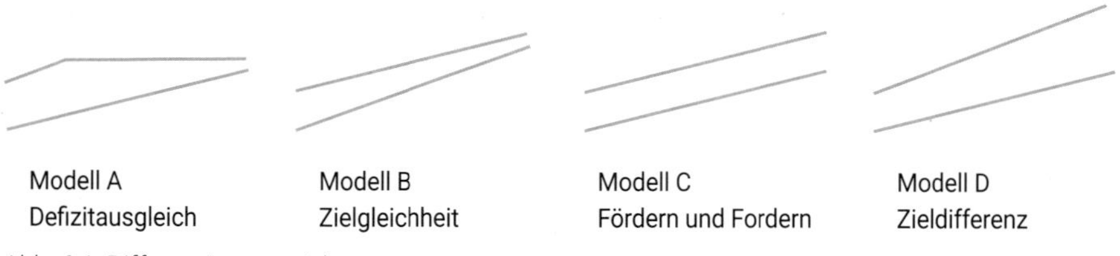

Abb. 6.1: Differenzierungsziele

6.1 Was verstehen wir unter Differenzierung?

Differenzierung ist zunächst ein allgemeinpädagogisches Thema, das hier unter den fachspezifischen Aspekten des digitalen Mathematikunterrichts vertieft wird. Mit Differenzierung ist eine Passung von Unterricht, Lernvoraussetzungen und Lernmöglichkeiten gemeint. Bei Differenzierung geht es für die Lehrkraft um eine Anpassung der Lerninhalte und der Methoden an die individuellen Voraussetzungen und Möglichkeiten der Lernenden (Storz 2009, S. 229).

Wurde Differenzierung im auslaufenden 20. Jahrhundert hauptsächlich als ein Ausgleichen von Defiziten verstanden (Abb. 6.1, Modell A), was oft zu einer Unterforderung der Leistungsstarken führte, so steht heute der Aspekt an gleichwertiger Stelle, vorhandene Potenziale aller Lernenden optimal auszuschöpfen (Storz 2014, S. 57–60).

Obwohl sich Zielgleichheit als unangemessen herausgestellt hat, denn das würde voraussetzen, dass die Schwachen größere Lernfortschritte erzielen müssten als die Starken (Abb. 6.1, Modell B), ist diese veraltete Haltung leider noch verbreitet. Wenn Leistungsunterschiede akzeptiert werden und starke und schwache Lernende gleichsam gefordert und gefördert werden, kann das nur mit zieldifferenten Unterrichtsmodellen gelingen (Abb. 6.1, Modell C). Leistungsunterschiede bleiben bestehen, die Leistungen aller erreichen aber ein jeweils höheres Niveau. Diversität wird weder als Voraussetzung noch als Ziel störend empfunden, sondern unter beiden Aspekten als Chance.

Während mit dem Differenzierungsmodell des 20. Jahrhunderts hauptsächlich das Potenzial der leistungsstärksten Lernenden nicht voll ausgeschöpft wurde, führt Differenzierung im Sinne von Fordern und Fördern zwangsläufig dazu, dass sich Leistungsunterschiede vergrößern (Abb. 6.1, Modell D), weil zu erwarten ist, dass leistungsstarke Lernende größere Fortschritte erzielen als die leistungsschwachen, sofern ihnen dieselbe Aufmerksamkeit zukommt.

Heterogenität ist grundsätzlich gewollt und Differenzierung führt dazu, dass die Heterogenität zu- und nicht abnimmt. Dies ist so weit zu akzeptieren, als es damit verbunden ist, dass alle Lernenden zu Kompetenzzuwächsen kommen und keine Gruppe benachteiligt oder bevorzugt wird.

Beim gemeinsamen Lernen und Üben im Präsenzunterricht besteht die Gefahr, dass sich die Lehrkraft an einem durchschnittlichen Niveau orientiert und gleichzeitig schwächere Lernende überfordert und stärkere Lernende unterfordert. Das ist im digitalen Unterricht nicht grundsätzlich anders. Wenn Fragen im Plenum besprochen werden, besteht die Gefahr, dass die Erklärungsversuche der Lehrkraft sich nur an einzelne Lernende richten. Gerade beim Üben ist es geboten, die digitalen Möglichkeiten von Differenzierung zu nutzen.

In systematischen Übungsphasen alle Lernenden mit derselben Aufgabe zu beschäftigen ist selten zielführend. Wobei hier selbstdifferenzierende Aufgaben eine Ausnahme darstellen, wenn den Lernenden wirksam vermittelt wird, dass die Erwartung nicht ist, dass alle alles bewältigen, sondern dass jeder die Aufgabe so weit löst, wie er in der Lage ist, und dies mit seinem eigenen Zugang und auf seinem eigenen Lösungsweg. Das setzt voraus, dass der Schwierigkeitsgrad der selbstdifferenzierenden Aufgaben ansteigend ist und sie Zugang auf unterschiedlichen Abstraktionsebenen zulassen. Ein gutes Beispiel hierfür ist das Aufgabenformat „Finde ein Beispiel, finde mehrere Beispiele, finde alle, begründe weshalb du alle gefunden hast“ (Hußmann/Prediger 2007).

Abb. 6.2 zeigt zwei voneinander unabhängige Beispielaufgaben.[64] Das Aufgabenformat ermöglicht spannende Unterrichtsstunden, die mit einem einzigen Zahlenbeispiel und einer passenden Fragestellung eingeleitet werden und deren Bearbeitung bisweilen eine ganze Unterrichtsstunde ausfüllen kann und meist damit endet, dass Lernende anderen Lernenden mathematische Verfahren erklären, die sie zuvor nicht kannten und selbst entdeckt haben. In den Beispielen aus Abb. 6.2 sind das die Bestimmung der Teilermenge und das vollständige teilweise Wurzelziehen über Primfaktorzerlegung. Dieses Aufgabenformat erfordert nicht dringend Digitalität, aber im digitalen Unterricht erhöht sich die Dynamik des Unterrichts, weil die Erkundungsmöglichkeiten vielfältiger sind und die Ergebnisse der Lernenden zeitökonomisch vorgestellt werden können.

64 Wir empfehlen der Leserschaft, die Aufgaben selbst zu lösen, um deren Potenzial zu erleben, sofern ihr das Aufgabenformat nicht vertraut ist. Beschreibungen der Erfahrungen mit den Aufgaben und Lösungen von Lernenden sind zu finden in Storz 2014, S. 60–62 und Storz 2020, S. 167–170.

Teilbarkeit Welche Zahlen teilen die Zahl 144? Finde ein Beispiel; finde mehrere Beispiele; finde alle Beispiele; begründe, weshalb du alle Beispiele gefunden hast.
Teilweises Wurzelziehen Aus $\sqrt{1800}$ kann auf verschiedene Arten teilweise die Wurzel gezogen werden. Finde ein Beispiel, finde mehrere Beispiele, finde alle Beispiele; begründe, weshalb du alle Beispiele gefunden hast.

Abb. 6.2: Aufgabenbeispiele für selbstdifferenzierende Aufgaben

6.2 Fachdidaktisches Potenzial digitalen Unterrichts

In der Nachkriegszeit war die Bildungslandschaft in Westdeutschland übersichtlich und klar gegliedert. Die meisten Kinder gingen nach der Grundschule auf die Volks- oder Hauptschule und wurden später Arbeiter, ein Teil ging auf die Mittelschule oder Realschule und wurde später Handwerker oder Kaufmann, und wer aufs Gymnasium ging, gehörte einer sozialen Elite an und hatte das Ziel zu studieren. Entsprechend klar waren die Zuordnungen zu sozialen Gruppen, die selten durchbrochen wurden. Der Arztsohn wurde Arzt, und der Sohn des Schlossers übernahm den elterlichen Betrieb, das war eben so.

Mit Differenzierung musste sich eigentlich nur die Realschule intensiv beschäftigen, denn ihr Bildungsziel war, in einem eigenständigen Bildungsgang „die Grundlage für praktische Berufe mit erhöhten theoretischen Anforderungen“ zu schaffen (MKS BW 1984, S. 11). Nur in der Realschule wurde beides vermittelt: Theorie und Praxis. Die Realschule verfügt also über die breiteste Erfahrungsbasis der Schularten bezüglich Differenzierung. Dass sie damit gut zurechtkam, zeigt die Tatsache, dass an vielen Schulstandorten mehr als die Hälfte der Realschulabsolventen an eine weiterführende Schule wechselte.

Die soziale Spaltung der Gesellschaft ist bei Weitem noch nicht überwunden, aber die äußere Differenzierung des Schulsystems wird zunehmend zurückgefahren und durch Schularten ersetzt, in denen gemeinsam gelernt wird. An Schularten wie Gesamtschule, Gemeinschaftsschule, „Realschule neu“ (BW), Stadtteilschule (Hamburg) können mehrere Abschlüsse erworben werden, ohne dass dafür die Schulart gewechselt werden muss.

Gruppen Lernender gleichzeitig und im selben Raum auf unterschiedliche Abschlüsse vorzubereiten bedeutet eine enorme Herausforderung für Lehrkräfte. Personen, die nicht im Bildungswesen tätig sind, sind nur in Staunen versetzt: „Wie soll das denn gehen?“ In vielen Ländern ist das anders, aber in Deutschland bauen Schulabschlüsse nicht systematisch aufeinander auf, sondern divergieren, je nach Bundesland, unterschiedlich weit. Das hat zur Folge, dass Differenzierung über den größten Teil der Schulzeit in der Sekundarstufe ein wichtiges Thema ist.

Doppelbelegungen mit Lehrkräften (Teamteaching) schaffen nur in Ansätzen Abhilfe und sind mit der Gefahr verbunden, dass die äußere Differenzierung, die ja überwunden werden soll, innerhalb der Lerngruppen doch wieder forciert wird, und dies dann in für die Lernenden sehr direkt erlebbarer Form, die oft zu Diskriminierung führt. Es müssen also andere Lösungen gefunden werden als Separierung innerhalb von Konstellationen, die eigentlich auf Ideen von Integration und Inklusion aufbauen.

Eine große Chance von Digitalisierung besteht in einer zunehmend möglichen Individualisierung von Lern- und Übungsphasen. Das bedeutet, dass auch im Präsenzunterricht durch Einsatz digitaler Hilfsmittel Lernen und Üben zunehmend asynchron werden: Nicht alle lernen und üben gemeinsam das Gleiche, sondern immer häufiger jeder seines. Kam die Lehrkraft bisweilen schnell an ihre Grenzen, wenn jeder Lernende und jede Lernende an einer anderen Stelle des Lernprozesses stand, so kann ihr von digitalen Medien vieles abgenommen werden und sie kann am Ende sogar mehr Zeit für einzelne Lernende haben. Aber auch hier gilt, dass die Qualität der eingesetzten Medien und der Unterrichtsorganisation entscheidend ist, damit Differenzierung nicht zu purer Beschäftigung degeneriert.

Differenzierung ist in diesem Buch an allen Stellen mitgedacht und somit auch in allen Kernprozessen.

- Im Erkunden (Kap. 5.1) wird durch Zugriff auf und Erstellen von Erklärvideos, durch Hilfen, Rückmeldungen und die Abstufung von Komplexität, Motivierung und Eigenverantwortung und durch Einsatz von Expertenmodellen differenziert.
- Im Ordnen (Kap. 5.2) entsteht durch Einsatz digitaler Medien beim Sammeln größere Vielfalt und beim Systematisieren größere Plastizität.
- Im Sichern (Kap. 5.3) kommen interaktive Checklisten zum Einsatz und digitale Spieleformen werden genutzt.
- Im Vertiefen (Kap. 5.4) gelingt Paralleldifferenzierung digital leichter, die Lernenden können konstruktive interaktive Unterstützung hinzuziehen, digitale Übungsformate wie Spiele und Abfragen erweitern das Methodenspektrum.

6.3 Gestaffelte Hilfen

Wenn sich eine Lehrkraft in Einzelarbeitsphasen um einzelne Lernende kümmert, dann führt sie im Idealfall in diesem Zusammenhang kleine diagnostische Interviews durch. Mit diesen möchte sie herausfinden, auf welche Grundvorstellungen der einzelne Lernende zugreift, welche Fehlvorstellungen er herangezogen hat und welche Hilfen er benötigt, um seine Gedanken selbstständig weiterführen zu können.

Auf der Basis solcher diagnostischer Interviews gibt die Lehrkraft Hilfestellungen und setzt Impulse. Beides folgt dem Prinzip der minimalen Hilfe, damit das eigenständige Denken jedes Lernenden möglichst weitgehend unterstützt und nicht durch voreilige Beantwortung von Fragen blockiert, verhindert oder im Nachhinein negativ sanktioniert wird. Die Herausforderung für die Lehrkraft besteht darin, dass sie auf die Bedürfnisse von bis zu 30 Schülerinnen und Schülern gleichzeitig eingehen sollte. Es muss also vom Idealfall abgewichen werden, was in der Regel durch Medieneinsatz geschieht.

Eine Möglichkeit sind Hilfekärtchen. Sie ersetzen zwar nicht die individuelle Diagnostik, können aber einem großen Teil der Lernenden weiterhelfen und entlasten somit die Lehrkraft im Unterrichtsgeschehen. Die Erstellung von Hilfekärtchen verlagert einen Teil der Aufgabe, einzelnen Lernenden Hilfen zu geben, aus dem Unterricht in die Arbeitszeit der Unterrichtsvorbereitung.

Abb. 6.3: www.qr-lernhilfen.de

Erfahrungsgemäß machen Lernende von Hilfekärtchen relativ zurückhaltend Gebrauch. Das mag daran liegen, dass der Hinweis „Hilfe“ indifferent ist. Lernende trauen ihrer Lehrkraft tendenziell eher nicht zu, dass sie es geschafft hat, Antworten auf ihre spontanen Fragen vorzubereiten, bevor die Fragen aufgetaucht sind. Es könnte auch daran liegen, dass Hilfekärtchen hauptsächlich in Prüfungs- und Beratungssituationen der Lehrkraft zum Einsatz kommen, und die Lernenden an deren Nutzung nicht gewöhnt sind, weil der Aufwand für die Lehrkraft enorm ist und sie das im Alltag nicht leistet.

Mit einer digitalen Form von Hilfekärtchen könnte sich das ändern. Der Einsatz von Lernhilfen mit QR-Code setzt voraus, dass jeder Lernende über ein Endgerät verfügt, das QR-Codes lesen kann. Ist das Smartphone nicht allzu alt, geht dies ohne zusätzliche App über die Kamerafunktion. Ein weiterer Vorteil ist, dass die Hilfestellung auch via Link geteilt werden kann. Somit ist der Einsatz auch in hybriden Konzepten oder im Distanzunterricht möglich.

Abb. 6.4 Auswahlmenü

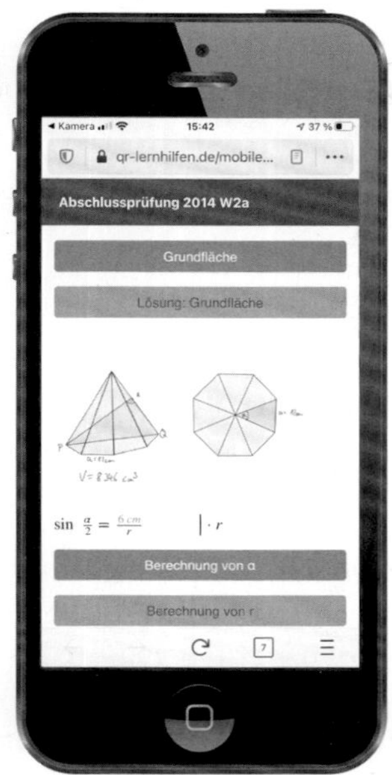

Abb. 6.5: Beispiel einer Lernhilfe

Auf *qr-lernhilfen.de* (Abb. 6.3) kann die Lehrkraft mit überschaubarem Aufwand Sets von Hilfestellungen einstellen (Abb. 6.5). Die Nutzung des Tools ist mittlerweile kostenpflichtig. Über das aktuelle Lizenzmodell kann man sich auf der Homepage informieren. Mithilfe dieser Plattform können Texte, Bilder und Links eingefügt werden. Das Tool enthält einen integrierten Formeleditor, welcher intuitiv zu bedienen ist. Es verfügt sogar über eine Handschriftenerkennung, sodass man mit Tablet und Stift arbeiten kann.

Die Lehrkraft kann auch den kompletten Lösungsweg hinterlegen (Abb. 6.4), womit eine eigenständige Kontrolle möglich ist. Damit ein stupides Durchklicken ohne wirkliche Teilhabe des Lernenden an der Lösung verhindert wird, kann die Lehrkraft einzelne Teilschritte oder die Komplettlösung mit einem Zahlencode schützen.

Mit der Möglichkeit, die Hilfen mit Erklärvideos zu verlinken, kommt man dem Ideal der individuell zuhörenden und helfenden Lehrkraft sehr viel näher, als das in der Vergangenheit mit papiernen Hilfekärtchen möglich war. Wünschenswert wäre, dass es die Lehrkraft selbst ist, die auf den Videos erklärt. Allerdings müsste man dafür auf Videoplattformen wie YouTube oder Vimeo zurückgreifen, weil man auf QR-Lernhilfen keine Videodateien hochladen kann. Mittlerweile sind aber auch Audioaufnahmen möglich. Somit können die Hilfen zusätzlich durch Sprachaufnahmen ergänzt werden.

Die Hilfen können auch mit anderen Erklärvideos im Netz verlinkt werden. Aber dann ergibt sich zusätzlich zu der Frage der Datensicherheit die Problematik, dass die Lehrkraft eine weitere didaktische Konzeption, die mit der ihren nicht deckungsgleich zu sein braucht, in ihren Unterricht mit hereinnimmt.

Hier ergibt sich wie an anderen Stellen die Erkenntnis, dass man als Lehrkraft gut beraten ist, wenn man in der Lage ist, mit vertretbarem Aufwand Erklärvideos zu erstellen[65], dies auch regelmäßig tut und die Videos fest in seinem Unterrichtskonzept verankert.

Abb. 6.6: Link zum Beispiel: https://qr-lernhilfen.de/mobileUrl?url=e42387d230a50c0b

Das hier hinterlegte Unterrichtsbeispiel (Abb. 6.6) wurde in einer Abschlussklasse der Realschule in der Zeit der fortgeschrittenen Prüfungsvorbereitung durchgeführt. Es wurde an komplexeren Aufgaben geübt, bei denen die Lösungswege nicht trivial waren, sodass sie für die Mehrheit der Lerngruppe eine Herausforderung darstellten. Die Aufgaben stammten aus einer einige Jahre zurückliegenden Abschlussprüfung desselben Formats. Mit originalen Prüfungsaufgaben *auf* die Prüfung zu üben ist genauso verbreitet wie die Praxis, Aufgaben aus Nachterminen zur Leistungsüberprüfung während des Schuljahrs zu verwenden.

Die Praxis, auf Prüfungen zu üben, widerspricht eigentlich den Intentionen fast aller Bildungspläne. Sie wird aber so lange Bestand haben, bis Prüfungsformate etabliert sind, die Kompetenzen und nicht die Beherrschung von Verfahren in überschaubar voraussehbaren Aufgabenkontexten überprüfen.

Wir kennen Lehrkräfte, die insbesondere in den Feldern Trigonometrie und Körperberechnungen systematisch Listen auf Vollständigkeit erstellt haben mit allen denkbaren Konstellationen für Lösungswege und diese an die ihnen anvertrauten Lernenden verteilen. Die Listen enthalten teilweise Hinweise auf Beispielaufgaben, mit denen man gezielt jede Konstellation durchüben kann. Solche Lehrkräfte erzielen mit ihren Klassen oft auffallend gute Prüfungsergebnisse. Haben sie deshalb auch auffallend guten Mathematikunterricht geleistet oder haben sie nur den Grundsatz, nicht *nach* dem Bildungsplan, sondern *auf* die Prüfung hin zu unterrichten *(teaching to the test),* bis zur Perfektion umgesetzt?

Die Vorbereitung der digitalen Hilfen war für die Lehrkraft nicht allzu aufwendig, denn sie hatte die Musterlösungen, die sie damals für die Korrektur selbst erstellt hatte, noch zur Verfügung. Alternativ können auch die Aufgabensammlungen mit ausführlichen Lösungen als Informationsquelle ver-

65 Näheres dazu in Kap. 9.2.7.

wendet werden, die an vielen Schulen im Klassensatz regelmäßig angeschafft werden.[66] Diese verführen manche Lernende aber stärker dazu, bei Problemen im Lösungsteil nachzuschauen, statt sich mit der Aufgabe ernsthaft auseinanderzusetzen, als dies bei der digitalen Form der Fall ist.

Wegen der Coronaeinschränkungen war nur ein Teil der Klasse anwesend, der andere Teil befand sich im Distanzunterricht. In der Unterrichtsstunde wurde die Wahlaufgabe[67] zunächst mit den Lernenden durchgelesen und offene Fragen wurden geklärt. Im Anschluss folgte die eigenständige Auseinandersetzung mit der Aufgabenstellung. Die anwesenden Schülerinnen und Schüler hatten hierfür einen QR-Code erhalten und die Lernenden zu Hause einen Link (siehe Abb. 6.6). Beim Scan über den QR-Code beziehungsweise beim Klick auf den Link öffnete sich die Homepage, die die gestaffelten Hilfestellungen enthält. Ergab sich nun eine Schwierigkeit bei einem Teilschritt der Lösung, dann konnte die entsprechende Hilfestellung von den Lernenden individuell geöffnet werden.

Während der Erarbeitungsphase war für die Lehrkraft eine deutliche Entlastung spürbar. Die anwesenden Lernenden arbeiteten die Aufgabenstellung weitgehend selbstständig durch. Gefühle wie Überforderung und Frustration schienen dadurch stark reduziert worden zu sein. Die Lehrkraft hatte wesentlich mehr Zeit für Probleme und Fragen einzelner Schülerinnen und Schüler als zuvor im analogen Betrieb. In der anschließenden Besprechung gab es weniger Verständnisschwierigkeiten und es blieb Zeit, alternative Lösungswege, die starke Lernende ausgearbeitet hatten, zu thematisieren und vorzustellen.

Die im Vergleich zu papiernen Hilfekärtchen deutlich positivere Bilanz könnte auch damit zu tun haben, dass der Vertrauensvorschuss ins eigene Smartphone bei den Lernenden größer ist als das Vertrauen in ein Kärtchen, das die Lehrkraft als Antwort vorbereitet hat, bevor die dazugehörige Frage gestellt wurde.

Wenn die Lehrkraft per Video eine Erklärung vorbereitet hat, die Lernende selbstinitiativ dann aufrufen können, wenn sie an die Stelle gekommen sind, an der sich auch ihnen die – von der Lehrkraft vorausgesehene – Frage stellt, dann ist das etwas anderes als ein papiernes Hilfekärtchen, das Lernende an einem umständlich bekannt gemachten Ort abholen sollen. Wir sind zuversichtlich, dass papierne Aufgabenblätter, also „Arbeitsblätter“, eine Zukunft haben, dass sie aber zunehmend mit QR-Codes versehen sein werden, die

66 z B. Dreher 2020

67 Im betreffenden Prüfungsformat müssen Pflichtaufgaben von allen gelöst werden und darüber hinaus eine vorgegebene Anzahl von Aufgaben aus einer Auswahl. Erfahrungsgemäß entscheidet, stark vereinfacht gesagt, die Bewältigung der Pflichtaufgaben über das Bestehen der Prüfung und die Wahlaufgaben sorgen für die Abstufungen der Noten.

die Lernenden nutzen können, aber nicht müssen, wenn sie Hilfe brauchen. Was dagegen spricht, sind Nutzungsverbote für Mobilgeräte in den Schulen, deren Haltbarkeitsdatum wir aber optimistisch betrachtet als bald abgelaufen ansehen.

Wenn Übungsaufgaben mit Hilfen versehen sind, die mittels QR-Codes und Links aufgerufen werden können, dann leistet dies einen erheblichen Fortschritt in Bezug auf die Differenzierung und Individualisierung von Übungsphasen, ganz unabhängig davon, ob in der Schule oder zu Hause geübt wird. Lernende können damit genau dann Gelerntes vertiefen, wenn sie es selbst bestimmen, und dort, wo sie sich gerade befinden, und bekommen zwar nicht das maximale, aber ein großes Maß an Hilfen ihrer eigenen Lehrkraft, wenn sie sie benötigen. Sie werden in die Lage versetzt, das Üben ihren eigenen Bedürfnissen anzupassen, denn die Hilfen der Lehrkraft stehen ihnen zeitlich und räumlich unabhängig, also asynchron, zur Verfügung.

Eine solche Individualisierung erscheint uns erfolgversprechender als Konzepte „individualisierten Lernens“, in denen Plantagen von Aufgaben abgearbeitet, Lösungszahlen verglichen werden, abgehakt wird und in denen es aus konzeptuellen oder ideologischen Gründen keine Hausaufgaben gibt. Nicht nur in der Schule wird gelernt. Lernen und Üben sind keine Orte, sondern Tätigkeiten und Bereitschaften für lebenslang und überall.

6.4 Diagnostik

Wer eine Diagnose erstellt, der stellt zunächst nur einen Zustand fest; ein Arzt verschafft sich durch die Diagnose Informationen über den Zustand des Patienten oder der Patientin, bevor er über eine Therapie nachdenkt. Um Diagnosen zu erstellen, sind Werkzeuge nötig. Der Arzt nutzt sein Stethoskop oder lässt Röntgenbilder anfertigen, um mehr über den Zustand des Patienten zu erfahren, als er sieht.

Vom Wesen her ist didaktische Diagnostik ähnlich: Die Lehrkraft möchte wissen, auf welchem Lernstand sich der einzelne Lernende befindet, und nutzt dafür Werkzeuge, und wenn dieser Lernstand nicht in Ordnung ist, möchte sie wissen, woran es liegt und was man dagegen unternehmen könnte. „Diagnostik ist ein zentraler Baustein des Unterrichts. Sie hilft, Schülerprodukte und Lernprozesse besser zu verstehen und passende Schlussfolgerungen für eine systematische individuelle Förderung abzuleiten“ (Jordan/ vom Hofe 2008, S. 4). Diagnostik im Unterricht beinhaltet drei Zielebenen:

- Identifikation vorhandener Kompetenzen,
- Identifikation vorhandener Probleme,
- Zuordnung geeigneter Fördermaßnahmen.

Didaktische Diagnostik könnte also genau diesem Muster folgen:

- feststellen, welche Aufgaben richtig gelöst wurden,
- feststellen, welcher Art die Aufgaben sind, die nicht richtig gelöst wurden,
- Zuordnung zusätzlicher Übungsaufgaben.

Online-Diagnostik könnte dazu folgende Rückmeldungen geben:

- „gut gemacht“,
- „da musst du noch üben“,
- und beim dritten Schritt besteht die Gefahr, dass genau das, was die Lernenden nicht gekonnt haben, als nächste Aufgabe in leicht abgewandelter Form angeboten wird.

Denn die Grundlagen der inzwischen zahlreichen Angebote von Online-Diagnostik sind bis auf Ausnahmen (z. B. Lernstand 5[68] oder VERA[69] Vergleichsarbeiten) wenig erforscht. Digitale Diagnostik basiert aktuell noch weitgehend auf Vermutungen und nicht auf Daten, deshalb ist ihr personale Diagnostik in Präsenz immer überlegen.

Fehleranalyse

Fehler spielen eine wichtige Rolle in der Diagnostik, weil sie Aufschluss über tragfähige Vorstellungen und Fehlvorstellungen der Lernenden geben. Nach Padberg (Padberg 2009, S. 80) gibt es drei Kategorien von Fehlern:

- Flüchtigkeitsfehler ergeben sich durch Unachtsamkeit;
- systematische Fehler treten bei einem Lernenden bei ähnlichen Aufgaben immer wieder auf und lassen auf ein nicht ausreichendes Verständnis eines bestimmten Sachverhalts schließen;
- typische Fehler werden von vielen Lernenden gleichermaßen gemacht.

Eine Herausarbeitung von typisch richtigen und typisch falschen Schülerlösungen hilft der Lehrkraft, analog diagnostisch vorzugehen. Solche Unterscheidungen können ihr mit einer hohen Treffersicherheit bald von künstlicher Intelligenz abgenommen werden: Was sind systematische Fehler, was sind typische Fehler? Der Rest wird als Flüchtigkeitsfehler identifiziert. Das ist aufwendig, aber möglich.

---

68 Mit Lernstand 5 werden die arithmetischen Basiskompetenzen beim Übergang von der Primar- in die Sekundarstufe individuell diagnostiziert. Jeder Lernende erhält eine individuelle Rückmeldung über den Stand seiner Basiskompetenzen.

69 Die Vergleichsarbeiten (VERA) dienen zum Leistungsvergleich der Kompetenzstände von Klassen innerhalb einer Schule, von Schulen innerhalb einer Schulart und von Schularten untereinander. Zwar werden mit den Auswertungen auch Listen mit individuellen Einzelergebnissen an die Schulen gegeben, jedoch beschränken sich diese auf die Richtigkeit der Lösungen und auf Lösungsprozentsätze und haben mit Diagnostik also wenig zu tun.

Eine Zusammenstellung typischer Fehler kann auch hilfreich sein beim Erstellen differenzierender Hilfen, weil die Fehlerursachen im Lerngegenstand zu suchen sind. Auch das kann künstliche Intelligenz leisten. Systematische Fehler dagegen sind auf das Individuum bezogen und es bleibt wahrscheinlich noch länger in der Zuständigkeit der Lehrkraft allein, diese im Gespräch mit den Lernenden herauszufinden.

Man könnte anhand dieser Unterscheidung die mathematische Diagnostik in eine eher differenzierende, an typischen Fehlern orientierte und digital delegierbare, und in eine eher individualisierende, an systematischen Fehlern orientierte Form unterscheiden, wobei letztere nach wie vor im direkten persönlichen Kontakt stattfinden muss, der notfalls mediengestützt stattfinden kann.

6.5 Individual Feedback

Rückmeldungen für Lernende erzeugen nach der Hattie-Studie eine hohe Effektstärke (Hattie 2015, S. 206 ff.). Je individueller eine Rückmeldung zu den Leistungen eines Lernenden ist, desto mehr wird sie akzeptiert und hilft ihr oder ihm weiter. Dazu ist persönliches Gegenüber notwendig oder zumindest sehr hilfreich.

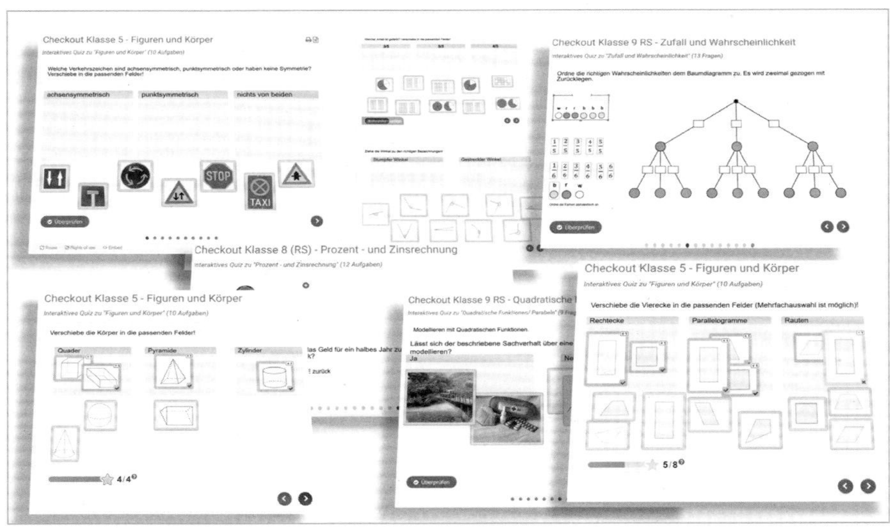

Abb. 6.7: Übersicht Checkouts des Landesbildungsservers Baden Württemberg (Takin, Fabrice; <Übersicht Checkouts>; <2022> in: Landesbildungsserver Baden-Württemberg (Hg.); <Fachportal Mathematik>; via <https://www.schule-bw.de/faecher-und-schularten/mathematisch-naturwissenschaftliche-faecher/mathematik/interaktiv_digital/checkout-klassenstufe-5-bis-10>)

Schon vor der Coronapandemie wurden von engagierten Lehrkräften vielerorts vielversprechende digitale Systeme entwickelt, mit deren Hilfe sich Lernende differenzierte Rückmeldungen zu ihren Leistungsständen holen konnten. In der Not von Schulschließungen und Distanzunterricht wurde dann darauf massiv zugegriffen, sodass zeitweise die Server der Nachfrage nicht gewachsen waren. Solche Systeme findet man zum Beispiel auf dem Landesbildungsserver Baden-Württemberg[70] (Übersicht siehe Abb. 6.7 und QR-Code Abb. 6.8).

Abb. 6.8: Landesbildungsserver BW Mathematik

Interaktives Quiz

Zu fast jedem Thema (Abb. 6.9 zeigt ein Beispiel zum Thema Symmetrie) kann ein Lernender mithilfe des Systems seinen Stand der inhaltlichen und einiger prozessbezogener Kompetenzen überprüfen. Im Beispiel zur Symmetrie werden Abbildungen von Verkehrszeichen den Begriffen „achsensymmetrisch", „punktsymmetrisch" oder „nichts von beiden" zugeordnet. Das Verschieben der Verkehrszeichen geht sehr rasch und erzeugt Argumentationsbedarf für folgende kooperative Unterrichtsphasen.

70 Die auf dem Server als „interaktive Checkouts" bezeichneten Systeme melden auf verschiedenen Niveaustufen zurück und können als OER-Materialien frei genutzt werden.

Checkout Klasse 5 - Figuren und Körper

Interaktives Quiz zu "Figuren und Körper" (10 Aufgaben)

Welche Verkehrszeichen sind achsensymmetrisch, punktsymmetrisch oder haben keine Symmetrie? Verschiebe in die passenden Felder!

achsensymmetrisch | punktsymmetrisch | nichts von beiden

STOP

TAXI

Überprüfen

Reuse Rights of use <> Embed

Abb. 6.9: Interaktives Quiz zum Thema „Symmetrie" (Takin, Fabrice; <Interaktives Quiz zum Thema Figuren und Körper>; <2017> in: Landesbildungsserver Baden-Württemberg (Hg.); < Fachportal Mathematik >; via <https://www.schule-bw.de/faecher-und-schularten/mathematisch-naturwissenschaftliche-faecher/mathematik/interaktiv_digital/checkout-klassenstufe-5-bis-10/gymnasium-e-niveau/checkout-klasse-5/checkout-figuren-und-koerper>)

In den Antwortoptionen können Hinweise auf häufig vorkommenden Fehlvorstellungen untergebracht werden und es können auf typischen Fehlern basierende falsche Lösungen identifiziert werden, die bei entsprechender Wahl dem Lernenden im Feedback rückgemeldet werden (Abb. 6.10, rote Schrift), zum Beispiel dass Achsensymmetrie mit Dreh- oder Punktsymmetrie verwechselt wurde oder dass die Schrift nicht berücksichtigt wurde. Dabei ist dem Betreiber wichtig, wann immer die Programmierung es zulässt, eine qualitative Rückmeldung zu geben, die über richtig/falsch hinausgeht (Abb. 6.10).

Lineare Funktionen

Interaktives Quiz zu "Linearen Funktionen" (13 Fragen) G-Niveau

Wie muss der Graph der Funktion aussehen, wenn man dieses Glas gleichmäßig mit Wasser füllt?

Über einen Füllgraphen kann man hier keine Aussage machen. Klar ist doch; gleichmäßig wird es nicht sein.

Der Graph der Funktion steigt zu Beginn am steilsten und flacht dann immer mehr ab

Doch! Unten ist das Glas schmal. Hier steigt der Wasserpegel deswegen schnell an. Nach oben hin wird das Gefäß breiter, demnach passt dort mehr Wasser hinein. Dies benötigt mehr Zeit, sodass der Graph langsamer steigt als unten.

Der Graph der Funktion muss eine positive Steigung haben

Diese Aussage ist richtig! Der Graph kann nicht sinken oder auf gleicher Höhe bleiben, da stetig Wasser hinzukommt.

✖ Der Graph der Funktion wird immer etwas steiler werden -1

Nein, denn dafür müsste das Gefäß schmäler werden.

Die Aufgabe war auch nicht leicht

 0/2  

Reuse   Rights of use   <> Embed

Abb. 6.10: Interaktives Quiz zum Thema „Lineare Funktionen" (Takin, Fabrice; <Interaktives Quiz zum Thema Funktionen>; <2019> in: Landesbildungsserver Baden-Württemberg (Hg.); < Fachportal Mathematik >; via <https://www.schule-bw.de/faecher-und-schularten/mathematisch-naturwissenschaftliche-faecher/mathematik/interaktiv_digital/checkout-klassenstufe-5-bis-10/hauptschule-g-niveau/checkout_klasse8_hs/checkout-lineare-funktionen-rs>)

Im Beispiel zum Aufstellen von Termen mit einer Variablen (Abb. 6.11) erfahren Lernende über die Gesamtpunktzahl, ob er oder sie das Thema schon beherrscht oder ob noch mehr Übung notwendig ist. Hilfen erfolgen nach dem Prinzip der minimalen Hilfe und sind optional einsehbar. Außerdem gibt es verschiedene Tipps (in Abb. 6.11 als blaue Informationszeichen gekennzeichnet) zu den Antwortmöglichkeiten oder zu den Fragestellungen.

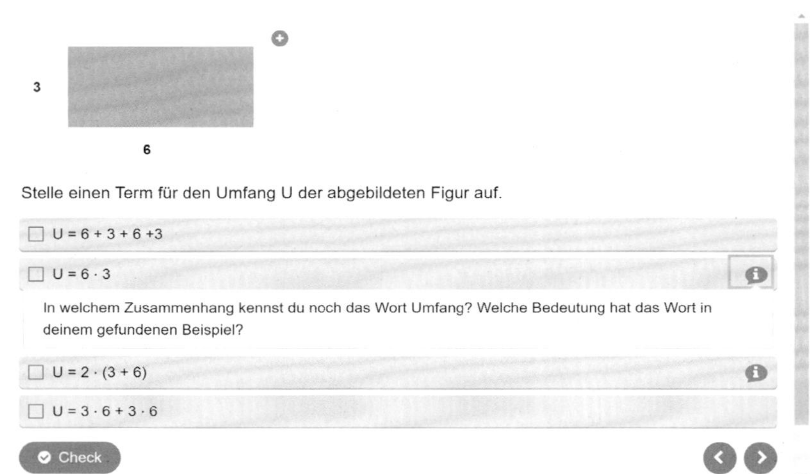

Abb. 6.11: Aufgabe mit Info-Zeichen (Takin, Fabrice; <Checkout Terme Umfang>; <2021> in: Landesbildungsserver Baden-Württemberg (Hrsg.); <Fachportal Mathematik>; via <https://www.schule-bw.de/faecher-und-schularten/mathematisch-naturwissenschaftliche-faecher/mathematik/interaktiv_digital/checkout-klassenstufe-5-bis-10/hauptschule-g-niveau/checkout_klasse8_hs/checkout-terme_hs>)

Fehleranalyse

In vielen digitalen Formaten bekommen Lernende lediglich die Rückmeldung „richtig“ oder „leider falsch“. Im günstigsten Fall kann auf Basis der Information „leider falsch“ der oder die Lernende die Ursache des Fehlers selber erkennen, weil sie oder er sich den Lösungsweg noch einmal detaillierter angesehen und vor allem Flüchtigkeitsfehler entdeckt hat. Häufiger können Lernende aber mit einer unkommentierten negativen Rückmeldung wenig anfangen.

Szenarien, in denen ein digitales System Lernende begleitet, indem es deren mathematische Kompetenzen unter Verwendung von künstlicher Intelligenz analysiert und anschließend genau das passende Hilfeangebot offeriert, sind im Moment noch Utopie, werden aber kommen. Gleichwohl können digitale Programme jetzt schon Lösungen analysieren und beispielweise typische, systematische und Flüchtigkeitsfehler (Padberg 2009, S. 80) unterscheiden.

Lineare Funktionen

Interaktives Quiz zu "Linearen Funktionen" (13 Fragen) G-Niveau

a) 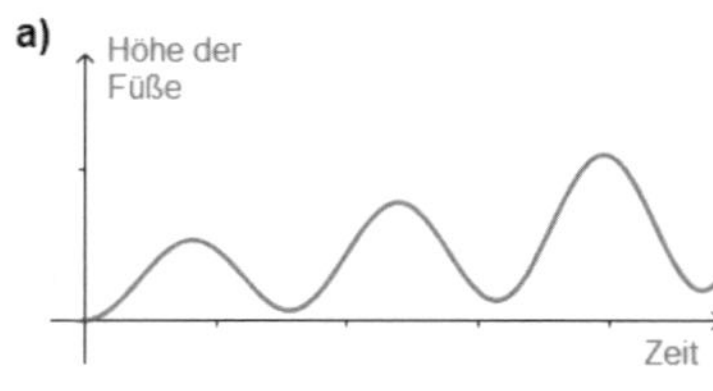

c) 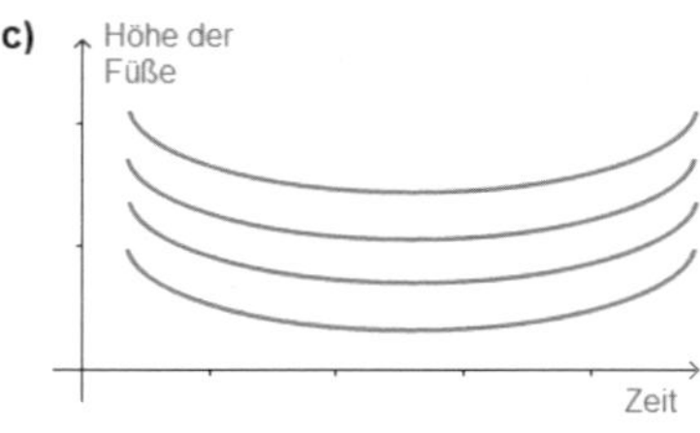

b) 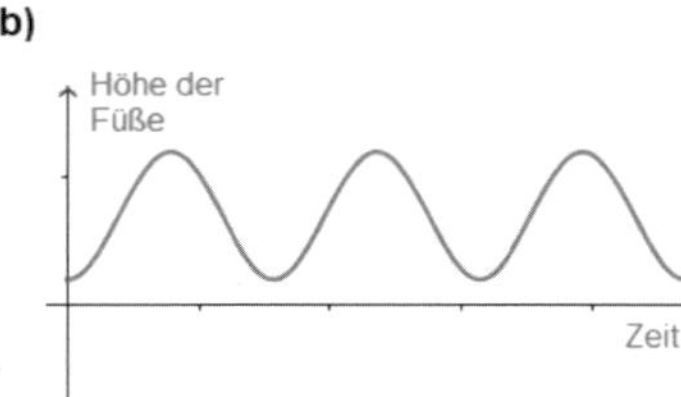

d) 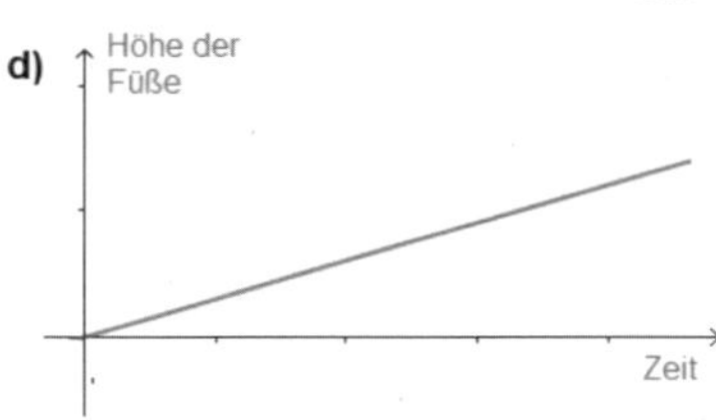

Sabine beginnt auf einer Schaukel immer höher zu schaukeln.

Welcher Graph stellt am besten die Höhe der Füße dar?

Graph a)

Doch, diese Antwort ist richtig! Die Höhe nimmt jedes Mal zu und dann wieder ab. Aber man kann erkennen, wie der höchste Punkt jedes Mal noch ein Stückchen an Höhe gewinnt.

Graph b)

✖ Graph c)

Nein, das ergibt keinen Sinn, denn die Füße können nicht drei verschiedene Höhen gleichzeitig haben. Den bildlichen Verlauf (Bewegungsspur) anzunehmen ist ein beliebter Fehler.

Graph d)

Nein

 **0/1**  

Reuse Rights of use <> Embed

Abb. 6.12: Konstruktive Rückmeldung nach Auswahl der falschen Antwort c) (Takin, Fabrice; <Schaukelaufgabe>; <2019> in: Landesbildungsserver Baden-Württemberg (Hrsg.); <Fachportal Mathematik>; via <https://www.schule-bw.de/faecher-und-schularten/mathematisch-naturwissenschaftliche-faecher/mathematik/interaktiv_digital/checkout-klassenstufe-5-bis-10/hauptschule-g-niveau/checkout_klasse8_hs/checkout-lineare-funktionen-rs>)

„Typischen Fehlern wird mit differenzierten Maßnahmen begegnet, systematische Fehler erfordern Individualisierung“ (Storz 2020, S. 183) und Flüchtigkeitsfehler können nach einem entsprechenden Hinweis von Lernenden oft selbst identifiziert werden. Typische Fehler können häufig vorkommende Fehlvorstellungen aufdecken und dann kann das Programm den Lernenden auf diese Fehlvorstellung hinweisen, also differenzierte Hilfen geben. Systematische Fehler erfordern in der Regel individuelle Hilfen, auf deren Notwendigkeit das System hinweisen, aber die es in der Regel nicht selbst leisten kann. Und auf Flüchtigkeitsfehler kann das Programm reagieren, indem es dazu auffordert, das Ergebnis noch einmal zu überprüfen, wenn keine Zuordnung zu typischen Fehlern möglich ist. Das alles ersetzt keine persönliche Beratung, kann aber die Lehrkraft entlasten, weil zwar nicht alle, aber ein großer Teil der Lernenden ohne direkte persönliche Zuwendung die erforderlichen Rückmeldungen erhält.

Aus den oben stehenden Ausführungen lässt sich eine Hierarchie für mediengestützte Rückmeldungen (Abb. 6.13) mit fünf Niveaustufen ableiten. Wer eine Rückmeldungsstufe erfolgreich in Anspruch genommen hat, braucht die darüber liegenden in der Regel nicht mehr. Andererseits wird die Rückmeldung mit jeder Stufe individueller. Damit ist die für die Diagnostik wichtige Förderung enthalten, die in einfacheren digitalen Rückmeldungen oft fehlt, weil diese sich auf „Niveau 1: Rückmeldung richtig/falsch“ beschränken.

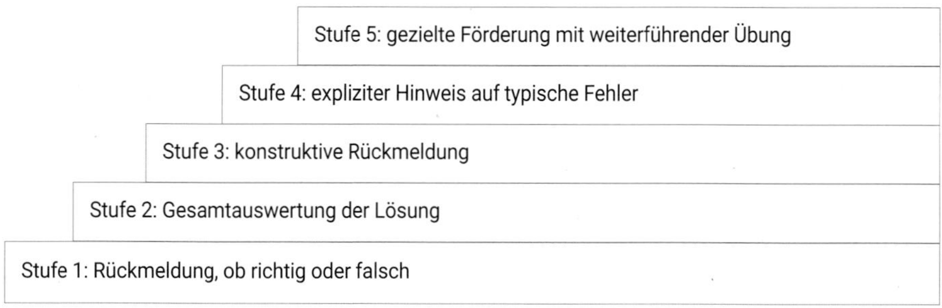

Abb. 6.13: Niveaustufen für mediengestützte Rückmeldungen

In der Aufgabe aus Abb. 6.12 wird beispielsweise der typische Bild-als-Graph-Fehler aufgegriffen und dem Lernenden in seiner Sprache erklärt. Würde ein schaukelndes Kind eine Bewegungsspur hinterlassen, entstünde ein Bild wie in Option c). Aber so kann per Definition keine mathematische Funktion aussehen. Die Entscheidung für Lösungsmöglichkeit c) legt also nahe, dass eine Bild-als-Graph-Fehlvorstellung vorliegt und dass demzufolge eine tragfähige Grundvorstellung für den Funktionsbegriff bzw. für die grafische Darstellung einer Funktion noch nicht aufgebaut wurde.

Die gegebenen Antworten können von der Lehrkraft gleichzeitig zur Lernstandsanalyse der ganzen Lerngruppe eingesetzt werden. Denn nicht nur die Lernenden bekommen individuelle konstruktive Rückmeldungen, sondern die Lehrkraft erhält eine Auswertung aller Antworten. Korrektur und Auswertung übernimmt das digitale Medium.

Wenn Erhebungen wie Lernstand 5, Vera 8 oder PISA generell im digitalen Format durchgeführt würden, was technisch keine große Herausforderung bedeuten würde, könnten Lehrkräfte ihre zeitlichen Ressourcen statt in viele Korrekturstunden besser in Fördermaßnahmen investieren.

Zurück zu digitalen Systemen wie den „interaktiven Checkouts“ des Landesbildungsservers Baden-Württemberg: Damit eine Lehrkraft die Diagnosemöglichkeit nutzen kann, importiert sie mit drei Klicks die Aufgaben in eine Schulplattform wie z. B. Moodle. Das ist ohne Sorge vor Urheberrechtsverletzungen möglich, wenn wie im genannten Beispiel eine CC-BY-SA 4.0-Lizenz zugrunde liegt.

Individuelles Feedback ist ein Hilfsmittel, das der Lehrkraft den schwierigen Spagat der Differenzierung auf verschiedenen Niveaustufen zu einem großen Teil abnehmen kann. Aufgaben mit Individualfeedback können auch als Hausaufgabe gegeben werden. Erfahrungsgemäß kommen aufgrund der konstruktiven Unterstützung damit Lernende deutlich besser zurecht als mit klassischen Schulbuchaufgaben. Im Unterricht war die Motivation höher, durch Entfall der Hausaufgabenkontrolle während der Unterrichtszeit wurde mehr gemeinsame Lernzeit verfügbar und durch Entfall von manuellen Kontrollen gewann die Lehrkraft Vorbereitungszeit.

Verbale Rückmeldungen

Eine weitere Methode des individualen Feedbacks mit digitalen Medien ist das Aufzeichnen von verbalen Rückmeldungen der Lehrkraft an einzelne Lernende.[71] Im rein analogen Unterricht bekamen die Lernenden bei Leistungsüberprüfungen in der Regel Rückmeldungen auf Papier mit Haken für richtige Lösungsschritte und kleinen Buchstaben wie „f“ für falsch oder „Rf“ für Rechenfehler (oder „Rf“ für Rundungsfehler?) für falsche Schritte. Die für die Korrekturarbeit aufgewendete Zeit der Lehrkraft war eigentlich zu kostbar, um mehr als solche rudimentären Rückmeldungen zu vergeben, und dadurch reduzierte sich die Funktion der Leistungsüberprüfung auf Selektion und verschaffte den Lernenden nur geringe Wissenszuwächse.

Ausführlichere Rückmeldungen und Hinweise zu Logikfehlern, Fehlvorstellungen, Formalien und mehr wären für die Lernenden wünschenswert und wür-

71 z. B. Voice Feedback über die App *qwiqr* oder *hyfee*

den eine konstruktive Form der Rückmeldung ermöglichen. Damit wäre es möglich, das diagnostische Potenzial der Leistungsüberprüfung besser zu nutzen. Mit der App *QWIQR* zum Beispiel generiert man mit wenig Aufwand für jeden Lernenden einen QR-Code. Diesen klebt oder heftet man an die Klassenarbeit an. Scannt man als Lehrkraft den QR-Code, so kann man eine Audioaufnahme starten. Möchte man keinen zusätzlichen Zeitaufwand investieren, so kommentiert man die Leistungen während der Korrektur. Bequem kann man jede Form von Hinweis aufsprechen. Scannt der Lernende den QR-Code, so kann er die Sprachnachricht direkt abhören und bekommt viel mehr konstruktive Rückmeldung, als das über das bloße Anstreichen von Fehlern möglich wäre.

Der Markt für Systeme des individualen Feedbacks ist noch jung, wächst aber stetig und verändert sich rasch. Detaillierte Angaben über konkrete Angebote würden schnell veralten, deshalb beschränken wir uns hier auf exemplarische Hinweise. Eine Forderung von unserer Seite ist, dass den Schulen Plattformen zur Verfügung gestellt werden, um die Nutzung analysierender Tests zeitnah an den Schulen dauerhaft zu implementieren.

Kommentare, dafür sei kein Geld da, und die immer wieder angewandte Praxis der Kultusverwaltungen, Reformbedarf bezüglich der Digitalität von Bildung zwar einerseits zu bejahen, andererseits aber auf „Kostenneutralität" zu beharren, finden wir zynisch. „Kostenneutral" heißt „umsonst". Wer Bildung „kostenneutral" zu reformieren vorschlägt, bringt nur mit anderen Worten zum Ausdruck, dass ihm Bildung nichts wert ist.

6.6 Inklusion

Das Thema *Inklusion* ist insbesondere durch die Ratifizierung der UN-Behindertenrechtskonvention des Rats der Europäischen Union im Jahr 2009 ins Zentrum aktueller gesellschaftlicher und staatlicher Bildungsaufgaben gelangt. In Artikel 24 der UN-Behindertenrechtskonvention wird das Recht von Menschen mit Behinderung auf gleichwertige Bildung anerkannt. Dabei ist sicherzustellen, dass Menschen mit Behinderung nicht wegen ihrer Behinderung vom allgemeinen Bildungssystem ausgeschlossen werden dürfen.[72]

In der fachdidaktischen Diskussion wird Inklusion oft in Zusammenhang mit einer verfeinerten Form von Differenzierung gebracht oder sogar damit gleichgesetzt, meint aber zunächst nur die gemeinsame Beschulung von Kindern und Jugendlichen mit und ohne Behinderung[73] (KMK 2011, S. 7).

72 Bildung | UN-Behindertenrechtskonvention, abgerufen am 30.10.21

73 „Inklusive Bildung von Kindern und Jugendlichen mit Behinderungen in Schulen" (Beschluss der Kultusministerkonferenz vom 20.10.2011)

Es erscheint uns sinnvoll, zunächst die Begriffe zu klären (siehe Abb. 6.14[74]), die verwendet werden, um zu beschreiben, in welcher Form „Andersartige" in ein bestehendes gesellschaftliches System aufgenommen werden oder nicht.

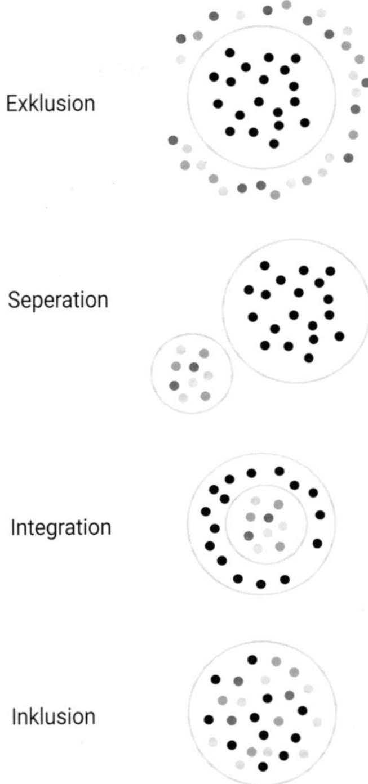

Abb. 6.14: Begriffe zum Umgang mit Andersartigkeit

Exklusion beschreibt die Situation, dass „Andersartige" gezielt nicht in die Gemeinschaft aufgenommen werden. Menschen zum Beispiel mit einer Behinderung erhalten kein Bildungsangebot oder nicht dasselbe, das die Mehrheit erhält. Diese Praxis der Ausgrenzung erfuhr im Nationalsozialismus eine verbrecherische Steigerung durch Extinktion und Euthanasie. Menschen mit Behinderung wurde nicht nur kein Recht auf Bildung zugestanden, sondern sogar ihr Recht auf Leben wurde infrage gestellt.

Nach dem Zweiten Weltkrieg setzte sich die Exklusion dadurch fort, dass „bildungsunfähige" von „bildungsfähigen" Menschen getrennt beschult wurden. Durch Separation wurde im Prinzip für die Mehrheit eine gewisse Homogenität erreicht, weil Lernende ohne Behinderung unter sich blieben.

Um 1960 kamen spezifische Angebote für homogene Gruppen von Menschen auf, die bestimmte Merkmale wie Blindheit aufwiesen.[75] Diese Phase ging bis ca. 1980 und überschnitt sich mit der Stufe der Integration 1970–1990 (Bernitzke 2015). Dadurch wurde Lernenden mit Behinderung zwar weiterhin der Zugang zum allgemeinen Bildungssystem versperrt, aber sie bekamen eine spezielle Förderung, die ihnen dort nicht zugekommen wäre und wovon sie durchaus als Individuen auch profitieren konnten.

Pädagogische Separation beinhaltet die Idee der äußeren Differenzierung. Lehrkräfte an sonderpädagogischen Bildungseinrichtungen waren aber nicht per se Ausführende von Diskrimination, sondern leisteten wertvolle

74 Grafik Wikipedia https://commons.wikimedia.org/w/index.php?curid=15399466; https://de.wikipedia.org/wiki/Soziale_Inklusion#/media/Datei:Stufen_Schulischer_Integration.svg Lizenz CC 0, abgerufen am 28.06.2022

75 https://www.researchgate.net/publication/329707876_Visuelle_Darstellungsformen_und_historische_Einordnung_der_Inklusion_-_Eine_kritische_Analyse, abgerufen am 30.10.21

Bildungsarbeit für eine Zielgruppe mit besonderen Bedürfnissen. Mit der Separation war natürlich auch eine Diskriminierung verbunden, denn wer „auf die Sonderschule musste", nutzte die besondere Förderung meist nicht freiwillig, sondern war von der allgemeinen Bildung ausgeschlossen und galt deshalb als minderwertig. Daran änderte sich wenig durch die Umbenennung der „Hilfsschulen" in Sonderschulen und später in Förderschulen, die jetzt Förderzentren sind.

Integration basiert auf der Idee gemeinsamen Lernens und nimmt die durch Separation noch ausgeschlossenen „Anderen" in die Gemeinschaft auf mit der Überzeugung, dass durch gegenseitige Anregungen und Hilfen die Bildung zu einem insgesamt gerechteren und auch effektiveren Ergebnis kommt. Was bleibt, ist die Unterscheidung derjenigen, die „anders" sind, von denen, die zu der Gemeinschaft gehören, die sie aufnimmt. Integration ist die Grundidee eines Schulsystems, in dem alle Lernenden gemeinsam lernen. Die Erfahrung hat aber gezeigt, dass der Gedanke der Integration leicht dazu führen kann, dass intern doch wieder in die Separation zurückgefallen wird; man denke nur an Niveaustufen innerhalb eigentlich integrativer Schulkonzepte.[76]

Inklusion ist die Realisierung der Idee, dass die „Andersartigen" nicht nur innerhalb der „Normalen" diskriminierungsfrei geduldet werden, sondern wirklich gleichberechtigt dazugehören, man versteht darunter die Anerkennung von Diversität als natürlich gegebene Vielfalt ohne Ausgrenzung oder Stigmatisierung. Inklusion möchte ein Maximum an Teilhabe bei einem Minimum an Diskriminierung erreichen. Die Einführung von Inklusion hat in manchen Bundesländern dazu geführt, dass es dort fast keine Förderschulen mehr gibt (Bikner-Ahsbahs 2019, S. 7).

Inklusion ist schon deshalb etwas anderes als Differenzierung, weil nicht vorausgesetzt wird, dass alle dieselben Ziele erreichen, auch nicht auf unterschiedlichen Niveaus. Sicher müssen didaktische Konzepte und Methoden eines bisher separierenden oder integrierenden Systems in ein System der Inklusion auf Wegen transferiert werden, die über Differenzierung führen; aber damit allein ist es noch nicht getan.

76 Zum Beispiel in der „Realschule neu" in Baden-Württemberg, die neben dem mittleren Abschluss seit 2017 auch den Hauptschulabschluss anbietet, hat das Angebot der Einführung verschiedener Bildungsabschlüsse an vielen Schulen dazu geführt, dass die Klassen in höheren Stufen nach den Niveaus getrennt werden, das heißt, es gibt im Jahrgang eine Grund-Niveau-Klasse, die anderen arbeiten auf dem mittleren Niveau und für das „erweiterte Niveau" sind es zu wenige Lernende, um diese auch noch zu separieren. Damit wurde nur die äußere Differenzierung nach innen geholt und das Gegenteil von Integration erreicht. Das Recht der „Stärksten" wurde übersehen.

Vielmehr unterscheidet man bei Inklusion drei Beteiligungsebenen (ebd., S. 12):

- Teilnahme, also dabei zu sein,
- Teilhabe, also zu partizipieren,
- fachliche Herausforderung, also fachliches Vorankommen in sozialer Eingebundenheit zu nutzen.

Differenzierung setzt erst in der dritten Ebene ein. Die Lehrkraft muss also zuerst über Maßnahmen reflektieren, wie potenzielle Barrieren auf dem Weg zu fachlicher Teilnahme überhaupt überwunden werden können, bevor sie an Maßnahmen der Differenzierung denken kann.

Vereinzelt werden Lernende mit Behinderung in Regelschulen integriert, tatsächlich werden sie aber noch oft gesondert beschult. Im Schuljahr 2012 lag der Anteil von Kindern mit Behinderung, die in einer Regelschule beschult wurden, in Deutschland bei 25 % (Vom Hofe/Tiedemann 2017, S. 4), 2019 schon bei 44 % (Friedrich Ebert Stiftung 2021), aber wo sie integriert sind, sind sie selten inkludiert. Außerdem muss berücksichtigt werden, dass 75 % der Förderschüler Probleme beim Lernen, beim Sprechen, in der sozialen und emotionalen Entwicklung haben oder Lernbehinderungen infolge geistiger Behinderungen vorliegen (vom Hofe/Tiedemann 2017, S. 3). Das Kind im Rollstuhl als Visualisierung für Inklusion ist denkbar ungeeignet. Sondern bei Inklusion geht es hauptsächlich „um Sprachkompetenz, Konzentrationsfähigkeit, Selbstorganisation, Lerntechniken, Sozialverhalten und mehr“ (Richarz/Grebe 2017, S. 23).

Gelingender Inklusion als Merkmal einer demokratischen, solidarischen und aufgeklärten Gesellschaft mangelt es noch an den passenden Rahmenbedingungen. Konsequente Inklusion ist vielleicht eine Utopie, aber man muss nötige Schritte in diese Richtung gehen. Dabei gilt es nicht nur, auf den Aspekt Behinderung/Nichtbehinderung zu fokussieren. Vielmehr sollte man in Anlehnung an die Pädagogik der Vielfalt (Prengel 2006, S. 13) möglichst alle Vielfaltsdimensionen betrachten. Dazu gehören vor allem die ethnische Zugehörigkeit bzw. Angehörigkeit zu verschiedenen Kulturen, das Alter und das Geschlecht. Digitale Medien können dazu einen guten Beitrag leisten.

Körperbehinderung

Seit wenigen Jahren wird beim Neubau von Schulen sehr darauf geachtet, dass sie barrierefrei und mit Aufzügen ausgestattet sind. Der größte Teil der bestehenden Schulgebäude ist das aber nicht.[77] Schulleitungen, die verlan-

77 Nur eine Anmerkung am Rande: Schulen mit Klimatisierung auszustatten wäre spätestens seit der Abschaffung von „Hitzefrei“ auch eine gute Idee. Nach unserer Kenntnis stellt dies aber auch bei Neubauten die

gen, dass das Bestandsgebäude ihrer Schule zwecks Barrierefreiheit umgebaut und mit Aufzügen ausgestattet wird, laufen bei Schulträgern meist gegen betonfeste Wände[78], auf denen „zu teuer“ steht. Dadurch besteht für viele Lernende im Rollstuhl oder für Sehbehinderte schon aus baulichen Gründen kaum eine realistische Möglichkeit der Teilhabe an einer Regelschule, weil „Sachzwänge“ dies verhindern.

Ebenso fällt auf, dass es an Ressourcen wie sonderpädagogischer Begleitung mangelt, sodass die Gefahr besteht, dass Integration und Inklusion nicht gelingen, und dadurch der gesellschaftliche Rückhalt schwindet.

In außerschulischen Kontexten ist das nicht grundsätzlich anders: Merkmale wie das gänzliche oder, was fast noch schlimmer ist, das vereinzelte Fehlen von Hochbahnsteigen für Straßenbahnen, Taktil- und Blindenmarkierungen, Treppen ohne Rampe oder Aufzug gibt es fast überall.

Barrierefreiheit muss nicht nur für bauliche Anlagen gelten, sondern betrifft genauso technische Hilfsmittel und Lernmaterialien im Unterricht. Zum Beispiel der Zugang zur Kreidetafel war für viele Behinderungsarten eine Barriere, die mit digitalen Hilfsmitteln problemlos überwunden werden kann.

Körperbehinderung meint nicht nur Behinderungen des Bewegungsapparats. Wir konnten einen Teil der Entwicklung eines sehbehinderten Kindes verfolgen, das wegen einer Störung des zentralen Sehens und einer Gesichtsfeldeinschränkung und der daraus folgenden Schwierigkeiten beim Fixieren mit dem Auge grundsätzlich mit einem Laptop und einem Lesegerät mit Kamera ausgestattet wurde. Damit konnte es gut am Unterricht teilnehmen, fiel sogar mit herausragenden Leistungen zum Beispiel im Umgang mit dem Tabellenkalkulationsprogramm auf. Schwierig wurde es, sobald die Sozialform Gruppenarbeit eingesetzt wurde, weil das Kind Schwierigkeiten hatte, mehrere parallel Lernende gleichzeitig „im Auge zu behalten“. Intellektuell konnte das Kind dem Unterricht gut folgen, nahm sogar eine positiv herausragende Stellung innerhalb des Klassenverbands ein, war als Mitlernender akzeptiert. Erst der Einsatz der digitalen Hilfsmittel ermöglichte hier die Inklusion. Technische Lösungen wie Screenreader (Software für die Sprachausgabe am PC) ermöglichen beispielsweise, dass sehbehinderte Lernende digitale Texte „lesen“ können. Dazu gehören auch sogenannte „alternative Texte“, die im Wortlaut beschreiben, was auf einem Bild zu sehen wäre.

absolute Ausnahme dar. Wer kennt eine Schule mit Klimaanlage? Dies in einer Zeit, in der fast alle Filialen von vielen Handelsketten klimatisiert sind, obwohl oder besser weil, anders als die Lernenden, die Nutzer nicht gezwungen sind, sich unabhängig von der herrschenden Temperatur dort aufzuhalten und auch nicht produktiv tätig sein müssen.

78 Interessanterweise ist die Umsetzung von Brandschutzmaßnahmen wesentlich zügiger durchsetzbar, auch wenn sie zu hässlichen metallischen Außentreppen an historisch relevanten Gebäuden führen, denn für Brandschutz haftet der Schulträger, nicht aber für die Umsetzung von Inklusion.

Ein ähnlich positives Beispiel konnten wir bei Hörbehinderung beobachten. Die Lehrkraft nutzte ein Headset, damit das hörbehinderte Kind einen verstärkten Ton auf sein Hörgerät bekommen konnte, die Klasse wurde gebeten, sich stets laut zu äußern und sich dabei in Richtung des hörbehinderten Kindes zu drehen, damit dieses ihnen von den Lippen ablesen konnte. Auch hier ermöglichte der Einsatz von Technik die Inklusion. Es stellt sich aber die Frage, wie lange die Mehrheit der „Normalen" bereit ist, ihr Verhalten auf die Dauer darauf abzustellen, den Bedürfnissen eines einzelnen „Andersartigen" gerecht zu werden. Aber eigentlich hat die digitale Technik hier schon eine Lösung gefunden, denn ein Spracherkennungsprogramm kann dafür sorgen, dass der Einbezug des hörbehinderten Kindes beiläufig erfolgen kann.

Ein anderer Aspekt für digitale Inklusion besteht im Potenzial der nun vielerorts eingeführten Tablets. Durch die direkte Eingabegeste auf dem Display entfällt beispielsweise die sonst notwendige Koordination von Hand, Auge und Maus (Sadel 2017, S. 302) und erweitert das Spektrum körperlicher Möglichkeiten, digitale Endgeräte zu bedienen und zu nutzen.

Sprachbehinderung

Infolge der Globalisierung ist es normal geworden, dass man den Inhalt von Texten kennen möchte, die nicht in der eigenen Sprache verfasst sind. Künstliche Intelligenz ermöglicht dies. In den meisten Internet-Browsern bekommt man die Übersetzung von Texten aus Fremdsprachen in die eigene Muttersprache angeboten. Das Ergebnis ist nicht immer frei von Syntaxfehlern, aber größtenteils zu verstehen. Für die Vielfaltsdimension Ethnizität bedeutet dies Emanzipation und für die Wissenschaft ermöglicht sie Internationalität. Dagegen sind Übersetzungen von Texten in „leichte Sprache" für Menschen mit Sprachbehinderung noch eine Seltenheit. Künstliche Intelligenz könnte auch das leisten: Transformation von Fachsprache in Bildungssprache in Alltagssprache in einfache Sprache. Das würde auch die Teilhabe geflüchteter Lernender am Unterricht erheblich erleichtern.

Lernbehinderung

Einzelne Fälle von Lernenden mit Behinderung, die von ihrem Recht Gebrauch machten, z. B. mit Downsyndrom an einem Gymnasium mit ihren Freunden gemeinsam unterrichtet zu werden, wurden medial aufgeblasen.[79] Dass im Einzelfall nicht die aufnehmende Schule über Inklusion entscheidet, sondern die Erziehungsberechtigten, kann Schwierigkeiten bereiten und muss auch nicht immer zu Lösungen führen, die alle Beteiligten als sinnvoll

79 https://www.spiegel.de/lebenundlernen/schule/henri-mit-down-syndrom-besucht-jetzt-eine-realschule-a-1032911.html, abgerufen am 30.10.2021

erachten. Andererseits gibt es sehr positive Erfahrungen mit Inklusion bei Lernbehinderung. Aus einem Unterrichtsentwurf erfuhren wir, dass Daniel (Name geändert) eine autistische Erkrankung hat und unter dem Asperger-Syndrom leidet. Alles in allem könne er dem Unterricht gut folgen und beteilige sich am Unterrichtsgeschehen. Gewisse Schwierigkeiten habe er bei zu großer Lautstärke und dem Verfassen von eigenen Hefteinträgen. Beim Unterrichtsbesuch fiel auf, dass Daniel für die erste Aufgabe, die in Einzelarbeit gelöst wurde, eine komplexe Lösung erstellt hatte, die weit über dem Erwartungshorizont lag. Er wurde von der Lehrkraft aufgerufen und konnte seine Lösung verständlich von seinem Platz aus und in angepasster Komplexität der Klasse vorstellen. Bei den Übungsaufgaben wählte er die schwierigsten Wahlaufgaben und hatten mit den darin enthaltenen Sonderfällen keine Probleme. Wir hatten den Eindruck, dass Daniels Beeinträchtigungen wirksam aufgefangen worden waren und er keine Belastung für die „Normalen“ darstellte, sondern eher eine Bereicherung.

Häufig ist jedoch zu beobachten, dass die soziale Integration von Lernenden mit Lernbehinderung mit Problemen verbunden ist. Der sonderpädagogische Förderbedarf eines nicht unerheblichen Anteils von Lernenden, die Inklusion beanspruchen, besteht im Bereich des Lernens oder der sozial-emotionalen Entwicklung: Aspekte wie Hyperaktivität, Aufmerksamkeitsstörungen, Intelligenzminderung, Schwierigkeiten mit Emotionsregulierung (Zimmermann/Ebert 2018, S. 243) kommen in den allgemeinbildenden Schulen über das Vehikel der Inklusion vermehrt an und überfordern diese in ihren Handlungsmöglichkeiten.

Inklusion im Distanzunterricht

War es schon schwierig, Präsenzunterricht in Distanzunterricht zu transformieren, so stellt die Umsetzung von Inklusion im Rahmen von Distanzunterricht eine weitere Herausforderung dar. „Der überwiegend negative Befund eigener Recherche deutet an, dass nicht nur das Thema sonderpädagogischer Förderung in Distanz bislang kaum Bedeutung findet, sondern auch Inklusion im Unterricht allgemein“ (Wichmann 2021, S. 159). Eine Bilanzierung des Standes von Inklusion fällt bescheiden aus.

Digitale Inklusion

Unter digitaler Inklusion versteht man einerseits die barrierefreie Nutzung digitaler Medien, anderseits die Förderung von Inklusion durch den Einsatz digitaler Medien. Die deutsche UNESCO-Kommission fordert, dass Inklusion und Digitalisierung zwingend zusammen gedacht werden müssen.[80] Digi-

80 Digitale Tagung der deutschen UNESCO-Kommission im Mai 2021

taler Medieneinsatz kann etwaige Beeinträchtigungen bezüglich Sehen, Hören, Mobilität, Lesen usw. kompensieren (Schulz 2018, S. 347). Die Potenziale digitalen Medieneinsatzes liegen dabei

- auf einer individuellen Ebene der Persönlichkeitsentwicklung: Erkennen von Selbstwirksamkeit, Stärken und Schwächen;
- auf einer gruppenbezogenen Ebene: Ermöglichung und Vereinfachung der Kommunikation;
- auf einer soziokulturellen Ebene: Teilhabe an öffentlicher Kommunikation und Artikulation eigener Bedürfnisse (Schulz 2018, S. 346).

Dass diese Ebenen sich nicht nur auf Inklusion beziehen, sondern auf jeden Unterricht, wird an so einfachen Beispielen deutlich, dass digitale Medien die Teilnahme am Unterricht Lernenden, die aus welchen Gründen auch immer nicht präsent sein können, möglich machen. Oder dass digitale Medien sehr viel einfacher und diskreter eine Wiederholung nichtverstandener Sätze oder Satzteile möglich machen, als dies analog der Fall ist.

7 Rechtliche und technische Rahmenbedingungen

Zunächst ein Hinweis zu diesem Kapitel: Die Autoren dieses Buches sind Lehrkräfte, keine Juristen, keine Informatiker und keine Techniker. Wir möchten einen Überblick bezüglich der Thematik aus der Sicht von Lehrkräften geben und haben bei der Recherche große Sorgfalt walten lassen, übernehmen aber aus dem genannten Grund für die Vollständigkeit der hier dargelegten Aussagen keine Haftung. Das wäre auch aus einem anderen Grund schwierig, denn viele Details sind in unterschiedlichen Bundesländern unterschiedlich geregelt. Jede Lehrkraft muss die datenschutzrechtlichen und urheberrechtlichen Aspekte zur Verwendung digitaler Medien, die exakt in ihrem Bundesland und für ihre Schulart relevant sind, im Detail selbst abklären.

Den Kultusverwaltungen fällt es zu, die Lehrkräfte umfassend darüber zu informieren, was ihnen rechtlich erlaubt ist und was nicht, denn die Kultusverwaltungen können juristische Beratung hinzuziehen, was die einzelne Lehrkraft nicht kann. Wenn Handreichungen für Lehrkräfte überwiegend aus Verboten bestehen, mit denen sich die Verwaltung absichert, dann helfen sie den Lehrkräften wenig. Man bekommt dann rasch ein Verständnis dafür, warum Lehrkräfte wenig Bereitschaft zeigen, im Rahmen ihres dienstlichen Auftrags Dinge zu tun, die ihnen entweder „eigentlich verboten" oder nicht ausdrücklich erlaubt sind, wo also keine Rechtssicherheit herrscht.

Von großem Gewicht in diesem Zusammenhang ist der Aspekt, dass so der Fortschritt in der dringend nötigen Digitalisierung von Schule und Bildung behindert wird. Die Coronazeit hat deutlich gemacht, wie enorm die Rückstände inzwischen geworden sind. Was Lehrkräfte brauchen, sind Positivlisten des Erlaubten. Wo diese Listen Lücken enthalten, müssen sie von der Verwaltung zum Beispiel durch Bereitstellung geeigneter Plattformen oder Geräte geschlossen werden; in der Wirtschaft ist das schon seit langer Zeit möglich. Es gibt Dienstleister, die sichere und datenschutzkonforme Softwarelösungen anbieten und bestimmt auch gern für Bildungseinrichtungen tätig werden.

7.1 Datenschutz

Der Anschein von Kostenfreiheit im Internet ist eine vielfach wiederholte Erzählung. Dabei ist es nur eine Frage der Währung. Nicht mit Geld wird bezahlt, sondern mit der Preisgabe von Daten und der Bereitschaft, Zeit mit dem Konsum von Werbung zu verbringen und manipuliert zu werden. Ausgeklügelte Algorithmen großer Technologieunternehmen sammeln Daten der Nutzerinnen und Nutzer, werten diese aus und erstellen individuelle Profile. Die Entwicklung und Weiterentwicklung digitaler Medien verläuft dermaßen rasant, dass die Rechtsprechung Mühe hat, Schritt zu halten. Erst drei Jahrzehnte[81] nachdem die Nutzung des Internets für zivile Zwecke begann, wurde im Jahr 2016 im Europäischen Parlament die sogenannte Europäische Datenschutz-Grundverordnung (EU-DSGVO) verabschiedet, welche 2018 in Kraft getreten ist.

Ein angestrebtes Ziel dieser Verordnung ist die Wahrung der Grundrechte und Grundfreiheiten, insbesondere das Recht auf Schutz personenbezogener Daten. Die EU-DSGVO hat spürbare Auswirkungen auf alltägliche Abläufe. Besucht man beispielsweise eine medizinische Einrichtung, muss man ein Formular unterschreiben, welches besagter Einrichtung erlaubt, personenbezogene Daten zu speichern und zu verarbeiten. Vereine müssen jedes einzelne Mitglied um schriftliche Erlaubnis zur Speicherung seiner Daten bitten, damit sie die Einladungen für Veranstaltungen verschicken können.

Ob diese Verordnung tatsächlich unsere Grundrechte und Grundfreiheiten wirksam schützt, darüber muss jeder Einzelne sich selbst eine Meinung bilden. Wer beim Arztbesuch das Formular nicht unterschreibt, wird nicht behandelt, und wer das im Verein nicht macht, wird nicht weiter über Aktivitäten informiert, die das Vereinsleben ausmachen. Einzelne Unternehmen lassen Dutzende von Seiten juristisch ausgefeilter Bedingungen verfassen, die der Kunde zu akzeptieren hat, wenn er die Dienste des Unternehmens in Anspruch nehmen will und auf deren Ausgestaltung er keinerlei Einfluss hat.

Diese Konstellation versteckt sich hinter dem Grundsatz der Vertragsfreiheit, die längst nicht mehr gegeben ist, weil wir einem Konglomerat von faktisch monopolgleichen Großunternehmen gegenüberstehen. Einverständniserklärungen sind oft so umfangreich und detailliert, dass fast niemand sie wirklich durchliest, und man kann oft nur allem zustimmen oder wird nicht bedient, kann also keine wirkliche Entscheidung treffen.

Aber um welche Daten geht es eigentlich? Laut der EU-DSGVO werden unter personenbezogenen Daten „alle Informationen, die sich auf eine identifizierte oder identifizierbare natürliche Person (im Folgenden „betroffene Person“) beziehen“[82] verstanden. Identifizierbar ist eine Person direkt oder indirekt „mittels Zuordnung zu einer Kennung wie Namen, zu einer Kenn-

81 vgl.: „Chronologie des Internets“ in: Wikipedia – Die freie Enzyklopädie. URL: https://de.wikipedia.org/w/index.php?title=Chronologie_des_Internets&oldid=213826550, abgerufen: 04.08.2021

82 EU-DSGVO: Begriffsbestimmung Art. 4

nummer, zu Standortdaten, zu einer Online-Kennung".[83] Eine Person gilt ebenfalls als identifizierbar, wenn aufgrund eines oder mehrerer Merkmale (physisch, physiologisch, genetisch, psychisch, wirtschaftlich, kulturell oder sozial) Rückschlüsse auf ebendiese Person gezogen werden können.[84]

Bei Google liest sich das so: „Daten, die der Nutzer freiwillig von sich preisgibt" ... und „Daten, von denen viele Nutzerinnen und Nutzer gar nicht wissen, dass sie erhoben werden. Dazu gehören zum Beispiel die IP-Adresse, die jedes Endgerät im Internet erhält, oder beim Onlineshopping Informationen über besuchte Webseiten, die Verweildauer auf einer Seite oder Links, die geklickt wurden" (Google 2019, S. 5).

Die Datenschutz-Grundverordnung regelt, dass die Grundeinstellungen von Einverständniserklärungen technisch nicht so gestaltet werden dürfen, dass man durch eine pauschale Äußerung jeder Nutzungsart zustimmt.[85] Sondern jeder Nutzungsart muss einzeln zugestimmt werden; es reicht auch nicht als Zustimmung, wenn eine Nutzungsart nicht ausgeschlossen wird.

Im digitalen Bereich wird eine Zustimmung erteilt, indem in einer Liste Buttons hin- und hergeschoben oder Häkchen gesetzt werden. Aber auch hier hat sich Intransparenz breitgemacht: Mal ist die Liste sehr lang, mal ist nicht ganz klar, ob durch Verschiebung des Buttons die Nutzung von Datenarten erlaubt oder ausgeschlossen wird, mal sind die Begriffe unklar, mal ist unklar, ob das Einverständnis einmalig gilt, für immer oder bis auf Widerruf und in welcher Form der Widerruf erfolgen kann. Im Ergebnis führt das alles wohl dazu, dass ein großer Anteil von Nutzern die trotzdem oft angebotene Option „alles zulassen" klickt, um rasch weiterzukommen. Der Schutz des Verbrauchers ist bescheiden: Man bezahlt sehr oft immer noch mit seinen Daten, hat jetzt aber seine ausdrückliche Zustimmung zu deren Nutzung erteilt, obwohl man das eigentlich nicht wollte.

Im Bildungsbereich sind die Auswirkungen der EU-DSGVO gravierend. Denn Bildungseinrichtungen haben die Pflicht, personenbezogene Daten der Lernenden und des Personals zu schützen. Dementsprechend müssen beispielsweise Schulnetzwerke abgesichert werden, damit keine Daten von außen abgegriffen werden können oder dass die Lernenden keine nachverfolgbaren Datenspuren erzeugen. Deshalb wird es schnell kompliziert, wenn eine engagierte Lehrkraft digitale Medien im Unterricht einsetzen möchte.

Den Schulen bleibt wegen des Datenschutzes nichts anderes übrig, als ebenfalls Einverständniserklärungen mit Listen auszuarbeiten, die alles zulassen, was als schulisch notwendig angesehen wird, und die Erziehungsbe-

83 EU-DSGVO: Begriffsbestimmung Art. 4

84 EU-DSGVO: Begriffsbestimmung Art. 25

85 EU-DSGVO 2: Verordnung (32)

rechtigten zu veranlassen, dazu ihr Einverständnis zu erklären. Und auch die Schulen werden nicht umhinkommen, „alles oder nichts“ anzubieten, denn wenn aus einer Liste von Anwendungen jeder Lernende eine andere Kombination nutzen darf, ist die Unterrichtsstunde zu Ende, bevor die Berechtigungen geklärt sind. Wer also nicht unterschreibt, dessen Kinder bekommen eine gesonderte Behandlung, wenn sich das auch schlimm anhört.

Die Qualität der Listen in den Einverständniserklärungen entscheidet über ihre Akzeptanz. Fachschaften sind gut beraten, die gebotene Sorgfalt für solche Einverständniserklärungen walten zu lassen und diese eher schlank zu halten. Wegen der rasanten Entwicklung wird es nötig sein, diese in jedem Schuljahr zu aktualisieren und die Ausgabe der Erklärungen in die Abläufe zu Schuljahresbeginn einzubinden, um möglichst viele Einverständnisse zu bekommen.

Was die Umsetzung der EU-DSGVO vor Ort an den Schulen anbelangt, sehen wir die Sachlage ein wenig entspannter als manche Kultusverwaltung, was der einzelnen Lehrkraft aber wenig nutzt, wenn sie von strengeren Regeln betroffen ist. Nach unserer Einschätzung muss die Lehrkraft

- sich daran halten, für welche Anwendungen Einverständniserklärungen vorliegen;
- den Lernenden ausdrücklich verbieten, andere als die von ihr erlaubten Anwendungen im Unterricht aufzurufen;
- den Lernenden generell verbieten, andere als die technisch unbedingt notwendigen Nutzungsarten ihrer Daten zuzulassen, was in der Regel das erste Häkchen oder der erste Button ist;
- die Lernenden ansonsten anweisen, die betreffende Seite zu verlassen, falls das nicht möglich ist.

Unter diesen Bedingungen hat die Lehrkraft nach unserem Dafürhalten ihrer Sorgfaltspflicht genügt. Denn wenn eine Bildungseinrichtung ihren Lernenden verbietet, in Pausen das Schulgelände zu verlassen oder nach Unterrichtsschluss eine Abkürzung zur Bushaltestelle zu nutzen, indem sie eine vielbefahrene Straße überqueren, und dies stichprobenartig kontrolliert, dann hat sie ihre Aufsichtspflicht erfüllt, auch wenn es einzelne Lernende gibt, die sich nicht an diese Regeln halten. Natürlich muss in angemessenem Umfang kontrolliert werden, ob die Regeln eingehalten werden; deshalb gibt es in Pausen Aufsichtspersonen. Und natürlich müssen Regelverstöße sanktioniert werden. Aber trotzdem werden um Schulen herum keine Wildzäune gebaut, um die Lernenden mit allen Mitteln daran zu hindern, gegen gesetzte Regeln zu verstoßen.

Das gilt nach unserer Ansicht auch für den Datenschutz. Wenn die Regeln und Rechte von der Schule klar kommuniziert werden, werden aus dem Umgang mit Datenschutz pädagogische und Fragen der Aufsichtspflicht.

Wir sehen keine nachvollziehbare Begründung, Lernenden zu verbieten, für und in der Schule Internetquellen zu nutzen unter folgenden Bedingungen:

- Die Quellen müssen der EU-DSGVO unterliegen.
- Die Lehrkraft gestattet nur die Nutzung im Sinne der EU-DSGVO unbedenklicher Quellen.
- Die Lernenden dürfen ihre eigenen oder schuleigene Geräte nutzen.
- Die Lehrkraft beaufsichtigt die Einhaltung der Regeln.
- Regelverstöße werden sanktioniert, wie das immer schon war.

Natürlich sind damit nicht alle Probleme gelöst. Denn viele Server stehen eben nicht in Europa und unterliegen folglich nicht der EU-DSGVO. Solange die Lernenden schuleigene Geräte nutzen, dürfte das aber kein Problem sein. Das liegt daran, dass schuleigene Geräte in der Regel nicht personalisiert sind und somit keine personenbezogenen Daten übermitteln können.

Problemhaltig ist eher, wenn die Lernenden sich persönlich einloggen müssen. Schon der Schutz von schulinternen Lern-Management-Systemen, die ja eigentlich „abgeschottete Inseln" sind (Petko 2014, S. 144), kann über die Vergabe von Passwörtern leicht zu Fehlern oder Missbrauchsmöglichkeiten führen. Als sich in der Coronakrise die Notwendigkeit von bis dahin weitgehend unbekanntem Distanzunterricht herausstellte, improvisierten Schulen und einzelne Lehrkräfte Möglichkeiten, mit den Lernenden digital zu kommunizieren.

Viele nutzten das Prinzip, nach dem sie schon den Zugang zu den Arbeitsplätzen im Computerraum ermöglicht hatten, und generierten Passwörter für jeden einzelnen Lernenden. Diese Passwörter bestanden zum Beispiel aus Initialen oder Namensteilen und der Klasse jedes einzelnen Lernenden. Manche Lehrkräfte mussten die Erfahrung machen, dass es Lernende gab, die leicht herausfanden, wie die Passwörter zusammengesetzt waren, und das neu entstandene Netzwerk nutzten, um sich mit fremdem Namen anzumelden und gegenseitig Beleidigungen oder Falschinformationen auszutauschen.

Ob ein Medium datenschutzkonform ist oder nicht, kann man als interessierter Laie (und das ist eine Lehrkraft im besten Fall) oft nicht eindeutig beantworten. Gerade bei kostenlosen Produkten werden oftmals Daten abgefragt oder im Hintergrund erhoben. Ist dies der Fall, muss überprüft werden, ob die Speicherung und Verarbeitung der Daten der EU-DSGVO entspricht. Aber wenn im Unterricht bereits YouTube nicht genutzt werden kann, weil es nicht datenschutzkonform ist, dann erwarten wir ganz konkret von den Kultusverwaltungen, Wege zu finden, wie dies möglich gemacht werden kann. *YouTube* nur anzusehen muss erlaubt sein, sonst bleibt die Schule eine Parallelwelt zur Wirklichkeit, die viele Lernende fast zwangsläufig als „außerirdisch" empfinden.

Die Bewertung der Datenschutzkonformität obliegt letztendlich den Schulen und den Lehrkräften, die das Medium einsetzen möchten. Unterstützungsangebote bezüglich dieser Herausforderung sind unterschiedlich und weitgehend überschaubar. Hier herrscht dringend Handlungsbedarf. Allein die Regel, der Server, der benutzt wird, dürfe nicht außerhalb Europas stehen, ist einerseits schwer zu befolgen und greift andererseits zu kurz.

Die personenbezogenen Daten der Lernenden sowie deren Eltern dürfen von den Schulen und Schulaufsichtsbehörden verwaltet werden, sofern sie für die Erfüllung der ihnen übertragenen Aufgaben erforderlich sind (dies gilt nach unserer Recherche in vielen Bundesländern, ob in allen, konnten wir nicht überprüfen[86]). Insbesondere sind dies Namen, Adresse, Kontaktdaten, disziplinbezogene Aufzeichnungen sowie Noten und Fortschrittsberichte. Aber muss die Schule den Beruf des Vaters oder der Mutter eines Lernenden kennen, um ihren Auftrag zu erfüllen? Eher nein, deshalb werden solche Daten von Schulen meistens nicht mehr abgefragt. Ist das übrigens an Privatschulen auch so?

Oder wäre es im Sinne einer Individualisierung der Lernbegleitung vielleicht doch hilfreich, wenn die Lehrkraft über das soziale Umfeld eines einzelnen Lernenden informiert wäre: Professoreneinzelkind oder eines von vier alleinerzogenen Geschwistern? Beim erstgenannten Fall ist Distanzunterricht ein leicht zu lösendes technisches Problem, beim zweiten nicht möglich.

In analogen Zeiten gehörte es zum Berufsbild von Lehrkräften, dass sie über die Lebensumstände ihrer Schülerinnen und Schüler bestens informiert waren und in Kontakt zu den meisten Schülereltern standen. Auf dem Land ist das zum Teil immer noch so und wenig zu beanstanden, weil das Datenwissen analog oder intrapersonell gespeichert und verarbeitet wird.

Unter den heutigen Lebensumständen wäre es sogar noch mehr notwendig, als Lehrkraft über die Lebensumstände der Lernenden Bescheid zu wissen, man denke nur an brennpunktartige Innenstadtschulen.

Die vom Datenschutz ausgebremste andere Lehrkraft könnte auf die Idee kommen, die Eltern eines Lernenden, der Lernprobleme oder Verhaltensauffälligkeiten zeigt, zu „googeln", also sich im Internet frei zugängliche personenbezogene Daten zu verschaffen. Aber darf sie das überhaupt? Und wenn nein, weshalb darf sie etwas in der Ausübung ihrer beruflichen Tätigkeit nicht tun, was im Privaten selbstverständlich und legitim ist? Verkehrt sich Datenschutz da nicht ins Absurde? Die Frage braucht nicht beantwortet zu werden, denn Lehrkräfte halten sich selbstverständlich an gesetzte Grenzen. Aber sie haben einen berechtigten Anspruch auf eine diese Grenzen betreffende optimale Transparenz.

86 siehe exemplarisch: Landesrecht Nordrhein-Westfalen § 120 SchulG

Sensiblere Daten wie biometrische Daten, religiöse Überzeugungen[87], Gesundheit oder Ernährungsbedürfnisse dürfen nur unter besonderen Bedingungen erhoben und gespeichert werden, und dazu sind Einwilligungen (in der Regel) der Erziehungsberechtigten nötig. Auch diesbezüglich ist Sensibilität angesagt. Die Schulen sind die Datenverantwortlichen; das bedeutet, sie legen Mittel und Zweck der Datenverarbeitung fest.

Eine Schule oder besser ein Bundesland kann einen Dienstleister damit beauftragen, personenbezogene Daten zu verarbeiten. Auch dann trägt die Schulleitung weiterhin für die Rechtmäßigkeit der Datenverarbeitung die Verantwortung.[88] Dienstleister können beispielsweise Online-Lernplattformen oder Softwareprogramme sein.[89]

Bei der Verarbeitung personenbezogener Daten müssen folgende Grundsätze[90] berücksichtigt werden:

- Rechtmäßigkeit, Verarbeitung nach Treu und Glauben, Transparenz: Die Daten dürfen nur verarbeitet werden, wenn dies rechtmäßig ist und in einer für die Person nachvollziehbaren Weise geschieht.
- Zweckbindung: Personenbezogene Daten dürfen nur für festgelegte, eindeutige und legitime Zwecke erhoben werden.
- Datenminimierung: Es dürfen nur relevante Daten erhoben werden.
- Richtigkeit: Die Daten müssen sachlich richtig und auf dem neusten Stand sein.
- Speicherbegrenzung: Die Daten dürfen nur so lange gespeichert werden, wie es im Sinne der Zweckbindung erforderlich ist.
- Integrität und Vertraulichkeit: Die Daten dürfen nur in einer Weise verarbeitet werden, die eine angemessene Sicherheit gewährleistet.
- Rechenschaftspflicht: der Verantwortliche muss die Einhaltung der Grundsätze im Zweifel nachweisen können.

Was bedeutet das nun für die Praxis? Fakt ist, dass Schulen und Lehrkräfte solchen hohen Anforderungen nur mühsam gerecht werden können und Handreichungen mit einer Fülle von Einschränkungen das Problem nicht lösen werden. Gleichzeitig ist klar, dass moderner (Mathematik-)Unterricht

87 Die Kenntnis der Religionszugehörigkeit ist zum Beispiel erforderlich, damit die Schule Lernende der richtigen Gruppe im Religionsunterricht zuordnen kann. Dafür reicht strenggenommen an sehr vielen Schulen die Einteilung in evangelisch, katholisch und sonstige. Man könnte auf die Idee kommen, dass sich daraus eine Benachteiligung der christlichen Glaubensgemeinschaften ergibt, weil deren Religionszugehörigkeit datenrechtlich weniger gut geschützt ist als die anderer Religionen.

88 Ministerium für Kultus, Jugend und Sport Baden-Württemberg: Verwaltungsvorschrift des Kultusministeriums über den Datenschutz an öffentlichen Schulen, URL: https://www.landesrecht-bw.de/jportal/?quelle=jlink&docid=VVBW-VVBW000030921&psml=bsbawueprod.psml&max=true, abgerufen am 04.04.2021.

89 Landesrecht Nordrhein-Westfalen § 120

90 sinngemäß nach DSGVO: Begriffsbestimmung Art. 5

nicht pauschal durch die Sorge vor möglichen Datenschutzverletzungen ausgebremst werden sollte. Da oftmals Entscheidungen über den Einsatz von digitalen Medien vor Ort durch die Schule oder die einzelne Lehrkraft getroffen werden, sollten alle Beteiligten wichtige Aspekte des Datenschutzes kennen und berücksichtigen. Hierbei können Fortbildungen eine wichtige Rolle spielen.

Unser Eindruck ist, dass die einzelne Lehrkraft von den Trägern, Verwaltungen und der Aufsicht von Schulen in der Summe nicht immer wirklich wertschätzend behandelt wird, weil sie bei wichtigen Aspekten sich selbst überlassen bleibt. Einerseits nutzt fast jede Lehrkraft digitale Medien zur Vorbereitung und Nachbereitung von Unterricht und für die Leistungsmessung. Andererseits verwendet sie dafür sehr oft private Geräte, weil sie vom Schulträger keine gestellt bekommt, wie sie auch keinen Arbeitsplatz für Unterrichtsvor- und Nachbereitung gestellt bekommt.

Strenggenommen muss sich eine Lehrkraft ihre privat angeschafften Geräte und die privat verwendete Software genehmigen lassen und sich damit einverstanden erklären, dass ihre eigenen Geräte gelegentlich überprüft werden. Die Autoren dieses Buchs mussten selbst diesbezügliche Erklärungen unterschreiben.[91] Wo im Gewerbe gibt es solche Konstellationen und warum lassen wir uns das als Lehrkräfte eigentlich gefallen?

Eine klare Haltung der Schulverwaltungen und -aufsichten und Positivlisten mit digitalen Medien, die unbedenklich genutzt werden können, sind nicht nur wünschenswert, sondern notwendig, wenn wir den Anschluss an die Entwicklung der Digitalität wieder erreichen wollen.

Bis sich diesbezügliche Fortschritte durchgesetzt haben, sollte man als Lehrkraft folgende Aspekte vor dem Einsatz digitaler Medien im Mathematikunterricht aus datenschutzrechtlicher Sicht durchdenken:

- Werden personenbezogene Daten im Sinne der EU-DSGVO gespeichert?
- Ist eine Registrierung seitens der Lehrkraft und/oder der Lernenden notwendig?
- Werden Daten seitens der Anwendung erhoben, gespeichert oder verarbeitet?
- Sind alle personenbezogenen Daten notwendig und zweckbezogen?
- Wo werden die Daten gespeichert?
- Befinden sich die Server innerhalb der EU?
- Werden die Daten an Dritte weitergegeben?

91 Manchmal helfen pragmatische Lösungen, zum Beispiel indem man personenbezogene dienstliche Daten auch im privaten Bereich ausschließlich auf einem separaten Medium speichert. Dieses ist dann das Gerät, dessen Verwendung man sich genehmigen lässt und dessen Inhalte man nach Ablauf der jeweiligen Zeiträume löscht. Die nicht personenbezogenen dienstlichen Daten, also vor allem die Unterrichtsvorbereitung, bleiben im persönlichen Bereich der Lehrkraft.

- Sind Klarnamen notwendig oder kann man Pseudonyme verwenden?
- Wird im schuleigenen WLAN gelernt oder außerhalb?
- Werden schuleigene oder private Geräte genutzt?

Jede Frage aus dieser Liste, die abschlägig beantwortet werden muss, bietet Anlass, bei den Schulverwaltungen nach Hilfen zur Besserung nachzufragen.

7.2 Urheberrecht

„Das Urheberrecht schützt den Urheber in seinen geistigen und persönlichen Beziehungen zum Werk und in der Nutzung des Werkes. Es dient zugleich der Sicherung einer angemessenen Vergütung für die Nutzung des Werkes."[92] Dieses Recht muss nicht explizit von der urhebenden Person eingefordert werden, sondern greift, sobald ein kreatives Produkt (Zeichnung, Video, Bild, Musik, literarischer Text ...) entstanden ist. Das Urheberrecht geht auf den Art. 14 des Grundgesetzes zurück, welcher den Umgang mit (geistigem) Eigentum regelt.[93]

Zu den geschützten Werken zählen unter anderem Sprachwerke, Schriftwerke, Reden, Computerprogramme, Musikstücke, pantomimische Werke einschließlich Werke der Tanzkunst, Werke der bildenden Künste, Lichtbildwerke, Filmwerke und Darstellungen wissenschaftlicher oder technischer Art (Pläne, Karte ...).[94] Urheberrechtlich geschützt ist nur, was als eigenständige geistige oder schöpferische Leistung gilt, ein „Werk"[95] darstellt. Die Abgrenzung ist diesbezüglich nicht immer ganz einfach. Wenn jemand zum Beispiel von einem Fotografen Passbilder für seinen Personalausweis anfertigen lässt, dann entsteht dadurch kein urheberrechtlich geschütztes Werk, sondern es wurde eine Dienstleistung in Anspruch genommen.

Anders sieht es aus, wenn bei der Abbildung einer Person diese als Individuum dargestellt wird und nicht nur als biometrische Datenmenge. Dann wird der Fotograf künstlerisch tätig, er stellt eine Situation persönlicher Begegnung her, er schafft ein Abbild eines Menschen, ein „Werk", und dieses ist urheberrechtlich geschützt, weil es mehr bedeutet als ein abfotografiertes Gesicht. Porträtfotografie gilt als eines der anspruchsvollsten fotografischen Themen und als Kunst.

92 UrhG Abschnitt 4, Unterabschnitt 1 § 11

93 vgl. Kreutzer u. a. 2021, S. 6

94 UrhG Abschnitt 2 § 2

95 UrhG Abschnitt 2 § 2 (2)

Abb. 7.1: Autorenporträts

Streitfälle können sich ergeben, wenn der Porträtierte für das „Werk" bezahlt hat und es dann zu anderen als den angegebenen Zwecken nutzt. Die Autorenporträts in diesem Buch (Abb. 7.1) wurden von einem Fotografen[96] für diesen Zweck erstellt und von uns bezahlt und kosteten deutlich mehr als Passbilder. Würde es uns gelingen, in einem anderen Zusammenhang zum Beispiel in einer Werbekampagne für was auch immer mit diesen Fotos nennenswerte Einnahmen zu erzielen, könnte es uns passieren, dass unser Fotograf mit einem Hinweis auf sein Urheberrecht seinen Anteil daran verlangen würde. Beides wird nicht geschehen. Aber unser Fotograf hat sich abgesichert, indem er bei der Bestellung darauf hingewiesen hat, dass andere Nutzungen der Porträts einer Genehmigung durch ihn als Urheber bedürfen.

Das Urheberrecht ist natürlich auch bei der Arbeit an diesem Buch relevant. Selbstverständlich haben wir urheberrechtlich geschützte Werke zahlreicher anderer Autoren genutzt, um unser eigenes Werk zu erstellen. Wir haben auch Sätze verwendet, die andere Autoren geprägt haben. Das ist ein legitimer Bestandteil von Autorenschaft, solange eindeutig kenntlich gemacht wird, was genau von wem stammt, und wir haben das auch beachtet.

Urheberrechtlich nicht gestattet ist, Texte von anderen Autoren zu übernehmen, ohne die Übernahme kenntlich zu machen. Einige Politikerinnen und Politiker mussten in der jüngeren Vergangenheit die Erfahrung machen, dass solche Urheberrechtsverletzungen heutzutage leichter zu entdecken sind als zu analogen Zeiten, weil es erstens Software gibt, die Texte auf Übereinstimmungen überprüfen kann, und zweitens Wissenschaftler und Anwälte diese Software gezielt nutzen.

96 Fotos: Ernst Nurnat, Fotostudio Merkel, Reutlingen

Aus dem allen wird ersichtlich, wie stark das geistige Eigentum in Deutschland durch den Gesetzgeber geschützt ist. Der Grund hierfür ist, dass hochwertige Werke nur dann entstehen, wenn diese gut geschützt werden und die erstellenden Personen darüber entscheiden können, ob und wie das Werk genutzt wird. Hinzu kommt, dass die Urheberrechtsinhaber an jeder wirtschaftlich relevanten Nutzung zu Recht finanziell beteiligt werden sollen.[97]

Wenn eine Lehrperson urheberrechtlich geschützte Werke zu Unterrichtszwecken verwendet, dann ist das erlaubt, weil dies keine Veröffentlichung ist und weil damit kein kommerzieller Nutzen erzielt wird. Es ist sogar gestattet, Kopien in einem gewissen Umfang anzufertigen, weil die Autoren durch die VG Wort (Verwertungsgesellschaft WORT e. V.) dafür pauschal entschädigt werden.

Wenn aber auf Plattformen Unterrichtsmaterialien ausgetauscht werden, was zu digitalem Unterricht ja dazugehört, ist das eine Veröffentlichung und urheberrechtlich relevant, auch wenn damit kein kommerzieller Nutzen erzielt wird. Die Berücksichtigung von Urheberrechten ist als Merkmal von digitalem Unterrichten also durchaus zu beachten.

Die Nutzung von Erklärvideos auf YouTube ist frei und wird von uns an anderer Stelle empfohlen. Aber dabei ist zu beachten, dass YouTube nur Lizenzen zum Streamen vergibt. Wenn eine Lehrkraft Videos herunterlädt und sie im Unterricht zeigt, verstößt sie gegen das Urheberrecht, denn dafür hat sie eine Kopie angefertigt, was sie nicht darf.

Einige Regelungen des Urheberrechts machen es ein wenig einfacher, urheberrechtlich geschützte Werke zu nutzen. So verfällt das Urheberrecht in der Regel, 70 Jahre nachdem die urheberrechtsinhabende Person verstorben ist.[98] Wenn wir eine Zeichnung des Goldenen Schnitts verwenden wollen, schauen wir also darauf, wer sie wann erstellt hat. Das Original von Leonardo da Vinci ist urheberrechtlich nicht mehr geschützt, allerdings eventuelle jüngere Überarbeitungen.

Zudem sieht das Urheberrecht sogenannte Schrankenregelungen vor.[99] So dürfen „zur Veranschaulichung des Unterrichts und der Lehrer […] zu nicht kommerziellen Zwecken bis zu 15 Prozent eines veröffentlichen Werkes vervielfältigt, verbreitet, öffentlich zugänglich gemacht oder in sonstiger Weise öffentlich wiedergegeben werden".[100] Des Weiteren ist es gut zu wissen, dass der finanzielle Aspekt nicht der ausschlaggebende Grund ist, ob man ein Werk verwenden darf. Wichtig hierbei ist der Unterschied, ob die Nutzungs-

97 vgl. Kreutzer u. a. 2021, S. 6

98 vgl.: UrhG Abschnitt 7

99 vgl.: UrhG Abschnitt 6

100 UrhG § 60 a (1)

handlung privat oder öffentlich ist. Stellt man beispielsweise ein Bild auf die Schulhomepage, ohne die Urheberrechte geklärt zu haben, kann man Schwierigkeiten bekommen, da eine Website per se öffentlich ist.[101] Handelt es sich allerdings um eine geschlossene Nutzergruppe in einem Schulintranet oder einem Lern-Management-System, dürfen wieder 15 % eines Werkes oder Werke von geringem Umfang zugänglich gemacht werden, wobei zu klären wäre, was 15 % eines einzelnen Bildes nun sind. Die Weitergabe und Vervielfältigung von Inhalten, welche man selber erstellt hat, können problemlos stattfinden, sofern sie keine urheberrechtlich geschützten Teile beinhalten.

Selbst erstellte Werke können also im Unterricht verwendet und veröffentlicht werden. Aber auch hier gibt es Besonderheiten zu beachten. In Deutschland gilt die sogenannte Panoramafreiheit, die besagt, dass alles, was von einer öffentlich einsehbaren Stelle fotografiert wurde, grundsätzlich auch fotografiert und veröffentlicht werden darf.[102] Die Mathematiklehrkraft, die also Gebäude aufnimmt, um ihre Lernenden entdecken zu lassen, welche geometrischen Formen in der Architektur ihres Wohnorts verwendet werden, darf das, auch wenn es sich um private Gebäude handelt. Allerdings gilt dies nur für Außenaufnahmen, denn das Innere von Gebäuden ist keine öffentlich einsehbare Stelle.

Die Panoramafreiheit gilt auch nicht überall auf der Welt. In Frankreich, Italien und Griechenland zum Beispiel gibt es sie nicht. Dort dürfen in der Öffentlichkeit aufgestellte Kunstwerke oder Gebäude auch im öffentlichen Raum im Prinzip nicht ohne Einwilligung des Eigentümers fotografiert werden. Natürlich werden Touristen in Paris nicht daran gehindert, den Eiffelturm zu fotografieren, allein schon weil dies wegen der Masse an Touristen nicht zu bewerkstelligen wäre. Wer sich allerdings allzu intensiv mit der Spiegelreflexkamera im Anschlag an einem Denkmal mit der Wahl des optimalen Ausschnitts beschäftigt, riskiert in manchen Ländern schon, von einem Polizisten belehrt zu werden, dass dies nicht erlaubt ist. Das können wir aus eigener Erfahrung bestätigen.

In Ausnahmefällen kann das sogar teuer werden. Le Gouffre de Plougrescant in der Bretagne ist ein Beispiel dafür. Das malerisch exakt zwischen zwei zerklüfteten Felsen hineingebaute Haus abzulichten lässt sich kaum ein Tourist entgehen. In den 1980er-Jahren war das Motiv noch nicht so bekannt und man konnte damit Fotowettbewerbe gewinnen. Es folgten zahlreiche kommerzielle Nutzungen des Motivs, wovon wenige autorisiert waren. Vom Hörensagen wissen wir, dass man inzwischen mit großer Wahrscheinlichkeit eine hohe kostenpflichtige Abmahnung riskiert für den Fall, sollte erneut ein

101 vgl. Kreutzer u. a. 2021, S. 7

102 UrhG § 59

Foto des Motivs ohne Genehmigung des Eigentümers veröffentlicht werden. Deshalb ist hier kein Beispielfoto abgedruckt, obwohl wir mehrere gelungene hätten. Wenn man international unterwegs ist, ist es also nicht so einfach, sich fehlerfrei an Urheberrechte zu halten.

Im Jahr 2001 wurde unter anderem aus solchen und ähnlichen Gründen in den Vereinigten Staaten die Creative-Commons-Initiative gegründet, die inzwischen international verbreitet ist. Die Idee dieser Initiative ist, dass Urheber von Werken entscheiden, ob und unter welchen Bedingungen andere Personen ihre Werke nutzen können, ohne dass ausdrücklich um Erlaubnis gefragt werden muss. Bei den Creative-Commons-Lizenzen gibt es verschiedene Abstufungen.[103] Ist ein Werk mit „CC0" gekennzeichnet, kann dieses uneingeschränkt verwendet werden, höhere Stufen erfordern Bedingungen wie die namentliche Nennung des Urhebers. In den gängigen Suchmaschinen kann man in der Bildersuche mittlerweile direkt mithilfe eines Filters nach Bildern mit einer CC0-Lizenz oder höher suchen.

Eine weitere wichtige Quelle sind „freie Lern- und Lehrmaterialien" oder auch Open Educational Resources (kurz OER). Diese Materialien unterliegen den CC-Lizenzen und dürfen ohne Weiteres eingesetzt und abgeändert werden (vgl. Abb. 7.2). In Deutschland gibt es zahlreiche OER-Initiativen. Wohl am bekanntesten, weil mit am längsten auf dem Markt, ist der Verein Zentrale für Unterrichtsmedien im Internet (ZUM). Dieser Verein sammelt seit 1997 kostenlose Unterrichtsmaterialien und hat diese ähnlich wie die Online-Enzyklopädie Wikipedia organisiert. Ein weiteres sehr umfangreiches Portal ist WirLernenOnline, welches von edu-sharing.net e. V. betrieben und vom Bundesministerium für Bildung und Forschung gefördert wird. Es handelt sich einerseits um eine konkrete Suchmaschine. Andererseits kann man in den Fachportalen stöbern und sich inspirieren lassen. Wer mehr zum Thema OER wissen möchte, sollte OERinfo besuchen. Hier findet man alle notwendigen Informationen zum Thema OER inklusive Materialien und wie man selber OER-Materialien erstellt.

Abb. 7.2: Links zu freien Lern- und Lehrmaterialien

103 Die einzelnen Abstufungen findet man unter https://de.wikipedia.org/wiki/Creative_Commons, abgerufen am 11.08.2021.

Bei aller Freude über die kostenlose Überlassung von Urheberrechten sollte aber nicht vergessen werden, dass das nichts über die Qualität der Materialien aussagt. Es muss nicht immer so sein, aber es kann schon vorkommen, dass Einzelpersonen Informationen unter Creative Commons oder OER-Lizenzen ins Netz stellen, die – sagen wir mal – nicht besonders hochwertig sind.

Und es kommt auch vor, dass solche urheberrechtsfreien Materialien unangemessen starke Beachtung finden, eben weil sie jeder kostenfrei nutzen darf und deshalb bevorzugt zitiert werden. Das gilt besonders für Themen, zu denen es wenig oder gar keine Literatur gibt. Wenn Inhalte unter der Bedingung genutzt werden dürfen, dass der Urheber genannt wird, dann kann ihm das auch zu einer Prominenz verhelfen, die möglicherweise nicht ganz angemessen sein kann und die ihn aber in Suchmaschinen auf vordere Plätze bringt.

Hinzu kommen falsche Lizenzangaben. Auf manchen Plattformen mit CC0-Bildern tummeln sich auch Nutzer, die Bilder absichtlich unter einem Pseudonym als CC0 veröffentlichen, wohlwissend, dass dies nicht der Fall ist. Dann wird das Bild verwendet mit dem Hinweis, dass es ja CC0 ist. Man wird dann trotzdem haftbar gemacht und hat ein Problem. Es gibt auch die Praxis, im Nachhinein die Lizenz zu verändern und dann Personen oder Einrichtungen wegen Urheberrechtsverletzungen anzuzeigen. Verlage und Bildungsserver sind unter anderem aus solchen Gründen extrem vorsichtig geworden bei der Nutzung gerade von Bild-Dateien.

7.3 Das Recht am eigenen Bild

Das Pendant zum Urheberrecht ist auf der Seite der abgelichteten Person das Recht am eigenen Bild.[104] Niemand muss dulden, ohne sein Einverständnis fotografiert oder gefilmt zu werden. Und erst recht muss niemand in Kauf nehmen, dass Fotos und Filme von der eigenen Person, die ohne ihr ausdrückliches Einverständnis erstellt wurden, veröffentlicht werden. Dieses Einverständnis kann natürlich im Nachhinein eingeholt werden, aber die Erfahrung hat gezeigt, dass es schwierig geworden ist, solche Einverständnisse zu bekommen, wenn die Situation vorbei ist. Wer ein Honorar für Aufnahmen erhalten hat, stimmt im Prinzip der Nutzung zu, aber auch das muss dann dokumentiert werden. Wegen der hohen Strafen, mit denen

104 Das Recht am eigenen Bild, das unter dieser Bezeichnung nicht in Gesetzestexten auftaucht, ergibt sich aus den im Grundgesetz formulierten allgemeinen Persönlichkeitsrechten (GG Art. 2) und wird aber konkretisiert im Verbot von unterschiedlichen Formen von Verletzungen von Persönlichkeitsrechten durch Bildaufnahmen (StGB § 201a), die mit Freiheitsstrafen von bis zu zwei Jahren oder Geldstrafen bestraft werden können.

Verletzungen des Rechts am eigenen Bild belegt sind, kann es ziemlich riskant werden, gegen dieses Recht fahrlässig zu verstoßen.

Auch das Recht am eigenen Bild kennt Ausnahmen.

- Personen des öffentlichen Interesses müssen eine Einschränkung des eigenen Rechts am Bild dulden, eben weil sie einem legitimen Interesse der Öffentlichkeit an Information ausgesetzt sind. Das erstreckt sich aber nur auf ihr Auftreten in der Öffentlichkeit, nicht auf ihr Privatleben. Einen Politiker im Wahlkampf muss man nicht vorher fragen, ob man ihn fotografieren darf und man darf auch veröffentlichen, wenn er sich die Blöße gegeben hat, ein ratloses Gesicht zu zeigen.
- Daraus ergibt sich ein interessanter Spezialfall Schule. Dürfen Lehrkräfte entsprechend den Politikern abgelichtet werden, während sie im Unterricht agieren? Wenn sie wie der Politiker ein ratloses Gesicht machen? Denn innerhalb der Gemeinschaft Schule besteht daran immerhin ein gewisses „öffentliches Interesse". Wohl ein Grund für Handyverbote an Schulen ist die Tatsache, dass man sich über solche Details streiten kann, wenn auch juristisch geklärt ist, dass es nicht erlaubt ist, im Unterricht zu fotografieren und zu filmen, ohne dass alle Beteiligten vorher ihr Einverständnis gegeben hätten.[105]
- Personen als Beiwerk. Wenn ein Sportfotograf einen Torschuss beim Fußball einfängt, dann muss er nicht das Einverständnis aller Zuschauer einholen, die zufällig auch mit im Bild sind. Denn die sind nicht das Hauptmotiv, sondern gelten als „Beiwerk". Das kann für einen Fußballfan peinlich werden, wenn er in inniger Gemeinsamkeit zusammen mit einer Frau jubelt, die er im Arm hat und die aber nicht die eigene ist, und das Bild kommt in der Tageszeitung groß auf der Sportseite. Aber solche Risiken muss in Kauf nehmen, wer sich in der Öffentlichkeit bewegt.
- Weil in der Schule solche Konstellationen, dass ein Teil der Abgebildeten nur „Beiwerk" sind, äußert selten vorkommen, kann man eher davon abraten, Fotos und Videos zu veröffentlichen, ohne dass Einverständniserklärungen von allen erkennbar Beteiligten vorliegen. Dass es sich dabei meist um Minderjährige handelt, macht die Sache noch komplizierter, denn dann müssen auch die Erziehungsberechtigten unterschreiben. Das ist natürlich schade, wenn zum Beispiel eine Lehrkraft gelungene Erklärvideos ins Netz stellen will, die Lernende selbst erstellt haben. Man kann vorbeugend darauf achten, dass keine Personen im Bild sind, was aber Einschränkungen mit sich bringt. Oder auf eine Veröffentlichung verzichten und Fotos oder Videos nur klassenintern zeigen, denn dann ist das keine Veröffentlichung.

105 Auch das ergibt sich aus StGB § 201a: unbefugte Herstellung von Bildaufnahmen.

7.4 Räumliche und gerätebezogene Voraussetzungen

Wenn auch einzelne Schulträger und Schulen anlässlich der Anschaffung neuer technischer Ausrüstungen gern in der Lokalpresse ein „Ende der Kreidezeit“ verkünden, so kann man beim Besuch vieler Schulen feststellen, dass die Kreidetafeln noch fleißig genutzt werden. Eher im Verschwinden begriffen sind Tageslichtprojektoren, aber auch sie stehen vielerorts noch bereit.[106]

Sofern ein Beamer zur Verfügung steht, wird die Folie von der Lehrkraft inzwischen häufiger auf Stick als auf PET-Plastikfolie mitgebracht. Wenn dann aber in Gruppenarbeit erarbeitete Ergebnisse der Klasse präsentiert werden sollen, ist manche Lehrkraft doch über den noch in der Ecke stehenden Tageslichtprojektor froh und hat auch noch ein paar Folien und die entsprechenden Stifte in der Tasche, oder es werden auf Fotokarton Plakate erstellt, die an der Kreidetafel befestigt werden.

Das digitalisierte Klassenzimmer

Immer wieder gibt es Berichte von Lehrkräften, dass in den Klassenzimmern keine ausreichende digitale Ausstattung vorhanden wäre. Was gehört eigentlich zu einer digitalen Ausstattung? Welche Geräte sind notwendig, welche sinnvoll und welche entbehrlich?

Streng genommen reichen ein dienstliches mobiles Endgerät für die Lehrkraft und ein Beamer mit den entsprechenden Schnittstellen[107] zum mobilen Endgerät sowie WLAN, um das Internet nutzen zu können. Als mobiles Endgerät eignet sich am besten ein Tablet.

Mit dem Tablet kann die Lehrkraft Präsentationsmedien (vgl. Kapitel 10.3) oder dynamische Geometriesoftware (vgl. Kapitel 10.5) im Unterricht nutzen. Die Beiträge der Lernenden können problemlos projiziert werden. Dazu sollte ein Visualizer verfügbar sein.[108] Alternativ können stattdessen mithilfe eines Stativs und der integrierten Foto-/Videofunktion Tablets auch zu Visualizern umfunktioniert werden. Mit diesem Aufbau können beispielsweise Dreieckskonstruktionen für die ganze Klasse sichtbar ausgeführt werden, ohne dass sich die Lehrkraft oder Lernende mit Zirkel und Geodreieck an der

106 In Zeiten der Schulschließungen konnte jeder durch Nachrichtensendungen in zahlreiche Klassenzimmer schauen und sich einen Eindruck über den aktuellen Stand der Ausstattung verschaffen. Wir würden uns freuen, wenn diese Aussage bei Erscheinen dieses Buchs nicht mehr richtig wäre.

107 Diese Schnittstellen können beispielsweise Kabelverbindungen sein. Allerdings empfiehlt es sich, auf kabellose Lösungen zu setzen, da dadurch eine erhöhte Mobilität gewährleistet ist. Es gibt mobile Endgeräte, bei denen es direkt möglich ist, den Inhalt des Displays an den Beamer zu senden. Teilweise sind zusätzliche Geräte wie z. B. ein AppleTV notwendig.

108 Dabei handelt es sich vereinfacht gesagt um eine Videokamera, die mit dem Beamer verbunden ist. Visualizer ersetzen den Tageslichtprojektor und haben den Vorteil, dass Buchseiten oder die Aufzeichnungen der Lernenden projiziert werden können. Die Anschaffungskosten sind vergleichsweise günstig.

Tafel abmühen müssen. Und auch ohne dass die Lehrkraft der Klasse den Rücken zukehren muss. Mithilfe von WLAN kann auf das Internet und auf digitale Tools zugegriffen werden.

Teure interaktive Whiteboards[109] sind insofern nur noch bedingt notwendig, weil Tablets mittlerweile über Notiz-Apps und digitale Stifte verfügen, sodass Tafelaufschriebe direkt auf dem Tablet angefertigt und projiziert werden können. Der Vorteil hierbei ist, dass die Lehrkraft die Aufschriebe abspeichern und nach Bedarf den Lernenden zur Verfügung stellen kann.

Digitale Tafeln bzw. interaktive Whiteboards haben unseren Beobachtungen zufolge die anfänglichen Erwartungen nicht erfüllt. Zwar arbeiten die Lernenden meist gern damit, aber manche Lehrkräfte nutzten sie nicht oder wenig, weil sie mit der Einarbeitung in die Software nicht zurechtkamen, oder die Displays günstigerer Modelle erwiesen sich als zu klein, als dass die ganze Klasse problemlos den Text entziffern könnte, oder die Übertragung des Stifts war fehlerhaltig. Nachteil ist bei vielen Modellen auch, dass das „An-die-Tafel-gerufen-Werden-und-etwas-zeigen-Dürfen", was für Lernende einen nicht unwesentlichen Aspekt der Gemeinsamkeit im Präsenzunterricht ausmacht, teilweise verloren geht. Bei der von uns vorgeschlagenen Ausstattung mit normalem Beamer ist das nicht der Fall, weil dieser in der Regel auf eine beschreibbare weiße Tafel projiziert.

Ausstattung der Lehrkräfte

Bei der Ausstattung der Lehrkräfte mit Dienstgeräten ist wichtig, dass die Geräte mobil sind, sodass sie sowohl im Unterricht als auch bei der Vorbereitung genutzt werden können. Im Vergleich zu Laptops scheinen Tablets im Vorteil zu sein, da sie vielfältiger im Unterricht eingesetzt werden können.

Eine entscheidende Frage betrifft oftmals das Betriebssystem und die zugeordneten Geräte. Die Diskussionen darüber münden nicht selten in wahre „Glaubenskriege". Jedes System hat Vor- und Nachteile hinsichtlich des Angebots an Materialien und Programmen, der Kompatibilität und Nutzerfreundlichkeit. Wichtig ist daher vor allem, dass das Kollegium sich unter Berücksichtigung der Vor- und Nachteile bewusst für ein einziges System entscheidet.

Wo notwendige Bedingungen nicht anzutreffen sind, sollten Lehrkräfte und Schulleitungen beim Schulträger intervenieren. Nicht irgendwann, sondern unmittelbar. Wenn Schulverwaltungen oder Schulträger die Anschaffung etablierter Programme für die Schulen aus Kostengründen ablehnen oder trotz Kompatibilitäts- und anderer Probleme auf die Nutzung von Open-

109 digitale Tafeln, die mit einem Computer verbunden sind und je nach Modell mit Fingerdruck oder kabellosen Stift gesteuert werden können

Source-Programmen verweisen, dann sollten sich die Schulen damit nicht zufriedengeben.

Ausstattung der Lernenden

Im privaten Bereich ist die Mehrheit der Lernenden in Deutschland, was digitale Endgeräte angeht, gut aufgestellt. Im Jahr 2020 besaßen laut JIM-Studie[110] (Jugend, Information, Media) 94 % der Jugendlichen im Alter zwischen 12 und 19 Jahren ein Smartphone, also in jeder Klasse alle bis auf einen oder zwei. Immerhin 72 % konnten einen Computer oder Laptop ihr Eigen nennen und 38 % verfügten über ein Tablet. Allerdings gilt das für den privaten Bereich. Oftmals wird die Nutzung von Smartphones oder anderen digitalen Endgeräten an Schulen verboten. Dadurch entgehen den Lernenden viele Lernmöglichkeiten, sie können beispielsweise nicht das Internet nutzen, um sich mathematische Inhalte anzueignen oder zu vertiefen (vgl. Kapitel 9.2 Erklärvideos). Auch kann die Lehrkraft digitale Unterstützungssysteme (vgl. Kapitel 6 Differenzierung) nicht anbieten und die Lernenden können keine digitale Unterstützung bei der Nutzung individualisierter Lernwege (vgl. Kapitel 6.5 Individualfeedback) bekommen.

Das Einstiegsmodell: BYOD

Die Abkürzung BYOD steht im englischsprachigen Raum für „Bring Your Own Device". Das bedeutet, dass die Lernenden ihre privaten mobilen Endgeräte mit in den Unterricht bringen bzw. nutzen dürfen, denn dabei haben sie sie sowieso. Unserer Erfahrung nach wird das von Lernenden nicht etwa als Zumutung angesehen, ihr eigenes Gerät für den Unterricht zur Verfügung stellen zu müssen, sondern sie fühlen sich dadurch akzeptiert und ernstgenommen, denn das Smartphone erleben sie als Teil ihrer Identität.[111]

Über einen separaten WLAN-Zugang können sie auf das Internet zugreifen und das digitale Bildungsangebot der Schule nutzen. Fast alle Lernenden verfügen über ein digitales Endgerät, den wenigen anderen kann mit Leihgeräten ausgeholfen werden. Das Modell kann sehr zeitnah und überall umgesetzt werden. Für die Schulträger ist es attraktiv, da nur wenige weitere Geräte angeschafft werden müssen. Hinzu kommt, dass die Lernenden mit dem eigenen mobilen Endgerät bereits routiniert umgehen können.

110 Medienpädagogischer Forschungsverbund Südwest (Hrsg.): JIM 2020-Jugend, Information, Medien. Stuttgart (2020). S. 8, URL: https://www.mpfs.de/fileadmin/files/Studien/JIM/2020/JIM-Studie-2020_Web_final.pdf, abgerufen 06.12.2021

111 Wie wünschenswert diese Konstellation ist und welche Konsequenzen sich daraus ergeben, muss an anderer Stelle diskutiert werden.

Problematisch ist der soziale Aspekt des Modells. Da mobile Endgeräte oftmals Statussymbole[112] sind, kann es zu sozialen Abstufungen innerhalb der Klassengemeinschaft kommen. Eine weitere Problematik besteht darin, dass die Kosten für die Geräte manche Familien vor finanzielle Herausforderungen stellen.[113] Versicherungstechnisch wird es interessant, wenn das Endgerät während der Schulzeit kaputtgeht. Wer kommt für den Schaden auf?

Weiterhin ist ein Problem, dass die Lehrkraft sich mit den Besonderheiten verschiedener Betriebssysteme und der Bedienung unterschiedlichster Geräte auskennen und dies in der Unterrichtsplanung berücksichtigen muss. Im digitalen Unterricht muss die Lehrkraft auch über erweiterte gerätebezogene Kompetenzen verfügen.

Die Tablet-Klasse

Bei der Einführung einer Tablet-Klasse geht es darum, dass die gesamte Klasse mit mobilen Endgeräten ausgestattet wird. Sozialneid entsteht nicht, da jeder das gleiche Gerät nutzt. Die Lehrkraft muss sich nicht in verschiedene Systeme einarbeiten. Wenn die Tablets der Lernenden mit dem Dienstgerät der Lehrkraft und den Schnittstellen des Beamers kompatibel sind, sind vielfältige Interaktionen möglich. Dateien und digitale Produkte können problemlos geteilt, projiziert werden oder es kann daran kollaborativ gearbeitet werden. Hinzu kommt, dass die Schule über ein „Mobile Device Management“ steuern kann, welche Apps auf dem Tablet installiert sein sollen und welche nicht. Mit einem Knopfdruck kann man auf alle Geräte die gleiche App installieren.

Aus didaktischer Sicht ist dieses Modell das sinnvollste. Allerdings ist es kostenintensiv und somit sträuben sich die Schulträger häufig dagegen. Schulen, die Tablet-Klassen haben, greifen daher häufig auf eine Art Leasingmodell zurück. Die Erziehungsberechtigten zahlen hierbei einen monatlichen Betrag und am Ende der Schulzeit geht das mobile Endgerät in den Besitz der Lernenden über. Aufgrund der langen Laufzeit sind die monatlichen Raten oftmals überschaubar. Familien, die Schwierigkeiten haben, das Geld aufzubringen, können finanziell unterstützt werden. Aber leider ist das geleaste Gerät am Ende der Schulzeit höchstwahrscheinlich veraltet, sodass das Leasing nichts anderes ist als eine Kostenbeteiligung der Erziehungsberechtigten an den Kosten für Lernmittel. Und wie geht das dann bei einem

112 Diese Problematik gibt es natürlich auch in anderen Bereichen. Manche Schulen lösen das im Kleidungssektor durch einheitliche Schulkleidung oder bei Klassenfahrten durch einen Höchstbetrag an Bargeld, den jeder Teilnehmende und jede Teilnehmende dabeihaben darf. Wirklich aufgelöst werden soziale Unterschiede dadurch nicht.

113 Hier könnte der Schulträger Zuschüsse gewähren, wie sie in manchen Gemeinden gewährt werden, wenn Lernende ihre Schulbücher selbst kaufen und damit das Leihsystem entlasten.

Schulwechsel? Die Definition von Lernmittelfreiheit dürfte darüber hinaus in vielen Ländern die Durchsetzbarkeit dieses Modells erschweren.

Was ist eigentlich eine „Tablet-Klasse“? Bedeutet dies, dass einzelne Klassen einer Schule mit Tablets ausgestattet werden, andere und Parallelklassen derselben Schule aber nicht? Dass es wenige Eliteklassen gibt, für deren digitalisierten Unterricht der Schulträger zusätzlich Geld ausgibt, und die anderen werden weiterhin mit Kreidetafelunterricht beschult und dürfen einmal die Woche den Computerraum nutzen?

Tablet-Klassen halten wir für die beste Lösung. Aber nur, wenn alle Klassen einer Schule Tablet-Klasse sind oder alle Klassen ab einer gewissen Klassenstufe, z. B. ab Klasse 7. Wir halten es für legitim, dass das Modell Tablet-Klasse zunächst mit einzelnen Klassen erprobt wurde. Aber jetzt ist der Kenntnisstand da: Digitale Tafeln bzw. interaktive Whiteboards sind sehr teuer und haben die Erwartungen weitgehend nicht erfüllt. Tablet-Klassen sind die momentan beste Lösung, aber auch teuer. Privilegierungen einzelner Gruppierungen innerhalb von Schulen – das geht gar nicht. Man kann nicht einerseits Inklusion fordern und andererseits Privilegien vergeben, die tiefe Gräben in die Schulen ziehen. Wenn also Tablet-Klassen, dann für alle.

7.5 Software – ein Auslaufmodell?

Es ist erst wenige Jahre her, dass Mathematiklehrkräfte an vielen Schulen noch Exotenstatus einnahmen, wenn sie für ihren Unterricht eine regelmäßige Belegung im Computerraum in Anspruch nahmen. Was machten sie da? Für Mathematikunterricht brauchte man vor allem Kreide, Zirkel, Lineal und Schulrechner. Digitaler Mathematikunterricht hieß „Computereinsatz“ und bestand darin, dass Tabellenkalkulationsprogramme, dynamische Geometriesoftware, ein paar andere Programme, Internetrecherche und „Übungssoftware“ eingesetzt wurden. Was damals für wenige Lehrkräfte und nur in Einzelstunden relevant war, sollte inzwischen Standard sein: der Umgang mit Digitalität, und zwar nicht nur im Computerraum.

Was konnte und kann Übungssoftware? Im günstigen Fall war sie auf das verwendete Schulbuch[114] abgestimmt und enthielt die meisten der Merkmale

- selbsterklärende Programmführung,
- Inhaltsverzeichnis entsprechend zum Schulbuch, um selbstständiges und individuelles Arbeiten zu ermöglichen,
- Lösungsanzeige,

114 Z. B. „Mathetrainer“ zu Böttner u. a. 2004/2005 und Maroska u. a. 2006/2007 oder „Lernsoftware“ zu Backhaus u. a. 2015–2019

- unmittelbare Auswertung der gelösten Aufgaben,
- Differenzierung über die Aufgabenanzahl („ähnliche Aufgaben“),
- Lernkontrolle für ganze Lernabschnitte („Klassenarbeit“ mit Note, Fehleranzeige und Lösungsvergleich),
- differenzierte Hilfen („Basiswissen, Formelsammlung, Suchfunktion“)
- gestaffelte Hilfen („Schritt für Schritt“),
- Werkzeuge („Geodreieck, Farbtopf …“),
- Sinnstiftung („Wofür brauchen wir das?“),
- Lernstatistik („Kontrollanzeigen“),
- Spiele.

Wenn dann die Lehrkraft noch die Möglichkeit hatte, den Übungsfortschritt jedes einzelnen Lernenden von ihrem Arbeitsplatz aus einzusehen und sich bei Bedarf auf jeden Bildschirm zu schalten, dann konnte man feststellen, dass solche digitale Übungssoftware durchaus in der Lage war, den Ablauf papierner Übungsstunden zu optimieren. Wenn die Lernenden zu Hause eine Einzellizenz nutzen konnten, ergab das insgesamt eine sinnvolle Kombination. Übungssoftware, ob per DVD vertrieben oder als Download, befindet sich auf dem Weg ins Verschwinden, aber so weit entfernt von interaktiven Übungsformaten im Internet, wie man spontan annehmen würde, war sie nicht. Um die in der Überschrift gestellte Frage beantworten zu können, sollte man sich zunächst vergegenwärtigen, was allgemein unter dem Begriff Software verstanden wird. Vereinfacht gesagt ist Software ein Sammelbegriff für Computerprogramme und die dazugehörenden Daten.[115] Darunter fallen ganze Betriebssysteme wie MacOS, Windows, Android oder iOS. Weiterhin zählen dazu Textverarbeitungs- und Tabellenkalkulationsprogramme, E-Mail-Clients, Kalender, Videoschnittprogramme, Antivirenprogramme, Übungssoftware, dynamische Geometriesoftware, Bildbearbeitungsprogramme usw.

Die Liste könnte fast endlos weitergeführt werden und wäre doch nicht vollständig. Zunächst kann daher die Frage, ob Software ein Auslaufmodell sei, mit Nein, beantwortet werden. Denn Software ist notwendig, um mit einem Computer arbeiten zu können. Jetzt kann man sich natürlich fragen, wie es mit mobilen Endgeräten wie Tablets aussieht. Auch diese sind Computer und verfügen über ein Betriebssystem und somit über Software. Auf Tablets sind sogenannte „Apps“ installiert, um mit diesen sinnvoll arbeiten zu können. Die englische Abkürzung „App“ steht für „application software“, was frei übersetzt Anwendungsprogramm bedeutet.[116] Eine App ist Software.

115 vgl.: Wikipedia – die freie Enzyklopädie (Hrsg.): Software. URL: https://de.wikipedia.org/w/index.php?title=Software&oldid=216840833, abgerufen am 07.12.2021

116 Wikipedia – die freie Enzyklopädie (Hrsg.): Anwendungssoftware. URL: https://de.wikipedia.org/w/index.php?title=Anwendungssoftware&oldid=213781319, abgerufen am 07.12.2021

Trotzdem die Fragestellung: Software – ein Auslaufmodell? Was hat sich verändert? Ganz einfach: Die Art und Weise, wie Software vom Verbraucher bezogen wird, hat sich geändert. Als „Personal Computer“ (PC) für Privatpersonen interessant wurden, ging damit ein Gefühl der unbegrenzten Möglichkeiten einher.[117] Der Nutzer musste nämlich die Software selbst schreiben oder bekam sie von einem anderen Nutzer kopiert. Diese konnte dann je nach Bedarf und Programmierkenntnissen adaptiert werden. Das änderte sich, als in den 1970er-Jahren Firmen[118] entstanden, die ausschließlich Software produzierten und diese auf Datenträgern unterschiedlichster Art verkauften.

Die Entwicklung von Software war eine bahnbrechende Neuerung. Denn zuvor waren Computer nur etwas für Spezialisten mit entsprechenden Programmierkenntnissen. „Personal Computer“ mit vorinstallierter Software wurden somit für die breite Masse zugänglich. Allerdings hatte diese Entwicklung Nachteile. Zum einen entstanden Monopolisten wie Microsoft oder Apple, die mit ihren Betriebssystemen bis heute den Markt dominieren. Zum anderen bildete Software dieser Art weitgehend abgeschlossene Systeme. Sie gaben den Rahmen vor, innerhalb dessen man sich bewegen konnte, und nicht darüber hinaus.

Ein kleines Beispiel: Die etwas Älteren unter uns werden sich daran erinnern, dass die ersten Textverarbeitungsprogramme nur eine überschaubare Auswahl an Schriftarten zur Verfügung hatten. Diese begrenzte Auswahl schränkte die nutzende Person bei der grafischen Gestaltung ein. Oder frühe Apple-Fans hatten das Problem, dass sie vom Datenaustausch weitgehend ausgeschlossen waren, weil Apple-Software zu der großen Windows-Mehrheit nicht kompatibel war.

Die Software-Quasimonopolisten, welche entstanden waren, hatten massiven Einfluss darauf, wie Computer genutzt wurden. Die Etablierung des Internets in der Gesellschaft brachte diese Konstellation wiederum ins Wanken. Software musste nicht mehr auf Datenträgern gekauft werden, sondern konnte direkt beim Anbieter erworben, legal heruntergeladen oder illegal kopiert werden.

Ein weiterer Durchbruch war die Entwicklung mobiler Endgeräte und die Vernetzung von mobilen mit stationären Endgeräten. Die Softwaregiganten erkannten das Potenzial der vergleichsweise kleinen Anwendungsprogramme und ermöglichten interessierten Laien und kleinen Start-up-Unterneh-

117 Zur Vertiefung ist das Buch von Christian Stöcker (Stöcker 2011) zu empfehlen, das in Teilen jedoch schon wieder veraltet ist, wodurch die Schnelllebigkeit dieser Thematik deutlich wird.

118 Microsoft wurde 1975 und Apple 1976 gegründet. Microsoft entwickelte zu Beginn ausschließlich Software, während Apple zunächst Personal Computer, also Hardware, hergestellt hat.

men die Entwicklung von Apps, welche auf den gängigen Plattformen, sogenannten „Stores“, vertrieben werden konnten.

Hierbei entwickelten sich verschiedene Vertriebsmodelle. Einige Apps sind kostenfrei oder schon im Vorfeld auf dem mobilen Endgerät installiert. Manche Apps können gegen Bezahlung eines einmaligen Betrags erworben werden. Dann gibt es noch sogenannte „In-App-Käufe“. Dabei ist die Basisversion der App günstig zu erwerben oder gar kostenfrei. Möchte man jedoch weitere Funktionen, Inhalte oder Dienste nutzen, muss man diese kaufen. Nicht zuletzt gibt es bei Apps auch Abonnementmodelle. Gegen einen regelmäßigen zu zahlenden Betrag erhält man das Nutzungsrecht und stetig die aktuellste Version der App.

Die Vorstellung, was Software ist, was sie kann und wie sie erworben wird, hat sich von den Anfängen bis zum heutigen Tag massiv verändert. War es früher die eigene Entscheidung von Nutzern, wie lange sie einmal erworbene Software nutzten, auch wenn es komfortablere Nachfolgeversionen gab, haben sie heute zunehmend geringere Entscheidungsfreiheit, wenn zum Beispiel wegen eines Updates der ansonsten funktionierende Drucker nicht mehr läuft. Das Update wurde ungefragt auf das Endgerät des Nutzers geladen und es unterstützt „leider“ den vorhandenen Drucker nicht mehr.

Die beschriebene Entwicklung ist an manchen Schulbuchverlagen vorbeigegangen. Auch heutzutage werden Handreichungen und Software für Lehrkräfte in Form von DVDs oder eines USB-Sticks angeboten, obwohl viele Laptops und Tablets gar nicht mehr über die notwendigen Peripheriegeräte und Anschlüsse verfügen. In manchen Fällen ist die Software auf nur einem Betriebssystem nutzbar, und sollte es einem dennoch gelungen sein, sie zu installieren, ist sie oftmals nicht so intuitiv zu bedienen, wie man es von Apps auf dem Tablet gewohnt ist. Zudem ist sie nicht abänderbar und man kann sich nur in dem Rahmen bewegen, der einem vorgegeben wird. Diese Art von Software ist definitiv ein Auslaufmodell.

7.6 Lernen im und über das Internet

Wie schwer der unscharfe Begriff Allgemeinbildung zu definieren ist, haben wir schon erörtert (vgl. Kap. 2). Bei unterschiedlichen Herangehensweisen wird nicht einheitlich zusammengefasst, welches Wissen, welche Fertigkeiten und welche Kompetenzen notwendig sein sollen, um aktiv und emanzipiert am gesellschaftlichen Leben teilnehmen zu können. Die Nutzung des Internets gehört aber heute unbestreitbar zum Alltag und damit zur Allgemeinbildung. Der Bildungspolitik ist wohl bewusst, dass ein souveräner Umgang mit digitalen Medien und somit dem Internet bei Lernenden nicht automatisch vorausgesetzt werden kann, und demzufolge sind diesbezüglich Bildungsanstrengungen nötig (KMK 2021, S. 7). Das Lernen im und das Lernen über das Internet ist für die Lernenden von großer Bedeutung.

Lernen im Internet

Vor der Digitalisierung war es von Bedeutung, Faktenwissen anzuhäufen, damit man handlungsfähig war. Dies ist heutzutage nicht mehr in diesem Maße notwendig, da mittlerweile das Weltwissen oft nur einen Klick entfernt ist. Es geht nicht mehr darum, möglichst viel zu wissen, sondern darum, die richtige Frage stellen zu können (Döbeli Honegger 2016, S. 49). Materiale Bildung hat an Bedeutung verloren, formale Bildung ist wichtiger geworden. Diesen Paradigmenwechsel hat das Internet mit seinen Suchmaschinen beschleunigt.

„Das Internet ist das erste tatsächlich weltweite, interaktive und soziale Kommunikationsmedium, zu dem ein beachtlicher Teil der Weltbevölkerung Zugang hat“ (Fadel et al. 2017, S. 19). Aber wie lange noch? Zeitungen locken im Internet mit leicht zugänglichen oder selbst aufpoppenden Schlagzeilen, weiterlesen kann man dann aber nur mit Online-Abonnement; Informationsschnipsel dienen als Werbung für die ganze Information, die kostenpflichtig ist. Abonniert hat man dann aber nicht weitere Informationen zum Thema, sondern nur den Zugang auf eine Quelle. Nutzerinnen und Nutzer werden zunehmend veranlasst, Zahlschranken zu überwinden.

Wissenschaftliche Artikel werben mit Auszügen für die digitale Ausgabe eines Buchs, die nur unwesentlich weniger kostet als die Printausgabe. Das Internet ist gerade dabei, den Zugang zu Informationen wieder zu versperren, und beschränkt sich oft darauf, zu zeigen, wo diese Informationen zu finden sind, und Kostproben auszugeben. „Wenn wir Vorhersagen über die Zukunft anstellen, machen wir normalerweise Hochrechnungen der Vergangenheit – und lassen uns so in die Irre führen“ (Fadel 2017, S. 20). Zu solchen Hochrechnungen gehört die Annahme, das Wissen des Internets stehe für immer für jeden kostenfrei zur Verfügung, nur weil es sich über freien, demokratischen und kostenlosen Zugang etabliert hat.

Wir vermuten, dass es nicht lange dabei bleiben wird, dass das Wissen der Menschheit allen zur Verfügung steht, sondern es wird eine Schicht geben, die es sich leisten kann, und eine andere Schicht, die über pekuniäre Regelungen des Zugangs dann doch wieder unwissend bleibt. Eine pessimistische Sicht darauf ist, dass dadurch Gräben in der Gesellschaft, die das Internet vorübergehend zugeschüttet hat, nur noch tiefer wieder aufgerissen werden.

Internetrecherche

Seit 2004 ist das Verb „googeln“ im Duden zu finden und steht dafür, dass man etwas mit der gleichnamigen oder einer anderen Suchmaschine im Internet sucht beziehungsweise recherchiert.[119] Doch „Googeln" will gelernt sein. Gibt man beispielsweise „Satz des Pythagoras" in besagte Suchmaschine ein, erhält man 682.000 Ergebnisse in 0,48 Sekunden. Um mit dieser Informationsflut umgehen zu können, muss man über Filterkompetenz verfügen. Hinter den 682.000 Ergebnissen verstecken sich Definitionen, Herleitungen, Anwendungsbeispiele, Lernvideos, Übungsaufgaben und vieles mehr. Daher sind ein paar weitere Überlegungen notwendig:

- Möchte ich etwas über die Person Pythagoras erfahren?
- Was ist der Inhalt des Satzes?
- Geht es darum, warum der Satz überhaupt gilt?
- Möchte ich wissen, wie man den Satz anwendet oder wofür man diesen benötigt?
- Habe ich den Satz des Pythagoras prinzipiell verstanden, möchte aber üben und vertiefen?

Wenn sich die Lernenden darüber im Klaren sind, geht es darum, das passende Ergebnis auszuwählen. Die meisten Lernenden werden mit dem ersten Satz der Online-Enzyklopädie Wikipedia „Der Satz des Pythagoras ist einer der fundamentalen Sätze der euklidischen Geometrie"[120] nicht viel anfangen können, müssen also zumindest bereit sein weiterzulesen. Wenn sie Pech haben, stoßen sie auf die Seite stupidedia.org, welche eine Parodie auf Wikipedia ist, und gelangen darüber zu der Information, dass es sich beim Satz des Pythagoras um ein indisches Reisgericht handelt.[121] Wenn sie noch mal Pech haben, reflektieren sie dann nicht, wonach sie eigentlich gesucht haben.

Wahrscheinlich wird es auch nicht reichen, dass Lernende sich eines der zahllosen Erklärvideos auf den gängigen Videoplattformen anschauen. Im besten Fall können sie im Anschluss den Algorithmus verwenden, aber haben kein Grundverständnis aufgebaut, was der Satz des Pythagoras eigentlich bedeutet, und wenden ihn unbekümmert auch in nicht rechtwinkligen Dreiecken an. Kritisches Denken ist eine der Dimensionen digitaler Bildung (Kap. 2.2.3), um die der traditionelle Bildungsbegriff erweitert werden muss, ohne prinzipiell infrage gestellt zu werden.

Wie aus diesem Beispiel deutlich wird, reicht es für eine Lehrkraft nicht, einen Computerraum oder Tablet-Koffer zu buchen und den Lernenden den

119 siehe: https://www.duden.de/rechtschreibung/googeln und Duden 2013, S. 480

120 Wikipedia – die freie Enzyklopädie (Hrsg.): Satz des Pythagoras URL: https://de.wikipedia.org/w/index.php?title=Satz_des_Pythagoras&oldid=217511437, abgerufen: 10.12.2021

121 Tatsächlich haben die Autoren schon erlebt, dass Lernende stupidedia.org als Quelle in Referaten verwendet und dementsprechende Falschinformationen mit dem Anschein vollster Überzeugung vorgetragen haben. Wer den Artikel zum Satz des Pythagoras auf stupidedia lesen möchte, kann diesem Link folgen: https://www.stupidedia.org/stupi/Satz_des_Pythagoras

Arbeitsauftrag zu erteilen „Recherchiert mal im Internet zum Thema Satz des Pythagoras". Lernen im Internet erfordert Anweisung, präzise Formulierung der Arbeitsaufträge und Unterstützung der Lernenden durch eine Lehrkraft, die selbst über die entsprechende Medienkompetenz verfügt.

Damit Internetrecherche mehr wird, als dass Lernende unproduktiv herumklicken und sich mit den ersten Treffern zufriedengeben, die vermeintlich ihre Fragen beantworten, ist es hilfreich, die Internetsuche selbst zum Lerngegenstand zu machen und nicht nur die gefundenen Treffer. So können Internetseiten linear, hierarchisch oder netzwerkartig aufgebaut sein (Petko 2014, S. 48). Man kann im Internet also lesen und umblättern wie in einem Buch, Alternativen an Verzweigungen wählen oder es gibt Vernetzungen, mit denen unterschiedliche Lernwege hin und zurück gegangen werden können. Vernetzungen ermöglichen zwar am besten das Finden eigener Lernwege, mit Vernetzungen wird aber nicht automatisch am besten gelernt, denn je mehr Wege es gibt, desto leichter kann man sich verlaufen. „Allzu nonlinear aufgebaute Hypertexte führen eher zu Orientierungslosigkeit und Überforderung" (Petko 2014, S. 49).

Lernen über das Internet

Es reicht nicht aus, dass Lernende das Internet nutzen können, sondern es ist notwendig, die Mechanismen des Internets zu verstehen, die Nutzung auf einer Metaebene zu reflektieren und kritisch zu hinterfragen. Was passiert, wenn dies nicht erfolgt, kann man jeden Tag nicht nur im schulischen Bereich erleben. Personen äußern sich im Netz mehr oder weniger fundiert zu Themen auf eine Art und Weise, wie sie es im persönlichen Kontakt nicht ansatzweise machen würden, denn dort sind sie eigentlich ganz nett. Die KMK fordert, dass die Lernenden den verantwortungsvollen Umgang mit digitalen Medien erlernen, welchen es im Lehr-Lern-Prozess zu entwickeln gilt (KMK 2021, S. 8). Wie könnte so etwas vonstattengehen? Angenommen, die Lernenden sollen ein Erklärvideo zum Thema *Satz des Pythagoras* aufnehmen und auf einer Videoplattform einstellen. Damit präsentiert man sich der möglicherweise internationalen Öffentlichkeit. Sie müssen sich zum Beispiel im Klaren sein, dass sie ihr Gesicht weltweit abrufbar machen. Des Weiteren könnten die Videos für kompromittierende Videomontagen verwendet werden. Daher empfiehlt es sich, z. B. keine Personen zu zeigen (wofür man sowieso die Einwilligung der Erziehungsberechtigten bräuchte), was die Gestaltungsmöglichkeiten aber empfindlich einschränkt.

Weiterhin kann man mit den Lernenden Fragen wie die folgenden diskutieren: Sollen es alle sehen können, nur Personen, mit denen ich den Link teile, oder nur Personen, die einen Account für die Videoplattform haben? Soll man das Video „liken", also positiv oder negativ bewerten können, oder nicht? Sollen Kommentare möglich sein? Wenn ja, sollen mögliche Obszönitäten von der Plattform im Vorfeld herausgefiltert werden? Sollen Kommentare spontan veröffentlicht werden, oder erst dann, wenn die Urheber sie gesichtet und für zulässig erklärt haben? Wie kommentiert man eigentlich ein Video wertschätzend und so, dass es für die Urheberin oder den Urheber gewinnbringend ist? Was machen abschätzige Kommentare und „dislikes", also negative Bewertungen, mit den Urhebern, die sich Mühe beim Erstellen des Videos gegeben haben? Wie kommt es bei mir selbst an, wenn ich negative Bewertungen bekomme? Wie ist das eigentlich mit anderen, für die Jugendlichen vielleicht interessanteren Plattformen wie TikTok oder Instagram? Was von im Unterricht Gelerntem kann auf andere Plattformen übertragen werden und was nicht? Wie sozial sind soziale Netzwerke?

Solche Fragen, deren Abwägung und Beantwortung führen dazu, über die Mechanismen des Internets nachzudenken, zu reflektieren und kritisch zu hinterfragen. Das fällt vielen Erwachsenen schwer. Und das ist zu einem Teil unseres Bildungsauftrags geworden.

Wikipedia

Wenn Lernende im Internet recherchieren, dann bevorzugen viele die Eintragungen auf Wikipedia oder beschränken ihre Recherche sogar darauf. Ein Blick der Lehrkraft auf die Seiten von Wikipedia reicht oft, Lernende zu ertappen, die einfach nur Texte abgeschrieben bzw. kopiert und keine eigenständige Leistung erbracht haben. Nach diesem Prinzip wurden von einigen wenigen Politikern ja auch schon Bücher geschrieben und es ist herausgekommen.

Wikipedia ist als Informationsquelle durchaus attraktiv, denn es ist demokratisch und nichtkommerziell. Dadurch entsteht ein gewisser Grad an Objektivität, aber eben keine vollständige Objektivität. Wenn wir zum Beispiel unsere eigenen Biografien veröffentlicht sehen wollten, dann könnten wir das auf Wikipedia tun. Jeweils zwei Autoren loben den Lebenslauf des dritten und schon stehen drei tolle Buchautoren im Internet. Wegen der Beschränktheit unserer Prominenz würden wenige weitere Eintragungen das von uns selbst gezeichnete Bild rasch verfeinern, auch unsere eigenen. Natürlich kann bei Wikipedia jeder Nutzer unter „Autoren" nachschauen, wie die Artikel zustande gekommen sind, aber wer macht das schon, zumal keine Klarnamen einsehbar sind.

Das Team des Satirikers und Fernsehmoderators Jan Böhmermann[122] hat es getan und dabei zahlreiche Seltsamkeiten festgestellt. Ein Mitglied des Bundestags hatte zum Beispiel 72 % der Inhalte über seine Person selbst ge-

122 Sendung *ZDF Magazin Royale* am 03.09.2021 im Zweiten Deutschen Fernsehen; war in der ZDF-Mediathek leider nur bis zum 2.12.2021 abrufbar.

schrieben, was wegen des wenig fantasievoll verfälschten Nutzernamens leicht nachvollziehbar war. Die Wikipedia-Seite eines anderen Mitglieds des Bundestags war von 15 Autoren bearbeitet worden, was für den Anspruch, eine demokratische Website zu sein, nicht gerade viel ist. Aber 86,1 % der Inhalte auf dieser Seite stammten von einem einzigen Autor; das könnte ein Mitarbeiter oder Parteifreund dieser Politikerin oder dieses Politikers sein. Es könnte natürlich auch eine Person sein, die dem Bundestagsmitglied überhaupt nicht bekannt ist; ein Geschmack von Manipulation bleibt trotzdem.

In Suchmaschinen müssen nicht die am weitesten oben stehenden Suchergebnisse die größte Relevanz haben, sondern am weitesten oben steht das, was den Suchkriterien des Algorithmus am weitesten entspricht. Ganz oben steht meist bezahlte Werbung und dann ist ein wichtiges Kriterium, wie oft ein Suchergebnis angeklickt wurde. Erstens lassen sich solche Kriterien manipulieren und zweitens muss nicht gerade diejenige Information für meine persönlichen Zwecke die geeignetste sei, die von den meisten anderen Leuten angesehen wurde.

Da das deutschsprachige Wikipedia weltweit zu den größten Wissensspeichern überhaupt gehört, einen einfachen Zugang und Anonymität bietet, sei der Hinweis gestattet, dass sich auch hier wie in Suchmaschinen Möglichkeiten der Manipulation verstecken. Oder, was speziell für mathematische Inhalte vielleicht wichtiger ist, dass nicht alles automatisch richtig ist, nur weil man es auf Wikipedia gefunden hat. Auch wir haben schon falsche Informationen auf Wikipedia gefunden, aber diesbezüglich nichts unternommen, weil wir keine Zeit fanden und keine Veranlassung sahen, unsere Autorentätigkeit auf Wikipedia auszuweiten.

8 Konzepte digitalen Unterrichts

Im Zuge der Diskussionen um eine digitale Transformation im Bildungswesen, aber auch aufgrund der einschneidend veränderten Unterrichtserfahrungen während der Pandemie ist ein Dschungel an Begriffen entstanden aus Konzepten und Unterrichtsformen digital geprägten Unterrichts. Wir versuchen, die zentralen Konzepte in Bezug auf das Fach Mathematik näher und verständlich zu beleuchten.

Im digitalen Unterricht ist eine Unterscheidung von synchronen und asynchronen Phasen nötig. Synchrone Phasen sind durch gleichzeitigen Informationsaustausch gekennzeichnet wie im Präsenzunterricht, aber auch wie bei einem Telefongespräch, einem Chat oder einer Videokonferenz. In asynchronen Phasen erfolgt zeitlich oder/und örtlich versetzte Kommunikation wie bei der Besprechung einer klassischen Hausaufgabe, einem Briefwechsel oder der Kommunikation über Kurznachrichten oder E-Mails. Wenn die Gesprächspartner immer online sind und per Kurznachrichten (SMS, WhatsApp) kommunizieren, verschwimmen die Grenzen zwischen synchroner und asynchroner Kommunikation (Petko 2014, S. 85).

Sobald die Kommunikation, ob synchron oder asynchron, über digitale Geräte erfolgt, gehen wichtige Merkmale von Kommunikation, die wir aus dem alltäglichen Umgang gewohnt sind, teilweise oder ganz verloren: Intonation, Sprachrhythmus, olfaktorische Reize, Gestik, Mimik (Zumbach 2021, S. 84). Ob man jemanden „nicht riechen kann", verliert an Bedeutung, aber der Verlust an tragenden Kommunikationsmerkmalen scheint auch enthemmende Wirkungen zu haben, womit man sich zum Teil einen Verlust an Kultur in der Kommunikation in sogenannten sozialen Netzwerken erklären könnte. Was da oft getwittert wird, würde im persönlichen Gespräch in vielen Fällen milder ausfallen.

Die Lehrkraft muss zur Kenntnis nehmen, dass wichtige Werkzeuge, die sie im analogen Unterricht erfolgreich eingesetzt hat, in dessen digitaler Form an Wirkung verloren haben. Im analogen Unterricht war es Kennzeichen einer „guten" Mathematiklehrkraft, wenn sie nur dadurch, dass sie mit erwartungsfroher, auffordernder Mimik so lange vor der Klasse stand und ruhig abwartete, bis jeder einzelne Lernende sich von allen Ablenkungen abgewandt hatte, die Klasse „zentrieren" konnte. Alle Lernenden waren dann konzentriert, wussten, dass der Unterricht losging, und waren bereit, daran aktiv teilzunehmen. Dies funktioniert in einer Videokonferenz so meistens nicht mehr. Man kann auch niemanden mehr durch einfaches Anschauen auffordern, sich zu äußern, oder umgekehrt, den Mund zu halten. Mit Maske ist auch die Gestik beeinträchtigt und die Mimik nahezu wirkungslos; die Kommunikation ist also trotz Präsenz eingeschränkt.

8.1 Blended Learning

Blended Learning – wohl so genannt in Anlehnung an den Verschnitt beim Blended Whisky – ist ein Methodenmix mit dem Ziel der „geschmacklichen Verbesserung“ (Zumbach 2021, S. 100) von Unterricht. Mit dem Begriff *Blended Learning* wird also zum Ausdruck gebracht, dass es sich dabei um eine Vermischung, eben einen „Verschnitt“, aus herkömmlichem Analogunterricht und digitalen Formaten handelt. Der Begriff wird mit unterschiedlichen Abstraktionsgraden verwendet. So kann darunter eine Vermischung verschiedener Lehrmethoden, verschiedener Lernorte oder verschiedener Übertragungstechniken verstanden werden. Vermischung im pädagogischen Bereich ist immer gut; dafür werden gern Begriffe wie *Vernetzung* oder *Verbund* verwendet.

Vom Whisky weiß man aber auch, dass das nicht verschnittene Produkt als höherwertig gilt und in der Regel wesentlich teurer ist, dass es reicher an einzigartigen Geschmacksnoten ist, die weiter auseinanderliegen können als bei Verschnitten.[123] Die Verbesserung durch Verschnitt beim Whisky besteht darin, dass er dadurch leichter und billiger wird und dass sich der Geschmack besser reproduzieren lässt als beim Single Malt, der „das ureigenste Produkt einer einzigen Brennerei ist“ (Broom 2012, S. 32).

Blended Learning bezeichnet ein Lernmodell, in dem Online- und Präsenzphasen variationsreich verzahnt werden. In Präsenzphasen erfolgt in direkter Kommunikation eine Ergänzung und/oder Vertiefung der Lerninhalte, -strategien und -prozesse der Online-Phase. Der Anspruch dieses Lernmodells besteht für Lehrende und Lernende im Transfer unterschiedlicher Lernumgebungen. Blended-Learning-Angebote müssen zielbezogen in ein Curriculum eingebunden sein und sie müssen Lehrkraft und Lernenden Freiräume belassen bezüglich Lerntempo, Lernstil, Vorwissen, Vorstellungen und sozialer Bindung. Blended Learning als Konzept allein reicht nicht, sondern entscheidend ist immer die Einbindung in ein fachliches, didaktisches und methodisches Konzept.

Man könnte durchaus darüber nachdenken, ob es sich hier wie bei Whisky verhält. Dass nämlich durch den Verschnitt Einzigartigkeit verloren geht zugunsten besserer Konsumierbarkeit, geringeren Aufwands und leichterer Reproduzierbarkeit. Sobald ein Erklärvideo aus dem Internet ins Spiel kommt, ist Hybridunterricht eben nicht mehr das „ureigenste Produkt“ eines einzelnen

123 Bei Kaffee, Tabak und Wein ist das übrigens nicht anders.

Pädagogen, sondern ein Verschnitt aus mehreren pädagogischen Konzepten. Das Blending, also das Verschneiden von Unterricht, verringert den Aufwand und macht Unterricht leichter reproduzierbar, aber es geht auch mit einem Rückbau an Individualisierung und Pointierung daher; das muss uns klar sein.

8.2 Hybrides Lernen

Hybrides Lernen bedeutet etwas ganz Ähnliches wie Blended Learning, und deshalb sind viele Autoren der Ansicht, dass sich Blended Learning und Hybridunterricht nicht trennscharf unterscheiden lassen (Stade/Wampfler 2021, S. 81) oder sogar Synonyme darstellen (Zumbach 2021, S. 100).

Ein Auto mit Hybridantrieb verfügt über einen Verbrennungsmotor und zusätzlich über einen Elektromotor und die Idee ist, dass jeder Antrieb dann zum Einsatz kommt, wenn er jeweils günstiger oder besser geeignet ist. Jeder Motor für sich wäre theoretisch in der Lage, das Auto allein fortzubewegen, wenn der andere Motor ausfiele. Der Unterschied ist, dass der Verbrenner ein Verbrenner bleibt und der Elektromotor ein Elektromotor; es gibt keine „verschnittenen" Motoren. Solche Gedankengänge lassen sich auf die Metapher Whisky nicht übertragen.

Wir wollen die Metaphern nicht übermäßig strapazieren. Wir verwenden in diesem Buch den Begriff *hybrides Lernen* fortan in einem Sinn, in dem wir auch *blended learning* hätten schreiben können, wohl wissend, dass man filigrane Unterschiede sehen mag.

Hybrides Lernen ist auch in gedruckten Büchern angekommen: Bei der Arbeit mit dem Buch können Lernende sich über einen abgedruckten Zahlencode oder QR-Code Hilfen oder Zusatzaufgaben holen, oder Verlinkungen führen auf digitale Medien (z. B. GeoGebra-Elemente). So könnte das Schulbuch der Zukunft aussehen (mehr dazu in Kap. 10.6).

Als Artikulationsmodell hybriden Lernens kann man sich beispielsweise vorstellen, dass vorbereitende Aufgaben im Anforderungsbereich I (siehe Abb. 3.1 und 3.2) in Distanzphasen ausgelagert werden, um anspruchsvolleren Erarbeitungen im Anforderungsbereich II und III mehr Zeit zuzugestehen (Nagel 2021, S. 34). Für Gymnasien mit überwiegend lernbereiter Schülerschaft ist das ein sinnvolles Modell. Es kann aber auch dazu führen, dass Schwache und Unwillige noch mehr benachteiligt werden als im reinen Präsenzunterricht, weil sie die Aufgaben in Distanz eben nicht erledigen und dann dem Präsenzunterricht noch weniger folgen können als bisher.

Stellt man sich die Frage, welche Kernprozesse des Mathematiklernens sich am besten in Distanzunterricht auslagern lassen, ist die Antwort relativ eindeutig: Das Ordnen insgesamt ist es nicht. Abb. 8.1 zeigt ein Artikulationsmodell für den höchsten Anteil an Distanzunterricht, den wir uns vorstellen können:

- Der Einstieg in ein neues Thema sollte im Präsenzunterricht stattfinden, um den Lernenden die Sinnstiftung zu vermitteln, ihre Motivation zu wecken und gemeinsam an das Vorwissen anzuknüpfen. Dazu ist direkte Kommunikation nötig.
- Das Erkunden muss nicht, kann aber in Distanz erfolgen, weil hier auch ohne synchrone Kommunikation Erkenntnisse gewonnen werden können.
- Der Teilprozess Sammeln des Ordnens kann sowohl im Präsenz- als auch mit digitaler Unterstützung im Distanzunterricht stattfinden; auch hier ist Kooperation nicht zwingend notwendig.
- Für das Systematisieren halten wir Präsenzunterricht für unverzichtbar, da hier synchrone Kommunikation notwendig ist und Übereinkünfte geschlossen werden. Eine Videokonferenz kann diese nur notdürftig ersetzen.
- Das Sichern kann sowohl präsent als auch in Distanz durchgeführt werden, wobei für Sichern im Distanzunterricht digitale Werkzeuge wie interaktive Checklisten oder Fragespiele (Kap. 5) hilfreich sind.
- Das Vertiefen in den Distanzunterricht zu verlagern ist die am nächsten gelegene Möglichkeit, Präsenzunterricht zu reduzieren oder dessen Effektivität durch einen höheren Anteil an Lernzeit zu erhöhen. Das entspricht im Übrigen der ursprünglichen Idee von Hausaufgaben: Das in der Schule Gelernte wird zu Hause in Ruhe und Einzelarbeit geübt und Fragen, die dabei auftauchen, werden später in der Schule gestellt und beantwortet.

Präsenzunterricht	**evtl. Distanzunterricht**
Einstieg	
Erkunden	Erkunden
Sammeln	Sammeln
Systematisieren	
Sichern	Sichern
Vertiefen	Vertiefen

Abb. 8.1: Kernprozesse des Mathematiklernens im hybriden Unterricht

Das Artikulationsmodell in Abb. 8.1 ist aus der Not der Pandemie entstanden. Sofern man die Wahl hat, ist gemeinsames Lernen am selben Ort immer zu bevorzugen, durchaus in Kombination mit Phasen individualisierten Erkundens und Übens. Das können dann die hier dem Distanzunterricht zugeordneten Kernprozesse sein oder eine Auswahl davon mit flexiblen Übergängen.

Hausaufgaben zählen wir zu den Teilprozessen, die am einfachsten in Distanzunterricht ausgelagert werden können. Die Pandemie hat ein neues Licht auf Hausaufgaben geworfen, denn „auch Hausaufgaben, die im Unterricht ausgewertet werden, sind grundsätzlich ein hybrides Format“ (Stade/Wampfler 2021, S. 83). Hausaufgaben sind also mehr als ein Ritual, sondern eine Methode. Wenn Hausaufgaben gestellt werden, ist deren Erledigung auch verbindlich: „Hausaufgaben sind [...] erforderlich“[124], die Einzelheiten regelt die Schule bzw. deren zuständige Gremien.

In der Pandemie hat es nach unserer Beobachtung vor allem an Schulformen wie Gesamtschule oder Gemeinschaftsschule, die in ihrem Schulprofil generell keine Hausaufgaben vorgesehen hatten, Schwierigkeiten in der Umsetzung von Distanzunterricht gegeben. Deren Lernende waren es nicht gewohnt, regelmäßig zu Hause zu lernen, sie hatten möglicherweise zu Hause keinen Arbeitsplatz zum Lernen, was die Notwendigkeit, neue Kommunikationskanäle zu erstellen, erschwerte. Viele mussten die Erfahrung erst neu machen, dass Schule nur ein Ort ist, an dem gelernt wird, aber nicht der einzige. Sondern Lernen ist eine Tätigkeit, die prinzipiell überall ausgeübt werden kann. Andererseits waren die Lernenden der genannten Schularten es mehr gewohnt, selbstständig zu arbeiten und die Verantwortung für ihr Lernen selbst zu übernehmen.

Als weiteres Artikulationsmodell für Hybridunterricht erinnern wir an die Methode *Ich-Du-Wir* nach Peter Gallin und Urs Ruf (Gallin/Ruf 2011, S. 208):

- Ich mache das so!
- Wie machst du es?
- Das machen wir ab.

Die Methode ist eine lernzielbezogene Abfolge von erstens Einzelarbeit, zweitens Partnerarbeit und drittens Gruppenarbeit oder Plenum. In der Ich-Phase sollte keinerlei Kommunikation stattfinden, es zählen nur die Vorschauperspektiven der Lernenden, und es ist für die Lehrkraft bisweilen nicht einfach, dies konsequent durchzusetzen.

Wenn die Ich-Phase in den Distanzunterricht verlagert, also als Hausaufgabe gegeben wird, wird daraus ein freies Erkunden jedes einzelnen Lernenden. Die Methode sollte der Klasse bekannt sein, dann vertraut sie darauf, dass es bei „falschen“ Beiträgen keine Sanktionen zu befürchten gibt, weil in der Ich-Phase noch nicht „abgemacht“ worden ist, was „richtig“ sein soll. Im darauf folgenden Präsenzunterricht werden die Beiträge der Ich-Phase gesammelt und systematisiert, und am Ende kann ein Ergebnis gesichert werden.

Hybrides Lernen nutzt in diesem Beispiel also, dass Lernende allein arbeiten in einer Phase, in der dies sowieso sinnvoll ist, und an anderer Stelle Kollaboration und Kooperation nutzen, an der diese notwendig sind.

124 Für Baden-Württemberg: Verordnung des Kultusministeriums über die Notenbildung vom 5. Mai 1983 (Notenbildungsverordnung NVO), zuletzt geändert am 18. Juni 2020.

8.3 Flipped Classroom

Das englische Wort „to flip“ bedeutet in etwa „umkehren, drehen oder wenden“. Die Grundidee von *Flipped Classroom* (oder *Inverted Classroom*) ist, dass die Zuordnung von Lernphase und Lernort im Vergleich zu traditionellem Unterricht umgekehrt wird. Das bedeutet, dass die Lernenden sich die mathematischen Inhalte selbstständig bzw. allein zu Hause aneignen, also das Erkunden im Distanzunterricht stattfindet (und das ohne Gewähr auf Richtigkeit und Vollständigkeit). Das greift zurück auf das alte Prinzip der „vorbereitenden Hausaufgaben“. „Flipped Classroom ist somit eine spezifische Form von Blended Learning“ (Stade/Wampfler 2021, S. 82). Überwiegend wird mithilfe von kurzen Videos gelernt. Im Präsenzunterricht wird dann geübt; das Vertiefen findet also im Beisein der Lehrkraft statt. Dabei kann die Lehrkraft diagnostisch tätig sein, gezielt Rückmeldung und Unterstützung anbieten (siehe Abb. 8.2).

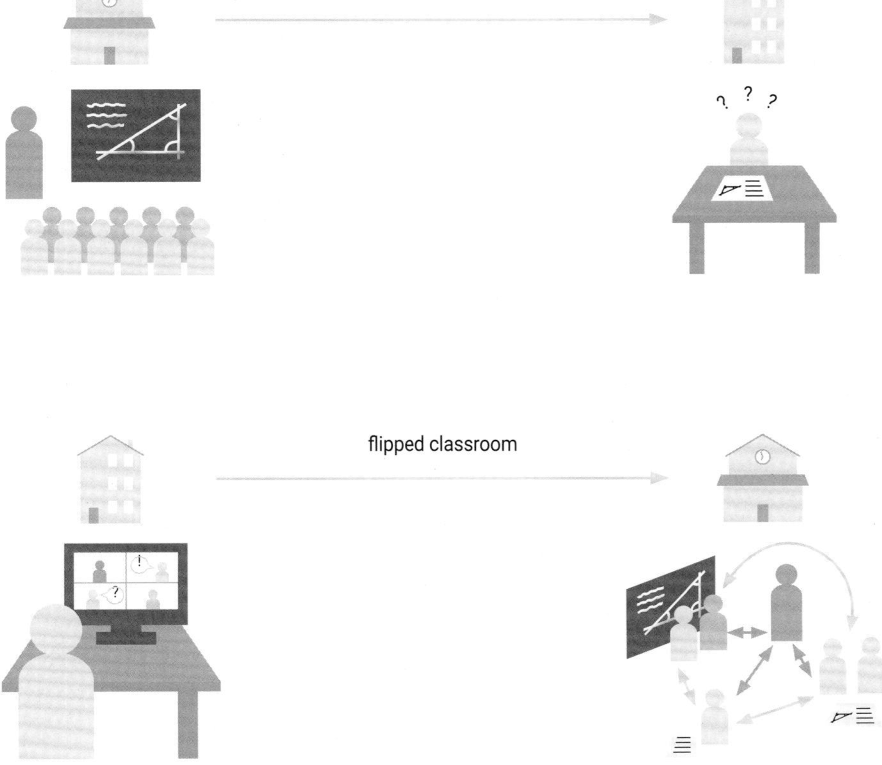

Abb. 8.2: Prinzip Flipped Classroom

Die Idee, einen lehrkraftgeführten Vortrag oder eine Einführung den Lernenden per Video zur Verfügung zu stellen, bietet einige Vorteile. Lernende können sich neue Inhalte in ihrem eigenen Lerntempo aneignen. Wird etwas nicht verstanden, können sie das Video zurückspulen oder anhalten. Die Lehrkraft ist im Video immer guter Laune und vor allem stehen die Videos mit Impulsen, Inhalten und Einführungen etc. den Lernenden immer zur Verfügung. Zusätzlich gibt es die Möglichkeit, Videos anderer Anbieter hinzuzuziehen, also quasi eine zweite Meinung einer anderen Lehrkraft einzuholen. Der Zeitgewinn durch die Auslagerung des Lernens in die zu Hause verbrachte Zeit kommt den Lernenden durch mehr Übungszeit im Unterricht zugute.

Gegen in den Hausaufgaben verortete Übungszeit spricht, dass dies bei vielen Lernenden zu Überforderung führt. Fehlende Passung und mangelnde konstruktive Unterstützung können Frust erzeugen und in eine negative Spirale führen, immer seltener die Hausaufgaben zu erledigen.

Weil im Konzept *Flipped Classroom* hauptsächlich im Unterricht geübt wird, können sich die Lernenden bei der Lehrkraft und bei parallel Lernenden Unterstützung holen. Lehrkräfteteams, die diesen Ansatz verfolgten, wurden zum Teil mit Preisen ausgezeichnet (Deutscher Lehrerpreis 2019 Kategorie „Unterricht innovativ" oder MINT von Morgen Schulpreis 2015). Manche Hochschullehrer propagierten 2012 den *Flipped Classroom* als die „Vorlesungsform für das 21. Jahrhundert".[125]

Wenn im Mathematikunterricht dadurch gelernt wird, dass die Lernenden Videoaufzeichnungen der Lehrkraft anschauen, besteht natürlich die Gefahr, dass mathematische Inhalte nicht entdeckend, sondern instruierend vermittelt werden. Möglicherweise ist das immer noch besser als fragend-entwickelnde Unterrichtsgespräche, aber die Lehrkraft muss schon darauf achten, dass Verstehensorientierung auch weiterhin vor dem Lehren von Algorithmen und dem Beherrschen von Rechenverfahren steht. Wir sehen *Flipped Classroom* als eine sinnvolle Methode, um Zeit im Präsenzunterricht zu sparen und gleichzeitig Frustrationen im Distanzunterricht zu vermeiden, aber eine ausschließliche „Unterrichtsform für das 21. Jahrhunderts" sehen wir darin nicht. Schulunterricht ist keine Verkleinerungsform von Universitätsvorlesungen.

Der Ansatz *Flipped Classroom* hilft dabei, Lernen und Üben klar zu unterscheiden, er birgt aber auch die Gefahr, dass Unterricht auf Lernen und Üben reduziert wird, und das führt sehr schnell zu nachvollziehenden Unterrichtsformen, die wir eigentlich überwunden zu haben dachten. Fachspezifisch kann diesbezüglich mehr Klarheit erreicht werden. Denn das Modell *Kernprozesse des Mathematiklernens* kennt nicht zwei, sondern vier Kernprozesse.

125 Vorlesung verkehrt, aber richtig – Philipps-Universität Marburg (uni-marburg.de), abgerufen am 06.12.21

Abb. 8.3 zeigt die übliche Aufteilung der Lernorte: Mathematikunterricht findet im Wesentlichen im Lernort Schule statt, das Vertiefen wird zum Teil über die Methode Hausaufgaben in die Distanz verlagert. Im *Flipped Classroom* findet der Unterricht ebenfalls hauptsächlich im Lernort Schule statt, aber es ist das Erkunden, das zum Teil in die Distanz verlagert wird (Abb. 8.4).

Was aber bei beiden Modellen in der Schule, also im Präsenzunterricht, bleibt, ist das Ordnen. In Notzeiten wie der Pandemie konnte man Präsenzunterricht durch Videokonferenzen teilweise ersetzen, aber die Erfahrungen haben gezeigt, dass dabei nur Notlösungen entstanden sind. Wirklich lebendige Unterrichtsgespräche haben kaum stattgefunden und deshalb war es zum Beispiel schwierig, Kernideen herauszuarbeiten. Wenn Hausaufgaben künftig als Distanzlernen bezeichnet werden, dann beschreibt dieser neue Begriff zutreffender als der alte ihren Stellenwert in digitaler Umgebung.

Lernen	Erkunden	**Schule**
	Ordnen	**Schule**
Üben	Vertiefen	**zu Hause**
	Sichern	**Schule/zu Hause**

Abb. 8.3: Kernprozesse im traditionellen Unterricht

Lernen	Erkunden	**zu Hause**
	Ordnen	**Schule**
Üben	Vertiefen	**Schule**
	Sichern	**Schule/zu Hause**

Abb. 8.4: Kernprozesse im *Flipped Classroom*

Tragfähige Grundvorstellungen können im *Flipped Classroom* nur bedingt aufgebaut werden. Hinzu kommt, dass es schwierig werden kann, mit dem Unterricht voranzugehen, wenn sich einzelne Lernende mit den neuen mathematischen Inhalten zu Hause eben nicht auseinandergesetzt haben.

Wir können uns keine komplette Umstellung des Unterrichts auf *Flipped Classroom* vorstellen, sondern plädieren für eine Mischform: Der Unterricht wird zu Teilen „umgedreht", wenn geeignete Videos vorhanden sind, aber nicht generell. Diese Videos können dann auch zusätzlich zur Differenzierung (Kap. 6) eingesetzt werden, aber im Distanzunterricht entsteht eine Methodenvielfalt, wie es sie im präsenten Teil des Unterrichts schon immer gab. Den eigenen Vortrag im Unterricht durch ein Lernvideo zu ersetzen, das allen gleichzeitig gezeigt wird, schafft hingegen kaum einen Mehrwert. Präsenz und direkte Kommunikation sind in jedem Fall digitalen Reproduktionen vorzuziehen.

Flipped Classroom wird auch definiert als Übertragungstechnik von außerhalb in den Unterricht. Damit öffnet sich die Tür zu kommunikativen Formen des Distanzunterrichts, also der kooperativen Erledigung von Hausaufgaben. Wirksamer Unterricht muss differenzierend sein und Heterogenität berücksichtigen. Dies gilt auch für die Arbeit zu Hause. Mithilfe von Videoaufzeichnungen können Lernende beispielsweise asynchron bei der Bewältigung von mathematischen Aufgabenstellungen unterstützt werden. Dabei können vorgefertigte Videos, welche öffentlich zugänglich sind, verwendet werden. Es lohnt sich jedoch auch, eigene Videos zu produzieren.

Hierbei kann auf die Klasse individuell eingegangen werden. So können beispielsweise Aufgaben oder Situationen aus dem unmittelbar zurückliegenden Unterricht aufgegriffen werden. Eine weitere Möglichkeit wäre konstruktive Unterstützung durch parallel Lernende. Mithilfe digitaler Medien können Lernende über datenschutzkonforme Messengerdienste kommunizieren und sich gegenseitig helfen ohne Mitwirkung der Lehrkraft. Natürlich kann man das als Aufforderung zu einer Digitalisierung des Hausaufgaben-Abschreibens ansehen.

Aber Hand aufs Herz: Weshalb schreiben Lernende kurz vor dem Unterricht Hausaufgaben ab, die sie selbst nicht erledigt haben? Wohl hauptsächlich, weil die Lehrkraft sich viel Zeit nimmt, das Vorhandensein von Hausaufgaben penibel zu kontrollieren, zu protokollieren und im negativen Fall zu sanktionieren. Dann bleibt wenig Zeit für das Inhaltliche. Lehrkräfte sollten Hausaufgaben aus der Schmuddelecke der ungeliebten Pflichterfüllung holen und sie als das behandeln, was sie sind: der Distanzanteil des Unterrichts, an dem jeder und jede teilzunehmen hat.

Durch die Digitalisierung der ehemaligen Hausaufgaben ist unmittelbares Feedback möglich und nicht erst in der folgenden Mathestunde. Übungsstunden und Hausaufgaben können miteinander verschmelzen, indem ungelöste Herausforderungen von der Hausaufgabe mit in den Unterricht gebracht werden und nicht uneffektiv im Plenum, sondern in einem etablierten Expertensystem im Rahmen von „sozialem Lernen“ oder „individuellem Lernen“ gelöst werden. Solches Vorgehen kann die oben genannte Negativspirale, die Hausaufgaben nicht zu erledigen, auflösen.

8.4 Distanzunterricht

Distanzunterricht ist kein Wunschformat, sondern er entstand aus der Not vorgefundener Bedingungen wie der Pandemie. Man weiß heute nicht, welche Anteile davon bestehen bleiben, wenn sie sich losgelöst von der Gesamtsituation als sinnvoll erwiesen haben. Experten empfehlen, Distanzlernen

„nicht als Notfallszenario und Krisenmodus der Schule, sondern als Möglichkeit für eine Entwicklung und Verbesserung schulischer Lernformen“ zu sehen (Klee/Krommer/Wampfler 2021, S. 7). Wenn die Lehrkraft ihren Unterricht grundsätzlich digital vorbereitet, fällt es ihr leicht, ihre Materialien mit wenigen Änderungen im Präsenz-, Distanz- oder Hybridunterricht einzusetzen.

Wir halten es für durchaus denkbar, dass sich die Schulen auch nach der Pandemie dahingehend verändert haben werden, dass Unterricht nicht ausschließlich eine Veranstaltung ist, für die sich alle Lernenden zur selben Zeit am selben Ort treffen, um dasselbe zu tun. Deshalb haben wir hier ein Kapitel *Distanzunterricht* eingefügt in der Erwartung, dass dieser sich in bestimmten Fällen ohne Not als eine gute Lösung und als Bereicherung herausstellen wird. Wir plädieren nicht dafür, Unterrichtssequenzen in Distanzunterricht abzuhalten mit der Begründung, dass Distanzunterricht weniger aufwendig und störungsanfällig ist als Präsenzunterricht.[126] Denn soziale Kontakte, persönliche Kooperation und Kommunikation lassen sich nicht digital ersetzen. Mit zunehmendem Alter der Lernenden nehmen institutionalisierte Betreuung und organisierte Beziehungsarbeit an Bedeutung ab, weshalb wir erwarten, dass dann Distanzunterricht leichter möglich und erfolgversprechender wird als generell.

Unter Distanzunterricht verstehen wir, dass Lehrkraft und Lernende sich während des gemeinsamen Lernens an unterschiedlichen Orten befinden und über technische Medien kommunizieren. Wenn eine Lehrkraft, wie in Coronazeiten oft geschehen, Arbeitsblätter in die (analogen) Briefkästen der Lernenden verteilt und die Arbeitsergebnisse auf welchem Weg auch immer wieder zusammengeführt werden, dann ist das noch kein Distanzunterricht, sondern eine Organisationsform für herkömmliche Hausaufgaben und deren Kontrolle. Das gilt auch dann, wenn der Übermittlungsweg digital ist, also zum Beispiel per E-Mail. Auf solchen Wegen können die Lernenden bereits Gelerntes üben, aber sie können kaum neues Wissen oder neue Kompetenzen erwerben.

Ein digitales Tool, welches genauestens die Übungszeit, Übungsdauer, Überlegungszeit, Auswahl von Aufgaben und Antworten etc. erfasst ist, die Anton-App (https://anton.app/de). Sie erfreute sich insbesondere während der Pandemie über regen Zuwachs. Viele Lehrkräfte konnten einen Teil des Kontrollverlustes über die nun herrschende Distanz mit dieser Plattform

126 Aufwand und Störanfälligkeit fangen bereits mit dem Transport der Lernenden an den Lernort an, damit sie sich zur selben Zeit am selben Ort zum Lernen treffen können. In weniger dicht besiedelten Regionen richten sich die Unterrichtszeiten nach dem Busfahrplan und bei Neuschnee kann der Unterricht nicht pünktlich beginnen, weil Teile der Schülerschaft nicht angekommen sind. Dass solche Probleme durch Distanzunterricht gelöst werden, ist nicht unser Anliegen.

kompensieren. Für alle Klassenstufen von 1 bis 10 gibt es für mehrere Fächer Aufgaben mit Rückmeldungen.

Grundsätzlich lässt sich Distanzunterricht in synchroner und in asynchroner Form denken. Synchroner Distanzunterricht wirft zwar mehr Probleme auf als asynchroner, ist aber dem Präsenzunterricht ähnlicher, deshalb gilt der Grundsatz: so viel Synchronität wie möglich. Andererseits ist die Übertragung von Aufgabenstellungen und Erklärungen sicherer, wenn sie asynchron verfügbar sind. Daraus folgt, dass guter Distanzunterricht aus einer Kombination synchroner und asynchroner Elemente besteht.

Messengerdienste als Übermittlungswege ermöglichen vielfältigere Kommunikationen zwischen Lehrkraft und Lernenden sowie zwischen Lernenden untereinander, also ist eine über solche technischen Medien stattfindende Veranstaltung schon eher als Distanzunterricht zu bezeichnen, in dem auch Neues stattfinden kann. Auch über Lern-Management-Systeme wie Moodle ist Distanzunterricht möglich, allerdings ist hier die Vielfalt der Kommunikationswege schon wieder eingeschränkt. Die Plattform ermöglicht zwar Kommunikationen zwischen Lehrkraft und Lernenden und auch der Lernenden untereinander, aber es fehlt ihr in gewissem Sinne an Spontaneität und Dynamik, um den Austausch eindeutig als „Unterricht" zu bezeichnen, weil zeitliche Synchronität weder zwingend notwendig ist noch spontan entsteht, der asynchrone Charakter also kennzeichnend ist. Allerdings gibt es Chat-Funktionen, und Videokonferenztools können eingebunden werden, und so sind synchrone Kommunikationswege und damit Unterrichtsgespräche im herkömmlichen Sinn theoretisch möglich.

Absprachen von Lernenden wie „Wenn Mateo sich räuspert, dann fangen alle an, grundlos brüllend loszulachen" sind nichts anderes als eine digitale Fortführung von Schülerscherzen, die in den 1960er- und 1970er-Jahren Millionen Zuschauer in die Kinos lockten. Heute können Lernende ihre Lehrkräfte digital an den Rand der Verzweiflung bringen nach dem analogen Vorbild der „Pauker-Filme". Schauplatz vieler derartiger Filme war damals ein Internat, heute ist es das Internet. Damals wie heute basieren die Streiche auf Kommunikation und Kollaboration, wenn sie funktionieren sollen, und eigentlich gehört beides zu unseren Lernzielen.

Wenn sich eine Klasse digital verabredet und nur die Lehrkraft davon nichts weiß, dann bedeutet dies für die Lehrkraft einen gewissen Kontrollverlust. Man sollte solche Kontrollverluste nicht dem übertragenden Medium anlasten, sondern sich eher fragen, weshalb eine Klasse das Bedürfnis hat, sich zusammenzutun, um die Lehrkraft zu ärgern.

Distanzunterricht selbst ist nichts Neues. Schon in den 1960er- und 1970er-Jahren wurde Distanzunterricht erfolgreich durchgeführt. Das Funk-Kolleg war ein Fernstudienkonzept von Rundfunkanstalten, dem bald darauf das

Telekolleg[127] im Fernsehen folgte. Ursprünglich war beides für die Erwachsenenbildung und zum nachträglichen Erwerb von Schullaufbahnabschlüssen gedacht.

Das Funk-Kolleg bestand aus einem Verbund von Vorlesungen im Hörfunk, Studienbriefen und Büchern mit dem Inhalt der Vorlesungen (Heuser u. a. 1971a und 1971b). Die Studienbriefe enthielten Aufgaben, deren Lösungen kontrolliert und rückgemeldet wurden. Es gab auch ergänzende Präsenzveranstaltungen und Leistungsüberprüfungen, die bei Erfolg mit dem Erwerb von Zertifikaten verbunden waren. Das Format war so erfolgreich, dass zum Beispiel im Fall von Mathematik die daraus hervorgegangenen Vorlesungen eine Zeit lang zur Standardliteratur für Lehramtsanwärter mit dem Fach Mathematik wurden.

Das Konzept des Funk-Kollegs lässt sich überraschend gut auf ein digitales Konzept von Distanzunterricht übertragen, das dann so aussieht:

- Kern des Distanzunterrichts ist eine Veranstaltung, für die sich Lehrkraft und Lernende an unterschiedlichen Orten zur selben Zeit treffen, über ein technisches Medium verbunden sind, und in der die Lehrkraft hauptsächlich die Rolle der Darbietung einnimmt.
- Die Lernenden erhalten vorbereitete Aufgaben, die sie in individueller Lernzeit individuell bearbeiten, indem sie das Dargebotene anwenden und üben.
- Die Lehrkraft gibt Rückmeldungen an die Lernenden über Lösungen und deren Qualität, im Idealfall individuell.
- Es gibt gemeinsame Präsenzphasen an der Schule.
- Es gibt Leistungsüberprüfungen.

Es fällt auf, dass dieses Konzept hohe Affinität zu dem hat, was wir als „traditionellen" Mathematikunterricht bezeichnen: Die Lehrkraft bietet den Stoff dar, steuert die Lernprozesse und bewertet Leistungen. In digitalen Zeiten ist also eine gute Lehrkraft wieder mehr eine Lehrkraft, die „gut erklären" kann, das Lernen plant und lenkt. Gleichzeitig ähnelt dieses uralte Konzept dem, was wir heute Hybridunterricht nennen. Fortschritt wächst eben aus einer gelungenen Kombination von Altbewährtem und neuen Ideen.

Was Distanzunterricht aber vom „traditionellen" Mathematikunterricht unterscheidet, ist die Tatsache, dass digitaler Distanzunterricht die Lehrkräfte weit weniger dazu verführt, die Inhalte in zähen fragend-entwickelnden Unterrichtsgesprächen den Lernenden aus der Nase zu ziehen und ihnen die

127 Das Telekolleg gibt es immer noch, und man kann dort immer noch berufsbegleitend Abschlüsse erwerben, es hat sich aber inzwischen auch eher fächerübergreifenden Themenstellungen zugewandt und nutzt über die Mediathek und die Möglichkeit des Downloads zeitgemäße technische Wege.

erwünschten Begriffe in den Mund zu legen. Hier zeigt sich deutlich, worin die Methode „Lehrervortag“ sich von dem Schreckgespenst „Frontalunterricht“ in positivem Sinne abgrenzt. Das gilt selbstverständlich auch in Bezug auf Präsenzunterricht und auch für analoge Formen von Präsenzunterricht: Ein guter Lehrervortrag steht für Unterrichtsqualität und wird dadurch nicht abgewertet, dass die Lehrkraft frontal und gleichzeitig mit der ganzen Lerngruppe kommuniziert und die Kommunikation dominiert.

Distanzunterricht führt also zu einer Renaissance von Lehrervortrag und Erklär-Kompetenz, die durchaus positiv gesehen werden und die auch auf Präsenzunterricht ausstrahlen kann. Natürlich darf nicht übersehen werden, dass Präsenzunterricht andere tragende Merkmale besitzt, die im Distanzunterricht nicht darstellbar sind. Distanzunterricht kann Präsenzunterricht nicht ersetzen, sondern lediglich in bestimmten Situationen ergänzen.

Die Betrachtung von Funk-Kolleg und Telekolleg weist uns auch auf eine Problematik von Distanzunterricht in unseren Zeiten und an allgemeinbildenden Schulen hin. Wollte man mit Funk-Kolleg oder will man mit Telekolleg einen Abschluss oder ein Zertifikat erwerben, dann gilt Teilnahmepflicht. Diese ist für Distanzunterricht an allgemeinbildenden Schulen schwer durchsetzbar, solange die erforderlichen Endgeräte nicht zur Verfügung gestellt werden können. Corona hat gezeigt, dass es sogar schwierig werden kann, die Teilnahmepflicht am Präsenzunterricht, die rechtlich Schulpflicht heißt, in Krisenzeiten durchzusetzen. Aber eigentlich ist eine Teilnahmepflicht an Distanzunterricht nichts anderes als die Verpflichtung der Lernenden, Hausaufgaben zu erledigen, die schulrechtlich verankert ist.[128]

128 für Baden-Württemberg: Verordnung des Kultusministeriums über die Notenbildung vom 5. Mai 1983 (Notenbildungsverordnung NVO), zuletzt geändert am 18. Juni 2020

9 Methoden digital geprägten Unterrichts

9.1 Motivation

Natürlich ist Motivation keine Methode, sondern wir haben das Thema *Motivation* im Kapitel über Methoden untergebracht, weil das Ansinnen einer Lehrkraft, Motivation der Lernenden zu erreichen, doch oft eine vorwiegend methodische Herausforderung bedeutet. Mit Motivation bezeichnet man „alle aktuellen Faktoren und Prozesse, die unter gegebenen situativen Anregungsbedingungen zu Handlungen führen und diese bis zu ihrem Abschluss in Gang halten" (Heckhausen 1974, zitiert nach Zech 1977/1996, S. 187). Für jeden Kompetenzaufbau ist Motivation die erste Stufe und Voraussetzung zugleich. Dieser „Lernanstoß" kann „von innen" (intrinsisch) oder „von außen" (extrinsisch) kommen (Zech 1977/1996, S. 182).

Dagegen abgrenzen muss man die Idee der Motivierung. Während Motivation ein persönlicher Grund jedes Individuums ist, weshalb es eine Handlung ausführt, ist mit Motivierung gemeint, dass die Lehrkraft versucht, Gründe zu nutzen oder auch welche zu schaffen, die Motivationen der Lernenden zu erreichen oder zu verstärken, also sozusagen in ihre Interessen und Entscheidungen einzugreifen. Mit dem Begriff Motivation werden Handlungsweisen erklärt, durch Motivierung wird versucht, sie „von außen" zu manipulieren.

Wenn ein Lernender nicht motiviert ist und nicht die Einstellung mitbringt, den Lerninhalt verstehen zu wollen, dann findet kaum ein Kompetenzaufbau statt. Im Idealfall ist es nicht nötig, dass der Lernende motiviert wird, denn der Lerninhalt selbst hat sein Interesse geweckt, aus seiner eigenen Sicht stiftet es Sinn, sich damit zu beschäftigen. Motivierung als aktive oder mediengestützte Handlung der Lehrkraft gelingt eher selten, und wenn, dann erzeugt sie stets extrinsische Motivation, weil sie immer „von außen" kommt. Lernende „intrinsisch zu motivieren" ist nicht möglich und ein Widerspruch in sich.

Intrinsische Motivation

Die Wunschvorstellung wohl jeder Lehrkraft ist, neugierige und wissbegierige Lernende, also für den angebotenen Lerngegenstand intrinsisch motivierte Individuen, zu unterrichten, die sich alle durch dieselben mathematischen Themen zeitgleich begeistern lassen. Man kann diesem unerreichbaren Ideal eventuell ein Stück näherkommen, wenn man die Lernenden mediengestützt auf mathematische Wanderpfade schickt (vgl. Kap. 1) oder digitale Spielformen einsetzt (vgl. Kap. 5.4.1), aber es stellt sich immer die Frage, ob wirklich alle Lernenden intrinsisch motiviert sind, was eigentlich nie der Fall sein wird, oder ob nicht die Verpackung mehr zur Motivation beigetragen hat als der Inhalt.

Dies spricht nicht generell gegen ansprechende Verpackung, sollte aber auch keine übererhöhten Erwartungen wecken, denn extrinsische Motivation führt zu weniger nachhaltigen Lernergebnissen als intrinsische und es gibt genug Konstellationen, in denen man als Lehrkraft schon Beachtliches geleistet hat, wenn die Mehrzahl der Lernenden „überhaupt", also vorwiegend extrinsisch motiviert ist.

Wir gehen also nicht davon aus, dass intrinsische Motivation immer und bei allen Lernenden und dazu noch zeitgleich stattfinden kann. Trotzdem sollte genau das das ideale imaginäre Ziel sein. Wie nahe die einzelne Lehrkraft diesem Ziel kommt, bleibt im spekulativen Bereich. Denn „von außen" lässt sich weder feststellen, was ein Individuum gelernt hat, noch auf welcher Art von Motivation das Lernen gründete.

Fehlende oder mangelnde Motivation

Der Begriff *Motivation* hilft zu erklären, weshalb Individuen Dinge tun. Häufig steht eine Lehrkraft aber vor der Situation, dass Individuen Dinge nicht tun, die die Lehrkraft erwartet. In Präsenzphasen kann sie beim Fehlen von Motivation mit methodischen Mitteln auf die extrinsische Motivation Einfluss nehmen, zum Beispiel durch Belohnungssysteme oder Sanktionen.

In Distanzphasen und bei der Erledigung von Hausaufgaben nimmt die Bedeutung von Motivation und Einstellung der Lernenden zu und der Einfluss der Lehrkraft ab. Damit werden Fragen nach dem Warum der Nichterledigung von Verpflichtungen bedeutsamer, also was einzelne Lernende motiviert, Dinge nicht zu tun, und die Auswirkungen solcher Unterlassungen. Ein Erklärungsmodell, um zu verstehen, weshalb Lernende nicht oder nicht ausreichend motiviert sind zu tun, was ihnen aufgetragen wurde, findet sich bei Groeben/Kaiser 2012. (Abb. 9.1[129]).

Der „Teufelskreis des Misslingens" (Groeben/Kaiser 2012, S. 12) verschafft Klarheit und lässt sich in eine Positivliste überführen:

- Aufgaben sollten über möglichst große individuelle Passung verfügen;
- Aufgaben sollten die Lernenden weder über- noch unterfordern;
- Misserfolge sollten vermieden werden oder nicht direkt erlebbar sein;
- die Erfolgsaussicht sollte im Verlauf nicht schwinden, sondern eher zunehmen;

129 Groeben/Kaiser 2012, S. 16, Abbildung hier in leicht abgewandelter Form

- abnehmender Anstrengungsbereitschaft sollte vorgebeugt oder entgegengewirkt werden;
- mangelnder Lernerfolg darf nicht mit einem Sinken sozialer Anerkennung verbunden sein;
- zunehmender Rückzug und Aggressionen einzelner frustrierter Lernender sollten wahrgenommen und diagnostisch begleitet werden;
- dem zwangsweisen Rückgang an Lerngelegenheiten muss mit Maßnahmen begegnet werden, die einem weiteren Rückgang der individuellen Passung entgegenwirkt, um den Kreislauf nicht in eine Spirale zu führen.

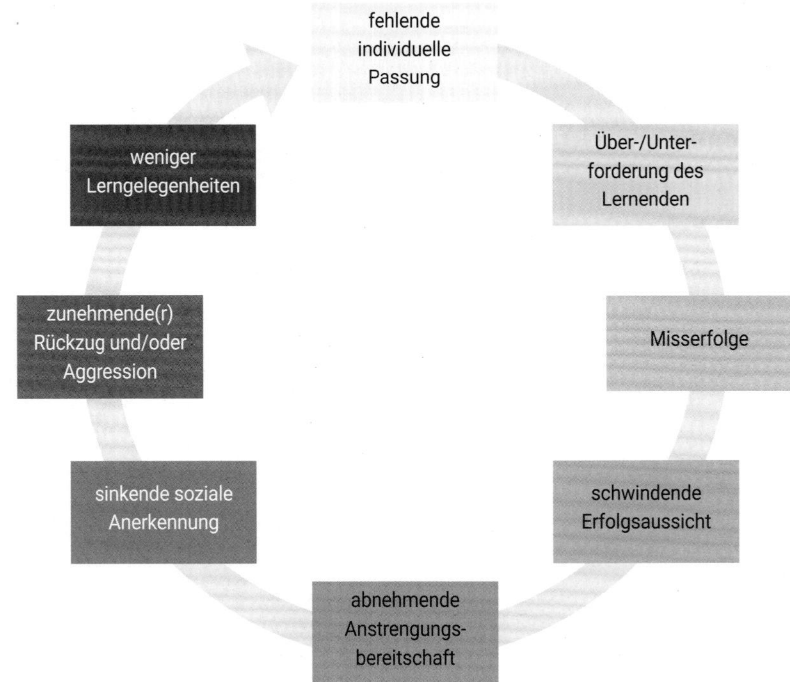

Abb. 9.1: Teufelskreis des Misslingens nach Groeben/Kaiser

Dabei zeigt sich, dass die Lehrkraft insbesondere bei den Aspekten *fehlende individuelle Passung* und *sinkende soziale Anerkennung* den Hebel ansetzen kann, um den Teufelskreis zu durchbrechen. Im Kapitel *6 Differenzierung mit digitalen Mitteln* finden sich einige Anregungen für eine bessere Passung. Trotz gelungener Passung und trotz großer Anstrengungen können schwache Lernende in Leistungsüberprüfungen weiterhin nicht ausreichende Leistungen erreichen, solange Leistungsmessungen sich an einer Sozialnorm orientieren. Alternative Leistungsüberprüfungen wie Portfolioarbeit, Belohnungssysteme und personalisierte Rückmeldungen z. B. über Audio-Feedback durch die Lehrkraft könnten hier hilfreich sein (siehe die Ausführungen zu verbalen Rückmeldungen in Kap. 6.5).

John Atkinson (Rheinberg 2006, S. 71 ff.) beschreibt Motivation als Produkt aus Anreiz und Erfolgswahrscheinlichkeit. Beide Aspekte hängen von der Aufgabenschwierigkeit ab: Subjektiv als zu leicht empfundene Aufgaben sind der Motivation genauso abträglich, wie wenn sie als zu schwer empfunden werden.

Die Passung der Aufgaben muss nicht nur mit dem Leistungsvermögen der Lernenden, sondern auch mit deren Selbsteinschätzung korrelieren (vgl. Hattie 2015, S. 52 f.). Wenn sich Lernende in schülerzentrierten Phasen des individuellen Lernens mit zu leichten Aufgaben zufriedengeben, liegt das meistens daran, dass sie nicht darauf vertrauen, in einem bewertungsfreien Raum zu lernen und zu üben.

Lernende, die sich beobachtet und bewertet fühlen, verhalten sich anders, als wenn sie diese Gefühle nicht hätten. Mit digitalen Mitteln kann den Lernenden einerseits das Gefühl vermittelt werden, „für sich" zu sein und nicht bewertet zu werden. Andererseits gibt es digitale Möglichkeiten, die Kontrolle über das Handeln der Lernenden zu perfektionieren. Aspekte guter Klassenführung (Storz 2020, S. 34 ff.) haben im digitalen Unterricht an Bedeutung eher zugenommen als verloren. Für ein selbstbestimmtes Handeln der Lernenden muss ihnen Verantwortung übertragen werden und die Beziehungen zwischen Lehrkraft und Lernenden müssen die Basis schaffen.

Belohnungssysteme

Belohnungssysteme bedeuten extrinsische Motivation pur und werden deshalb von vielen Lehrkräften kategorisch abgelehnt, weil sie schon dadurch ihren Überzeugungen widersprechen. Der Hintergrund ist oft der, dass diese Lehrkräfte sich trotz Bedenken irgendwann darauf eingelassen und schlechte Erfahrungen gemacht haben. Bald fühlten sie sich auf die Rollen reduziert, auf der Magnettafel Namenskärtchen zu verschieben, Belohnungskärtchen auszuteilen, Berechtigungen zu kontrollieren, und daran gehindert, zu unterrichten.

Lernende und Gruppen Lernender sind sehr sensibel für Unsicherheiten bei Lehrkräften und manchmal wenig rücksichtsvoll, diese auszunutzen. Und so machten manche Lehrkräfte Erfahrungen wie diese, dass einzelne Lernende ihre Aufmerksamkeit darauf konzentrierten, die Lehrkraft zu überprüfen, inwiefern sie das Belohnungssystem fehlerfrei nutzte. Oder sie hatten das Gefühl, sich nicht mit dem beschäftigen zu müssen, was sie gelernt haben und können, sondern damit, Listen zu führen und Punkte zu vergeben.

Wenn Belohnungssysteme digital eingesetzt werden, erhöht sich deren Effizienz und stellt die Lehrkraft von der Verwaltung des Systems frei. Wohl wissend, dass intrinsische jeder Form von extrinsischer Motivation vorzuziehen ist, kann damit die Motivation vieler Lernender mit vergleichsweise geringem Aufwand erhöht werden.

Fleißige Lernende mit geringen mathematikbezogenen Erfolgen bekommen trotzdem positive Rückmeldungen. Mithilfe eines Belohnungssystems können ihnen Erfolgserlebnisse verschafft werden, weil mit Verlässlichkeit, Eigenverantwortung und Fleiß Sonderrechte erworben werden können, zum Beispiel die Erlaubnis, den Unterrichtsraum zu verlassen, um an einem anderen Ort in Ruhe arbeiten zu können. Wenn der Ort innerhalb eines gegebenen Rahmens sogar selbstgewählt ist, erhöht das die erlebte Belohnung, stellt aber auch höhere Anforderungen an die Verantwortung der Lehrkraft.

Voraussetzung ist, dass es diesen Ort gibt. Wenn nur Stühle in kalte Flure gestellt und damit Brandschutzwege verstellt werden oder die Lernenden sich unauffindbar irgendwo im Schulgelände verdrücken, ist das nicht gegeben. Natürlich muss Aufsicht gewährleistet sein, was nicht bedeutet, dass die Lehrkraft jeden Lernenden tatsächlich im Gesichtsfeld haben muss, aber jeder Lernende muss sich beaufsichtigt fühlen, muss also jederzeit mit dem unmittelbaren Auftauchen der Lehrkraft rechnen oder in Blickkontakt stehen, und die Lehrkraft muss wissen, wo er oder sie sich befindet, zumindest ungefähr.

Die Sonderrechte einzelner Lernender motivieren andere Lernende, sich so zu verhalten, dass sie diesen Status ebenfalls erreichen. Wir betonen noch einmal, dass diese Motivation extrinsisch ist, denn die Lernenden beschäftigen sich nicht intensiver mit Mathematik, weil diese sie fasziniert, sondern um Sonderrechte zu erreichen. Die Lehrkraft sollte auch aufmerksam die Entwicklung derjenigen Lernenden beobachten, denen es eben nicht gelingt, einen privilegierten Status zu erreichen. Ein Belohnungssystem funktioniert natürlich nur so lange, als nicht alle belohnt werden, aber dann braucht man auch keines mehr, weil alles super läuft.

Belohnungssysteme haben also ihre Grenzen. Und das ist auch gut so. Denn Ziel von Unterricht kann nicht sein zu konditionieren, sondern konditionierende Methoden müssen behutsam und dosiert eingesetzt werden. Mit Belohnungssystemen kann man kaum prosoziales, positives Verhalten aufbauen, da das Verhalten selten reflektiert wird.

Bestrafungssysteme

Zum Teil werden Belohnungssysteme mit Bestrafungssystemen kombiniert eingesetzt. Es gibt nicht nur Belohnungen oder Status, die mit positiven Merkmalen verbunden sind, sondern auch solche, die mit Sanktionen verbunden sind. Das erinnert schnell an Paukermethoden wie *In die Ecke stel-*

len oder *Galgenmännchen*. Gerade bei solchen Konstellationen sieht sich die Lehrkraft erhöhter Aufmerksamkeit ausgesetzt, ob sie auch „gerecht" handelt, und darf sich keine Fehler erlauben, ohne Probleme mit der Klasse zu riskieren. Werden negative Sanktionen hingegen von einem Programm ausgesprochen, werden sie häufiger akzeptiert, weil die Objektivität der Technik vorausgesetzt wird. Man hält das Computerspiel nicht für ungerecht, wenn man nicht gewinnt, die Lehrkraft schon eher, wenn sie negativ sanktioniert. Trotzdem sollte man sich bewusst sein, dass digitale Spiele zu einem großen Teil auf dem Prinzip *Belohnung und Strafe* basieren und dass man psychologisch betrachtet mit Sanktionen kein positives Verhalten aufbauen kann.

9.2 Erklärvideos

9.2.1 Definition

Technische Medien mit bewegten Bildern, also Filme und Videos, gab es in Zeiten, in denen im Mathematikunterricht ausschließlich analog übertragen wurde, zwar auch schon, sie spielten aber in diesem kaum eine Rolle. Mit dem Einzug digitaler Technik hat sich das geändert. Im Internet findet man eine Vielzahl von Erklärvideos über mathematische Themen. Lehrkräfte sollten sich damit beschäftigen, ob sie diese nun im Unterricht selbst einsetzen oder ob sie nur darüber informiert sein wollen, welche Informationen sich Lernende außerhalb des Unterrichts über Themen holen, die sie nicht ganz verstanden haben.

Erklärvideos werden in der Literatur zum Teil auch als Lernvideos bezeichnet. Diese Bezeichnung vermeiden wir, weil das Format auf einen Wissenszuwachs ausschließlich über Nachvollzug abzielt und wir unter Lernen mehr Selbstaktivität verstehen.

Was versteht man unter einem Erklärvideo? Zunächst sollte man den Begriff *Erklären* klarstellen. Erklären hat im Wesentlichen drei Merkmale (Findeisen u. a. 2019, S. 18):

- Erklären findet als Interaktion zwischen mindestens einem Zuhörenden und einem Erklärenden statt.
- Der oder die Erklärende verfügt über einen Wissensvorsprung.
- Die Erklärung thematisiert Inhalte mit dem Ziel, sie dem, der oder den Zuhörenden verständlich zu machen.

Wenn über Erklärungen gelernt wird, findet übernehmendes Lernen statt. Anders kann es sich verhalten, wenn mit Erklärungen geübt wird, wenn also Verständnislücken geschlossen werden, indem von der erklärenden Person alternative Vorstellungen oder Wege angeboten werden.

„Erklärvideos sind eigenproduzierte, kurze Filme, in denen Inhalte, Konzepte und Zusammenhänge erklärt werden (Erklärvideos im engeren Sinne) oder Tätigkeiten und Prozesse demonstriert und kommentiert werden (Tutorial), jeweils mit der Intention, beim Betrachter ein Verständnis zu erreichen bzw. einen Lernprozess auszulösen" (Findeisen u. a. 2019, S. 18). Die Didaktisierung grenzt Erklärvideos gegen Dokumentarfilme ab. Aufgrund der geringen Dauer erhebt das Erklärvideo auch nicht den Anspruch auf Vollständigkeit, wodurch es sich vom Lehrfilm unterscheidet.

Das Erklären mithilfe eines Videos ist geprägt durch die Verwendung verschiedener Medien, insbesondere von Text und Bild. In Erklärvideos werden die Inhalte oft in Geschichten eingebettet, deren fiktive Akteure sich in ähnlichen Situationen befinden wie die betrachtende Person. Dadurch kann eine Verbindung zwischen Fakten und Emotionen gelingen.

Die Videos können zu jeder Zeit und an jedem Ort genutzt werden, Lernende können sich quasi die Lehrkraft aussuchen, deren Erklärungen sie am besten verstehen, oder überspringen, was sie schon wissen. Sie können die Videos mehrfach oder zusammen mit ihren Eltern oder Mitlernenden anschauen.

9.2.2 Formate

Film

Erklärvideos können perfekt in Ton und Bild wie ein Fernsehfilm mit Drehbuch und Aufbauskizzen erstellt werden; das halten wir im schulischen Umfeld aber nicht für das ideale Format, weil es die Lernenden zu sehr in eine Konsumentenrolle drängt. Außerdem übersteigt die Produktion die Möglichkeiten der meisten Lehrkräfte.

Präsentation

Auch der Aufbau einer Präsentation mit Text wie in einem Vortrag ist für den digitalen Unterricht möglich, aber weniger geeignet, weil er zu wenige Übereinstimmungen mit analogem Unterricht aufweist.

Bildschirmaufzeichnung

Der Bildschirm der erklärenden Person wird als Video aufgenommen und kommentiert.[130] Dies eignet sich vor allem, um neue Software einzuführen. Es können auch Aufzeichnungen von Notiz-Apps oder Präsentationen verwendet werden (vgl. Kapitel 10.3 Präsentationsmedien).

130 Auf Bildschirmaufzeichnungen (Screencasts) wurde im Rahmen der Vorstellung des Konzepts Flipped Classroom schon in Kapitel 8.3 näher eingegangen.

Legetechnik

Ausgeschnittene Comicfiguren, Abbildungen, geometrische Objekte oder Texte werden von Hand auf eine Oberfläche gelegt und verschoben. Die Szenerie wird von einer moderierenden Person, welche nicht zu sehen ist, kommentiert. Dieses Format eignet sich für Mathematik einerseits gut, andererseits birgt sie die Gefahr der vorauseilenden Visualisierung, die eigenes Denken der Nutzer eher behindert.

Improvisation

Mit einfachen Mitteln und weitgehend improvisiert, ohne Drehbuch, ohne Elimination von Versprechern oder Nebengeräuschen, wird einfach das Tafelbild zusammen mit der erklärenden Lehrkraft abgefilmt. Daniel Jung (Jung 2020) gilt als Pionier der Erklärvideos und gehört angeblich zu den weltweit meistgesehenen „Onlinetutoren". Mit seinem minimalistischen Konzept ist er erfolgreich. Im Bild sind nur die Tafel und er selbst zu sehen. Viele seiner Videos halten wir für sehr gelungen. Wir können uns gut vorstellen, dass Lernende zu der Einschätzung gelangen: Der kann das besser erklären als mein Lehrer.

Sketch

Der Sketch kann daraus bestehen, dass zwei Lernende sich gegenseitig ein Problem schildern und ein dritter kommt dazu, der ihnen im Dialog die Lösung des Problems erklärt.[131]

Der eigene Lehrer

Die vielleicht einfachste Variante ist die Aufzeichnung per Webcam, wobei die erklärende Person, also möglichst die Lehrkraft selbst, beim Erklären gefilmt wird. „Die Lehrkraft in dem Video/Audio wiederzuerkennen stärkt Nähe und Beziehung. Es ist ein Ausdruck von Wertschätzung", wenn die Lehrkraft selbst z. B. ein Erklärvideo erstellt hat (Maurer 2021, S. 28). Dabei kommt es nicht auf technische Perfektion an. Im Prinzip filmt sich einfach die Lehrkraft selbst so, wie sie im Präsenzunterricht in belehrenden Phasen agiert.

9.2.3 Erklärvideos im Internet

Viele Erklärvideos, die wir uns 2020/2021 angesehen haben, wären geeignet, uns fachdidaktisch in die weit zurückliegende Vergangenheit zurückzuwerfen. Es könnte zu befürchten sein, dass sich große Probleme ergeben, wenn die Kids grundsätzlich und unkritisch jeder selbsternannten Lehrkraft im Internet mehr vertrauen oder mehr zutrauen als der Mathematiklehrkraft in

131 Zum Beispiel: mathsgear.co.uk/products/non-transitive-grime-dice zu nicht-transitiven Würfeln

der Schule. Wenn sie ihr Handy im Unterricht nicht benutzen dürfen, wird das nicht verhindert, sondern dieser Effekt wird eher verstärkt, weil sie dann von der Lehrkraft räumlich getrennt sind, wenn sie Erklärvideos nutzen. Es bleibt zu hoffen, dass das schon anders ist zum Zeitpunkt, wenn dieses Buch erscheint.

Wir sehen nur die Möglichkeit, als Lehrkraft ganz gezielt hilfreiche und weniger hilfreiche Erklärvideos direkt im Unterricht einzusetzen und damit zu arbeiten und sie zu vergleichen, damit unsere Lernenden selbst Erfahrungen machen und Urteile bilden können, wie gut oder schlecht das jeweilige Video ist, und dessen Bedeutung zu relativieren selbst lernen.

Allerdings ist uns auch aufgefallen, dass viele Videos, die wir zu Anfang der Arbeit an diesem Buch als schlechte Beispiele notiert hatten, bei Redaktionsschluss nicht mehr verfügbar waren. Die Dynamik und Kurzlebigkeit des Internets kann man also durchaus als Optimierungsprozess verstehen.

Man könnte in einem Unterricht mit explizit erlaubter Nutzung digitaler Endgeräte als regelmäßige Phase, zur Differenzierung oder als Impuls einplanen: „Lass dir das jetzt noch einmal von Daniel Jung oder Lehrer Schmidt oder [...] erklären." Daraus könnten Erkenntnisse hervorgehen wie: Erklärvideos sind zum Beispiel sinnvoll, wenn es um das Erlernen oder Erinnern festgelegter Verfahren geht, in anderen Zusammenhängen aber weniger. Oder: Es gibt unterschiedlich gute Erklärvideos. Oder man könnte als ersten Lernschritt des Erkundens vorsehen: „Schau zuerst mal im Internet nach." Nicht nur, wenn es darum geht, Daten zu gewinnen, sondern bei ganz „normalen" mathematischen Themen.

9.2.4 Qualitätsmerkmale für Erklärvideos

Es ist zurzeit noch schwierig, didaktische, fachdidaktische und formale Qualitätsmerkmale für Erklärvideos zu benennen. Zum Beispiel „sollte ein ‚Erklärvideo' keineswegs darauf beschränkt sein, die einzelnen Schritte allein wie eine ‚Rezept'-Anweisung darzubieten" (Barzel/Schreiber 2017, S. 206). Dieses Qualitätsmerkmal wird selten erfüllt, denn Videos sind linear und verleiten schon durch ihre Technik zum Lernen durch Instruktion. Man könnte das von Barzel/Schreiber genannte Qualitätsmerkmal auch so formulieren: Erklärvideos sollten nicht nur beschreiben und vorführen, wie etwas geht, sondern auch begründen, weshalb. Und noch besser ist, wenn ein Erklärvideo auch beschreibt, wie etwas nicht geht oder noch anders gehen könnte. Mit einem linearen Medium können Lösungswege nicht offengehalten werden, aber auch linear können Alternativen aufgezeigt und Begründungen gegeben werden.

Es gibt allerdings eine Anzahl von Studien zu Erklärvideos, aus denen man Qualitätsmerkmale herausarbeiten und ableiten kann (Findeisen u. a. 2019,

S. 17). Und auf Internetportalen wie Mebis (**Me**dien, **Bi**ldung, **S**ervice) findet man Qualitätsmerkmale für Erklärvideos.[132] Diese können helfen, passende Erklärvideos für den Unterricht auszusuchen, und auch bei der Produktion eigener Videos unterstützend wirken. Wir können uns vorstellen, die Erstellung von Erklärvideos in die schulische Leistungsmessung einfließen zu lassen, und spätestens dann bedarf es verbindlicher Qualitätsmerkmale.

Segmentierung

In einem Erklärvideo sollte ein konkretes, eng gefasstes Thema in kurzer Zeit möglichst umfassend präsentiert werden. Empirische Studien legen nahe, dass ein Erklärvideo nicht länger als sechs Minuten dauern sollte.[133] Es bietet sich an, dass man komplexere Themen in einzelne Videos unterteilt, also weiter segmentiert. An geeigneter Stelle sollte dann eine kurze Zusammenfassung angeboten werden, da sich dies positiv auf die Behaltensleistung der Lernenden auswirken kann. Playlists, also Verweise auf Stellen, an denen es weitergehen könnte, können dann den Zusammenhang herstellen.

Die Kunst liegt dabei in der Festlegung der Segmente. Wir haben Videos gefunden, auf denen in knapp 10 Minuten die ganze Bruchrechnung abgespult wird, gestützt auf eine einzige Grundvorstellung, frei von jeglicher Erklärung und Anschaulichkeit, nicht frei von fachlichen Ungenauigkeiten oder Fehlern. Solche Videos müssen sich einen Vergleich gefallen lassen: So wurde in den 1960er-Jahren an vielen Gymnasien Mathematik gelehrt.

Segmentieren ist in Verruf geraten. „Die Didaktik der Segmentierung [...] erzeugt Stoffdruck und Frust" (Ruf/Gallin 2011, S. 61/62). Segmentieren bedeutet, dass der Lernstoff von der Lehrkraft aus ihrer Perspektive der Rückschau in Einzelteile zerlegt und bei den Lernenden wie ein Haus Stein für Stein aufgebaut wird. Entstehen Lücken, dann wird das Haus instabil, sofern es nicht gelingt, sie zu schließen (Jung 2020, S. 36).

Im digitalen Mathematikunterricht kommt dem Segmentieren eine neue Bedeutung zu. Die Segmente werden nicht einer großen Gruppe Lernender gleichzeitig zum Nachvollzug vorgesetzt, sondern jeder einzelne Lernende nutzt nur die Segmente, die für ihn persönlich relevant sind in der von ihm präferierten Reihenfolge. Die fehlenden Bausteine werden also in einem Zusammenhang ausgewählt, in dem bezüglich der vorhandenen Bausteine bereits eine Perspektive der Rückschau eingenommen worden ist. Weil es damit dem Qualitätsmerkmal *Differenzierung* (vgl. Kap. 4.3) dient, bekommt das ehemalige Schreckgespenst *Segmentierung* ein neues, freundlicheres Gesicht.

132 vgl. mebis-Redaktion (2021), Qualitätskriterien von Erklärvideos, in: mebis – Landesmedienzentrum Bayern, URL: https://www.mebis.bayern.de/p/70182, abgerufen am 22. Dezember 2021

133 vgl. Findeisen u. a. S. 16–36

Inhaltliche und didaktische Fundiertheit

Der Anspruch inhaltlicher und didaktischer Fundiertheit (vgl. Kap. 4.3) muss an jedes Erklärvideo gestellt werden. Die Inhalte müssen fachlich richtig und didaktisch sinnvoll[134] dargeboten werden.

- Der Satz des Pythagoras lautet eben nicht „$a^2 + b^2 = c^2$“ und ist auch nicht mit der Eselsbrücke „$kurz^2 + kurz^2 = lang^2$“ besser erklärt,
- das Kürzen von Brüchen ist mit einer Vorstellung des Dividierens eben nicht hinreichend erklärt,
- Erweitern von Brüchen grundsätzlich auf das Produkt aller Nenner ist eben nicht verständnisbasiert,
- die Benutzung des Geodreiecks kann man eben nicht lernen, indem man die Weite von Winkeln immer abliest, wenn der Scheitel in einem Gitterpunkt von Karopapier und ein Schenkel immer auf einer waagrechten Linie liegt und dann unerwähnt bleibt, dass und weshalb das Geodreieck zur Ablesung zwei Winkelweiten anbietet.
- Was Bruchzahlen sind, versteht man eben eher nicht, wenn man erfährt, dass die Zahl über dem Strich Zähler heißt und die Zahl unter dem Strich Nenner; auch dann nicht, wenn sie mit unterschiedlichen Farben geschrieben werden.
- Wer den Suchbegriff „Gleichung lösen“ eingibt, dem ist eben nicht unbedingt geholfen, wenn dann eine quadratische Gleichung auftaucht, die mit der pq-Formel gelöst wird; Anlass der Recherche war vielleicht nur, dass von einem Siebtklässler das Modell mit der Waage nicht verstanden wurde.

Linearität

Wer Erklärvideos erstellt oder nutzt, muss sich der Linearität des Mediums bewusst sein. Wenn es zum Lernstand des Adressaten passt, kann ein gut gemachtes Erklärvideo als digitale Form des Lehrervortrags dennoch einen deutlichen Qualitätsgewinn ermöglichen, weil das Video von den Lernenden individuell genutzt werden kann genau dann, wenn der einzelne Lernende es braucht oder es ihn weiterbringen kann. Das Medium Lernvideo ermöglicht zeitlich unabhängig eine zielbezogene Nachfrage nach Erklärungen.

Auf den ersten Blick können Erklärvideos wie aufgezeichneter Frontalunterricht aussehen. Aber Frontalunterricht sind sie nicht. Denn das Merkmal, dass die Lehrkraft scheinbar Fragen stellt und den Verlauf der Stunde mithilfe der Bewertung erwünschter und unerwünschter Antworten lenkt, um am Ende dort anzulangen, wo sie hinmöchte, entfällt komplett. Ein Erklärvideo kann oft besser als Frontalunterricht erklären, weil ihm diese Pseu-

134 Alle folgenden Beispiele basieren auf Funden im Internet, die wir wegen ihrer Flüchtigkeit aber nicht einzeln zitieren.

dokommunikation fehlt und weil die Lehrkraft von vorneherein weiß, dass sie darbietet und sonst nichts.

Eine wirksame Strategie, solche Linearität zu erreichen, ist, grundsätzlich jeden Begriff zu erklären, der verwendet wird, also die Annahme, dass nichts von dem, was erklärt werden soll, schon bekannt ist (Jung 2020, S. 32), und alle Fachbegriffe übersetzt werden.

Videoperspektive

Wenn die erklärende Person Handlungen durchführt, sollten diese aus der Perspektive des Erklärenden aufgenommen werden. Damit ist kein Perspektivenwechsel nötig und die Lernenden schauen der erklärenden Person quasi über die Schulter wie der an der Tafel agierenden Lehrkraft im analogen Unterricht. Die erklärende Person wiederum berücksichtigt die Perspektiven der Lernenden, indem sie die Erklärungen auf Grundvorstellungen aufbaut und diese benennt.

Klarheit und Korrektheit

Um den Einstieg in das Thema zu erleichtern, sollte dieses klar benannt werden. Hierzu sind ein aussagekräftiger Titel und eine Beschreibung des Inhalts hilfreich. Es bietet sich an, dass sie es in einen Gesamtzusammenhang einbettet und die Adressatengruppe erkennbar macht, wenn die moderierende Person zu Beginn des Videos in das Thema einführt. Natürlich sollten die Inhalte fachlich korrekt dargestellt werden. Eine Herausforderung hierbei ist, dass die Videos zeitlich begrenzt sind und es daher zu Verkürzungen kommt, die dazu führen können, dass Zusammenhänge unpräzise beziehungsweise verfälscht dargestellt werden. Klarheit und Korrektheit besitzen hohe Übereinstimmungen mit dem Qualitätsmerkmal *Inhaltliche und didaktische Fundiertheit* (vgl. Kap. 4.3).

Person und Sprache

Nicht zu unterschätzen sind sogenannte emotionale Faktoren wie das Auftreten der Person im Video, deren Aussehen, die Stimmfarbe oder der Enthusiasmus beim Darlegen der Inhalte. Studien legen nahe, dass erklärenden Personen, die älter sind, mehr Kompetenz zugeschrieben wird als gleichaltrigen, was sich positiv auf den Lernerfolg auswirkt (Findeisen u. a. 2019, S. 30). Wichtig ist in jedem Fall, dass die moderierende Person authentisch wirkt.

Wird ein Erklärvideo aus emotionalen Gründen abgelehnt, hat das Auswirkungen auf die Auseinandersetzung mit den mathematischen Inhalten. Ebenfalls von Bedeutung ist die deutliche und standardsprachliche Aussprache der moderierenden Person. Hinzu kommt, dass einerseits Fachsprache verwendet werden sollte, dies jedoch dazu führen kann, dass die Lernenden den Inhalt nicht verstehen und Alltagssprache fachlich nicht richtig ist. Eine adressatengerechte Sprache ist zwar von großer Bedeutung, sollte aber nicht dazu führen, dass die Inhalte nicht mehr korrekt dargestellt werden. Das Sprachniveau sollte im Allgemeinen nicht zu komplex sein. Wichtig hierbei sind einfacher Satzbau und die Vermeidung von Fremdwörtern. Eine ausgewogene Balance von Alltags-, Bildungs- und Fachsprache ist in Erklärvideos noch wichtiger als im Präsenzunterricht, weil die per Video erklärende Person auf keinerlei Rückmeldungen der Lernenden zugreifen kann.

Visualisierung der Inhalte

Durch unterschiedliche Darstellungsformen werden die Lernenden über unterschiedliche Kodierungskanäle angesprochen. Hierbei sollte das Gesagte mit dem Gezeigten immer übereinstimmen. Eindeutige Symbole und Grafiken tragen zum Verständnis bei. Visualisierungen sollten groß im Bild sichtbar sein und unnötige Animationen vermieden werden, da diese zu einer Überfrachtung führen können. Die Ästhetik und die Nutzerfreundlichkeit des Designs wirkt sich positiv auf die Emotionen, die Motivation und den Lernerfolg der Lernenden aus (Findeisen u. a. 2019, S. 30). Die erklärende Person sollte souverän zwischen der enaktiven, ikonischen und symbolischen Abstraktionsebene wechseln.

Einsatz interaktiver Elemente

Fast alle Erklärvideos sind linear aufgebaut und erfordern kaum Eigenaktivität der Lernenden. Allerdings belegen Studien, dass interaktive Elemente in Erklärvideos einen positiven Effekt auf den Lernerfolg haben können (Findeisen u. a. 2019, S. 30). Dadurch wird den Lernenden eine aktive und individuelle Verarbeitung der Lerninhalte ermöglicht. Mehr oder weniger aufwendige interaktive Elemente können zum Beispiel die folgenden sein (Findeisen u. a. 2019, S. 20):

- Kontrolle der Videowiedergabe (Reihenfolge, Wiedergabegeschwindigkeit, Pausen, Überspringen, Zurückspulen ...);
- Segmentierung (Aufteilung in kürzere Videoabschnitte);
- Inhaltsverzeichnis und Index (eigenständige Auswahl relevanter Abschnitte);
- Manipulation (Zoomen, Objekte bewegen ...);
- Hervorhebung (farbliche Markierung, Einblendung von Schlüsselbegriffen ...);
- Zuordnung von Notizen zu einzelnen Videoszenen;
- Zusatzmaterial (Verweis auf weitere Quellen durch Hyperlinks);
- Evaluation (Quizfragen ...).

9.2.5 Erklärvideos im häuslichen Lernen

Erklärvideos können und werden von Lernenden zu Hause aktiv eingesetzt. Nach einer Umfrage aus dem Jahr 2017 haben 45 % der Internetnutzer ab 14 Jahren schon einmal ein Video-Tutorial angesehen.[135] Bei einer Umfrage, welche bereits 2012 publiziert wurde, gaben 62 % von 250 Schülerinnen und Schülern an, Videos zur Vorbereitung auf Klausuren oder für Referate zu verwenden (Rummler u. a. 2012, S. 262). Trotzdem hat sich der Lernerfolg der Lernenden nicht signifikant verbessert. Das könnte daran liegen, dass die Lernenden mit den Videos überwiegend allein gelassen wurden. Das Schauen von Erklärvideos will gelernt sein. Dabei können oben genannte Qualitätskriterien eine Hilfe sein.

Es bietet sich an, dass die Lehrkraft gelungene Erklärvideos auswählt und zum Beispiel auf einem Lern-Management-System bereitstellt. Dabei sollten nicht alle Videos auf einmal bereitgestellt werden, sondern nach Bedarf, um eine Überfrachtung zu vermeiden. Als Wiederholung und Unterstützung für die Vorbereitung auf Leistungsüberprüfungen können Videos mithilfe von QR-Codes (vgl.: Kapitel 5.3.1 „Interaktive Checklisten") eingesetzt werden.

Nachteil der unbeaufsichtigten Nutzung von Erklärvideos im Internet ist, dass die Lernenden ständigen Ablenkungen ausgesetzt sind: „Auf Basis eines Algorithmus werden neue Videos angezeigt, die besonders reizvoll erscheinen, und das sind in der Regel keine Bildungsinhalte" (Google 2021b, S. 20). Außerdem sind die wenigsten Erklärvideos bisher werbefrei.

9.2.6 Erklärvideos im Unterricht

Erklärvideos können auch im Präsenzunterricht verwendet werden. Damit sind neue Aufgaben auf die Lehrkräfte hinzugekommen: „Videos sichten, kuratieren, nach pädagogischen und didaktischen Kriterien filtern" (Google 2021b, S. 20). Statt ständig dieselben Inhalte selbst zu erklären, kann die Lehrkraft Videos empfehlen. Die Lernenden können diese wiederholt anschauen, zurückspulen, Passagen überspringen und anhalten.

Eine Möglichkeit ist, sie als Differenzierungsmaßnahme einzusetzen. Es bietet sich beispielsweise an, in Übungsphasen hilfreiche Erklärvideos mit einem QR-Code zugänglich zu machen. Dieses Vorgehen ergibt natürlich nur dann Sinn, wenn die Lernenden Zugang zum Internet und zu einem mobilen Endgerät haben.

---

135 vgl.: Bitkom: Nachhilfe im Netz; Steigende Nutzerzahlen für Video-Tutorials. 2017, URL: https://www.bitkom.org/Presse/Presseinformation/Nachhilfe-im-Netz-Steigende-Nutzerzahlen-fuer-Video-Tutorials.html, abgerufen am 02.01.22

9.2.7 Erklärvideos erstellen

Viele Lehrkräfte schrecken davor zurück, eigene Erklärvideos zu produzieren. Das mag zum einen daran liegen, dass es bereits viele Erklärvideos auf dem Markt gibt. Diese sind teilweise professionell produziert und setzen die Maßstäbe. Manche Lehrkräfte scheuen den vermeintlich hohen Zeitaufwand oder denken, dass man viel Ausrüstung beziehungsweise komplizierte Software benötigt. Das ist aber nicht der Fall.

Streng genommen reichen ein mobiles Endgerät (Tablet oder Smartphone) und ein Stativ. Man kann das Stativ sogar durch eine improvisierte Auflagemöglichkeit zum Beispiel mithilfe von zwei Bücherstapeln und einem Grillrost ersetzen (Abb. 9.2). Wenn man die Videofunktion des mobilen Endgeräts nutzt, ist nicht einmal eine besondere Beleuchtungseinrichtung nötig.

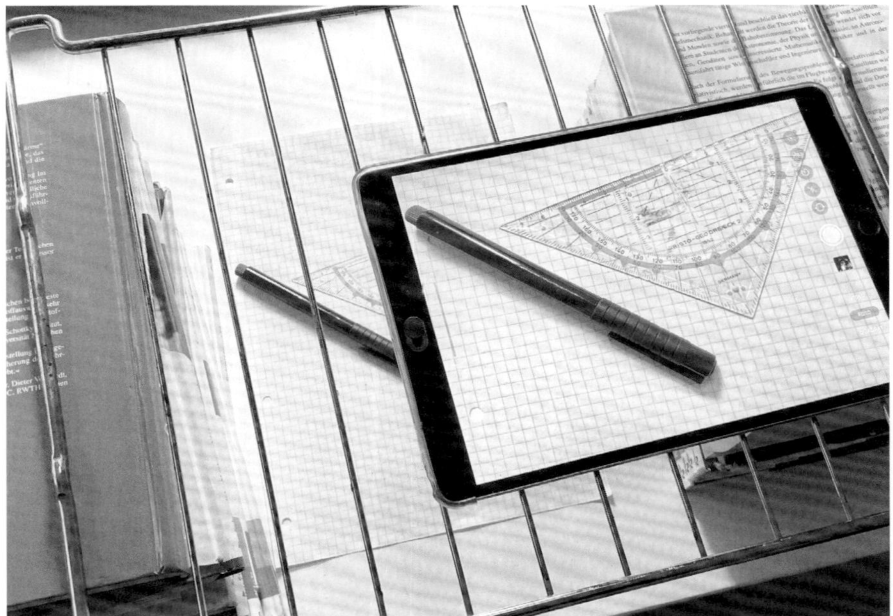

Abb. 9.2: Improvisiertes Aufnahmestudio

Wichtig bei der Aufnahme ist, dass man nicht zu perfektionistisch vorgeht. Im Unterricht sind Versprecher und Füllwörter der Normalfall. Es kommt auch schon einmal vor, dass am Schulgebäude ein Krankenwagen vorbeifährt und im Hintergrund zu hören ist. Wer all diese Störfaktoren ausschließen möchte, ist unter Umständen sehr lange mit der Aufnahme beschäftigt.

Daniel Jung[136] zum Beispiel nimmt sich zwanzig Minuten Zeit für die Aufnahme neuer Inhalte: „Vier bis sechs Minuten. Länger nicht." Er arbeitet ohne Schnitt, schaltet die Kamera ein und dann dauert es zwei, drei Sekunden, bis er im Bild ist und beginnt. „Videos so schlicht wie möglich gestalten: ohne Effekte, ohne didaktische Spielchen. Einfach nur Mathe." Minimalstil: „Weiße Tafel, Stift. Keine Vorrede, kein Nachwort. Einfach nur: Thema. Erklären. Rechnen" (Jung 2020, S. 42).

Ist das Video aufgenommen, kann es mithilfe einer Software oder einer App nachbereitet werden. Vor allem Apps sind mittlerweile so aufgebaut, dass diese intuitiv zu bedienen sind. Verfügt die Schule über ein Lern-Management-System, kann das Video auf dieses hochgeladen werden und ist somit den Lernenden direkt zugänglich. Sollte dies nicht der Fall sein, kann man es auf eine Videoplattform hochladen und den Lernenden den Link zugänglich machen.

Es ist sinnvoll, dass man sich hierfür ein wenig mit der jeweiligen Videoplattform auseinandersetzt. Teilweise kann man die Zugriffsrechte einschränken oder man kann das Video mit einem Passwort sichern, kann Kommentare zulassen oder eben nicht.

Natürlich kann man die Videoproduktion verbessern und professionalisieren. Möchte man häufiger eigene Erklärvideos erstellen, lohnt es sich, in ein vernünftiges Mikrofon zu investieren, denn schlechte Tonqualität kann sehr störend sein. Trotz des oben stehenden Tipps für Einsteiger (Abb. 9.2) kommt man schnell zu der Überzeugung, dass es sich auch lohnt, ein Stativ zu kaufen.

Eine weitere Möglichkeit, Erklärvideos zu erstellen, ist die bereits erwähnte Aufzeichnung des Bildschirms (Screencast). Einige Tablets verfügen bereits über eine integrierte Funktion für Bildschirmaufzeichnung. Sobald man die Aufnahme startet, kann man mithilfe eines Eingabestifts, welcher mit dem Tablet gekoppelt ist, und einer Notizapp mit dem Erklärvideo beginnen. Das integrierte Mikrofon wird automatisch gestartet und zeichnet den Ton auf. Für Screencasts mit PC oder Laptop ist oftmals zusätzliche Software nötig.

Als erklärende Person nimmt man am besten sich selbst. Das ist der Kern des Konzeptes von Daniel Jung, und für dieses Format ist ein Stativ dann zwingend nötig. Weil das mobile Endgerät zu weit von der vortragenden Person entfernt ist, sollte ein externes Mikrofon zum Einsatz kommen. Der Stift sollte im Bild und die Schrift gut zu erkennen sein, es sollten keine Spiegelungen auftreten und man sollte nicht über den Bildrand hinausschreiben. Das liest sich nach größerem Aufwand, der aber dann entfällt, sobald man sich ein-

136 Nach eigenen Angaben gilt er derzeit als der meistgesehene Mathe-Online-Educator in Europa und als einer der meistgesehenen weltweit mit 180 Millionen Views (Stand 2019), prognostiziert für das Jahr 2022 eine Milliarde Views (Jung 2020, S. 28).

mal einen Ort, also quasi ein kleines Aufnahmestudio, so eingerichtet hat, dass die qualitativen Ansprüche erfüllt werden.

9.2.8 Videoproduktion im Unterricht

Eine weitere Möglichkeit ist, dass Lernende in Gruppenarbeit eigene Erklärvideos erstellen. Dies ist vor allem deshalb sinnvoll, weil sich die Lernenden intensiv mit dem mathematischen Inhalt auseinandersetzen müssen. Um etwas erklären zu können, muss man es verstanden haben. Daher bietet sich diese Möglichkeit vor allem als Wiederholung von bereits Gelerntem an.

Die Lernenden brauchen dafür aber Anleitung. Ein Artikulationsschema für zwei Doppelstunden zur Produktion von Erklärvideos im Unterricht könnte in etwa so aussehen:

- Aufnahme eines Spontanvideos,
- Reflexion über Stärken und Schwächen des Videos in der Gruppe,
- Schreiben eines Drehbuchs,
- Probedreh,
- Vorlage bei der Lehrkraft,
- Adaption des Drehbuchs,
- finaler Dreh.

Die oben vorgestellten Qualitätsmerkmale können hierbei für die Lernenden als Hilfestellung dienen. Allerdings sollte man berücksichtigen, dass diese projektartige Methode viel Zeit beansprucht und eine intensive Planung seitens der Lehrkraft voraussetzt. Es kann daher sinnvoll sein, die Produkte, für die viel Unterrichtszeit aufgewendet wurde, auch zur Leistungsmessung heranzuziehen. Hierbei können die Qualitätsmerkmale als Bewertungsraster verwendet werden.

Vor allem das Format Legetechnik bietet sich an, weil dabei die Lernenden nicht auf dem Video zu sehen sind. Auch ein Screencast ist denkbar, setzt jedoch mehr technisches Wissen bei den Lernenden voraus. Schülerinnen und Schüler vor die Tafel zu stellen und dabei zu filmen, wie sie etwas erklären, ist nicht empfehlenswert, weil sie darauf zu erkennen sind (vgl. Kapitel 7.3 „Das Recht am eigenen Bild“) und weil es sie sehr viel Mut und Überwindung kosten wird.

9.2.9 Qualität der Lernaktivitäten

Unseren Beobachtungen zufolge werden digitale Medien bislang im Unterricht bevorzugt so eingesetzt, dass sich die Lernenden weitgehend in einer passiven Rolle wiederfinden. Es gilt aber als erwiesen, dass Lernen umso nachhaltiger ist, je mehr es mit Eigenaktivitäten der Lernenden verbunden ist. Diese Erkenntnis gab es schon lange bezogen auf analogen Unterricht: Wir behalten

- 10 % von dem, was wir lesen,
- 20 % von dem, was wir hören,
- 30 % von dem, was wir sehen,
- 50 % von dem, was wir hören und sehen,
- 70 % von dem, was wir selbst sagen, also erklären,
- 90 % von dem, was wir selbst tun.

Diese häufig zitierte Stufung ist allerdings nicht bewiesen und bezieht sich ausschließlich auf Gedächtnisleistung, ist lediglich ein Modell oder eine Hypothese, das uns dazu anleitet, möglichst vielfältige Kommunikationskanäle zu nutzen, und uns an die Effektivität von Eigenaktivität beim Lernen erinnert.

Das ICAP-Modell (Chi/Wylie 2014) konkretisiert eine ähnliche Stufung auf den Einsatz digitaler Medien als Hypothese. ICAP steht für unterschiedliche Qualitäten des Einsatzes digitaler Medien:

- interaktiv *(interactive),*
- konstruktiv *(constructive),*
- aktiv *(active),*
- passiv *(passive)*

in absteigender Reihenfolge der kognitiven Aktivierung (vgl. Abb. 9.3).

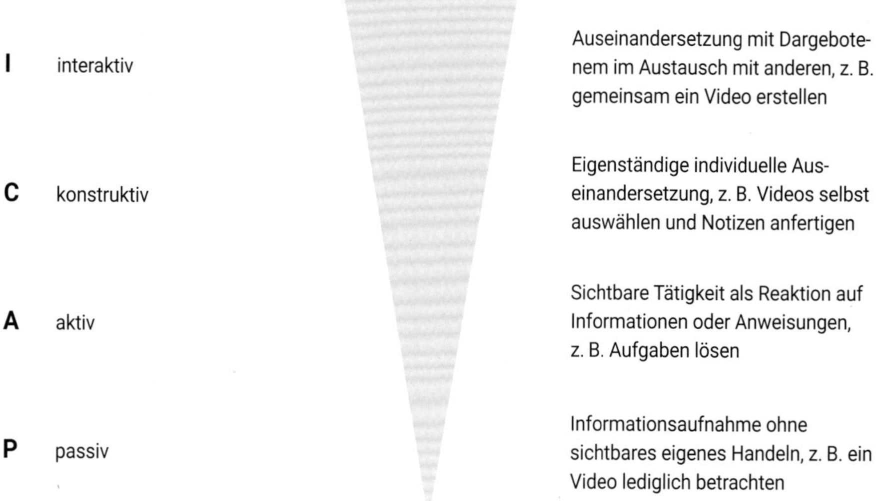

Abb. 9.3: Stufen der Lernaktivierung ICAP

Passiver Einsatz digitaler Medien beschränkt sich darauf, dass die Lernenden Wissen aufnehmen, indem sie zuschauen und hören, und selbst keine beobachtbaren Handlungen vornehmen. Beim aktiven Einsatz kommt es zu beobachtbaren Handlungen der Lernenden, zum Beispiel dass sie gestellte Aufgaben lösen, aber sie erstellen nicht eigeninitiativ neue Informationen. Beim konstruktiven Einsatz kommen eigene Initiativen hinzu. Den gestaltenden Charakter kann man bereits daran erkennen, dass sich die Lernenden Notizen machen oder eigene Ideen entwickeln. Erst interaktiver Einsatz digitaler Medien ist kommunikativ und kooperativ, weil hier konstruktiv und im Dialog argumentativ agiert wird.

Genau ein solcher interaktiver Einsatz digitaler Medien kann stattfinden, wenn Lernende im Unterricht gemeinsam Erklärvideos erstellen, gemeinsam nutzen und gegenseitig bewerten. Das kann die Lernenden aus einer Konsumentenhaltung herausführen, und sie erwerben selbstaktiv Fortschritte in den Kompetenzen *Mathematisch kommunizieren, Mathematisch argumentieren* und *Mathematische Darstellungen verwenden.*

Wenn eine Gruppe in der Schule ein Erklärvideo dreht, werden Phasen der kreativen Planung, der Durchführung und Darstellung durchlaufen. Lernende stellen ihre Videos der Klassengemeinschaft bei Bedarf zur Verfügung. Für Lernende, die sich kaum trauen, mündliche Beiträge vor ihren Klassenkameraden zu leisten, ist dies auch eine Chance, mathematische Fachsprache in einem geschützten Raum anzuwenden.

Durch die selbstaktive Beschäftigung mit Videos entdecken Lernende den Markt für Lernvideos in verschiedenen Sprachen. Denn Videos zu Inhalten deutscher Schulbücher sind in deutscher Sprache verfasst, aber das Internet ist an keine Sprache gebunden. Der kulturellen und sprachlichen Heterogenität entsprechend können Videos in verschiedenen Sprachen aufgezeichnet und genutzt werden, und die Interkulturalität wird dabei gestärkt.

Ein großer Gewinn kann sich auch ergeben, wenn Lernende als Hausaufgabe Erklärvideos produzieren. Eine solche Hausaufgabe kann man nicht abschreiben. Werden Videos aus Unterricht und Hausaufgaben allen zugänglich gemacht, so kann jeder Lernende und jede Lernende bei Bedarf die Erklärungen parallel Lernender anschauen. Auf YouTube findet man zwar Videos, in denen Themen erklärt werden. In Hausaufgabenvideos werden aber konkrete Aufgaben aus dem Unterricht und der Hausaufgabe erklärt und das ist für viele hilfreicher.

9.3 Videokonferenz

Bei einer Videokonferenz werden mithilfe von digital übertragenem Bild und Ton synchron Informationen ausgetauscht. Die kommunizierenden Personen befinden sich also an unterschiedlichen Orten, sind aber gleichzeitig verbunden. Gerade Letzteres ist für Unterrichtszwecke oft schwer zu organisieren, weil die Konferenzen in die Tagesabläufe zahlreicher Familien eingreifen und weil die Teilnehmenden an ihren Lernorten völlig unterschiedliche Bedingungen vorfinden. Nicht alle Lernenden verfügen über einen Rückzugsraum, und Eltern könnten etwas dagegen haben, wenn beim Nachbarskind die Eltern dabeisitzen und mitbekommen könnten, wie unbeholfen oder fehlerhaft sich das eigene Kind äußert.

Für eine Videokonferenz sind pro Teilnehmer mindestens eine Kamera, ein Mikrofon, ein Bildschirm und ein Lautsprecher bzw. Kopfhörer notwendig. In den meisten mobilen Endgeräten sind diese Bauteile bereits integriert. Wird ein PC oder Tablet zur Übertragung der Daten verwendet, werden auch die Begriffe Webkonferenz oder Online-Meeting verwendet. Im schulischen Kontext ist die Webkonferenz die übliche Form der Videokonferenz. Der Vorteil hierbei ist, dass die präsentierende Person den Bildschirm von PC oder Tablet teilen kann. Auch die Nutzung von Präsentationsmedien (vgl. Kap. 10.3) ist möglich.

Neben der oben beschriebenen Hardware (Bildschirm, Kamera ...) ist eine entsprechende Software notwendig. Man spricht in diesem Zusammenhang auch von Videokonferenztools. Diese gibt es von verschiedenen Anbietern und sie unterscheiden sich in ihrer Funktionalität (Chat-Funktion, Anzahl der Teilnehmenden ...), dem Preismodell (kostenfrei oder kommerziell) und dadurch, ob eine gesonderte Software notwendig ist.

In der Regel erstellt die moderierende Person, „Host“ (engl. für Gast) genannt, einen virtuellen Konferenzraum. Dabei legt sie fest, welche Rechte die teilnehmenden Personen haben sollen: Präsentationsrecht, Rederecht (für alle, auf Zuteilung, auf Anforderung, durch Weitergabe). Ist der Raum erstellt, kann man über einen Internetlink an der Konferenz teilnehmen. Der Raum kann mit einem Passwort geschützt werden, um ungebetene Besucher fernzuhalten.

Fernunterricht

Das Problem bei Fernunterricht ist, dass der Aufbau der meisten Videokonferenztools zu sehr frontal orientierten Unterrichtskonzepten verleitet. Das folgende Artikulationsschema kann helfen, Lernende während Webkonferenzen zu beteiligen und zu aktivieren.

- *Vorbereitung:* Wie im analogen Unterricht ist die Vorbereitung essenziell. Auch im Fernunterricht müssen Ziele definiert werden und zielführende

Methoden und Medien ausgewählt werden. Hinzu kommt ein Technik-Check. Wie funktioniert das Videokonferenztool? Wo stelle ich mein Mikrofon hin und wo stumm? Wie lade ich eine Präsentation hoch? Es empfiehlt sich, in ein gutes Mikrofon zu investieren und zu überprüfen, was man eigentlich im Hintergrund sieht, bevor man die Kamera einschaltet.

- *Ankommen:* Die Lernenden werden zu verschiedenen Zeitpunkten eintreffen. Um die Zeit zu überbrücken, bis alle da sind, wird den Wartenden etwas angeboten. Dies kann eine Begrüßungsfolie sein, auf der kleine digitale Spielereien[137] hinterlegt sind. Diese können mit QR-Codes versehen werden, damit die Lernenden sie niederschwellig wahrnehmen können.
- *Input:* Beim Input[138] stellt die Lehrkraft ein Thema oder eine Problemstellung vor. Hierfür werden häufig Präsentationsmedien verwendet und über die Bildschirmfreigabe mit den Lernenden geteilt. Der Input sollte möglichst kurz sein. Fragen sollten erst im Anschluss oder in den Chat gestellt werden, damit diese kurze frontale Phase sich nicht in Details verliert. Für die Lehrkraft ist das herausfordernd, weil sie dabei in eine Leere hineinspricht und kein direktes Feedback von den Lernenden bekommt.
- *Bearbeitung der Problemstellung oder von Übungsaufgaben:* Nachdem die Thematik/die Problematik dargelegt worden ist und offene Fragen geklärt worden sind, können die Lernenden die Problemstellung bearbeiten oder in eine Übungsphase übergehen. Dies ist in Einzelarbeit möglich, wobei die Lehrkraft über die Chat-Funktion oder auch verbal Hilfestellungen geben kann. Manche Videokonferenztools ermöglichen sogenannte Breakoutrooms. Das sind virtuelle Gruppenräume, die die Lehrkraft zufällig oder auch gezielt den Lernenden zuweist. Diese können in solchen Räumen die Aufgabenstellung gemeinsam bearbeiten und die Funktionen des entsprechenden Videokonferenztools nutzen. Die Lehrkraft kann wie im analogen Unterricht die einzelnen Gruppen besuchen und gegebenenfalls unterstützen. Außerdem ist es möglich, die Gruppenarbeit nach einer vorgegebenen Zeit oder auch manuell zu beenden.
- *Sammeln der Ergebnisse:* Wenn die Lehrkraft nun in die Leere fragt: „Was habt ihr herausgefunden?“, wird sie wahrscheinlich Schweigen ernten. Einige Videokonferenztools bieten digitale Umfragen an. Die Lehrkraft kann eine Frage stellen, mehrere Antwortmöglichkeiten vorgeben und

137 Das können themenbezogene Spiele (learningapps.org) oder ein Quiz sein. Möglich sind auch Kleinigkeiten, die nichts mit dem Thema oder Mathematik zu tun haben. Eine große Auswahl diesbezüglich findet man auf der Homepage internetquatsch.de von Nele Hirsch.

138 vgl.: eBildungslabor: Überblick über 8 Webinar-Formate – und wie man sie erfolgreich gestaltet. URL: https://ebildungslabor.de/blog/webinare/, abgerufen am 22.12.21

die Lernenden können anonym antworten. Die Umfrage wird unmittelbar ausgewertet und bietet einen Gesprächsanlass. Eine weitere Möglichkeit ist der sogenannte Chatwasserfall. Hierbei wird den Lernenden eine Frage gestellt. Die Antwort sollen sie per Chat eintippen, aber noch nicht absenden. Auf ein Kommando senden alle Lernenden ihre Antwort gleichzeitig ab. So wird verhindert, dass abgeschrieben wird, die Lehrkraft hat eine Rückmeldung, wer aktiv an der Konferenz teilnimmt, und Gesprächsanlässe werden geschaffen. Schließlich kann sich die Lehrkraft über andere Kanäle (E-Mail, Direktnachricht im Chat, digitale Pinnwände (vgl. Kapitel 11.1) die Arbeitsergebnisse der einzelnen Lernenden zusenden lassen. Diese können dann aufgegriffen und diskutiert werden.

- *Abschluss:* Wie im analogen Unterricht ist auch im Fernunterricht ein gemeinsamer Abschluss notwendig, ein Ausstieg. Dieser kann individuell gestaltet werden, indem z. B. das Wesentliche der Stunde noch einmal zusammengefasst oder ein Lernergebnis gesichert wird.

Methodenmix im Fernunterricht

Beim Fernunterricht wird Unterricht per Videokonferenz simuliert. Präsenzunterricht kann aber nicht eins zu eins mit Videokonferenzen abgehalten werden. Die Videokonferenz kann auch als eine Methode aus einer Methodenvielfalt gesehen werden. Man kann zum Beispiel

- Aufgaben asynchron erteilen oder bereitstellen,
- Instruktionen oder Hilfen in Form von Links zu Erklärvideos anbieten und
- zu einem verabredeten Zeitpunkt mit einer Videokonferenz die Ergebnisse auswerten (Langela-Bickenbach/Wampfler 2021, S. 107).

Damit wird die Videokonferenz zur Methode der Kernprozesse *Ordnen* und *Sichern.* Die Kernprozesse *Erkunden* und *Vertiefen* lassen sich sehr viel einfacher mit asynchronen Methoden bearbeiten.

Offene Sprechstunde

Neben dem Fernunterricht können Videokonferenztools für eine offene Sprechstunde genutzt werden. Denkbar ist ein fixer Zeitpunkt in regelmäßigen Abständen, an dem die Lehrkraft für die Lernenden (oder vielleicht auch für die Erziehungsberechtigten) eine gewisse Zeit lang erreichbar ist. Denn manche Lernende trauen sich unter Umständen nicht, noch offene Fragen im Unterricht zu stellen, aus Furcht, sich zu blamieren.

Fortbildung

Videokonferenztools ermöglichen niederschwellige Fortbildungsangebote für Lehrkräfte, weil lange Anreisewege entfallen; allerdings entfallen auch die beiläufigen und wertvollen persönlichen Kontakte. Einige Fortbildungsangebote sind in Form von sogenannten Barcamps[139] organisiert, sodass man sich das Programm individuell zusammenstellen kann. Wenn man einen Beitrag doch nicht so interessant findet wie erwartet, kann man in einen anderen digitalen Raum wechseln und sich etwas anderes anschauen. Diese Entwicklungen, welche sicherlich auch durch die Pandemie bedingt waren, haben die Fortbildungsbereitschaft bei Lehrkräften unserer Wahrnehmung nach gesteigert.[140]

9.4 Blogging

Der Begriff „Blog" ist eine Zusammenführung der beiden englischen Wörter We**b** und **Log**. Mit Web ist das Internet gemeint, während Log übersetzt „Tagebuch" bedeutet. Vereinfacht gesagt handelt es sich bei einem Blog also um ein im Internet öffentlich einsehbares Tagebuch. Bloggerinnen und Blogger veröffentlichen hier eigene Gedanken und protokollieren Sachverhalte zu einem bestimmten Thema. Die Arten und Weisen, wie man seine Ansichten festhalten und der Öffentlichkeit zugänglich machen kann, sind vielfältig.

Die Nutzung von Blogs im oder für den Unterricht wird vermutlich die Akzeptanz des Letzteren erhöhen, denn sie besitzen weit mehr Übereinstimmungen mit den sozialen Medien, die die Lernenden im Alltag nutzen, auch zur Kommunikation über Schule, als die üblichen analogen schulischen Medien.

Blogs eignen sich gut, um Lernenden den Zugang zu Lehr- und Lerninhalten zu ermöglichen. Oftmals ist dies mit nur wenig Aufwand verbunden. So gibt es Blogging-Dienste mit minimalistischem Design, mit deren Hilfe man ohne Account kostenfrei innerhalb von Minuten einen Beitrag veröffentlichen kann. Allerdings kann man den Text nur eingeschränkt gestalten und das Einfügen von Bildern ist oftmals nicht möglich.

Gerade für das Fach Mathematik kann es ein Problem sein, dass keine Formeln erstellt oder eingefügt werden können. Aber auch das lässt sich pädagogisch nutzen, indem die Nutzer – Lehrkräfte wie Lernende – durch das Medi-

139 Ein Barcamp ist eine offene Tagung mit offenen Workshops, welche teilweise zeitgleich stattfinden. Im Vorfeld oder zu Beginn der Tagung werden die Inhalte der Workshops von den teilnehmenden Personen festgelegt. Der Veranstalter gibt lediglich den Raum und die zeitliche Struktur vor. Diese Methode war ursprünglich für Präsenzveranstaltungen gedacht, ist aber auch digital durchführbar. Ein bekanntes Beispiel in diesem Format ist mobile.schule.

140 Eine im Januar 2022 angebotene Fortbildung des ZSL (Zentrum für Schulqualität und Lehrerbildung) Baden-Württemberg erzielte im digitalen Format dreimal so viele Anmeldungen wie die gleiche, zwei Wochen später in Präsenz.

um gezwungen werden, symbolische, formale und technische Darstellungen durch bildungs- oder fachsprachliche Formulierungen zu ersetzen. Auch minimalistische Blogs besitzen also Potenzial hinsichtlich der Erstellung von digitalen Lernwegen oder sogenannten EduBreakouts (vgl. Kapitel 9.5).

Man kann einen schuleigenen Blog schreiben. Dies ist jedoch mit Aufwand verbunden und es gibt unterschiedlichste Vorgehensweisen, weil Programmierkenntnisse erforderlich sind. Teamarbeit hilft hier, den Aufwand für die einzelne Lehrkraft überschaubar zu halten.

Der Vorteil eines schuleigenen Blogs ist, dass man so gut wie alles beeinflussen kann. Angefangen vom Serverstandort über das Layout des Blogs bis hin zu den Inhalten hat man nahezu die vollständige Kontrolle und ist unabhängig von externen Lernplattformen. Bei der Einbettung von Inhalten muss man auf die Lizenzierung achten und diese kenntlich machen. Ein Impressum und eine Datenschutzerklärung sind ebenfalls sinnvoll, da ansonsten Abmahnungen oder andere unerfreuliche Konsequenzen die Folge sein könnten.

Blogs können für die Bereitstellung von Aufgaben und Informationen genutzt werden. Dementsprechend eignen sie sich besonders für hybride Lernumgebungen und Distanzunterricht. Allerdings lassen sie sich auch im Präsenzunterricht besonders in Phasen des Erkundens einsetzen. Durch die Einbindung unterschiedlichster Medien (Text, Bild, Ton und Video) ist eine vielfältige Differenzierung möglich. Je nach Medienkompetenz der Lernenden und der Lehrkraft sind Kooperation und Kollaboration denkbar.

9.5 Spielebasiertes digitales Lernen und Üben

Spiele werden im Mathematikunterricht zunehmend als Lern- und Übungsformate eingesetzt. Mit dem Einzug der Digitalität in den Mathematikunterricht wurde der Spielebegriff um ein großes Feld erweitert. Vorbilder für zu Unterrichtszwecken eingesetzte Spiele sind fortan nicht mehr nur Gesellschaftsspiele wie Poker (z. B. Storz 2020, S. 46) und Domino oder pseudosportliche Wettkämpfe wie „Mathefußball“, sondern auch und gerade Videospiele wie Minecraft.

Video- oder Computerspiele waren und sind für die Entwicklung der Digitalität von nicht zu unterschätzender Bedeutung:

- Die ersten Computer, die in Haushalten genutzt wurden, waren Spielecomputer.[141]

141 Die Älteren unter den Leserinnen und Lesern erinnern sich sicher noch an das Spiel Pong von Atari ab 1972, dessen Nachbauvarianten man an der Antennenbuchse eines normalen Fernsehgeräts anschließen konnte.

- Der Bedarf an Arbeitsspeicherkapazität von Spielecomputern hat die Entwicklung von Speichermedien vermutlich enorm beschleunigt.[142]
- Ein nicht unerheblicher Anteil der mit digitalen Medien verbrachten Zeit der Jugendlichen geht auf das Konto von Spielen.[143]
- Der Anteil dieser Zeit ist bei Einzelnen so groß, dass es nicht nur den Begriff „Spielsucht" gibt, sondern wissenschaftliche Erhebungen dazu.[144]
- Es gibt Kulturen realer Begegnungen vieler Menschen, die nur der virtuellen Begegnung in Spielen dienen.[145]

Die Übungssoftware, die von Schulbuchverlagen schon seit den 1990er-Jahren als Ergänzung zu den Printausgaben angeboten wurde[146], bestanden meist aus zu der Printausgabe kompatiblen Aufgaben, die Wahlmöglichkeiten, Hilfen und Rückmeldungen für die Übenden enthielten, und eben auch Spieleelemente, die meist recht einfach gestaltet waren. Wir wünschen uns nicht die Zeiten zurück, als einzelne Mathematiklehrkräfte einen Teil der Unterrichtsstunden in den Computerraum verlegten und von manchen Kolleginnen und Kollegen dafür belächelt, von anderen für ihre Fortschrittlichkeit gelobt wurden. Ihre frühe Entscheidung für digitalen Medieneinsatz im Mathematikunterricht war in ein Konzept aus Zielen und Methoden eingebettet, und daran sollten wir uns auch heute und in der Zukunft noch orientieren.

Der kommerzielle Erfolg von Computer- und Videospielen und deren hohe Akzeptanz bei Jugendlichen sprechen für die Idee, sich bei der Gestaltung digitaler Medien von Spieleformaten inspirieren zu lassen. Als *Gamification* wird die Anreicherung von Lernangeboten mit spielerischen Elementen bezeichnet (Zumbach 2021, S. 76). Dabei sollte aber das Lernangebot für die Lernenden erkennbar über die spielerischen Komponenten dominieren, denn der Lernerfolg ist größer, „wenn sich Lernende dieses Aspekts bewusst sind, als wenn der Unterhaltungsaspekt im Vordergrund steht" (ebd., S. 78).

Inzwischen gibt es digitale Werkzeuge, mit denen Lehrkräfte Spielumgebungen schaffen können, die ähnlich wie die „richtigen" Computerspie-

142 Noch heute erwartet, wer sich einen „Gaming"-Computer konfigurieren lässt, neben einer leistungsfähigen Grafikkarte einen Arbeitsspeicher mit besonders hoher Kapazität.

143 2019 nutzten laut der Bundeszentrale für gesundheitliche Aufklärung (BZgA) 12- bis 17-jährige Jugendliche durchschnittlich 22,8 Stunden pro Woche Computerspiele und Internet (Orth/Merkel 2020, S. 16).

144 Die Drogenaffinitätsstudie der BZgA wird seit 1973 in Abständen von drei bis vier Jahren durchgeführt (Orth/Merkel 2020, S. 11). Seit 2011 sind auch computerspiel- und internetbezogene Störungen Gegenstand der Drogenaffinitätsstudie (Orth/Merkel 2020, S. 9).

145 Damit sind sogenannte LAN-Partys (Local Area Network) gemeint, wo sich an Computerspielen Interessierte real treffen, um sich im Computerspielen zu messen. Dank Breitbandausbau und Flatrates sind solche realen Treffen allerdings eher rückläufig.

146 z. B. Klett-Mathetrainer zu den Schulbüchern *Lambacher Schweizer, Schnittpunkt, Einblicke, mathe live 2005–2010*

le funktionieren, an deren Möglichkeiten und Dynamiken aber nicht heranreichen. Als Beispiel seien hier Exit-Spiele wie sogenannte Breakouts oder Escape-Rooms (siehe weiter unten) genannt. Den Lehrkräften ist damit die Möglichkeit gegeben, „Computerspiele so zu entwickeln, dass im Rahmen des Spiels auch bestimmte Lernziele erreicht werden“ (ebd., S. 21).

Spiele werden von Lehrkräften hauptsächlich aus motivationalen Gründen eingesetzt. Mit digitalen Mitteln wird solch ein Einsatz zunehmend attraktiv. Man sollte sich aber nicht der Illusion hingeben, der Einsatz von digitalen Spielen würde per se die Unterrichtsqualität verbessern. Im Mathematikunterricht angebotene Spiele erhöhen zunächst nicht die Bereitschaft zur Beschäftigung mit mathematischen Inhalten, sondern primär die Bereitschaft zu spielen.

Wenn in digitalem Lernmaterial ablenkende Details eingefügt werden, die nicht dem Erreichen des Lernziels dienen, sondern weiterführende oder nebengeordnete Aspekte darstellen oder unterhaltenden Zwecken dienen, können diese die Lernleistung mindern. „Auch im Bereich der Nutzung von irrelevanten Bildmedien gibt es eine Vielzahl von Studien, die zeigen, dass diese sich häufig ungünstig auf den eigentlichen Lernerfolg auswirken“ (ebd. 2021, S. 63). Der einschränkende Effekt ist am größten, wenn die irrelevanten Informationen am Anfang stehen. Diese Erkenntnis ist ein klares Statement gegen Spiele als motivierende Einstiege, aber bei Weitem nicht gegen den lernzielfördernden Einsatz von Spielen.

Es ist nicht so, dass zwingend alle Kinder und Jugendlichen sich gern mit digitalen Spielen beschäftigen; manche finden das auch doof. Und wirkliche Spielefreaks erreicht das Motivationsfeuerwerk möglicherweise nur zum Teil, weil sie die im Vergleich zu den in der Freizeit bespielten Programmen eingeschränkten Möglichkeiten eher belächeln. Trotzdem ist ihnen die spielerische Verpackung lieber als der „übliche“ Unterricht und sie nehmen mit höherer Motivation daran teil. Spiele im Mathematikunterricht, auch wenn sie vielen Lernenden Spaß bereiten, sind genaugenommen nicht viel mehr als besser gefallende Lern- oder Übungsaufgaben. Das spricht nicht gegen deren Einsatz, soll aber vor allzu großer Euphorie warnen.

Kooperatives Rätsellösen

Die Grundidee der Methode „EduBreakout“[147] ist die eines „Escape Rooms“: Eine Personengruppe lässt sich gemeinsam in einem Raum einsperren und muss kooperativ bestimmte Aufgaben lösen, um den Raum wieder verlassen zu dürfen. Solche Spiele werden in der Wirtschaft bei Fortbildungen eingesetzt, um Kommunikation und Kooperation der Mitarbeiter zu fördern. Ler-

147 Den Begriff „EduBreakout“ haben wir auf dem Wiener Bildungsserver (lehrerweb.wien) und bei Verena Knoblauch (wissensschule.de) gefunden.

nende in der Schule dürfen nicht eingesperrt werden, auch wenn sie sich damit einverstanden erklären sollten. Die Abwandlung der Methode für die Schule beinhaltet deshalb, dass Ersatzziele gewählt werden, zum Beispiel eine imaginäre Schatzkiste zu öffnen, dies aber gemeinsam und kooperativ.

Abb. 9.4: Handreichung zur Planung von Escape-Rooms

Exit-Spiele, digitale Breakouts oder Escape-Rooms für den Unterricht können als virtuell realitätsgetreu nachgebaute Räume auftreten. Sie können fiktive Abenteuer virtuell erlebbar machen. Ein Szenario bildet den motivierenden Rahmen, der hohen Aufforderungscharakter transportieren kann.

Abb. 9.5[148] zeigt die spontan durchgeführte Evaluation eines solchen Spiels durch eine Klasse mit der Methode „Gelbes Ei", aus der sich eine deutliche Zustimmung ablesen lässt, die sich mit dem subjektiven Eindruck der Lehrkraft aus der erlebten Stunde deckt. Man sollte dabei aber keine direkten Rückschlüsse auf den Ertrag aus pädagogischer oder fachdidaktischer Sicht ziehen. Es ist anzunehmen, dass Lernende auch bei einem völlig sinnlosen Ballerspiel „viel konzentrierter als sonst" bei der Sache sind als im Unterricht, wenn ihnen das Spiel gefällt. Mit dem Spaßfaktor haben sie genau das rückgemeldet und nichts über die Art ihrer Motivation.

Abb. 9.5: Rückmeldung einer Klasse über die Methode „Gelbes Ei"

148 Abbildung links mit cc-by 4.0 Lizenz; Urheber THE INTERNATIONAL CENTRE FOR STEM EDUCATION https://icse.ph-freiburg.de/escaperoomdigital/escape-room-hauptraum/

Prinzipiell können Rätsel linear oder nichtlinear konzipiert werden. Lineare Rätsel müssen in einer bestimmten Reihenfolge gelöst werden und jede Lösung eines Rätsels bringt das nächste Rätsel mit sich. Das schafft Probleme im Umgang mit Fehlern. Denn wenn einzelne Fragen falsch beantwortet wurden, wird auf die falsch beantwortete Frage zurückverwiesen. Wer es also nicht weiß, sondern aufs Raten angewiesen ist, kommt nicht weiter. Dass aber eine richtige Antwort nur durch Raten oder Probieren gefunden wird, ist nicht im Sinne mathematischen Kompetenzerwerbs.

Im nichtlinearen Verlauf können alle Rätsel gleichzeitig auf verschiedene Gruppen oder Gruppenmitglieder verteilt werden. Nichtlineare Rätsel bieten daher größere Chancen für Differenzierung und fördern die Kooperationsbereitschaft besser als lineare. Weitere Parameter können mögliche feste Zeitvorgaben, unterstützendes Material, Hilfestellungen und Punkteabzug bei deren Inanspruchnahme sein. Der Wiener Bildungsserver *(lehrerweb.wien)* stellt eine Handreichung zur Planung eigener EduBreakouts zur Verfügung (siehe Abb. 9.4), die wir für hilfreich halten.

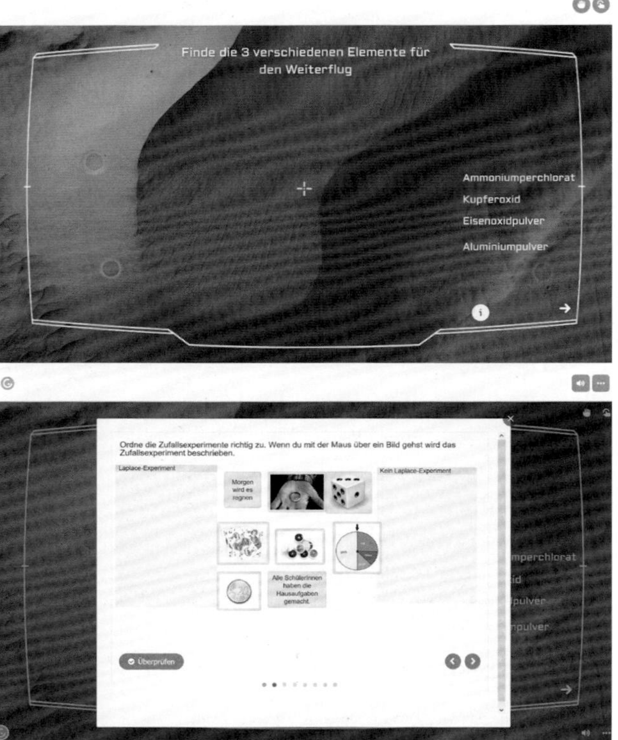

Abb. 9.6: Spieloberfläche und hinterlegte Aufgabe

Fallbeispiel für ein lineares Rätsel

„Die Entdeckung von Planet X?“[149] (Abb. 9.7) ist ein fertiges Spiel mit offener Lizenz. Das sehr umfangreiche Spiel über mehrere Doppelstunden kann ganz oder in Teilen zur spielerischen Vorbereitung auf den mittleren Bildungsabschluss eingesetzt werden (vgl. Abb. 9.6). Die einleitende Geschichte erinnert an ein Videospiel, welches darauf abzielt, dass die Lernenden das Durchhaltevermögen aufbringen, mehrere Prüfungsthemen durchzuarbeiten. Über das Anklicken von Symbolen werden interaktive Elemente eingeblendet. Hinter der Spieloberfläche sind übliche mathematikbezogene Aufgaben verborgen. Während man die Mathematikaufgaben löst, sieht man wenig von der Spieloberfläche. Damit werden zwei digitale Medien, Übungssoftware und Spiel, verknüpft.

Wegen seines großen Umfangs und des hohen Anteils an Animation ist das Spiel eher geeignet für letzte Tage vor Ferienabschnitten oder langfristige Hausaufgaben. Das Vorankommen im Spiel hängt von der Anzahl richtiger Lösungen ab.

Abb. 9.7: Intro-Video und Spiel „Planet X“

Die Plattform „genially“[150] dient eigentlich zum Erstellen von Präsentationen (vgl. Kap. 10.3). Es sind aber auch Vorlagen mit Spielgeschichten vorhanden. Als Lehrkraft muss man lediglich diese noch mit eigenem Text und Aufgaben füllen. Bilder mit freien Lizenzen können im Programm selber geladen werden. Für das Erstellen aufwendiger Vorlagen, wie der zur Entdeckung des Planeten X, ist allerdings eine kostenpflichtige Lizenz nötig, die auch den Zugriff zu Produkten anderer Nutzer ermöglicht.

Fallbeispiel für ein nichtlineares Rätsel

Abb. 9.8: Start „Can you escape?“

„Can you escape?“ des ICSE[151] ist ein universell einsetzbarer Escaperoom für die Sekundarstufe I. Er fokussiert auf die prozessbezogene Kompetenz *Problemlösen* unter Anwendung heuristischer Strategien und reicht auch in eine Schnittmenge mit Rätseln und Knobeln hinein. Die Rätsel sind nicht direkt inhaltsbezogenen

149 https://view.genial.ly/603a388c170b3a0d305f9e0f, abgerufen am 22.12.21

150 www.genial.ly

151 International Centre of STEM Education (ICSE) an der Pädagogischen Hochschule Freiburg. STEM steht für Science, technology, engineering, mathematics und entspricht in etwa den deutschen MINT-Fächern (Mathematik, Informatik, Naturwissenschaft, Technik).

Kompetenzen zugeordnet. Es geht unter anderem um Morsecodes, Hieroglyphen, Spiegelungen und die Zeit. Eine schnell arbeitende Gruppe kann durch arbeitsteiliges Vorgehen im Verlauf einer Doppelstunde den Escaperoom verlassen. Langsamer arbeitende Gruppen können durchaus die doppelte Zeit benötigen.

10 Digitaler Medieneinsatz im Mathematikunterricht

10.1 Die Situation

„Ende des Kreidezeitalters“ betitelte eine Lokalzeitung einen Bericht über die Anschaffung von digitalen Whiteboards an einer Kleinstadtschule. Tatsächlich ersetzen digitale Präsentationsmedien eher die in die Jahre gekommenen Tageslichtprojektoren, und die Kreidetafeln werden weiter benutzt. Der Tageslichtprojektor steht aber noch in der Ecke; man weiß ja nie, ob man ihn nicht doch noch brauchen könnte.

„Um als modern zu gelten, reichte es bislang für eine Schule in Deutschland, wenn sie Beamer mit interaktiven Tafeln angeschafft hat und fünf von fünfzig Lehrern diese sogar nutzten“ (Seydel 2019, S. 130). Diese zugegebenermaßen etwas überspitzt formulierte Situationsbeschreibung trifft nach unserer Wahrnehmung leider immer noch tendenziell zu. Digitalisierung wird weitgehend mit der Anschaffung von Geräten gleichgesetzt, und danach geht es nur mühsam weiter. Professionelle Betreuung von Geräten und Netzwerken und umfassende Fortbildung der Lehrkräfte sind eher Ausnahmen.

Längst leben wir in einer digitalen Welt, aber die Schulen in Deutschland sind weitgehend analog geblieben. Im wirklichen Leben zeichnet sich eine Revolution der Digitalisierung und Vernetzung ab, die „die traditionellen Kulturtechniken Lesen, Schreiben und Rechnen ergänzt und verändert“ (KMK 2016/2017, S. 13), die aber in den deutschen Schulen zu einem großen Teil bisher nur Spuren mit geringer Tiefe hinterlassen hat.

Hier gibt es stattdessen Handyverbote und Computerräume. Der Abstand zwischen Realität und Schule ist groß geworden. Wie groß, haben wir schon in unserer Einführung dargelegt (Kap. „Warum dieses Buch?“). Die Bedingungen, die sie in der Schule antreffen, unterscheiden sich heute für die meisten Kinder und Jugendlichen krass von den Bedingungen, unter denen sie aufwachsen und leben. Es braucht nicht zu verwundern, dass junge Menschen immer weniger Bereitschaft zeigen, Anstrengung und Zeit in eine Bildung zu investieren, die „für die Anforderungen der ‚realen‘ Welt irrelevant erscheint“ (Schleicher 2019, S. 14).

„Schon heute funktionieren Kommunikation, alltäglicher Wissenserwerb und Arbeit nicht mehr ohne Smartphones und Tablets – das haben vor allem Kinder und Jugendliche verinnerlicht, die mit den digitalen Medien aufwachsen“ (Filk 2019, S. 84). Gerade Handyverbote halten die ungute Tradition der „Schule als lebensfernen Ort reiner Bildung“ (Burow 2019, S. 22) aufrecht.

Die Coronakrise hat mit Schulschließungen und hastig improvisiertem Distanzunterricht den enormen Nachholbedarf in Sachen Digitalisierung offengelegt, sodass zu hoffen ist, dass sich diesbezüglich in den Jahren nach 2021 rasch einiges an den deutschen Schulen ändern wird. Wenn engagierte Lehrkräfte, den Erwartungen von Schulverwaltung und Eltern entsprechend, über soziale Netzwerke mit ihren Schülerinnen und Schülern Kontakt gehalten und den fälschlicherweise als „Homeschooling“[152] bezeichneten Distanzunterricht eingerichtet haben, dann taten sie das meist am Rand der Legalität.[153]

Sozialisation findet neben den klassischen Orten Familie, Schule und Freundeskreis längst auch über die sozialen Netzwerke statt. Für die meisten unserer Lernenden ist das keine neue Entwicklung, sondern es war aus ihrer altersbedingt kurzen Perspektive „schon immer so“. Schule wäre besser beraten, wenn sie diese Tatsache nutzen würde, anstatt die hinzugekommene Sozialisationsinstanz zu ignorieren oder auszugrenzen, denn die Digitalisierung wird weiter fortschreiten. Bildung muss den Lernenden zuliebe diese auf das Leben in der aktuellen Realität vorbereiten, und diese ist längst digitalisiert. Schon jetzt, aber Schule sollte die Lernenden auch auf die Zukunft, auf ihre Zukunft vorbereiten. Ausschließlich oder auch überwiegend analog geht das nicht mehr.

Neben Lesen, Schreiben und Rechnen ist die Nutzung digitaler Endgeräte heute ohne Zweifel zu einer vierten elementaren Kulturtechnik geworden, der Digitalkompetenz. Niemand käme auf die Idee, Lesen und Schreiben aus dem Mathematikunterricht zu verbannen, weil es im Mathematikunterricht doch ums Rechnen geht. In einem „modernen“ Mathematikunterricht wird die Nutzung digitaler Geräte genauso selbstverständlich gelernt und angewandt werden müssen, wie gelesen, geschrieben und gerechnet wird. „Digital sind Informationen dann, wenn sie in einem computerlesbaren Format codiert sind“ (Petko 2014, S. 17), also wenn sie binäre Zeichen und Zeichensysteme nutzen.

152 Mit „Homeschooling“ ist Hausunterricht gemeint, wenn also Kinder zu Hause unterrichtet werden. Und das ist etwas ganz anderes als Fernunterricht, ob nun auf digitalen oder analogen Kommunikationswegen.

153 Zum Beispiel in Baden-Württemberg war im Mai 2020, als längst Fernunterricht von Eltern gefordert und von Lehrkräften erteilt wurde, immer noch ein Erlass in Kraft, dessen Kenntnisnahme jede Lehrkraft zu Schuljahresbeginn mit persönlicher Unterschrift hatte bestätigen müssen: „… Dies bedeutet konkret für Lehrkräfte und Schulen, dass jegliche schulische bzw. dienstliche Kommunikation auf oder mittels solchen Sozialen Netzwerken sowohl zwischen Lehrkräften und Schülern als auch der Lehrkräfte untereinander unzulässig ist. Darunter fällt … auch … ferner das Einrichten von Arbeits- und Lerngruppen zum Austausch verschiedenster Materialien …“ Quelle: Der Einsatz von sozialen Netzwerken an Schulen.pdf des Ministeriums für Kultus, Jugend und Sport Baden-Württemberg und Download www.it.kultus-bw.de/,Lde_DE/Startseite/IT-Sicherheit/soziale-netzwerke vom 29.05.2020

Der Ansicht, Lernende müssten neben der mathematischen Sprache auch eine „Rechnersprache“ (Schmidt/Thieme u. a. in Bruder u.a 2015, S. 484) lernen, kann man entgegensetzen, dass sich die Sprache der Schulmathematik umgekehrt der im Alltag dominierenden „Rechnersprache“ anpassen muss, damit nicht mehr nur von digitalen Medien, sondern mit digitalen Medien gelernt werden kann.

Wir denken dabei beispielsweise an Dreisatz bzw. proportionales Denken. Das Rechnen mit einem Faktor ist dem Hoch- und Runterrechnen und erst recht dem klassischen Verfahren Dreisatz weit überlegen, wenn das Ergebnis digital ermittelt wird, also zum Beispiel ein Schulrechner oder das Handy verwendet wird. Man kann proportionale Zusammenhänge durchaus so unterrichten, dass dadurch auch leichter ein Verstehen erreicht wird, wenn flexibel das Verfahren ausgewählt wird, das mit dem zur Verfügung stehenden Medium am besten korrespondiert.

Aufgabe von Schule ist, dafür zu sorgen, dass solche Nutzung technischer Medien nicht auf Kosten der Selbstbestimmung geht. Der ungebremste Aufstieg der Internetkonzerne zwingt uns, den Umgang mit aufgezwungener Fremdbestimmung neu zu lernen. Die Lernenden müssen begleitet werden auf ihrem Weg vom Konsumenten zum mündigen Nutzer digitaler Medien, und dazu bedarf es professioneller pädagogischer Anleitung.

Die oben geschilderte Rückständigkeit deutscher Schulen im Hinblick auf die Digitalisierung liegt nur zu einem geringen Teil an einer angeblichen Schwerfälligkeit der Lehrkräfte, die es in Einzelfällen natürlich auch gibt. Überwiegend sind es die Rahmenbedingungen, die die einzelne Lehrkraft nicht ändern kann und die den Fortschritt behindern.

Hauptsächlich geht es um Ängste, der Einsatz digitaler Medien widerspräche dem eigentlichen Bildungsauftrag und vor allem: Er könnte die Lernenden in Schullaufbahnprüfungen benachteiligen. Und es fehlt die Bereitschaft des Loslassens genauso aufseiten der Lehrkräfte wie in der Bildungspolitik: „Mit dem Hinzufügen von Unterrichtsinhalten zeigen Bildungssysteme auf einfache Weise, dass sie auf neue Anforderungen reagieren. Das Entfernen von Inhalten dagegen ist sehr schwierig“ (Schleicher 2019, S. 299).

Es wird diskutiert, „wie sich Inhalte, Methoden und Prüfungen im Mathematikunterricht ändern müssen, wenn Schülerinnen und Schüler ein Gerät in der Hand haben, das gerade jene kalkülhaften Berechnungen auf Knopfdruck durchführen kann, die in der Unterrichtswirklichkeit zu den zentralen Elementen des Mathematikunterrichts und den Prüfungen zählen“ (Schmidt/ Thieme u. a. in Bruder u. a. (Hrsg.) 2015, S. 473).

Dass unterrichtet wird, was geprüft wird, wird von Lehrkräften kaum infrage gestellt. Denn alle wollen das Beste für ihre Lernenden. Paradox ist, dass die überflüssig gewordenen Routinen, die am leichtesten zu unterrichten sind, sich auch am leichtesten digitalisieren und damit automatisieren lassen würden. Aber dann muss bei der Festlegung von Prüfungsanforderungen auch darauf geachtet werden, was laut Bildungsplan gelernt werden muss.

In der einschlägigen Literatur stoßen wir immer wieder auf unterschiedlich artikulierte Versionen derselben Forderungen, die wir aus eigener Erfahrung und Perspektive nur unterstreichen können. Untermauert werden diese mit Unterrichtsvorschlägen und Unterrichtsversuchen, aber es gibt kaum Forschungsergebnisse. Die Forderungen im Einzelnen:

- Die Möglichkeit digitaler Kommunikation: Es muss möglich sein, dass jede Lehrkraft mit allen Lernenden jederzeit digital Kontakt aufnimmt und Informationen austauscht. Dafür würden zum Beispiel dienstliche E-Mail-Adressen[154] für alle Lehrkräfte und alle Lernenden eine erste Voraussetzung schaffen. Die Tatsache, dass einige wenige Lernende wegen des Mangels an Endgeräten trotzdem nicht ansprechbar wären, ist kein überzeugendes Gegenargument; man weiß dann, wer das ist, und kann für diese Einzelfälle andere Kommunikationskanäle nutzen. In Vereinen funktioniert das auch.
- Rechtssicherheit: Es kann nicht sein, dass man als Lehrkraft gegen eindeutige Anweisungen der Kultusverwaltung verstoßen muss, um im Rahmen der eigenen Arbeit Sinnvolles oder sogar Notwendiges zu erledigen. Was ich nicht darf, mache ich nicht. Punkt. Damit wir nicht noch weiter dem Rest der Welt digital hinterherhecheln, müssen die Kultusverwaltungen für die gebotene Rechtssicherheit sorgen. Digitale Kommunikation im und im Zusammenhang mit Unterricht muss erlaubt und sicher sein und es muss transparent sein, was genau erlaubt ist. Man kann als Lehrkraft nicht nachweisen, dass man nicht gegen Vorschriften verstößt, wenn es diese Vorschriften nicht gibt. Dass es keine leichte Aufgabe ist, diese Forderung mit Datenschutz und anderen Bedenken zu synchronisieren, ist klar. Aber dafür gibt es Spezialisten und im Übrigen ist Lehrkraft zu sein auch keine leichte Aufgabe. Nur mit vom Unterricht freigestellten Lehrkräften als Zuständige für die Technik und an die Lehrkräfte gerichteten Verboten der Kultusverwaltungen bezüglich deren Nutzung werden die Schulen den Herausforderungen der Digitalisierung nicht gerecht werden.
- Individuelle Ausstattung: Das halten wir für die wohl am leichtesten durchsetzbare Forderung, denn Geld ist durchaus vorhanden, wird erfahrungsgemäß am leichtesten für technische Ausstattungen ausgegeben, und die Einsicht der Politik, dass ein Teil davon in Bildung gut angelegt ist, wächst zumindest. Die Forderung ist „Eins zu eins“, das heißt, für jeden Nutzer

154 Eigentlich sind E-Mails überholt, weil datenschutzrechtlich nicht unbedenklich. Wenn wir mit Lernenden kommunizieren wollen, dann müsste das über Messengerdienste gehen, natürlich nicht über WhatsApp, aber es sollte so ähnlich aussehen und intuitiv zu bedienen sein.

steht ein Endgerät bereit, oder abgeschwächt „Nutze deins", das heißt, den Lernenden wird nahezu unbeschränkt erlaubt, ihre eigenen Endgeräte im Unterricht zu nutzen. Computerräume werden bald aus den Schulen verschwunden sein, weil sie nur dazu zwingen, analog basierten Unterricht gegen solchen mit digitalen Medien abzugrenzen, und weil die Idee des Computerraums mehr organisatorische, technische und pädagogische Probleme erzeugt, als sie Vorteile bringt. Bildung kann nur digital werden, wenn jeder Lernende individuell ein oder sein Gerät bedient. Also: Jeder einzelne Lernende bekommt ein Endgerät gestellt oder wer ein eigenes Endgerät besitzt (also fast alle), darf es im Unterricht auch benutzen. Wie man das dann konkret handhabt, das werden die Lehrkräfte mit ihrer pädagogischen und organisatorischen Kompetenz selbst lösen.

- Technische Ausstattung: Technik muss funktionieren. Computerräume werden oft auch deshalb nicht genutzt, weil das Netzwerk unendlich träge wird, wenn 16 oder gar 30 Nutzer gleichzeitig auf dasselbe Programm zugreifen oder weil es nicht für sinnvoll erachtet wird, wenn aus raumtechnischen Gründen zwei Lernende gemeinsam an einem Computer arbeiten. Einer bedient die Maus, der andere die Tastatur? Nein, das ist nicht mehr als ein Notbehelf mit der Folge, dass jeder zweite Lernende zum Zuschauer, Kommentator oder Befehlsgeber degradiert oder befördert wird. Deshalb entscheidet man sich als Lehrkraft dann doch wieder für den analogen Kommunikationskanal, obwohl man davon überzeugt ist, der digitale müsste gerade im eigenen Unterricht mehr berücksichtigt werden. Die heute üblichen Computerräume wird es in naher Zukunft nicht mehr geben, weil digitale Technik in allen Fächern flexibel eingesetzt wird (Seydel 2019, S. 137). Es gab auch noch nie Geodreieck-, Taschenrechner- oder Zirkelräume. Also weg damit. Lediglich als Teile der Fachraumausstattung zum Beispiel für ein Fach Technik[155] haben Computerräume auf Dauer eine Daseinsberechtigung, weil sie dort ständig zur Verfügung stehen.

Liest man den Beschluss der Kultusministerkonferenz von 2016 (KMK 2016/2017), dann müsste man eigentlich zu der Meinung kommen, dass die oben aufgestellten Forderungen inzwischen längst erfüllt sind. Denn im Beschluss der KMK sind sie fast alle enthalten. Die Realität an vielen Schulen ist eine andere.

Die Nutzung digitaler Technik darf kein Zusatzangebot mehr sein, das mit einem Wechsel des Raums oder der Sozialform verbunden ist, sondern muss

155 Eine Anmerkung am Rande: Stand 2020 gab es im hochtechnisierten Deutschland nur noch in 10 Bundesländern ein eigenständiges Fach Technik an den allgemeinbildenden Schulen, in 8 davon im Wahlpflichtbereich und nicht in allen Schulformen (Grötzschel 2020, S. 207).

so selbstverständlich werden wie Lesen, Schreiben und Rechnen. Im Unterricht erarbeitete Inhalte müssen den Lernenden unmittelbar im Unterricht und zu Hause digital zur Verfügung stehen, wie das für Fortbildungen der Lehrkräfte längst selbstverständlich ist. Ein wesentlich größerer Anteil der Lehrkräfte als gemeinhin unterstellt wäre dazu bereit und sogar zu begeistern, wenn die Rahmenbedingungen passen würden.

Auch wenn die Bedingungen für eine angemessene digitale Bildung real noch nicht gegeben sind, muss diese in der Lehrerausbildung vorbereitet werden, auch dies ist Inhalt des KMK-Beschlusses. Denn wenn die technischen und rechtlichen Voraussetzungen für einen konsequenten Einsatz digitaler Kommunikation gegeben sind, braucht man Lehrkräfte, die wissen, wie das geht, und die es auch können.[156]

Studium und Lehrerausbildung müssen auf eine Situation vorbereiten, die technisch und rechtlich aktuell noch nicht gegeben ist, die aber zeitnah kommen wird. Das ist nicht ganz einfach, aber nötig, wenn man will, dass unser Bildungssystem im internationalen Vergleich nicht noch weiter ins Hintertreffen gerät. Es ist höchste Zeit, dass digital kompetente Lehrkräfte ausgebildet werden, die ihre Kompetenz in die traditionellen Strukturen hineintragen, damit diese überhaupt überleben werden.

10.2 Was sind digitale Medien?

Medienbegriff

Wir verstehen unter Unterrichtsmedien alle Mittler in Lernprozessen zwischen Lernenden, Lehrkräften und Lerninhalten. Immer wenn Kommunikation stattfindet zwischen Lernenden, Lehrkräften und Lerninhalten, sind dafür Medien nötig (Abb. 10.1).

Da der Lerninhalt im Mathematikunterricht in der Regel aus mathematischen Objekten und abstrakten mentalen Konstrukten besteht, ist ein Zugang fast immer ohne technische Medien schwierig oder nicht möglich. Das erklärt unter anderem, warum Lehramtsanwärter und Lehramtsanwärterinnen einen großen Teil ihrer Vorbereitungszeit auf Lehrproben damit verbringen, technische Medien auszuwählen und zu erstellen. Bei erfahrenen Lehrkräften ist das im Übrigen nicht wesentlich anders, nur vertrauen diese zu Recht viel mehr auf die vielfältigen Möglichkeiten und die Wirksamkeit per-

156 Das ist keine stilistische Doppelung. Wir wissen zum Beispiel, wie Klavierspielen geht: Im richtigen Moment mit den richtigen Fingern, der richtigen Dynamik und der richtigen Dauer die richtigen Tasten betätigen. Wer das weiß, kann trotzdem noch nicht Klavier spielen. Aber wer nicht einmal das weiß, wird es erwartungsgemäß auch nie lernen.

sonaler Medien (vgl. Abb. 10.2), weil sie wissen, dass sie deren Einsatz beherrschen. Und auch Distanzunterricht besteht überwiegend aus der Erstellung von und dem Umgang mit Medien.

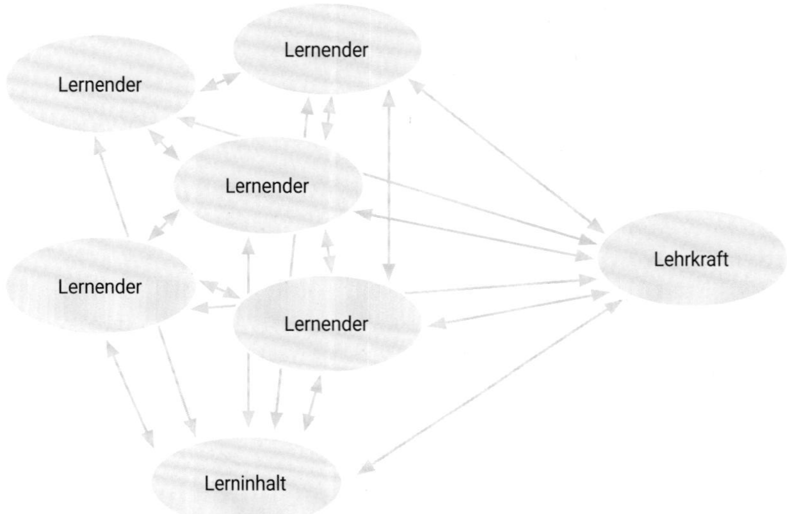

Abb. 10.1: Medien als Mittler im Lernprozess

Medieneinsatz ist in seiner Wirkung nie neutral. Eine Information kann vollkommen unterschiedlich aufgenommen werden, je nachdem über welches Medium sie übermittelt wird, wer der Adressat ist und nicht zuletzt welcher Altersgruppe er angehört. Es gibt nicht den richtigen Medieneinsatz, sondern dessen Qualität muss immer adressaten-, alters- und situationsbezogen beurteilt werden. Und er sollte zielführend sein, also begründete Lernziele unterstützen.

Schon der Philosoph Friedrich Nietzsche (Krommer u. a. 2019, S. 47) machte im Jahr 1882, nachdem er sich eine Schreibmaschine angeschafft hatte, die Beobachtung, dass es einen Unterschied ausmachte, ob er Stift und Papier oder dieses neuartige Medium verwendete: „Unser Schreibwerkzeug arbeitet mit an unseren Gedanken. Wann werde ich es über meine Finger bringen, einen langen Satz zu drücken!“ (Gast 1908, S. 97). Vermutlich wurden Nietzsches Sätze durch die Verwendung der Schreibmaschine kürzer, und das gefiel ihm nicht.

Auf den Mathematikunterricht bezogen bedeutet dies, dass der Einsatz von Medien das Denken und Handeln der Lernenden beeinflusst, und damit das Lernen selbst. Diese Erkenntnis kann man als Lehrkraft nutzen; man kann sie aber auch missbrauchen oder verschwenden. Da die traditionelle Unterscheidung von Arbeits- und Anschauungsmittel zu groben Unschärfen führt, wenn man digitale Medien mit einbeziehen möchte, haben wir eine dritte Kategorie dazugenommen: Werkzeuge.

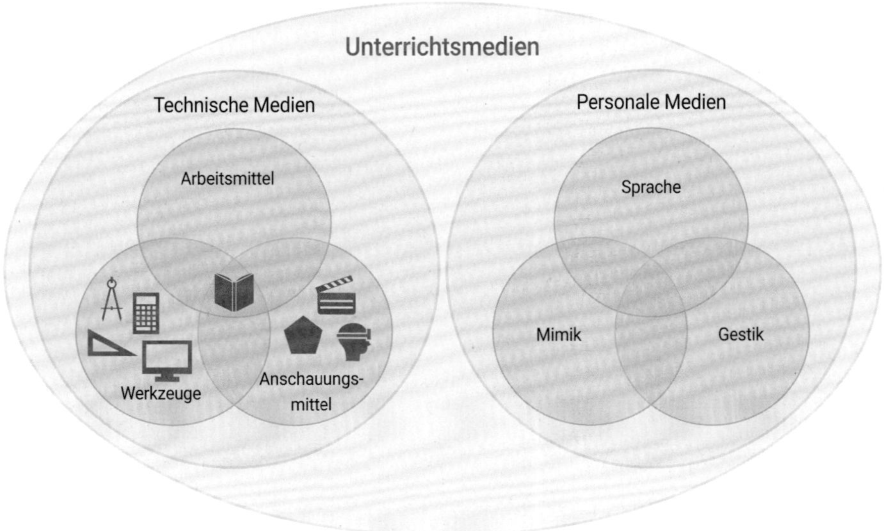

Abb. 10.2: Überblick Unterrichtsmedien

Viele Leser dieses Buches haben noch einen anderen Übergang selbst erlebt: Auch das Schreibwerkzeug Computer arbeitet an unseren Gedanken. Denn anders als die Schreibmaschine gestattet es uns ohne Nachteile, Unfertiges festzuhalten und Gedanken immer wieder zu korrigieren und zu verfeinern, ohne dass dabei Gedachtes verloren ginge oder bereits Geschriebenes komplett neu bearbeitet werden müsste. So ist auch dieses Buch entstanden.

Ein weit gefasster Medienbegriff (Bruder u. a. 2015, S 461 f.) umfasst nicht nur technische Unterrichtsmedien, sondern auch nicht technische Medien, die wir als personale Medien bezeichnen, also Sprache, Gestik und Mimik. Auch personale Medien unterstützen die Kommunikation über den Unterrichtsinhalt, ja mit der Sprache enthalten sie nach unserer Auffassung das wichtigste, weil wirksamste Unterrichtsmedium überhaupt.

Die Übermittlung durch Medien im engeren Sinne kann analog (zum Beispiel mit einem Schulbuch oder einem Zirkel) oder digital (zum Beispiel mit einer App oder einem Erklärvideo) stattfinden. Dabei ist die Abgrenzung nicht ganz einfach, denn „analog“ ist gegenständlich, „digital“ ist virtuell. Aber was ist dann eine Musik- oder Daten-CD? Man kann sie anfassen, obwohl die Daten digital verschlüsselt sind.

Digitale Unterrichtsmedien sind also alle Mittler zwischen Lernenden, Lehrkräften und Lerninhalten, die die Kommunikation digital übertragen; dabei sind zeitlich wie örtlich synchrone und asynchrone Konstellationen möglich.

Technische Medien

Die oben genannten Begriffe sind generell nicht trennscharf und können sich überschneiden. So kann das Schulbuch sowohl eine Funktion als Arbeitsmittel (Bearbeitung von Aufgaben) als auch als Anschauungsmittel (Visualisierung geometrischer Figuren) übernehmen, es kann in analoger oder digitaler Form übermittelt werden, wobei die Nutzung des Schulbuchs in analoger Form zurzeit noch dominiert. Und natürlich kommen in einem technischen Medium wie Film oder Erklärvideo auch Sprache, Mimik und Gestik zum Einsatz. Aber der Einsatz ist ein anderer als bei personaler Übermittlung, weil Sprache, Mimik und Gestik dort entweder vorgefertigt sind (bei asynchroner Übermittlung) oder nur schwer situativ abgestimmt werden können (bei synchroner Übermittlung).

Es gibt eine sehr große Anzahl an technischen Medien, die sich im Mathematikunterricht einsetzen lassen. Die Auswahl an Medien mit digitalem Übertragungsweg steht den analog übertragenden Medien nicht nach. Die Nutzung digitaler Medien braucht also nicht daran zu scheitern, dass es sie nicht gibt.

Andererseits sind digitale Medien nicht automatisch den analogen oder weniger ausgereiften Varianten überlegen. Zum Beispiel zeigte laut einer Untersuchung die interaktive Variante eines E-Books signifikant schlechtere Lernergebnisse als die statische Variante (Zumbach 2021, S. 33). „Subjektiv überschätzen Lernende ihren Lernerfolg in interaktiven Lernumgebungen eher“ (ebd. S. 25).

Mathematikunterricht an den Schulen beschränkte sich bei Ausbruch der Pandemie noch immer weitgehend auf: Schulbuch, Arbeitsblatt, Kreidetafel und Fachsprache. Der Tageslichtprojektor verschwindet allmählich aus den Klassenzimmern und wird vom Whiteboard abgelöst. Aber auch das ist eigentlich schon überholt. Werden also die vielfältigen Möglichkeiten des Einsatzes technischer Medien im Mathematikunterricht ausgeschöpft und warum nicht?

Digitale Medien

Digitale Medien sind nicht einfach nur eine technisch weiterentwickelte Form von analogen Medien, sondern ihr Einsatz, wenn er denn gelingt, kann die pädagogischen Spektren erweitern um Möglichkeiten, die es analog nicht gab.

Den Wert des Einbezugs digitaler Medien zu verstehen, kann das SAMR-Modell[157] helfen (Abb. 10.3). SAMR steht für Ersetzen *(Substitution),* Erweiterung *(Augmentation),* Neugestaltung *(Modification)* und Neudefinition *(Redefinition)* und diese Funktionen digitalen Medieneinsatzes werden als Hierarchie mit aufsteigender Qualität verstanden.

- Stufe **S** *(Substitution):* z. B. Aufgaben werden nicht mehr in Papierform, sondern per PDF mittels E-Mail übermittelt oder auf einer Plattform bereitgestellt;
- Stufe **A** (*Augmentation* (engl.), *Erweiterung*): z. B. den Aufgaben werden Links oder QR-Codes hinzugefügt zu Erklärvideos, die passende Hilfen bereitstellen können;
- Stufe **M** *(Modifikation)*: z. B. Aufgaben werden umgestaltet, indem sie in digitale Spieleumgebungen eingebunden werden;
- Stufe **R** (*Redefinition* (engl.), *Neugestaltung*): z. B. Aufgaben werden multimedial bearbeitet, siehe Kap. *11.2 Digital geführter Klassenausflug.*

Erst digitaler Medieneinsatz auf den Stufen *Modifikation **(M)*** und *Neugestaltung **(R)*** verändert den Mathematikunterricht grundlegend. Über die Neugestaltung von Unterricht mit digitalen Medien werden Veränderungen ermöglicht, die analog undenkbar gewesen wären.

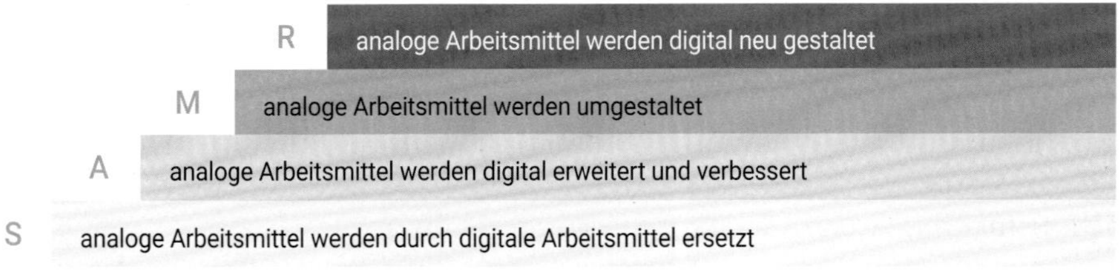

Abb. 10.3: Hierarchie digitalen Medieneinsatzes Modell SAMR

Personale Medien

Die personalen Medien Sprache, Mimik und Gestik können wie die technischen Medien analog oder digital übertragen werden. Auf die Sprache wirkt sich der Übertragungsweg bei Verwendung hochwertiger Technik relativ wenig aus, aber Mimik und Gestik unterscheiden sich deutlich, je nachdem ob sie analog oder digital übertragen werden, also ob die kommunizierenden Personen in direktem Kontakt stehen oder ob ein technisches Medium dazwischengeschaltet ist. Der Unterschied wird noch verstärkt, wenn die Kommunikation asynchron erfolgt.

157 Puentedura: http://homepages.uni-paderborn.de/wilke/blog/2016/01/06/SAMR-Puentedura-deutsch/ und http://www.hippasus.com/resources/tte/, abgerufen am 22.01.2022

10.3 Präsentationsmedien können nicht nur präsentieren

Was assoziieren Lehrkräfte mit dem Begriff „Präsentationsmedien"? Wahrscheinlich denken die meisten an Vorträge und an konkrete Programme wie „PowerPoint". Präsentationsprogramme gibt es seit Ende der 1980er-Jahre.[158]

Doch worin besteht das Potenzial von Präsentationsprogrammen? Der Name sagt, dass es sich um eine Software handelt, mit deren Hilfe man Präsentationen erstellen und wiedergeben kann. Das weckt Assoziationen wie „ermüdend", „langweilig" oder „belehrend". Wir alle haben wahrscheinlich schon etliche öde Präsentationen über uns ergehen lassen, die nicht gut gemacht waren oder nicht gut „präsentiert" wurden. Aber es gibt auch richtig spannende Vorträge, auch und gerade von Lehrkräften vor Klassen, und auch das sind oft „Präsentationen".

Präsentationen unterstützen die Unterrichtsmethode Lehrervortrag, die keineswegs mit schlechter Unterrichtsqualität oder „Frontalunterricht" gleichzusetzen ist, auch und gerade nicht in Verbindung mit einer Präsentation. Die Lehrkraft spricht die ganze Lerngruppe gleichzeitig an und verwendet dafür ein Medium, das die technische Qualität verbessert.

Die Verwendung eines Präsentationsmediums kann hohe Qualität erneut steigern, indem gute Inhalte auch ansprechend und verständlich dargeboten werden. Wenn auch digital auf dem neuesten Stand stehende Lehrkräfte den Einsatz von Präsentationsmedien als „überholt" ansehen mögen, so wäre doch manche Klasse froh, wenn sie statt unansehnlicher Kreidetafelbilder, handgeschriebener oder aus Büchern kopierter Overheadfolien oder mittels Visualizer projizierter Zettel ab und zu einen gut gemachten präsentationsmediengestützten Lehrervortrag geboten bekäme.

Schon die durch die Verwendung eines Präsentationsmediums angestrebte und oft erreichte technische Wertigkeit kommt bei den Lernenden als Wertschätzung an, die die Lehrkraft ihnen entgegenbringt, ähnlich wie sich das bei Erklärvideos verhält, die die Lehrkraft selbst aufgenommen hat. Das ist ein Aspekt, der oft unterbewertet wird: Wenn sich eine Lehrkraft für die Lernenden erkennbar anstrengt und bestrebt ist, Qualität zu liefern, dann wird sie schon deshalb als Lernpartner besser akzeptiert als die andere Lehrperson, die vielleicht als „streng" gilt, aber ansonsten wenig Einsatz zeigt.

Ein Präsentationsprogramm besteht aus einzelnen Seiten (Folien), die mit Text und Bildern befüllt werden können. Es gibt zahlreiche Möglichkeiten für

158 „PowerPoint" geht auf das im Jahr 1987 erschienene Programm „Presenter" der Firma Forethought zurück. Microsoft erkannte das Potenzial des Programms rasch, kaufte die Firma wenige Monate später auf und erwarb somit die Rechte an „Presenter", um es zu PowerPoint weiterzuentwickeln. Seit Ende 1988 ist PowerPoint auch in deutscher Sprache verfügbar.

Reihenfolgen des Erscheinens, Übergänge der Folien, Animationen und die Einbindung verschiedener Dateiformate für Bilder, Videos und Links.

Wenn Präsentationen als schlecht erlebt werden, dann weil die präsentierende Person mit der Technik nicht zurechtkommt oder eine Präsentation verwendet, die sie nicht selbst oder für einen anderen Anlass erstellt hat. Bemerkungen wie „Das müssen Sie jetzt nicht alles lesen ...“ deuten auf solche Konstellationen hin. Im Schulunterricht liegen Mängel eher darin, dass vortragende Lernende über den Inhalt wenig mehr wissen, als auf der Folie steht, und deshalb vorlesen, statt zu präsentieren, oder dass Grafiken verwendet werden, deren Informationsgehalt nicht durchdrungen wurde.

Wo Beamer in den Klassenzimmern vorhanden sind, hat die Unterstützung von Lehrervorträgen durch Präsentationsprogramme deutlich zugenommen. Weil es an Endgeräten mangelt, kommt es noch selten vor, dass Präsentationsmedien von Lernenden erstellt und genutzt werden.

„Die Gruppen präsentieren ihre Ergebnisse.“ Solche oder ähnliche Formulierungen liest man immer noch häufig in Unterrichtsentwürfen, und als Berater oder Beurteiler weiß man meistens dann schon im Voraus, was folgt:

- Kein Einsatz von digitalen Präsentationsmedien, sondern:
- Die Erarbeitungsphase in der Sozialform Gruppenarbeit ist hauptsächlich dadurch gekennzeichnet, dass die Lehrkraft darauf achtet, dass alle Gruppen zum geplanten Zeitpunkt ihre erarbeiteten Ergebnisse „präsentieren“ können, was meist bedeutet, dass dafür ein Plakat erstellt wird.
- Zunächst müssen Ergebnisse erarbeitet werden und das wirkt sich auf die Arbeitsteilung innerhalb der Gruppen aus: Gut organisierte Gruppen bestimmen relativ früh einen Plakatschreiber, der sich mit einer Überschrift in Schönschrift sehr viel Mühe gibt, während der Rest der Gruppe die Inhalte erarbeitet. Weniger gut organisierte Gruppen geraten am Ende der Arbeitsphase unter Zeitdruck.
- Während das Plakat fertiggestellt wird, ist der große Teil der Gruppe ohne Beschäftigung, denn am Plakat arbeiten kann immer nur einer und der musste warten, bis klar war, was er auf das Plakat schreiben sollte.
- Abbildungen werden aus Arbeitsblättern oder anderen Quellen ausgeschnitten und auf die Plakate geklebt, obwohl sie für diesen Zweck viel zu klein sind.
- Bei der Präsentation können nur die Lernenden in den vordersten Reihen auf den Plakaten lesen oder auf den Abbildungen etwas erkennen; wenn die Lernenden aus diesem Grund im Halbkreis versammelt werden, sind es eben die Großen, die etwas erkennen können, und die anderen nicht.
- Dass die Plakate für alle lesbar sind, ist überhaupt nicht möglich, denn die größten in den meisten Schulen verfügbaren Kartons haben das Format A1

oder Fotokarton 50 × 70 cm und das ermöglicht ungefähr einen sinnvollen Betrachtungsabstand von zwei Metern.

Solche „Präsentationen“ sind gut gemeint, aber meist unbefriedigend. Die Ausstattung der Schulen mit Visualizern, also Kameras, mit deren Hilfe Schülerbeiträge über den Beamer für alle lesbar gezeigt werden können, hat die Situation zwar verbessert, weil das Plakat als Endprodukt ausgedient hat. Aber es ist auch mit dieser Ausstattung noch so, dass die „Präsentation“ auf Papier erst nach der Erarbeitung erstellt werden kann.

Erst der Einsatz digitaler Präsentationsmedien ist in der Lage, derartige Unterrichtsideen wesentlich effektiver und zielführender zu gestalten. Denn wenn die Gruppen statt Plakaten digitale Präsentationen erstellen,

- kann die Arbeitsteilung so organisiert werden, dass die Präsentation nicht nach der Erarbeitung, sondern als Teil davon und zeitgleich entsteht;
- können Änderungen, die sich im Verlauf der Erarbeitung ergeben, problemlos eingearbeitet werden, ohne dass davor geleistete Arbeitsschritte wertlos würden;
- können alle Gruppenmitglieder gleichzeitig aktiv sein;
- können auch Abbildungen oder Zitate Dritter ohne technische Probleme in vernünftiger Qualität eingefügt werden;
- können die Gruppenergebnisse über Beamer so präsentiert werden, dass die ursprüngliche Größe von Abbildungen keine Rolle spielt, sondern alle Beteiligten sie lesen können.

Allein durch den Ersatz analoger durch digitale Präsentationsmedien kann eine bemerkenswerte Qualitätssteigerung erreicht werden und können eigentlich gut gemeinte, aber im Effekt unbefriedigende Methoden ihre Vorteile entfalten. Zu einer sinnvollen oder auch dringend notwendigen nächsten Stufe der Digitalisierung der Schulen gehört also, dass die Schulen mit Projektionsmedien wie Beamern ausgestattet sind, und zwar nicht nur in Computerräumen, sondern in jedem Unterrichtsraum, und mit der Verfügbarkeit elementarer Software wie in diesem Beispiel PowerPoint.

Die Kompetenz, ein Plakat zu gestalten, wird fast ausschließlich nur noch in der Schule gebraucht. Viele Schulen sind aber noch nicht an der Stelle angekommen, dass Software wie PowerPoint von Lernenden zu mehr genutzt wird, als im Internet gefundene unverstandene Quellen mit wirkungslosen Effekten zu nahezu sinnlosen Artefakten aufzublasen. Präsentiert wird heute über digitale Medien und dafür sind Präsentationsmedien der Einstieg, PowerPoint ist das Plakat der Gegenwart, wenn auch nicht der Zukunft.

Stellt sich also die Frage: Was haben solche Programme in einem modernen Mathematikunterricht, in dem die Lernenden im Mittelpunkt stehen sollten, sonst noch zu suchen? Ein Teil der Antwort befindet sich in der Weiterentwicklung der Programme. Mittelweile können, neben Texten und Grafiken, viele weitere Medien in die Präsentation eingebunden werden. Kurze Videoclips, Internetseiten und Audiobeiträge sind schon lange Normalität. Kaum ein anderes Programm hat den Begriff „multimedial" so geprägt wie PowerPoint oder das Äquivalent von Apple, „Keynote". Lange Zeit waren Präsentationsprogramme linear strukturiert. Eine Folie folgte auf die nächste. Mittlerweile können Folien untereinander verlinkt werden, sodass man problemlos von der ersten zur vorletzten Folie und wieder zurück springen kann, wodurch eine vernetzte Struktur möglich ist. Die Lernenden können durch QR-Codes und mithilfe von Umfragetools in den Vortrag eingebunden werden.

Viele Präsentationsprogramme bieten die Möglichkeit zur Kollaboration, sodass mehrere Personen gemeinsam an einer Präsentation zeitgleich arbeiten können. Zudem können die Präsentationen im Internet zugänglich gemacht werden. Sie können wie ein Lernpfad aufgebaut werden und in Unterrichtskonzeptionen wie Flipped Classroom (Kap. 8.3) oder Distanzunterricht (Kap. 8.4) integriert werden.

Fallbeispiel: Wie groß ist der ganze Eisberg?

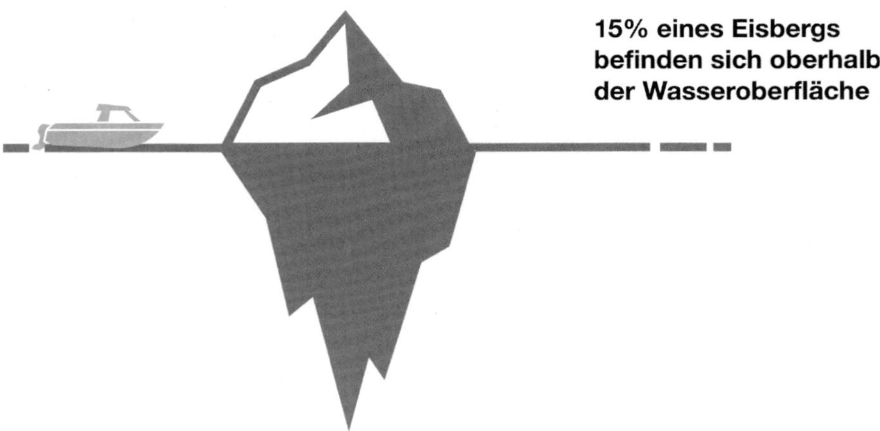

Abb. 10.5: Aufgabe mit wenigen Informationen

Bei diesem Beispiel aus dem Präsenzunterricht sind zum Zeitpunkt der Durchführung in Klassenstufe 7 den Lernenden der Begriff „Prozentsatz" und das Verfahren „Dreisatz" geläufig. Der Begriff „Grundwert" soll anhand dieser Aufgabenstellung erarbeitet werden. Diese hat einen problemorientierten Ansatz und ist teilweise offen, da zu Beginn wesentliche Informationen fehlen und verschiedene Lösungswege möglich sind.

Wenn zur Lösung einer Aufgabe Informationen nötig sind, dann müssen diese gegeben werden, damit ein Problembewusstsein überhaupt entstehen kann. Im Beispiel hier ist es die Tatsache, dass Eis „leichter“ ist als Wasser, folglich oben schwimmt, aber trotzdem mit einem Anteil von etwa 85 % ins Wasser eintaucht. Mit einer Grafik als Veranschaulichung wird das besser verstanden als nur über einen Text. Die Zeichnung kann zusätzlich animiert werden, was ebenfalls unterstützend wirken kann.

Eine wichtige Phase beim Lösen eines mathematischen Problems ist, dass die Lernenden die Aufgabe verstehen (Weigand 2015, S. 287) und durchdringen. Hierbei kann der Einsatz von Präsentationsmedien förderlich sein. Zunächst können weniger relevante Informationen weggelassen werden, um einerseits eigenes Denken der Lernenden nicht zu blockieren und andererseits andere Lernende nicht zu überfordern (Abb. 10.5). PIKAS spricht in diesem Zusammenhang von „Denk- und Arbeitsprozesse umlagern“.[159] Zudem kann thematisiert werden, was eigentlich gesucht ist. Die Visualisierung der Problemsituation unterstützt den Prozess des Verstehens. Damit befindet sich diese Phase im SAMR-Modell (Kap. 10.2) auf der Stufe *Erweiterung*.

In der Folge kann die Lehrkraft gemeinsam mit den Lernenden thematisieren, welche relevanten Informationen zum Lösen der Aufgabe noch fehlen, und eine davon dann präsentieren (Abb. 10.6). Die eigentliche Fragestellung wird eingeblendet, wodurch die meisten Lernenden die Aufgabenstellung durchdrungen haben sollten (Abb. 10.7) und sich der Bearbeitung dieser widmen können.

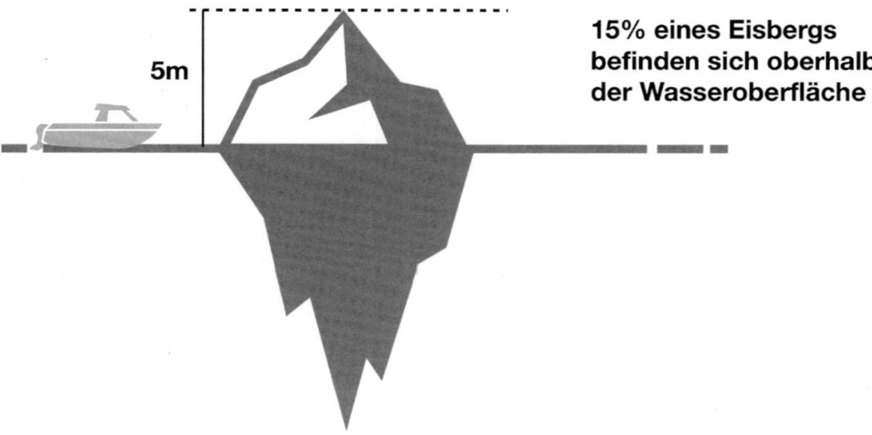

Abb. 10.6: Aufgabe mit fehlender Größe

159 https://pikas-digi.dzlm.de/software

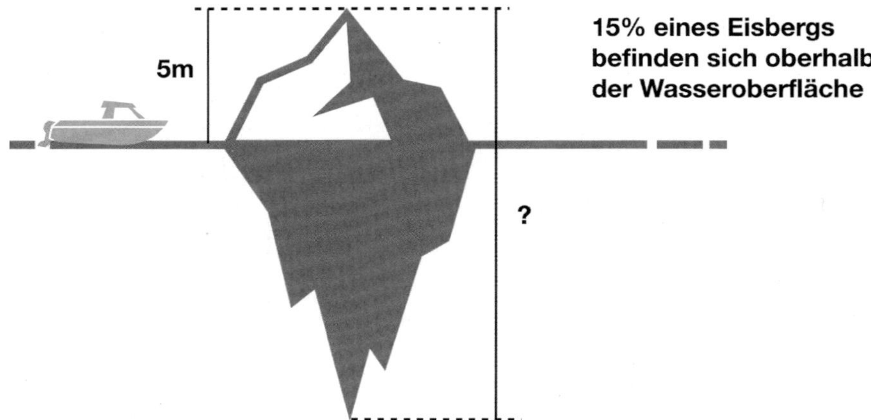

Abb. 10.7: Aufgabe mit allen Angaben

Möglicherweise haben Lernende die Höhe der Eisbergspitze mithilfe einer geschätzten Höhe des Boots modelliert. Die Darstellung, die nahelegt, dass der Eisberg über Wasser schmaler ist als der unter Wasser liegende Teil, sorgt für Argumentierungsanlässe.

Man kann einwenden, dass sich diese Vorgehensweise bis auf den Medieneinsatz nicht wesentlich von einem Unterrichtsgespräch im analogen Unterricht unterscheidet. Aber es sorgt für bessere technische Medienqualität und kann flexibler eingesetzt werden, da es problemlos möglich ist, Schritte zu wiederholen oder zu überspringen.

Denkbar ist auch, dass in der Erarbeitung der Lösungswege nach einiger Zeit Hilfestellungen eingeblendet werden. Der Vorteil hierbei ist, dass leistungsstarke Lernende bereits so weit sind, dass sie die Hilfe nicht mehr benötigen. Die Lehrkraft wird entlastet, da leistungsschwächere Lernende durch die Hilfestellungen unterstützt werden. Allerdings kann der häufige Einsatz dieser Methode dazu führen, dass schnelle Schülerinnen und Schüler abwarten, bis die Hilfestellung erscheint.

Als Differenzierung lässt sich die Eisberg-Aufgabe erweitern, indem den Lernenden der QR-Code (Abb. 10.4) zur Verfügung gestellt wird. Dann kann daraus eine Forschungsaufgabe gemacht werden, in der verschiedene Eisbergformen generiert oder besonders instabile Formen entdeckt werden. Damit wäre im SAMR-Modell die Stufe *Neugestaltung* erreicht. Oder man stellt eine Erkunden-Phase voran, als deren Ergebnis die 10–15 %-Regel sich erst ergibt. In analoger Form wäre dies schwerer zu erreichen.

Abb. 10.4: joshdata.me/iceberger

Abb. 10.8: Aufgaben

Fallbeispiel: Gemeinsam den Code herausfinden

Präsentationsmedien sind vielfältig. So können sie beispielsweise eingesetzt werden, um ein sogenanntes EduBreakout[160] umzusetzen.

Zu Beginn der Unterrichtsstunde erzählt die Lehrkraft in einer Einstiegsgeschichte, dass sie verschiedene „mysteriöse Rätsel" erhalten habe. Das Startfenster erscheint auf der Leinwand und wird von thematisch passender Hintergrundmusik begleitet. Nach dem Klicken auf „Start" erscheinen vier Aufgaben, welche wesentliche mathematische Themen von Klassenstufe 7 berücksichtigen (Abb. 10.8). Die Aufgaben können auch thematisch zusammenhängend ausgewählt werden. Die Lernenden bearbeiten nun im Anschluss die Aufgaben in Partnerarbeit oder Gruppenarbeit. Kommunikation und Kooperation sind erwünscht. Jede Lösung liefert eine Ziffer eines zum Beispiel vierstelligen Codes. Nach einer vereinbarten Zeit werden die Ergebnisse zusammengetragen und der Code wird in das digitale Zahlenschloss eingegeben (Abb. 10.9 links). Ist der Code korrekt, erscheint ein virtuelles Feuerwerk (Abb. 10.9 rechts; der Code ist 1984). Der Effekt kann noch verstärkt werden mit einem zusätzlichen realen Zahlenschloss, welches bei Eingabe des richtigen Codes den Zugang zu einer kleinen Belohnung gewährt.

Allerdings könnte sich dann die Frage stellen, wozu es der digitalen Ausführung bedarf, wenn es doch analog genauso gut funktioniert. Denn digitale Technik sollte nicht nur deshalb eingesetzt werden, weil sie da ist. Vortei-

160 EduBreakouts wurden in Kap. 9.5 vorgestellt: Gemeinsam und kooperativ muss ein Rätsel gelöst oder eine Schatzkiste geöffnet werden.

le der digitalen Version sind auf jeden Fall die ansprechende Gestaltung und die automatische Auswertung. Da die mysteriösen Rätsel mit geringem Aufwand erstellt werden können, kann die Lehrkraft diese in ihrem Methodenspektrum fest verankern und bei verschiedenen Anlässen einsetzen, was wieder für die digitale Ausführung spricht.

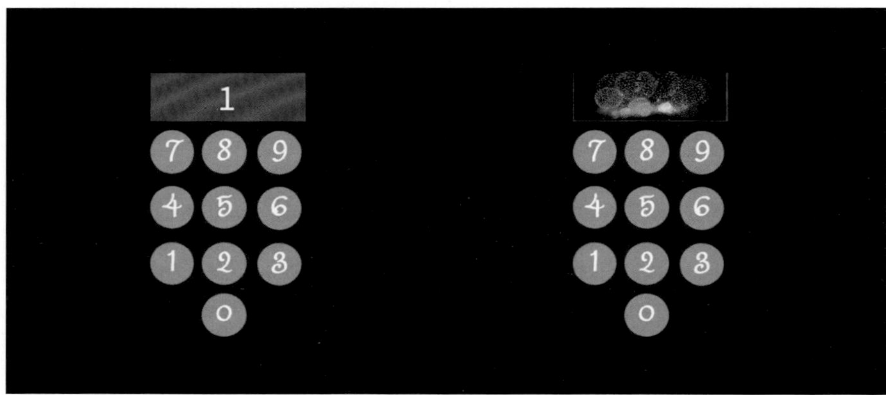

Abb. 10.9: Digitales Zahlenschloss

Im Anschluss an das erfolgreiche Öffnen des Zahlenschlosses erfolgt eine Reflexion. Der Lerngruppe wird bewusst, dass es bei der Bewältigung der Aufgabe (Abb. 10.10) weniger um Wissenserwerb oder Übung ging, sondern vor allem um Kommunikation und Kooperation, also um digitale Kompetenzen. Das Schloss konnte nur geöffnet werden, weil alle Ziffern des Codes herausgefunden worden waren, weil ein gemeinsames Ziel gesetzt war und das Problem gemeinsam gelöst wurde.

Die Lernenden hatten zum Zeitpunkt der Durchführung kein eigenes digitales Endgerät zur Verfügung. Ist dies der Fall, kann die Unterrichtskonzeption nahezu beliebig erweitert werden. Beispielsweise lässt sich die Gruppenarbeit so organisieren, dass jede Gruppe eine Ziffer des Codes herausfinden muss. Dadurch wird die Bereitschaft zu Kooperation und Kommunikation gestärkt, da der Erfolg der Klasse von der Mitarbeit jeder einzelnen Gruppe abhängig ist und jede Gruppe nur gemeinsam die richtige Ziffer herausfinden kann. Dies könnte dazu führen, dass einzelne Gruppen unter sozialen Druck geraten. Um diesem Aspekt entgegenzuwirken, könnte man Gruppen doppeln, sodass zwei Gruppen die gleiche Ziffer herausfinden müssen. Es ist

Abb. 10.10: Beispiel https://bit.ly/3ifxdqE

auch denkbar, dass ein solches Unterrichtsvorhaben im Distanzunterricht durchgeführt wird.

10.4 Digitale Werkzeuge

Der Taschenrechner heißt heute Schulrechner, weil er zwar die Größe eines Mobiltelefons hat und in die Hosentasche passen würde, aber kaum jemand mehr auf die Idee kommen würde, ein solches Werkzeug zusätzlich mitzunehmen, außer in die Schule. Denn das Mobiltelefon kann alles rechnen, was man unterwegs braucht, und das hat man in der Tasche.

In der Schule wird er gebraucht, weil dort Handy und Smartphone weitgehend immer noch verboten sind, zum Beispiel mit der Begründung, Chancengleichheit dadurch herzustellen, dass jeder Lernende über exakt das gleiche Gerät verfügt.[161]

Als Schulrechner noch nicht viel mehr konnten, als die Grundrechenarten auszuführen, wurde ihr Einsatz von Lernenden herbeigesehnt und bald für unverzichtbar gehalten, den Rechenergebnissen wurde meist blind vertraut. Der Lösungsschritt „Sinnvolles Runden" wurde von vielen Lernenden ersetzt durch „Anzeige des Displays abschreiben" und Lernende versuchten, ihre Lehrkraft zu einer Rückmeldung über die Richtigkeit ihrer Lösungen zu bewegen, indem sie ihr nur das Display des Rechners unter die Nase hielten.

Die heute verwendeten wissenschaftlichen Schulrechner verfügen über ein mehrzeiliges Display, welches nicht nur das Ergebnis, sondern auch die eingegebenen Zahlen und Rechenoperationen anzeigt. Das erhöht die Sicherheit, weil die Richtigkeit der Eingaben im Nachhinein überprüft werden kann.

Das erhöht aber auch die Anforderungen an die Benutzerin oder den Benutzer. Möchte man ein Rechenergebnis angezeigt bekommen, muss man nicht mehr eine Taste „=" drücken, sondern „enter". Das Ergebnis des vorherigen Schrittes wird im neuen Schritt mit der Variable „ans" repräsentiert.[162] Das hat wenig mit Intuition zu tun, sondern man muss es wissen. Der Schulrechner spricht eine Sprache, die sich mehr an der Informatik als an der Mathematik orientiert. Das Gerät fordert, im Mathematikunterricht eingesetzt, also von den Benutzern Wissenselemente ein, die nur der Bedienung des Geräts dienen und die anspruchsvoller sind, als wenn man dieses Gerät nicht einsetzen würde.

161 Man könnte Chancengleichheit auch so definieren, dass jede und jeder das eigene Gerät benutzen darf, mit dem sie oder er vertraut ist, und wer kein eigenes hat, bekommt eines zur Verfügung gestellt.

162 Texas Instruments TI-34 MultiView

Wissenschaftliche Schulrechner machen es den Lernenden aus der Rückschauperspektive der Lehrkräfte leichter, manchen zu leicht, weil sie für größere Sicherheit bei Eingabe und Kontrolle sorgen und weil sie den Lernenden Lösungsschritte abnehmen, zum Beispiel die Umwandlung von Brüchen in Dezimalzahlen und umgekehrt oder das Kürzen.

Aber für die Lernenden der Sekundarstufe I ist es schwieriger geworden. Der Übergang vom herkömmlichen Taschenrechner zum wissenschaftlichen Schulrechner wandelt diesen vom Hilfsmittel zum Lernobjekt um. „Das ist mir zu kompliziert. Kann ich nicht lieber mein Handy benutzen?" Der Taschenrechner heißt heute Handy oder Smartphone und fast jede und jeder hat ein solches Gerät immer in der Tasche.

Zu den digitalen Werkzeugen zählen auch Anwendungsprogramme für Smartphones (Apps) wie die MathCityMap (Ludwig u. a. 2015), deren Nutzung im Einführungsbeispiel ausführlich vorgestellt wurde. Die App steht damit in der Schnittmenge von Arbeits- und Anschauungsmitteln (vgl. Abb. 10.2). Die Aufgaben sind nur vor Ort und verbunden mit einer Aktivität lösbar (Gurjanow u. a. 2019, S. 96). Wenn die Steigung einer Rampe, die Geschwindigkeit einer Rolltreppe oder ein Eckpunkt eines Dreiecks bestimmt werden soll, dann wird die Realität zum Medium und die Lernenden können sich körperlich innerhalb der Aufgabe bewegen und orientieren. Im Fall des Dreiecks kann sogar die Lösung über GPS-Koordinaten überprüft werden (Ludwig u. a. 2015, S. 31).

Ursprünglich war es nicht Kern der Idee, aber der „Ort" kann auch ein Unterrichtsraum sein. Damit entsteht eine digitale Form einer Lernwerkstatt: Diese besteht aus einer Anzahl von Aufträgen, die von den Lernenden selbstständig bearbeitet werden, samt dazugehörigem Material, das von der Lehrkraft vorbereitet und strukturiert worden ist (Weber 1998, S. 16). Das Material hat keinen konstruierten Alltagsbezug, sondern ist aus der Realität gegriffen und physisch vorhanden.

10.5 Dynamische Mathematiksoftware

Die ersten Computerprogramme zum Konstruieren geometrischer Objekte wurden bereits in den 1960er-Jahren entwickelt (Pallack 2018, S. 164). Vor allem in Architektur- und Ingenieurbüros wurde im Laufe der darauffolgenden Jahrzehnte solche Software immer stärker eingesetzt. Heutzutage gibt es vermutlich kein Architekturbüro mehr, das ohne ein computerunterstütztes Zeichenprogramm (computer-aided design: CAD) arbeitet. Infolge dieser Entwicklung wurden gegen Ende der 1980er-Jahre Computerprogramme in Schulen eingesetzt, die auf den Prinzipien ebendieser CAD-Programme basierten. Dynamische Geometriesoftware ist also verglichen mit anderen digitalen Medien ein eher traditionelles Medium. Trotzdem wird sie im Schulalltag immer noch verhältnismäßig selten eingesetzt. Hierfür kann es verschiedene Gründe geben.

Oft ist die Bedienung einer dynamischen Geometriesoftware nicht optimal intuitiv. Manche Programme sind in englischer Sprache verfasst und haben einen enormen Funktionsumfang. Oft war die Lehrkraft damit beschäftigt, technische Probleme zu lösen, Bedienungsanweisungen zu geben und darauf zu achten, dass die Lernenden nicht doch im Internet surften, statt die Aufgaben zu bearbeiten. Kurzum wurde die Arbeit mit dynamischer Geometriesoftware für viele Lehrkräfte zu einem Unterfangen, welches kaum in den 45 Minuten einer Unterrichtsstunde zu bewältigen war.

In den vergangenen Jahren gab es allerdings Entwicklungen, die den Einsatz von ebendiesen Computerprogrammen erleichterten. Heute benötigt man nur noch eine kostenlose App oder öffnet über einen Internet-Browser die Adresse. Viele Klassenzimmer verfügen über einen Beamer und immer mehr Lehrkräfte nutzen ein mobiles dienstliches Endgerät. Somit kann dynamische Geometriesoftware direkt im Klassenzimmer eingesetzt werden. Dies ermöglicht fast jeder Lehrkraft den didaktischen Einsatz von dynamischer Geometriesoftware, die dann auch jeder einzelne Lernende selbst bedient.

Doch was versteht man eigentlich unter dynamischer Geometriesoftware? Unter den Begriff dynamische Geometriesoftware (DGS) fallen eine ganze Reihe von Computerprogrammen, die alle eine Gemeinsamkeit haben: Sie ermöglichen veränderbare geometrische Konstruktionen. So kann man beispielsweise nachträglich Punkte in eine Konstruktion einfügen oder verschieben, ohne dass vorher festgelegte Zusammenhänge zwischen den einzelnen geometrischen Objekten verloren gehen. Hinzu kommen Werkzeuge, die beispielsweise das Messen von Winkeln oder Strecken erlauben.

Die weltweit führende Geometriesoftware ist momentan GeoGebra. Wobei sich die Funktionen nicht auf Geometrie beschränken. GeoGebra verbindet Geometrie, Algebra, Tabellen, Zeichnungen, Statistik und Analysis[163] und enthält auch Funktionen, die für andere Unterrichtsfächer relevant sind.

Funktionenplotter

Funktionen gehören thematisch zwar nicht in den Bereich der Geometrie, allerdings gibt es einige Anbieter von dynamischer Geometriesoftware, die in ihrem Produkt einen Funktionenplotter integriert haben. Mithilfe der Software können Funktionsgleichungen eingegeben und direkt in einem

163 https://www.geogebra.org/about, abgerufen am 28.01.2022

Schaubild visualisiert werden. Oftmals wird zusätzlich eine Wertetabelle ausgegeben. Zudem werden diese Funktionen mithilfe von Schiebereglern „dynamisch“ (siehe Beispiel lineare Funktion Abb. 10.11). Mittlerweile gibt es Funktionenplotter auf vielen Schulrechnern. Sie dienen der Überprüfung von Lösungen, können aber auch für das Erkunden von Eigenschaften bestimmter Funktionen eingesetzt werden. So kann beispielsweise der Vorfaktor (Koeffizient) a der Funktionsgleichung $y=ax^2$ systematisch untersucht werden und es können allgemeine Aussagen diesbezüglich getroffen werden. In diesem Beispiel handelt es ich um die allgemeine Funktionsgleichung für eine lineare Funktion $y=mx+b$.

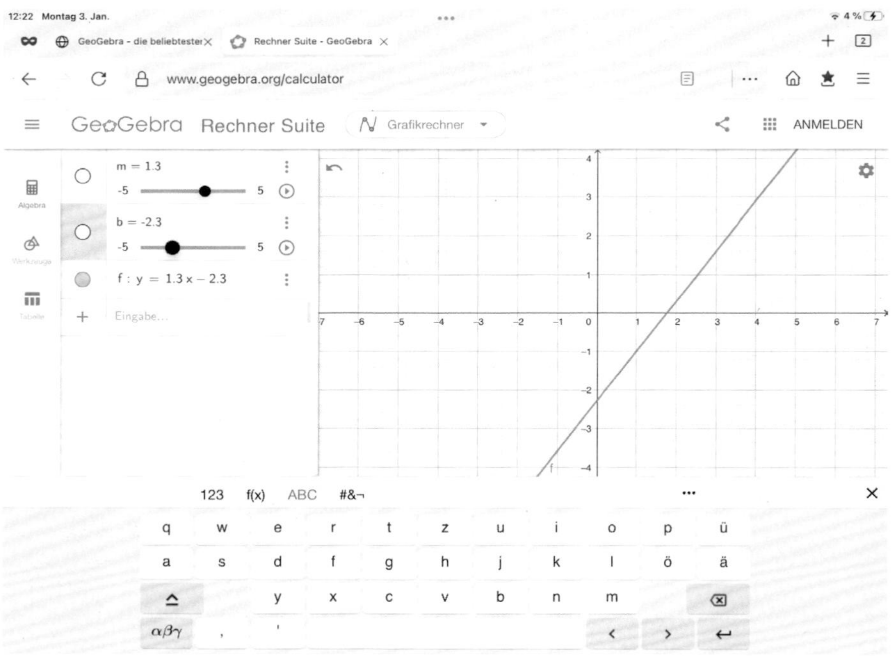

Abb. 10.11: Funktionenplotter mit linearer Funktion

Das Programm erkennt automatisch, dass es sich bei der Variablen m um die Steigung und bei b um den y-Achsabschnitt handelt. Beide Variablen sind mit Schiebereglern ausgestattet. Verändert man eine der Variablen mithilfe der Schieberegler, wird die Auswirkung direkt im Schaubild dargestellt. Hervorzuheben ist die „Play“-Taste“ ▶ in den Schiebereglern. Klickt man darauf, variieren die Werte der Variable kontinuierlich in einem Wertebereich von -5 bis +5. Das ergibt eine im wahrsten Sinne „bewegte Mathematik“, die ein ganz anderes Verständnis erzeugt, als wenn händisch Koordinatensysteme angelegt werden und Lernende schon mit der Skalierung nicht zurechtkommen. Die Bedeutung der Steigung und des y-Achsabschnitts wird direkt im Schaubild visualisiert und kann parallel in der Wertetabelle nachverfolgt werden. Lernende können selbst entdecken, dass durch die Variable „m" die Gerade „steiler" oder „flacher" gestellt werden kann und dass „b" angibt, wo die Gerade die y-Achse schneidet.

GeoGebraBooks

Eine sinnvolle erweiternde Funktion bieten GeoGebra-Books. Bei Mathe.Forscher[164] (Abb. 10.12) findet man Beispiele. In dem hybriden Arbeitsmaterial mit Schüler- und Lehrerblatt werden am Beispiel eines sich füllenden Gefäßes die verschiedenen Darstellungsformen von Funktionen schrittweise vernetzt. So werden funktionale Zusammenhänge und die Vernetzung ihrer Darstellungsformen digital erlebbar.

Abb. 10.12: Mathe.Forscher

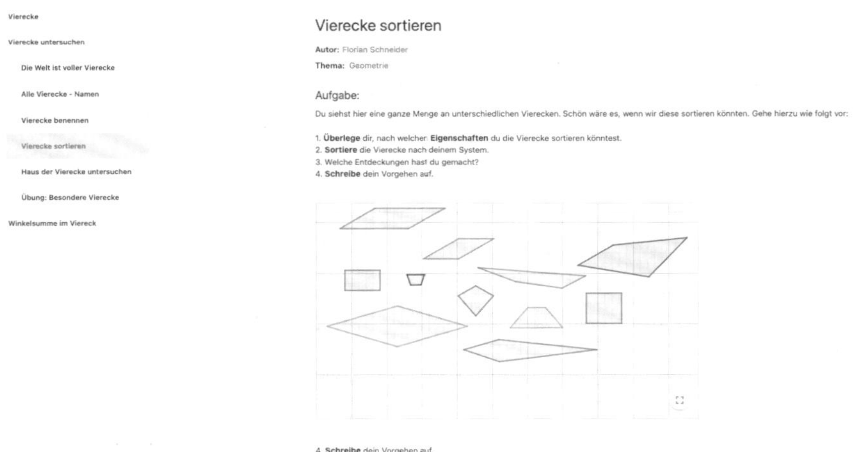

Abb. 10.13: Vierecke sortieren

Unterrichtsorganisation mithilfe von Geometriesoftware

Allein die Möglichkeit, den Lernenden geometrische Figuren so zur Verfügung zu stellen, dass sie diese ohne großen Aufwand beliebig oft verschieben, umsortieren oder verändern können, lässt analogen Mathema-

164 Mathe.Forscher ist ein wissenschaftlich begleitetes Netzwerk, das seit 2012 Lernende und Lehrkräfte unterstützt, über fächerübergreifende Projekte Zugang zur Mathematik zu finden; matheforscher.de.

tikunterricht alt aussehen. Das „Haus der Vierecke“ ist immer noch eine Darstellung, die über das Vergleichen von Eigenschaften Vorstellungen von Kategorien, Über- und Unterbegriffen vermitteln kann. Analog war eine solche Unterrichtsstunde aufwendig, denn die Vierecke zum Verschieben, Sortieren und Ordnen mussten zuvor hergestellt werden oder viel Lernzeit ging dafür verloren. Und Erkennen und Lernen waren eingeengt, denn den Lernenden standen nur die Vierecke zur Verfügung, die die Lehrkraft zusammengestellt hatte, und dann immer nur eines davon, und jeder Lernende hatte dieselben.

Digital geht das einfacher zum Beispiel mit einem digitalen Arbeitsblatt wie in Abb. 10.13. Die Lernenden nutzen nach wie vor Papier und Schreibstift, um ihre Hypothesen, Erfahrungen und Erkenntnisse festzuhalten. Aber das Erkunden geht digital und damit wesentlich effektiver. In kürzerer Zeit kann eine größere Anzahl an Vierecken erzeugt und untersucht werden als mit ausschließlich analogen Mitteln, und jeder Lernende erzeugt so viele, wie er oder sie schafft oder benötigt. Damit ist im digitalen Unterricht ein größerer Anteil der Unterrichtszeit Lernzeit als im rein analogen.

2D-Konstruktionen

Zweidimensionale Konstruktionen sind die Hauptfunktion von dynamischer Geometriesoftware. Mithilfe von digitalisierten Werkzeugen (Lineal, Geodreieck, Zirkel ...) kann man mit diesen Computerprogrammen geometrische Konstruktionen anfertigen oder man kann vorhandene Konstruktionen verändern und damit mathematisch experimentieren. Weil die Zeichnungen veränderbar sind, können Fehler direkt rückgängig gemacht werden oder es können Datenreihen erzeugt werden. Die Zeichnungen und Zahlenwerte sind exakt und somit prädestiniert für das Erkunden fundamentaler Sätze der Schulgeometrie, z. B. des Winkelsummensatzes im Dreieck oder Viereck.

Die Winkelsumme im Viereck

Allein ein digitales Arbeitsblatt mit einigen Vierecken, das so eingestellt ist, dass alle Winkelgrößen angezeigt werden, reicht als Medium aus (Abb. 10.14). Es folgt die Aufforderung an die Lernenden, alle angezeigten Winkelgrößen zu notieren, dann die Vierecke beliebig zu verändern und wieder alle Winkelgrößen zu notieren. Das führt garantiert in relativ kurzer Zeit dazu, dass einzelne Lernende selbst die Winkelsumme im Viereck entdeckt haben. Und das reicht für eine anschließende gemeinsame Phase des Ordnens.

Abb. 10.14: Winkelsummensatz im Viereck https://www.geogebra.org/m/pc56czfv

Hat man als Lehrkraft zu analogen Zeiten Vierecke ausschneiden, Winkel messen, Ecken abreißen und aneinanderlegen, Parkettierungen entwerfen lassen, dann geht das digital wesentlich entspannter. Folgt dann der formale Beweis der Lehrkraft, dann sind die Lernenden überzeugt, dass das, was sie gerade entdeckt haben, auch stimmt, und sie werden sich daran besser erinnern als nach einer Stunde mit hohem analogem Medieneinsatz. Wir haben die Erfahrung gemacht und sind überzeugt, dass dies ein Beispiel ist, wie ohne wesentliche Änderung der Unterrichtskonzeption allein durch geeigneten und unkomplizierten digitalen Medieneinsatz die Wirksamkeit des Unterrichts spürbar gesteigert werden kann.

Klassisches Konstruieren mit dynamischer Geometrie-Software

Das klassische Konstruieren mit Zirkel und Lineal wird an den Schulen immer noch praktiziert, zum einen mit dem Hinweis auf die traditionellen Wurzeln der Geometrie und dem Argument, es gehöre zur Allgemeinbildung, zum anderen weil damit Lernende zu Sorgfalt und Genauigkeit erzogen werden sollen. Auf der Strecke bleibt dabei oft das Verstehen.

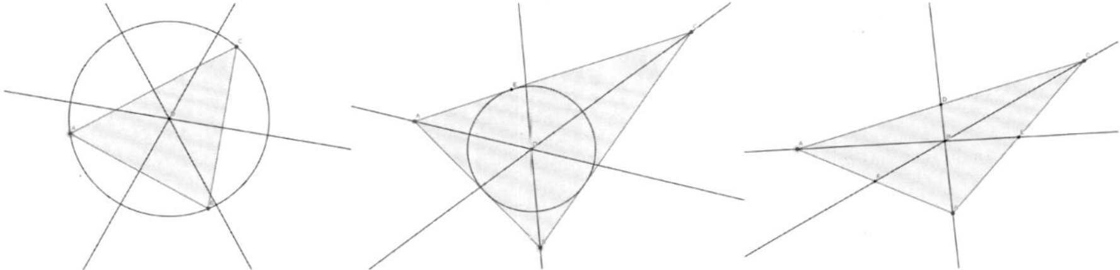

Abb. 10.15: Konstruktion von Umkreis, Inkreis und Schwerpunkt mit GeoGebra

Beispielsweise lernen Schülerinnen und Schüler die Konstruktion von In- und Umkreis eines Dreiecks analog oft unverstanden, erwerben Fertigkeiten mit fragwürdiger Bedeutung und mancher sieht vor lauter Bögen, die er mit dem Zirkel gezogenen hat, das Dreieck nicht mehr. Gibt ihm die Lehrkraft dann den Tipp, nur die Teile der Bögen zu zeichnen, die für Schnittpunkte relevant sind, wird die Verwirrung nur noch größer, denn dazu müsste man eine Vorstellung der fertigen Konstruktion haben, bevor man sie durchführt.

Genau diese Vorstellung unterstützt die digitale Konstruktion. Die Konstruktion mit einem dynamischen Geometriesystem ist im Prinzip nicht anders als mit Zirkel und Lineal. Man erstellt ein Dreieck (als Polygon) und führt die Konstruktionsschritte aus, die im Programm mit denselben Bezeichnungen versehen sind wie im Schulbuch. Befehle für die Konstruktionsschritte sind intuitiv zu verstehen, den Lernenden muss lediglich gesagt werden, dass der Befehl „Schneide“ dazu dient, Punkte zu verbinden, und dass am Ende der

Konstruktion in den Bewegungsmodus gewechselt werden muss (Abb. 10.15). Dadurch sind die Lernenden rasch in der Lage, geometrische Zeichnungen anzufertigen, zu untersuchen und zu verändern, ohne auf weitere Hilfe angewiesen zu sein.

Nach der Konstruktion, mit der der Vorgang im analogen Mathematikunterricht endete, erschließt sich über den Zugmodus des Systems erst der mathematische Inhalt, weil beim Verändern erkennbar wird, welche Zusammenhänge bestehen, zum Beispiel:

- Der Umkreis ist immer außerhalb des Dreiecks, aber der Mittelpunkt des Umkreises kann innerhalb oder außerhalb des Dreiecks liegen.
- Der Umkreismittelpunkt kann auch auf einer Dreiecksseite liegen; dann ist das Dreieck rechtwinklig.
- Der Inkreis ist immer innerhalb des Dreiecks und wird umso kleiner, je weiter der größte Winkel ist.

Natürlich kann man als Lehrkraft auch fertige digitale Arbeitsblätter anbieten und die Lernenden spielen dann mit den beweglichen Punkten und entdecken dabei Zusammenhänge, dann geht es noch schneller. Aber lernwirksamer ist es, die Lernenden möglichst viele Entdeckungen selbst machen zu lassen und dann gemeinsam zu Erklärungen der Zusammenhänge zu kommen, weshalb das so ist. Die Lernchancen sind sicher höher im Vergleich zu Lernformen, bei denen nur Verfahren gelernt und dann ausgeführt werden.

Wenn die Stunde dann damit endet, dass einzelne Lernende, die sich als Differenzierung auch noch mit dem Schwerpunkt beschäftigt haben, ihre völlig unterschiedlichen Dreiecke auf kartonstarkem Papier ausdrucken, ausschneiden und mithilfe des konstruierten Schwerpunkts auf einer Bleistiftspitze balancieren[165], dann kann eine lebhafte Auseinandersetzung darüber stattfinden, was das eigentlich ist: die „Mitte“ eines Dreiecks.

3D-Geometrie

Die Visualisierung von dreidimensionalen Körpern in der Ebene ist für viele Lernende eine Herausforderung. Dies gilt sowohl für das Erstellen von Schrägbildern als auch für deren Interpretation. Viele Anbieter von dynamischer Geometriesoftware ermöglichen das Konstruieren von dreidimen-

165 Dem Einwand, in vielen Klassenzimmern stünden keine Drucker zur Verfügung, kann nur entgegnet werden: Dann müssen sie eben angeschafft werden. Ein einziges Gerät pro Klassenzimmer reicht aus, und es kann auch ein einfaches Modell sein. Wir Lehrkräfte sollten spätestens nach den Erfahrungen in der Pandemie aufgehört haben, uns abspeisen zu lassen mit Argumenten, es sei kein Geld vorhanden. Bildung ist der wichtigste Rohstoff unserer Gesellschaft, und wenn da mal Geld notwendig ist, dann ist das eben so. Bildung ist weder umsonst zu haben noch „kostenneutral“.

sionalen Objekten. Schülerinnen und Schüler, die Schwierigkeiten mit dem räumlichen Vorstellungsvermögen haben, können dreidimensionale Objekte bewegen, von allen Seiten betrachten und erkunden. So hilft die Darstellung in Abb. 10.16 einerseits, sich den geometrischen Körper vorzustellen und ihn zu identifizieren. Andererseits kann sie als Hilfe dienen, ihn händisch, also analog zu zeichnen, und damit ist die Verbindung zum analogen Teil des Unterrichts hergestellt. Hinzu kommen Möglichkeiten, solche Objekte mithilfe eines digitalen Endgeräts in die Realität einzubetten.[166]

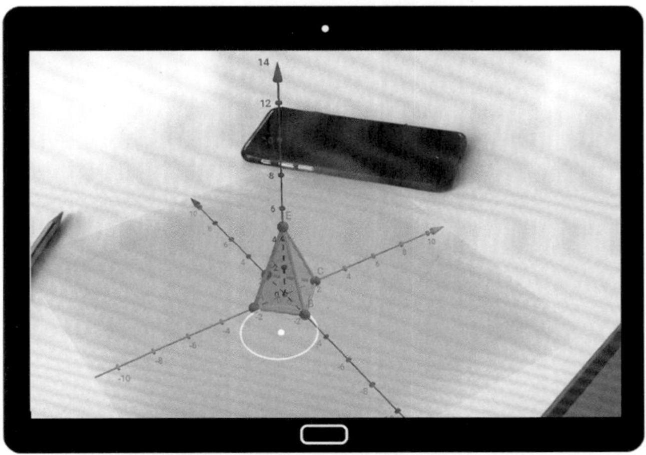

Abb. 10.16: Räumliche Darstellung einer Pyramide mit DGS

GeoGebra

Für den schulischen Einsatz nimmt seit vielen Jahren GeoGebra[167] eine Spitzenposition ein. Viele Lehrkräfte und nahezu alle Lehramtsanwärter sind mit dieser Software vertraut, manche scheuten aber in der Vergangenheit deren direkten Einsatz im Unterricht.

Der Name setzt sich aus den Begriffen „Geometrie“ und „Algebra“ zusammen[168], weil diese Software beides verbindet. Am Rande bemerkt gehört dies zu den wichtigsten Zielen eines am Verstehen orientierten Mathematikunterrichts: Geometrie und Algebra vernetzt verstehen. Die klassische Gliederung

166 Im englischsprachigen Raum nennt man diese Möglichkeit „Augmented Reality“, was so viel bedeutet wie erweiterte Realität und mit den Buchstaben AR abgekürzt wird.

167 GeoGebra wurde ursprünglich 2001/2002 von Markus Hohenwarter im Rahmen einer Diplomarbeit an der Universität Salzburg entwickelt, weiterentwickelt und wird inzwischen weltweit als nichtkommerzielle Freeware genutzt (https://www.geogebra.org/). In Deutschland gibt es inzwischen an mehreren Universitäten GeoGebra-Institute.

168 vgl.: https://de.wikipedia.org/wiki/GeoGebra

des Mathematikunterrichts in Geometrie, Algebra und Stochastik ist gebietsübergreifenden Leitideen gewichen (Weigand 2014, S. 93).

Mit GeoGebra können geometrische Figuren zwei- beziehungsweise dreidimensional gezeichnet und verändert werden. Funktionen können in allen Darstellungsformen (Schaubild, Funktionsgleichung und Wertetabelle) analysiert werden. Des Weiteren verfügt GeoGebra über ein Computeralgebrasystem (CAS) und eine Tabellenkalkulation. GeoGebra gibt es als Freeware für den PC/Laptop für alle gängigen Betriebssysteme. Außerdem können verschiedene Apps, sowohl für iOS als auch für Android, kostenfrei auf jedem Tablet oder Smartphone installiert werden. Besonders interessant für den Schulbetrieb ist die browserbasierte Plattform von GeoGebra. Der Vorteil daran ist, dass keinerlei Installation notwendig ist. Mittlerweile ist GeoGebra mehr als ein dynamisches Geometriesystem, denn es sind weitere Funktionen hinzugekommen. Die Einsatzmöglichkeiten von GeoGebra vollumfänglich zu beschreiben würde den Rahmen dieses Buchs sprengen. Ruft man die Startseite (Abb. 10.17) auf, erscheint das Startfenster und man kann direkt ohne Account und Download starten. Klickt man auf „Starte Rechner“, öffnet sich der Grafikrechner und man kann in das Eingabefeld direkt eine Funktion eingeben und grafisch darstellen lassen.

Abb. 10.17: Startseite GeoGebra

Ähnliche Beispiele lassen sich für den „3D-Rechner“, „Geometrie“ und das Computer-Algebra-System (CAS) generieren. Wer sich das nicht zutraut, findet unter „Unterrichtsmaterialien“ unzählige „Simulationen, Aktivitäten, Unterrichtseinheiten und Spiele für Mathe und Naturwissenschaften“[169], welche thematisch sortiert sind und mithilfe einer Suchfunktion gefunden werden können. Diese sind ebenfalls ohne Account direkt einsetzbar. Mit der Zeit wird man immer vertrauter und kann sich die Schritt-für-Schritt-Konstruktion der Elemente anschauen und sie auch verändern. Wer das Angebot von GeoGebra vollumfänglich nutzen möchte, sollte sich einen Account anlegen. Der Nutzen eines Lehreraccounts wird im folgenden Fallbeispiel deutlich.

169 https://www.geogebra.org/materials

Unterrichtsbeispiel Vierecke

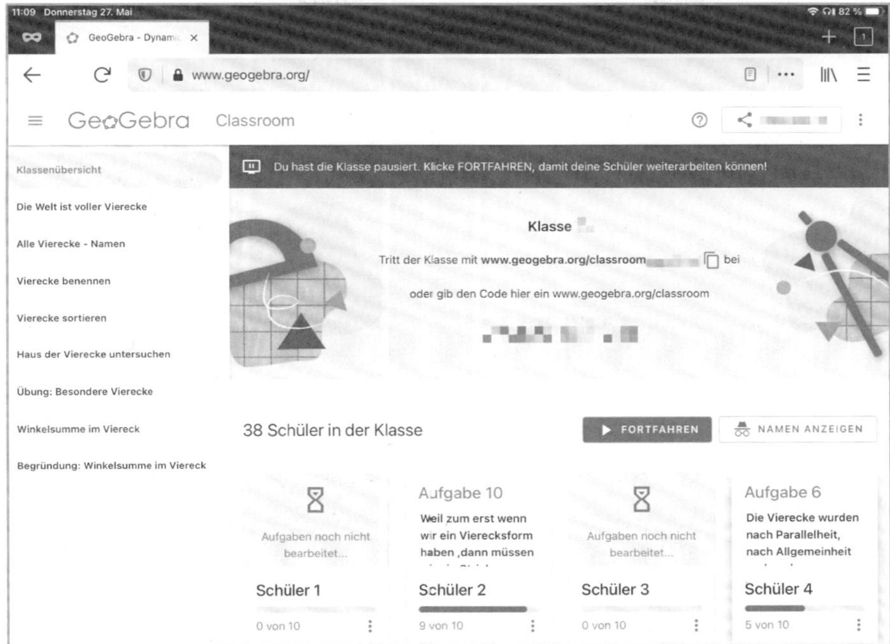

Abb. 10.18: Unterrichtsbeispiel Buch Vierecke

Dieses Unterrichtsbeispiel wurde im Distanzunterricht durchgeführt und umfasste zwei Doppelstunden. Ziel war die Aktivierung des Vorwissens, Vierecke zu erkennen und zu benennen. Außerdem sollten Vierecke auf deren Eigenschaften untersucht und kategorisiert werden, und als differenzierende Option konnte die Winkelsumme im Viereck entdeckt werden.

Hierfür wurde in GeoGebra ein sogenanntes „Buch" erstellt (Abb. 10.18). Ein Buch verfügt über mehrere Kapitel, die aus verschiedenen Aufgaben bestehen, welche aufeinander aufbauen. Es gibt nun verschiedene Möglichkeiten, diese Aufgaben zu erstellen.

- Eigene „Aktivität" erstellen: In eine „Aktivität" können verschiedene Elemente eingefügt werden. Neben externen Inhalten (Videos, Bilder, PDF-Dateien und Webseiten) können interne Elemente (Texte, Fragestellungen Notizen und GeoGebra-Dateien) eingebunden werden. Bei externen Inhalten müssen urheberrechtliche Bestimmungen berücksichtigt werden. GeoGebra-Dateien können direkt im Browser erstellt werden. Außerdem besteht die Möglichkeit, auf dem Tablet oder PC erstellte Dateien zu importieren. Die fertige Aktivität kann dann in ein Buch integriert werden.

- Materialien anderer nutzen: Das Erstellen eigener Aktivitäten ist teilweise mühsam und zeitaufwendig. Daher kann es sinnvoll sein, veröffentlichte Aktivitäten von anderen Lehrkräften zu nutzen. Dabei können diese direkt genutzt oder bei Bedarf angepasst werden.

Das fertige Buch kann nun in ein virtuelles Klassenzimmer (Classroom) integriert werden. Die Lernenden können über einen Link auf das Buch zugreifen und die Aufgaben bearbeiten. Dabei werden sie aufgefordert, ihre Namen einzugeben. Es empfiehlt sich, diese zu pseudonymisieren. Die Lehrkraft hat während der Erarbeitungsphase die Übersicht über die Lernfortschritte der einzelnen Lernenden.

Im konkreten Beispiel konnten den Lernenden bei bestimmten Aufgaben via Chat Hilfestellungen gegeben werden. Außerdem hatte die Lehrkraft während der Erarbeitungsphase Einblicke in die Lösungswege der Lernenden. In der Sicherungsphase können Lösungswege aufgerufen und thematisiert werden.

10.6 Leitmedium Buch

Analoger und digitaler Unterricht sind keine unvereinbaren Gegensätze, das hat unser Buch hoffentlich deutlich gemacht. Wir treten für möglichst viel Digitalität ein, solang sie dazu beiträgt, Mathematikunterricht in höherem Maße lernzielfördernd, motivierend, nachhaltig und effektiv zu gestalten als ohne Digitalität. Papierfreien Unterricht können wie uns auch für die mittelfristige Zukunft nicht vorstellen. Zwar gibt es bereits einzelne digitale Schulbücher, aber sie werden die Druckerzeugnisse nicht verdrängen. Und auch die Lehrkräfte, die es geschafft haben, ihr häusliches Arbeitszimmer fast vollständig papierfrei zu nutzen, kommen im Unterricht dann doch nicht ganz ohne Papier aus.

Es gibt aber vielversprechende Ansätze für Vernetzungen von Schulbuch und digitalen Medien, bei denen das Buch Leitmedium bleibt. Aufgabensammlungen zur Prüfungsvorbereitung enthalten zum Teil einen Zugangscode, mit dem kompakte Wissensspeicher und Lösungsstrategien aufgerufen werden können.[170] Weil Verlage Geld verdienen wollen, ist allerdings der Zugangscode nur so lange gültig, bis die nächste Jahrgangsausgabe erscheint.

Und es gibt gedruckte Wissensspeicher, die engmaschig mit QR-Codes zu Erklärvideos angereichert sind.[171] Diese Lernhefte sind im Prinzip nichts an-

170 Z. B. Dreher 2021 für den Realschulabschluss Baden-Württemberg. Im selben Verlag sind Aufgabensammlungen zu Schullaufbahnprüfungen zahlreicher Schularten in vielen Bundesländern erschienen.

171 Z. B. Wiens 2021 für Klasse 9. Daniel Jung steckt dahinter, der damit seinen Erklärvideos eine weitere Plattform geschaffen hat.

deres als die „Merkhefte“, die früher im analogen Unterricht mit viel Mühe übers Jahr entstanden sind und die durch die Lehrkraft vorstrukturiert und weitestgehend vorformuliert waren. Aber sie sind mit QR-Codes oder Links zu nahezu jedem Merksatz versehen. Auch hier will Geld verdient werden und deshalb gibt es vor jeder Hilfe einen Werbespot, was in den Unterricht nicht hineinpasst.

Die Idee, den Lernenden das Abschreiben von Merksätzen zu ersparen, führt zu einem erheblichen Gewinn an gemeinsamer Lernzeit. Dieses Buchformat unterstützt zwar die Strategie mancher Lernender, sich erst vor der Leistungsüberprüfung den Stoff „reinzuziehen“. Für zeitökonomisch denkende extrinsisch motivierte Lernende muss es ziemlich praktisch wirken, sich die Lerninhalte anzulesen und sich per Erklärvideo diejenigen Stellen erklären zu lassen, die man nicht verstanden hat. Trotzdem halten wir diesen Weg für richtig, weil er intrinsisch Motivierten eine wirksame Hilfe bieten kann.

Das Schulbuch wird nicht verschwinden und das Internet ist da. Dass Hersteller gedruckter Medien ihre Fühler ins Internet ausstrecken und dass Autoren aus dem Internet Druckerzeugnisse herausbringen, zeigt, dass hier etwas zusammenwächst. Und das ist zu begrüßen. Die analoge und die digitale Schule werden sich vernetzen und verschmelzen. Digitalität wird für höhere Aktualität, für mehr Vielfalt und Effizienz sorgen, aber auch für kürzere Verfallsdaten – ja, auch in einem Fach wie Mathematik. Aber wir sind überzeugt, dass das gedruckte Buch das Leitmedium bleiben wird.

11 Praxisbeispiele

11.1 Distanzunterricht mit digitalen Pinnwänden

Digitale Pinnwände sind Onlineplattformen, mit denen Lehrkräfte Aufgaben und Informationen für Lernende zur Verfügung stellen können. Außerdem kann dort kollaborativ an Inhalten gearbeitet werden. Digitale Pinnwände kann man im Präsenz-, Hybrid- und Distanzunterricht einsetzen.

Aufgebaut sind diese Onlineplattformen wie analoge Pinnwände, an die im Prinzip jeder einen „Zettel" anfügen, entfernen oder umhängen kann. Je nach Anbieter kann der Funktionsumfang der Plattform variieren. So können Texte, Bilder, Videos, Links, Sprachaufnahmen, Bildschirmaufnahmen und Zeichnungen abgelegt werden.

Sofern aber die Server digitaler Pinnwände nicht in Europa stehen und sie somit nicht der EU-DSGVO[172] entsprechen, ist ihre Nutzung an deutschen Schulen nicht erlaubt, zumindest nicht, wenn personenbezogene Daten übermittelt werden. Deshalb können wir solche Plattformen nicht uneingeschränkt empfehlen, wohl wissend, dass in der Zeit der Coronakrise mit rechtlichen Grundlagen nicht so konsequent umgegangen wurde, wie das eigentlich sein müsste. Außer man schafft es, die digitale Pinnwand so einzusetzen, dass keine Übermittlung personenbezogener Daten damit verbunden ist.

Ein großer Vorteil von digitalen Pinnwänden ist, dass sie sehr intuitiv zu bedienen sind. Sollte man auf ein Problem stoßen, gibt es auf den gängigen Videoplattformen Hilfen in Form von Tutorials[173], die vermutlich genau diesen Sachverhalt behandeln und eine Lösung anbieten.

Bei den meisten Anbietern muss die Lehrkraft einen zumeist kostenfreien Account erstellen. Unter Umständen ist der Funktionsumfang bei einem Gratis-Account eingeschränkt. Die Lernenden bekommen über einen Link oder einen von der Lehrkraft generierten QR-Code Zugriff auf die Pinnwand. Ein privater Account ist hilfreich, um sich als Lehrkraft über die Leistungsfähigkeit und die Möglichkeiten einer digitalen Pinnwand zu informieren.

Sobald die Lehrkraft den privat erstellten Account aber für den Unterricht nutzt, begibt sie sich in eine rechtlich dunkelgraue Zone, denn dann nutzt sie den Account nicht mehr, um sich zu informieren, sondern um ihre Brötchen zu verdienen, also zwar nicht gewerblich, aber sicher auch nicht privat.

172 Datenschutz-Grundverordnung der Europäischen Union

173 Tutorials sind Gebrauchsanleitungen in Form von Videos.

Wir sehen es als Aufgabe der Kultusverwaltungen und Schulträger, legalen Zugang zu solchen Accounts zu schaffen, nachdem die Lehrkräfte ihre Tauglichkeit geprüft haben, und das kann eben auch mal Geld kosten. Lehrkräfte sollten besser beharrlich verlangen, dass rechtliche und finanzielle Voraussetzungen für dringend erforderliche digitale Weiterentwicklungen an den Schulen geschaffen werden, als sich freiwillig privat in rechtlich zweifelhafte Zonen zu begeben.

Je nachdem in welcher Form man den Zugang zur digitalen Pinnwand anbietet, müssen die Lernenden entweder auf einen Link klicken, einen Link fehlerfrei eingeben oder einen QR-Code scannen können. Erfahrungsgemäß stellt das für die meisten Lernenden kein Problem dar. Bei manchen Anbietern kann man die digitale Pinnwand mit einem Passwort schützen. Das hat vor allem den Vorteil, dass Unbefugte auf der Pinnwand keine Veränderungen vornehmen können.

Sind die Lernenden auf der Pinnwand angelangt, hängt von deren Medienkompetenz ab, welche Freigabeoptionen ihnen gewährt werden. Die unterste Stufe ist, dass die Lernenden nur betrachten, also Beiträge sichten, und in einem begrenzten Maß interagieren können (Links öffnen, Videos anschauen ...).

Bei einigen Anbietern kann man als Lehrkraft die Kommentar- und die Bewertungsfunktion freischalten. Das verlangt von den Nutzern das Einhalten der Netiquette. Einige Anbieter bieten das automatische Filtern von Obszönitäten[174] oder die Freigabe durch die Person an, welche die digitale Pinnwand erstellt hat.

Die nächste Stufe der Öffnung hinsichtlich der Interaktion mit der digitalen Pinnwand ist, dass Lernende eigenständig Beiträge verfassen dürfen. Das bedeutet, dass je nach Anbieter Texte, Bilder, Videos, Links, Sprachaufnahmen, Bildschirmaufnahmen und Zeichnungen hochgeladen werden können.[175] Dies verlangt von den Lernenden eine höhere Medienkompetenz. Nicht alle sind in der Lage, beispielsweise ein Foto hochzuladen. Je nachdem, welches digitale Endgerät verwendet wird, ist dies auch häufig unterschiedlich schwierig. Die Lernenden müssen an dieser Stelle unterstützt werden. Dies kann beispielsweise durch ein kurzes von der Lehrkraft erstelltes Erklärvideo geschehen. Im Allgemeinen gilt das Prinzip der Datensparsamkeit (nur Daten, die wirklich notwendig sind, werden übertragen) und es empfiehlt

174 Dabei stellt sich natürlich die auch in anderen Zusammenhängen relevante Frage: Was ist obszön, wer beurteilt das und nach welchen Kriterien, und wer überprüft die Kriterien und deren Einhaltung?

175 Hierbei gilt es, das Urheberrecht, das Recht am eigenen Bild und den Datenschutz zu berücksichtigen (vgl. Kap. 7).

sich eine Anonymisierung oder Pseudoanonymisierung, sodass die Beiträge der Lernenden ausschließlich von der Lehrkraft den entsprechenden Personen zugeordnet werden können. Die Lehrkraft kann sich nie darauf verlassen, dass sich alle Lernenden daran konsequent halten, deshalb empfiehlt sich diesbezüglich häufige Kontrolle.

In der höchsten Öffnungsstufe können die digitalen Pinnwände für die Lernenden komplett freigeschaltet werden. Das bedeutet, dass die Lernenden nicht nur ihre eigenen Beiträge, sondern auch die Beiträge der anderen bearbeiten können. Wird von einem Lernenden ein Beitrag gelöscht, ist dieser unwiederbringlich verloren; das System ist also nicht vor Boykott und Späßen geschützt. Dieser Umstand erfordert von den Lernenden ein hohes Maß an Medienkompetenz und Disziplin.

Man sollte sich als Lehrkraft aber wegen der Möglichkeit des Boykotts durch Einzelne nicht grundsätzlich von richtigen Methoden- und Medienentscheidungen abhalten lassen, denn auch analog hatten Lernende immer schon die Möglichkeit, Unterricht durch unangemessenes Verhalten Einzelner zu „sprengen“, und trotzdem schaffte man als Lehrkraft keine Bedingungen, die solches gänzlich ausgeschlossen hätten. Wenn solches einmal passiert, muss die Lehrkraft zwar einen Verlust von kollaborativ erarbeiteten Lernfortschritten und Daten beklagen, nicht aber an Inhalten, die sie sicher verwahrt hat, oder an Kompetenzen, die die Lernenden bereits erworben haben.

Bei missbräuchlichen Anlässen im Umgang mit digitalen Pinnwänden ist die angemessene Konsequenz, dass die Öffnungsstufe zurückgefahren wird. Bei allen Risiken kann das Format „digitale Pinnwand“ auch mit hoher Freiheit der Lernenden sehr gewinnbringend sein, und die Vorteile werden im Vergleich zu den Risiken meist überwiegen. Digitale Pinnwände sind im Hinblick auf die Kernprozesse des Mathematiklernens (vgl. Kap. 5) mit unterschiedlichen Funktionen einsetzbar.

11.2 Diagramme lesen, interpretieren und analysieren

Dieses Beispiel wurde in Klassenstufe 7 an einer Realschule im Distanzunterricht durchgeführt. In der Klasse wurden Lernende, die einen mittleren Bildungsabschluss anstreben, gemeinsam unterrichtet mit solchen, die auf Grundniveau lernten. Die Lernenden kannten bereits Prozentsätze und waren den Umgang mit Balkendiagrammen seit Klassenstufe 5 gewohnt. Die Unterrichtsstunde kann der Leitidee *Daten und Zufall* zugeordnet werden. Dort heißt es im Bildungsplan: „Die Schülerinnen und Schüler können Daten aus ihrer Erfahrungswelt auch bei unterschiedlichen Darstellungsformen auswerten, vergleichen und bewerten" und „Aussagen, die auf einer Datenanalyse basieren, nach vorgegebenen Kriterien[176] bewerten".[177]

Die Erfahrungswelt war damals intensiv von der Coronaepidemie geprägt, deshalb der tagesaktuelle Kontext, der ja schließlich Anlass der Situation Distanzunterricht war. Die Aufgabe ist in eine Geschichte eingebettet. Ein Zeitungsartikel ist unlesbar geworden, da er mit Flecken übersät ist. Die Aufgabe besteht darin, einen neuen Zeitungartikel zu schreiben, welcher auf die Überschrift und das Diagramm Bezug nimmt. Hierbei wird deutlich, dass sowohl die Leitperspektive *Verbraucherbildung* als auch die prozessbezogene Kompetenz *Mathematisch kommunizieren* berücksichtigt wird.

Eine fachliche Herausforderung stellten für die Lernenden die Prozentsätze über 100 % dar, da bisher nur Prozentsätze unter 100 % thematisiert worden waren. Somit musste bereits Bekanntes auf eine neue Situation angewendet werden, eine klassische Konstellation für den Kernprozess *Erkunden.*

Abb. 11.1 zeigt die digitale Pinnwand zu dieser Unterrichtsstunde. Die Seite beginnt mit der Aufgabenstellung und einem Zeitungsartikel. Unter der Rubrik „Weitere Informationen" finden die Lernenden Impulse für die Arbeit an dem Zeitungsartikel. Denkbar wäre auch, dass man für Lernende mit sprachlichen Schwierigkeiten Formulierungshilfen anbietet. Die Hilfe „Foto hochladen" führt auf den Link eines kurzen Erklärvideos. Dies soll technische Schwierigkeiten minimieren.

Daraufhin konnten die Lernenden die Aufgabenstellung bearbeiten. Individuelle Hilfestellung erfolgte über Chat und Videokonferenz. Im Präsenzunterricht kann dies durch die Lehrkraft direkt erfolgen. Lernende, die vorzeitig fertig werden, können die Beiträge der anderen bewerten, sofern es die Plattform zulässt. In den Phasen des Sammelns und Systematisierens können die einzelnen Beiträge im Plenum diskutiert und es kann auf kritische Aspekte eingegangen werden.

Dies waren in diesem Beispiel die Prozentsätze über 100 % und deren Bedeutung. Der beschmutzte Text hat die Lernenden veranlasst, sich mit dem Aspekt *Verteilungsgerechtigkeit* auseinanderzusetzen, welchen man anschaulich dem Diagramm entnehmen kann, wenn man in der Lage ist, die mathematische Darstellung nicht nur zu lesen, sondern zu interpretieren.

176 Der Zusatz „nach vorgegebenen Kriterien" gilt nur für das G-Niveau und stellt die Differenzierung gegenüber dem M-Niveau dar.

177 Ministerium für Kultus, Jugend und Sport Baden-Württemberg 2016, S. 41 und 42

Aufgabenstellung

Eigentlich wollte ich den Zeitungsartikel gerade lesen. Jetzt sind überall Flecken drauf.
Was könnte da wohl drin stehen?

Aufgabe:

1. Betrachte das Prozentdiagramm unten.
2. Versuche einen kurzen Zeitungsartikel zu schreiben, der sich auf das Diagramm bezieht.
3. Du findest auf der Pinnwand noch weitere Informationen und Hinweise. Versuche diese einzubauen.
4. Fotografiere deinen Zeitungsartikel ab und lade ihn unter „Ergebnisse" hoch. Unter „Hilfestellung" findest du ein Video wie das funktioniert.

Weitere Informationen

1. Mehr als 100%... was bedeutet das eigentlich?
2. Wie viele Einwohner hat der Kongo eigentlich?
3. Wie viel Menschen können geimpft werden?
   - Informationen über den Kongo.
   - Vergleiche das mit Deutschland.
   - Recherchiere im Internet die aktuellen Infektionszahlen.
4. Ist die Verteilung unter Berücksichtigung dieser Zahlen sinnvoll?

Hilfestellung

Foto hochladen:

Erklär-Video Foto hochladen

Impfstoff-Fairteilung?

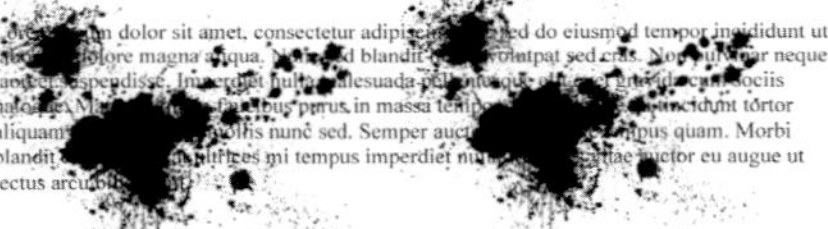

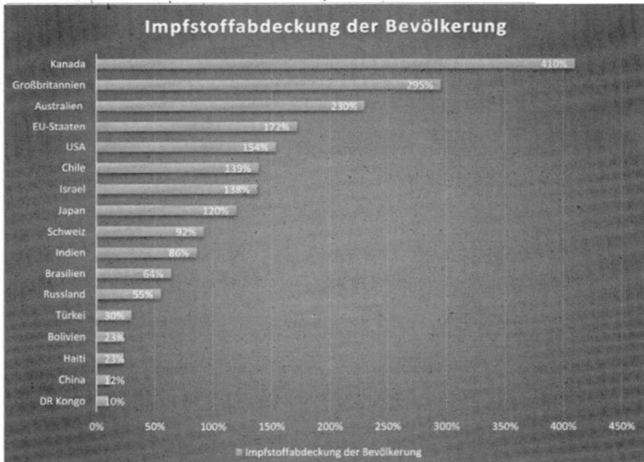

Abb. 11.1: Digitale Pinnwand

Dieses Beispiel zeigt, dass sich eine digitale Pinnwand für die Kernprozesse *Erkunden* und *Sammeln* eignet. Allerdings wurde auch deutlich, dass einige Lernende Schwierigkeiten hatten, die Ergebnisse hochzuladen. Dies muss im Präsenzunterricht gelernt und geübt werden. Eine Bewertung der Beiträge der Lernenden untereinander hat in diesem Beispiel so gut wie gar nicht stattgefunden. Auch dies sollte eingeübt werden, da sich dadurch wertvolle Diskussionsanlässe ergeben.

Das Beispiel ist im Prinzip nicht anders aufgebaut als im analogen Unterricht üblich (Abb. 11.1):

- mehrstufige Arbeitsanweisung („Aufgabenstellung"),
- zu erkundende Informationen („Impfstoff-Fairteilung?"),
- Konkretisierung des Erkundungsauftrags („Weitere Informationen"),
- Anlass zum Recherchieren auf Aufforderung (Informationen über Kongo),
- Anlass zum Recherchieren ohne Aufforderung (eine Vergleichszahl über Deutschland fehlt in dem gegebenen Schaubild),
- differenzierende Hilfestellung („Hilfestellung"),
- gemeinsame Auswertung und Bewertung.

Die Lernenden zeigten sich in der Lage, selbstständig zusammenzutragen, was sie über das Thema schon wussten oder digital herausgefunden haben, und die Ergebnisse auf einer weiteren Pinnwand den parallel Lernenden zur Diskussion zu stellen.

Die technische Qualität lässt zu wünschen übrig, trotzdem kann auf diesem Weg kommuniziert werden (Abb. 11.2). Die Lernenden werden angehalten, auf die Dokumente keinen Namen zu schreiben, damit beim Austausch innerhalb der Lerngruppe keine personenbezogenen Daten ausgetauscht werden.

Beim Systematisieren hatten nun die Lernenden die Möglichkeit, auf die Beiträge der anderen einzugehen, indem sie diese bewerteten und kommentierten. Dabei kann sich die Lehrkraft selbst mehr herausnehmen als bei einer analogen Vorgehensweise, behält aber trotzdem die Kontrolle über den Verlauf des Prozesses und die Möglichkeit, sich aktiv einzubringen. Sie kann auf einzelne Beiträge näher eingehen und veranlassen, dass positiv bewertete Beiträge besprochen werden, und die Lernenden können sich äußern, was sie daran gut finden oder was weniger überzeugen konnte. Gemeinsamkeiten und Unterschiede können diskutiert werden. Fehlvorstellungen können im Rahmen einer positiven Fehlerkultur aufgegriffen werden, wodurch sich weitere Lernchancen ergeben.

Digitale Pinnwände eignen sich auch für das Vertiefen mathematischer Kompetenzen. So kann man ganze Aufgabensettings mithilfe einer digitalen Pinnwand strukturieren. Anwendungs-, Transfer-, Problemlöse- oder Modellieraufgaben können dargelegt und Differenzierungsmaßnahmen angeboten werden. Hybride Lehr- und Lernsettings können zusammengestellt und mit den Lernenden geteilt werden. Lernpfade können erstellt und beschritten werden. So gut wie jeder mathematische Inhalt kann durch eine digitale Pinnwand dargelegt werden. Letztendlich sind der Kreativität der einzelnen Lehrkraft kaum Grenzen gesetzt.

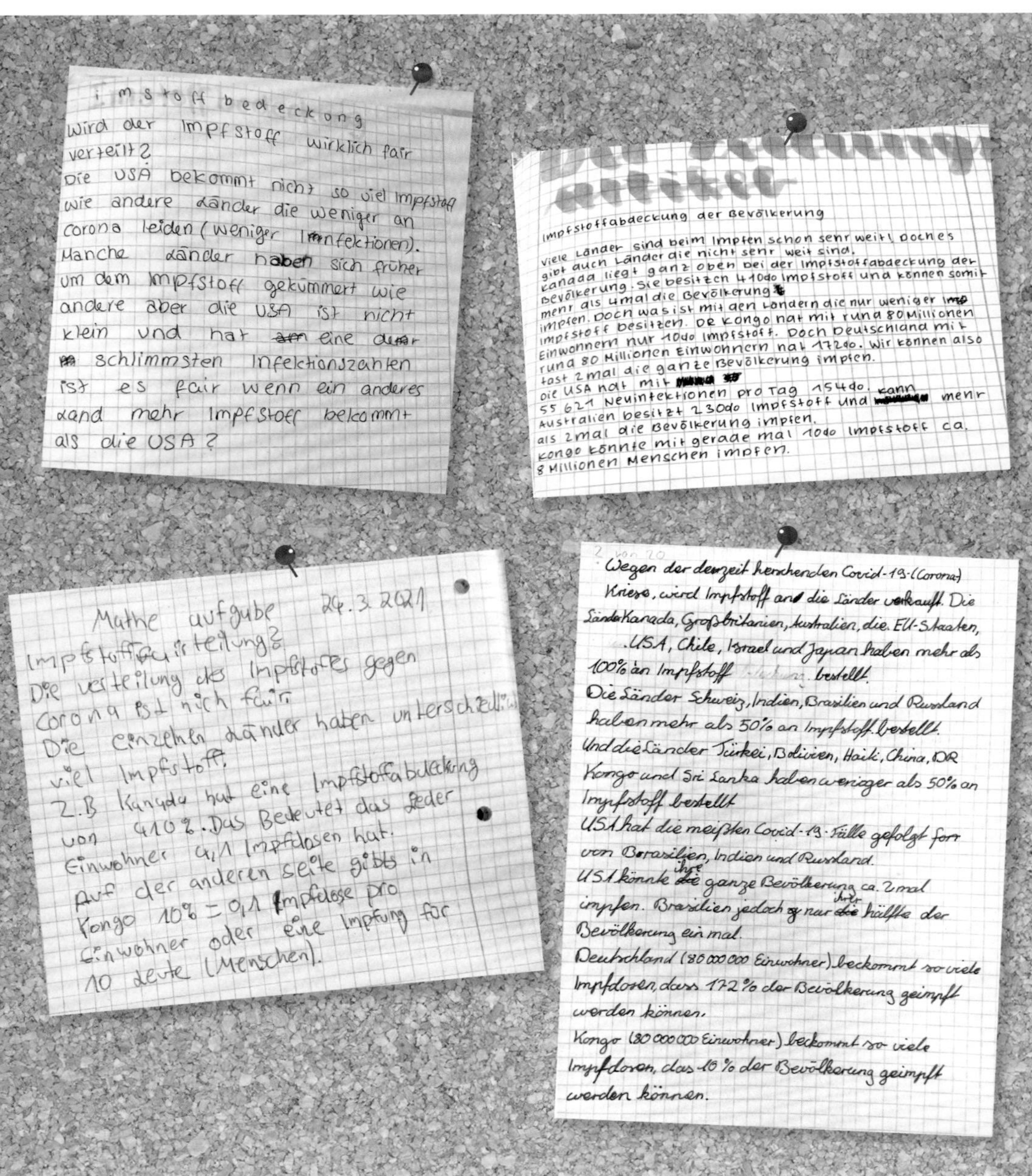

Abb. 11.2: Schülerbeiträge auf der Pinnwand

Eine Auswahl verschiedener digitaler Pinnwände:

Abb. 11.3: Von oben nach unten https://www.taskcards.de, https://flinga.fi, https://padlet.com

- **Taskcards:** Mithilfe von Taskcards kann man digitale Pinnwände erstellen, auf denen Beiträge veröffentlicht werden können. Diese Beiträge bestehen aus Texten, Bildern, Links und verschiedenen Dateianhängen. Die einzelnen Pinnwände sind über einen Link öffentlich zugänglich. Die Nutzung von Taskcards ist für Bildungseinrichtungen vorgesehen und ist mittlerweile gebührenpflichtig. Über das aktuelle Lizenzmodell kann man sich auf der Homepage informieren. Die Anbieter verzichten nach eigenen Angaben weitestgehend auf personenbezogene Daten, die Server stehen ausschließlich in Deutschland. Die Seite ist nach Angaben der Anbieter „zu 100 % konform zur DSGVO".[178]
- **Flinga**: Das finnische Tool Flinga ist eine Onlineplattform, bei der vor allem die Kollaboration im Vordergrund steht. Flinga kann nur in englischer oder finnischer Sprache genutzt werden. Damit ist die Plattform für den Unterricht an manchen deutschen Schulen etwas eingeschränkt, aber für Schulen mit bilingualen Zügen für diese geradezu prädestiniert.
  Es gibt eine Brainstorming-Umgebung (Flinga Wall) und ein Whiteboard (Flinga Whiteboard). Es können jeweils Texte und Bilder eingefügt und unterschiedlich angeordnet werden. Den Teilnehmenden kann die Lehrkraft unterschiedliche Rechte zuweisen. Die Lernenden können über einen Link auf die jeweilige Umgebung zugreifen. Um Flinga nutzen zu können, muss man einen kostenfreien Account einrichten, über den aber personenbezogene Daten gesammelt werden (Name, E-Mail, Organisation, Land). Individualisiertes Tracking findet nach Angaben des Betreibers nicht statt.[179]
- **Padlet**: Padlet ist die bekannteste und am häufigsten diskutierte Onlineplattform für digitale Pinnwände. Was den Funktionsumfang anbelangt, sucht Padlet nämlich seinesgleichen und wird auch auf seriösen Portalen[180] emp-

178 dSingn Systems GmbH: „Was ist das Besondere an TaskCards?" unter: https://www.taskcards.de/#/home, abgerufen am 02.04.2021

179 Nähere Informationen findet man unter den Nutzungsbedingungen (http://www.nordtouch.fi/eula-global/) und der Datenschutzerklärung (http://www.nordtouch.fi/tietosuojaseloste/) der Firma Nordtouch.

180 Z. B. Jens Lindström (IQSH Schleswig-Holstein). Quelle: Das deutsche Schulportal (https://deutsches-schulportal.de/unterricht/app-tipp-padlet-die-digitale-pinnwand-fuer-den-unterricht/, abgerufen am 09.04.2021

fohlen. Die schulische Nutzung kann aber aufgrund eindeutiger datenschutzrechtlicher Mängel derzeit nicht uneingeschränkt empfohlen werden. Da die Lernenden allerdings keinen eigenen Account benötigen, gibt es, zumindest in Baden-Württemberg, eine Möglichkeit, Padlet datenschutzkonform einzusetzen. So kann man die Plattform im Rahmen eines Miniprojekts, in dem keine privaten beziehungsweise personalisierten, sondern schuleigene Geräte verwendet werden, in der Schule einsetzen (Rymeš u. a. 2019).

Welche rechtlichen Möglichkeiten beim Einsatz digitaler Pinnwände der Lehrkraft in der aktuellen Situation gegeben sind, hängt vom Bundesland ab und vom Fortschritt der Digitalisierung der Schulen. Prognosen sind schwierig, besonders wenn sie die Zukunft betreffen.[181]

11.3 Digital geführter Klassenausflug

Abb. 11.4: Wanderführer und GPS-App (Quelle: Wanderführer und GPS-App, MAYR, H., Rother Wanderführer Schwäbische Alb West. Rother Bergverlag München, 8., aktualisierte Aufl. 2021/ Wanderkärtchen gezeichnet von Barbara Häring, Gröbenzell)

181 Bonmot mit nicht ganz geklärtem Ursprung (Kabarettist Karl Valentin, Schriftsteller Mark Twain, Naturwissenschaftler Niels Bohr?)

Klassenausflüge sind wichtige pädagogische Veranstaltungen im Schulleben zur Erfüllung des Bildungs- und Erziehungsauftrags und nicht mit Freizeitveranstaltungen zu verwechseln. Wenn man in den letzten Tagen vor Ferienabschnitten in Fußgängerzonen Schulklassen antrifft, die sich zielstrebig auf Eisdielen zubewegen, und irgendwo dazwischen befindet sich eine Lehrkraft, dann fallen solche Veranstaltungen nicht unter den Begriff Klassenausflug. Sondern im Mittelpunkt eines Klassenausflugs steht stets eine mehrstündige Wanderung, es soll also gemeinsam über mehrere Stunden zu Fuß eine größere Strecke zurückgelegt werden. Das wird von den Kultusverwaltungen zumeist vorgegeben, ist also nicht in das Ermessen der einzelnen Lehrkraft gestellt. In Baden-Württemberg zum Beispiel sollen Schulen pro Schuljahr bis zu vier Wandertage durchführen oder ersatzweise eine mehrtägige Wanderung. Darüber hinaus können Schulen einen ganztägigen Jahresausflug durchführen, „wobei eine angemessene Wanderzeit gewährleistet sein soll".[182] Jede Schulklasse sollte also in jedem Schuljahr an mindestens zwei bis höchstens fünf Tagen gemeinsam wandernd unterwegs sein.

Die Planung von Wandertagen und Ausflügen unterliegt unserer Erfahrung nach weitgehend der Lehrkraft. Nicht immer sind alle Lernenden davon begeistert und auch manche Lehrkraft sieht solche Tage als eher unerwünschte Unterbrechungen der Erfüllung ihrer „eigentlichen" Aufgaben an. Der Ablauf der Wanderungen folgt dann sehr oft denselben oder ähnlichen Mustern:

- Die Lernenden haben aufs Wandern eher wenig Lust, freuen sich aber andererseits über ausgefallenen Unterricht.
- Die Lehrkraft sieht die Aufsichtspflicht als ihre wichtigste Aufgabe an, manche Lehrkraft betrachtet sie auch als ihre einzige an diesem Tag.
- Handybenutzung wird den Lernenden generell untersagt mit der Begründung, die Wanderung sei schließlich eine Schulveranstaltung. Außerdem solle man die Natur genießen, statt Musik zu hören, sich gegenseitig zu fotografieren, zu filmen oder zu chatten.
- Weil sie das aber trotzdem möchten, begeben sich einige Lernende wann immer möglich außerhalb der Sichtweite der Lehrkraft, was es dieser schwer macht, ihrer Aufsichtspflicht nachzukommen.
- Obwohl Handys ausgeschaltet bleiben sollen, bekommen die Lernenden die Handynummer der Lehrkraft, die ihr eigenes Gerät eingeschaltet lässt für den Fall, dass jemand den Anschluss an die Gruppe verloren hätte.
- Die Lehrkraft zeigt sich allein verantwortlich für das Finden des richtigen Wegs, was nicht selten zu Situationen führt, in denen die Lehrkraft mehr

182 Verwaltungsvorschrift des Kultusministeriums Baden-Württemberg über die außerunterrichtlichen Veranstaltungen der Schulen. Fundstelle Kultus und Unterricht 2020, S. 67, Punkt 1.2a

oder weniger hilflos nach Orientierung auf einer Landkarte oder Markierungen in der Natur sucht, umgeben von grinsenden Jugendlichen.
- Spätestens nach einer Stunde Wanderung fragt der erste Lernende die Lehrkraft, wie weit es noch sei oder wie lange die Wanderung noch dauere, was Letztere in kürzer werdenden Abständen immer wieder beantwortet.
- Ortskundige Lernende schlagen Abkürzungen vor, auf die die Lehrkraft jovial mit einer Bemerkung entgegnet wie dieser: Die Grundidee einer Wanderung ist ein Umweg, auf den man sich absichtlich und freiwillig begibt. Wäre es anders, könnte man zu Hause bleiben.

Passt das in die Zeit? Verschafft man damit Jugendlichen die Erfahrung einer sinnvollen Freizeitbeschäftigung, einer Sportart und einer interessanten Begegnung mit der Natur, was Wandern ja ausmacht? Nutzt man damit die Chancen sozialer Kontakte außerhalb der Schule? Muss man zwingend das Smartphone ausgeschaltet lassen, um Vögel zwitschern zu hören oder über die Vielfalt von Fauna und Flora zu staunen? Ein Klassenausflug oder Wandertag enthält auch Chancen für mobiles Lernen, die genutzt werden sollten. Beim mobilen Lernen „verschmelzen sozusagen die Grenzen zwischen natürlicher und pädagogisch-arrangierter Umwelt“ (Zumbach 2021, S. 105).

Gerade was das Wandern anbelangt, gibt es eine nahezu perfekte Verschmelzung analoger und digitaler Welten (Abb. 11.5). Wer sich heute einen Wanderführer aus Papier kauft, der bekommt bei vielen Anbietern gratis dazu den Zugang zu einer App, die eine digitale Begleitung der Wanderung ermöglicht. Die App ist GPS[183]-gestützt, ist also ähnlich wie ein Navigationssystem im Auto zu nutzen. Die ganze Wanderung wird angezeigt und auf dieser Anzeige lässt sich der bereits zurückgelegte Weg interaktiv nachverfolgen, auch wenn er von der vorgeschlagenen Route abweicht, die parallel ebenfalls angezeigt bleibt. Die App kommuniziert nicht nur ikonisch, sondern auch symbolisch, denn sowohl die zurückliegende als auch die verbleibende Strecke werden numerisch angezeigt.

Die Möglichkeit einer parallelen Nutzung von analoger und digitaler Kommunikation macht das Ganze für Wanderungen mit Lernenden interessant. Auf der Wanderung hat man beides dabei, den Wanderführer auf Papier und die App auf dem Smartphone. So ist der Nutzer weder von seiner eigenen Kompetenz, Informationen aus Texten und Karten in der Realität zu interpretieren, abhängig, noch verlässt er sich blind auf ein technisches Medium. Analoge und digitale Nutzung werden zusammengeführt und der Nutzer bleibt selbstbestimmt und emanzipiert.

183 GPS (Global Positionierung System) ist ein weltweites Navigationssystem mit hoher Genauigkeit, das dazu dient, Positionen von Personen oder Objekten zu bestimmen, und das durch die Ortung über mehrere Satelliten funktioniert. Die Genauigkeit von etwa zehn Metern steigt je nach Position bis in den Zentimeterbereich.

Für das hier beschriebene Beispiel hat die Lehrkraft eine Wanderung ausgesucht, die sich in erreichbarer Nähe zum Schulstandort befand, deren Zeitbedarf im Rahmen des geplanten Ausflugs und deren Schwierigkeit im unteren mittleren Bereich lag und die aufgrund der geringen Anzahl an zu überwindenden Höhenmetern auch nicht allzu anstrengend sein würde. Die Auswahl gelang ausschließlich mithilfe der gedruckten Ausgabe des Wanderführers, also analog, wobei klar ist, dass die hilfreichen Informationen ohne digitale Mittel nicht hätten erstellt werden können. Auch die verbale Beschreibung der Wanderung, die ansonsten jede Wegkreuzung berücksichtigte, war vollkommen analog.

In der Vorbereitung des Wandertags erhielt jeder Lernende eine Kopie der Doppelseite aus dem Wanderführer. Diese enthält Darstellungen auf ikonischer (Landkarte Abb. 11.5[184], Höhendiagramm Abb. 11.6[185]) und symbolischer Ebene (verbale Wegbeschreibung). Die Lehrkraft demonstrierte per Beamer, wie sie die App des Reiseführers auf ihrem eigenen Endgerät installierte, und gab den Zugangscode[186] bekannt.

Abb. 11.5: Landkarte im Reiseführer (Quelle: Wanderführer und GPS-App, MAYR, H., Rother Wanderführer Schwäbische Alb West. Rother Bergverlag München, 8., aktualisierte Aufl. 2021/ Wanderkärtchen gezeichnet von Barbara Häring, Gröbenzell)

184 Mayr 2019, S. 72

185 Mayr 2019, S. 72

186 In dem Wanderführer findet sich kein Hinweis, dass man den Zugangscode nicht weitergeben darf, möglicherweise deshalb, weil dem Verlag bewusst ist, dass es keine bessere kostenlose Werbung für seine Reiseführer geben kann.

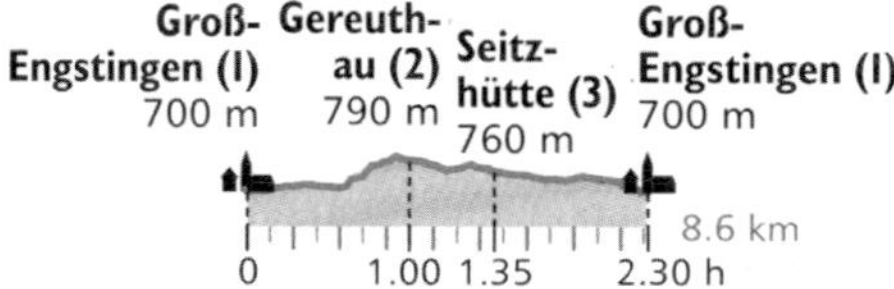

Abb. 11.6: Höhendiagramm im Reiseführer (Quelle: Wanderführer und GPS-App, MAYR, H., Rother Wanderführer Schwäbische Alb West. Rother Bergverlag München, 8., aktualisierte Aufl. 2021/ Wanderkärtchen gezeichnet von Barbara Häring, Gröbenzell)

So konnten alle Lernenden zu Hause die App auf ihre Endgeräte laden, sofern sie dies wollten und die Erziehungsberechtigten zustimmten, ohne dass durch die schulische Situation Druck ausgeübt worden würde. Die Lehrkraft stellte in Aussicht, dass während der Wanderung das eigene Endgerät genutzt werden dürfe, und wies darauf hin, dass dann der Akku vollgeladen sein sollte, weil die GPS-Funktion mehr Strom benötigt als andere Anwendungen.

Am Tag der Wanderung stellte sich heraus, dass nur wenige Lernende die Kopie aus dem Reiseführer vergessen und mehr als die Hälfte die App auf ihr Endgerät geladen hatte. Offensichtlich hatte es eine motivierende Wirkung, dass sich die Lernenden in das Finden des Wegs einbezogen fühlten. Die Lehrkraft empfahl, sich in Tandems oder Kleingruppen aufzuteilen und Reiseführer und App parallel zu nutzen, erinnerte an die weiterhin bestehende Verpflichtung, bei der Gruppe zu bleiben, und gab bekannt, dass sie selbst sich diesmal nicht als Führer der Gruppe, sondern als Wanderbegleiter sehen würde.

Schnell zeigte sich, dass die Kombination analoger und digitaler Darstellungen sehr hilfreich war, den vorgesehenen Weg zu finden. Die App half zu verstehen, was mit einem „undeutlicher werdenden Feldweg“ gemeint war. Der verbale Hinweis, sich an einer Obstplantage rechts zu halten, war hingegen präziser als der auf dem Bildschirm eingezeichnete Weg und half, von mehreren Möglichkeiten die richtige auszuwählen.

Wir kamen an eine Stelle, an der sich Text und Bildschirminformation widersprachen. Fast alle Lernenden schenkten demjenigen Medium mehr Vertrauen, das sie bisher genutzt hatten. Während die restliche Klasse an der Wegkreuzung wartete, wurden auf beiden Wegen Abordnungen vorgeschickt, um zu erkunden, wie der jeweilige Weg weiterführt. Es stellte sich heraus, dass der im analogen Reiseführer beschriebene Weg offensichtlich inzwischen renaturiert worden war und im Gestrüpp endete, die digitale Information also aktueller war. Wir entdeckten dann auch ohne Probleme die Stelle, an der beide Wege wieder zusammenliefen, hatten also die vollständige Orientierung wiedergefunden.

An anderer Stelle fiel den Lernenden auf, dass die App auch registrierte, wenn sie vom vorgegebenen Weg (in Abb. 11.7 rot) abwichen. Ein Lernender wich dann zum Test absichtlich noch einmal vom Weg ab und ging den falschen Teil (in Abb. 11.7 lila) zurück. Die App bildete diese Abweichung exakt ab. „Das ist ja krass, das funktioniert ja auf den Meter genau. Da kann man ja exakt feststellen, wo ich gerade bin", wurde er nachdenklich. „Außer du schaltest dein Handy aus", war die Antwort seines Tandempartners. Die Lehrkraft nahm sich vor, den Aspekt der Preisgabe personalisierter Daten im Unterricht zeitnah aufzugreifen und exakt dieses Gespräch als Anlass zu nutzen.

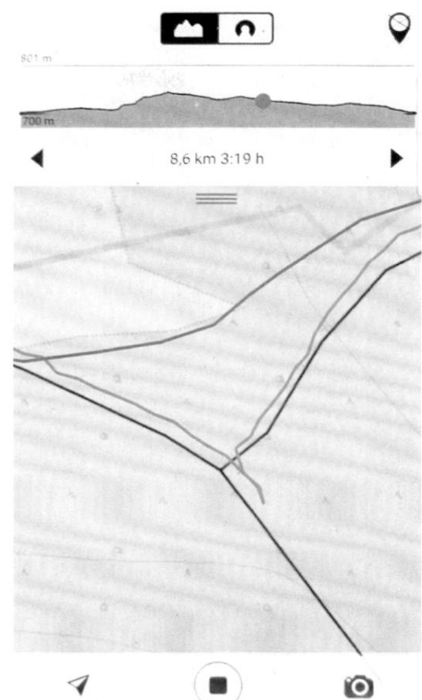

Abb. 11.7: Abweichungen (lila) vom vorgesehenen Weg (rot)

„Ha, aber rechnen kann es nicht." In der Tat entsprach die Summe von zurückgelegter und verbleibender Strecke (6,0 km + 3,4 km) auf dem Display nicht der gesamten Wegstrecke (8,6 km siehe Abb. 11.8). Da gibt es noch Optimierungsmöglichkeiten wie im analogen Leben, wenn zum Beispiel mit gerundeten Werten gerechnet und erneut gerundet wird. Oder stimmt das überhaupt nicht, sondern unsere kleinen Umwege haben sich zu der Abweichung addiert?

Abb. 11.8: Rechenfehler der App?

Nach der Rückkehr ist sich die Lehrkraft sicher, noch nie einen Wandertag erlebt zu haben, der so voll an Lernaktivität war wie der hier beschriebene. Kein einziges Mal wurde sie gefragt, wie weit es noch wäre. Noch nie war es ihr so leichtgefallen, die Klasse zusammenzuhalten. Die Rast an der Seitzhütte (siehe Abb. 11.5) wurde ohne ihr Zutun genutzt, sich zu orientieren, sodass beim Aufbruch alle Lernenden wussten, dass der Restweg ab da noch 3,5 km betrug, ausgeschildert ist und an keiner Stelle mehr ansteigt. Auch am Zielort gab es ohne Aktivität der Lehrkraft keinerlei Unsicherheiten beim Wiederfinden der Bushaltestelle. Der kombinierte analoge und digitale Medieneinsatz hatte bewirkt, dass sich die Lernenden in dieser für die meisten fremden Gegend nun orientieren konnten. Eine Wanderung, bei der nicht einfach hinterhergegangen, sondern geschaut, erfahren, gelernt und Orientierung gefunden wurde.

Im Beispiel Klassenausflug wechselten die Lernenden ständig zwischen einer digitalen ikonischen Darstellung und analogen ikonischen und symbolischen Darstellungen (vgl. E-I-S-Prinzip Kap. 4.3). Der Lernzuwachs fand auf der enaktiven Ebene statt und es war ständig Austausch zwischen allen drei Ebenen zu beobachten.

Wenn man die App herunterlädt, wird die Darstellung des geplanten Wanderwegs auf das eigene Endgerät geladen; dafür wäre eine Personalisierung des Nutzers nicht zwingend nötig. Anhand der Ortung über GPS errechnet die App den jeweils aktuellen Verlauf des tatsächlich zurückgelegten Wegs und bindet ihn in die Darstellung des geplanten Wegs ein, um Abweichungen sichtbar zu machen. Zu diesem Zweck werden GPS-Daten empfangen und auf dem Gerät des Nutzers aufgezeichnet; auch dafür wäre der Austausch personalisierter Daten nicht nötig. Bei Verwendung spezialisierter GPS-Ortungsgeräte, die nur empfangen können, könnte man sich darüber sicher sein, dass dies auch nicht geschieht, bei Verwendung eines Mobilfunktelefons aber nicht.

Die Lehrkraft machte sich eine weitere Notiz: Sie wird im Rahmen der Unterrichtseinheit „Orientierung auf Land und Wasser“[187] zukünftig den Unterschied zwischen Senden und Empfangen thematisieren, denn auch das ist Teil des Wissens über Digitalisierung. Ein großer Teil der Notwendigkeiten von Datenschutz ergibt sich aus der Tatsache, dass Geräte beides ausführen können, ohne dass der Nutzer sie dazu explizit aufgefordert hätte. Lernziel wird eine Steigerung des Bewusstseins sein, dass die Herausgabe personenbezogener Daten wohlüberlegt sein sollte und dass sich Nutzer nicht so leicht die Entscheidung über die Verfügung ihrer personenbezogenen Daten durch ihre eigenen Geräte oder undurchsichtige Nutzungsbedingungen von Anbietern aus der Hand nehmen lassen sollten.

11.4 Daten sammeln, darstellen, auswerten, bewerten

Der dem Unterrichtsbeispiel zugrunde liegende Bildungsplan fordert in den Leitgedanken zum Kompetenzerwerb: „Mit den Arbeitsweisen und Methoden des Mathematikunterrichts wird ein wesentlicher Beitrag zur Entwicklung der Persönlichkeit im Sinne der Leitperspektive Prävention und Gesundheitsförderung geleistet“ (MKS BW 2016 b, S. 4).

187 Die Verortung in der Unterrichtseinheit bezieht sich auf das Schulbuch mathewerkstatt 2 (Prediger u. a. (Hrsg.) 2013, S. 79–100), darin geht es um die mathematischen Themen „Winkel“ und „Koordinatensystem“.

Mit dem Konzept der bewegten Schule[188] im Hinterkopf entstand die Idee, die oben genannte Leitperspektive zu berücksichtigen, indem die Lernenden ihr eigenes Bewegungsverhalten analysieren und sich damit ohne die Notwendigkeit mahnender Apelle selbst motivieren können, sich mehr zu bewegen.

Die Unterrichtsidee lässt sich an unterschiedlichen Stellen im Curriculum verorten. Wir haben uns für die Leitidee Daten und Zufall entschieden: „Daten aus ihrer Erfahrungswelt auch bei unterschiedlichen Darstellungsformen auswerten, vergleichen und bewerten“ und „Aussagen, die auf einer Datenanalyse basieren, bewerten“ (MKS BW 2016 b, S. 42). Damit sind wir in der 7. Jahrgangsstufe und finden Verbindungen zur Leitidee *Funktionaler Zusammenhang*: „Alltagsbezogene Sachverhalte aus Darstellungen ablesen“ (MKS BW 2016 b, S. 39). Mit der Unterrichtseinheit soll klar herausgestellt werden,

- was eine Zuordnung ist,
- was eine proportionale Zuordnung ist,
- woran eine nicht proportionale Zuordnung zu erkennen ist,
- dass es je nach Art der Zuordnung geeignete und weniger geeignete Darstellungen gibt.

Sehr viele Jugendliche haben heutzutage zu wenig Bewegung und es scheint, als setze sich dieser Trend in beängstigendem Tempo fort. Die Folge ist, dass viele Jugendliche gerade in ihrer Grobmotorik zunehmend unsicher werden und dass die Anzahl der übergewichtigen Jugendlichen – wie auch die der Erwachsenen – mit den bekannten gesundheitlichen Folgen bedrohlich steigt.

Es ist also sinnvoll und notwendig, das Thema Bewegung im Schulunterricht anzusprechen. Das Fach Sport allein reicht dafür nicht aus, denn beim Sport muss man sich anstrengen, und das will nicht jede und jeder. Aber auch wer auf körperliche Anstrengung keine Lust hat, muss sich mehr bewegen. Dann eben entspannt, indem man zum Beispiel mehr zu Fuß unterwegs ist.

Das hier vorgeschlagene Unterrichtsbeispiel kann bewusst machen, dass Digitalität und Bewegung keine Gegensätze zu sein brauchen. Man hat ja schnell das Klischee des stubenhockenden und zockenden Nerds[189] im Kopf, wenn es um digitale Medien geht.

Aber es ist mit Kosten verbunden. Denn wir schlagen vor, dass die Schule dafür einen Klassensatz Schrittzähler ohne GPS-Nutzung der mittleren Preis-

188 Das Konzept der „bewegten Schule“ stammt aus den 1980er-Jahren und geht auf Überlegungen des Schweizers Urs Illi zurück. Es besteht im Wesentlichen aus dem Gedanken, die Lernenden mit verschiedenen Methoden zu veranlassen, sich im Unterricht mehr zu bewegen und damit lange Phasen des Sitzens zu unterbrechen.

189 Die hier gemeinte Bedeutung von Nerd meint einen sehr intelligenten, aber sozial isolierten Computerfachidioten.

lage[190] anschafft. Es ginge auch billiger mit günstigeren Geräten oder sogar kostenlos, dann allerdings mit Handyeinsatz und Einschränkungen oder Überschreitungen hinsichtlich des Datenschutzes.

Die Kosten für den von uns vorgeschlagenen Klassensatz sind für manche Mathematiklehrkraft auf den ersten Blick utopisch, denn an vielen Schulen bewegt sich der Anteil der Fachschaft Mathematik am Schuletat im marginalen Bereich. Die Ansicht, im Mathematikunterricht nutze man vor allem das Gehirn und das koste ja nichts, ist noch weit verbreitet. Und für den Ersatz beschädigter Tafelgeodreiecke, einige Geometriemodelle und ein paar Fachdidaktikbücher reichen dann Beträge in einer Größenordnung, die die einzelne Lehrkraft privat für Lösungshefte, Servicebände, Aufgabenmaterial und Fachliteratur ausgibt.

Lehrkräfte im naturwissenschaftlichen oder technischen Bereich, die es gewohnt sind, im Auftrag der Schule und im Rahmen des Schuletats Geld auszugeben, werden bestätigen, dass die hier vorgeschlagene Anschaffung bezüglich der Kosten für die allermeisten Schulen kein Problem darstellt; das Geld ist vorhanden, die Fachschaft Mathematik muss es nur beantragen oder verlangen und bekommt es dann auch. Denn der Klassensatz kann von mehreren Klassen und über mehrere Jahre genutzt werden.

Die Lehrkraft eröffnet die Mathematikstunde mit einem Beitrag aus dem Internet über die 10 000-Schritte-Regel oder sie lässt die Lernenden selbst recherchieren. „Was hat denn das mit Mathe zu tun?“, flüstert ein Lernender seinem Tischnachbarn zu. „Na, 10 000 ist ja wohl eine Zahl, also ist es Mathematik“, antwortet dieser.

Die Kerninformation aus der Recherche ist der Inhalt dieser 10 000-Schritte-Regel[191] der WHO (Weltgesundheitsorganisation), die besagt, dass es aus gesundheitlichen Gründen geboten sei, jeden Tag mindestens 10 000 Schritte zu gehen.[192] Ob ein gefundener Beitrag diese Regel wiedergibt oder eine Untersuchung aufgreift, wonach 10 000 tägliche Schritte für die Gesundheit zu wenig seien oder eine andere Untersuchung, die zu dem Schluss gekommen ist, schon weniger sei genug, ist nicht ausschlaggebend. Die Hauptsache ist, dass die Marke „10 000 Schritte“ im Raum steht als Anlass für die Frage: „Wie viele Schritte gehe ich selbst denn täglich?“

190 Stand Frühjahr 2021 kostete ein Schrittzähler, der von der Stiftung Warentest mit „sehr gut“ bewertet und der auch von uns verwendet wurde, etwa 30 €, das heißt, ein Klassensatz wäre unter 1000 € zu haben.

191 Die 10 000-Schritte-Regel wird zwar oft zitiert, basiert aber nicht auf einer Studie, sondern die Zahl ist willkürlich gesetzt. Sie stammt ursprünglich aus der Werbung für einen transportablen Schrittezähler, der zu den Olympischen Spielen 1964 in Tokio vorgestellt wurde (Quelle: Spiegel.de/gesundheit/ernaehrung/fitness-die-10-000-schritte-regel-pro-tag-basiert-auf-einer-werbung-a-1279520.html, abgerufen am 21.05.2021).

192 Natürlich ist es auch möglich, die Unterrichtsidee in einem fächerübergreifenden Projekt etwas breiter auszuarbeiten.

Nach einer Nachdenkpause ergänzt die Lehrkraft, 10 000 Schritte wären ungefähr nötig, um sechs bis acht Kilometer zurückzulegen und um dabei etwa 500 Kilokalorien zu verbrennen.[193] Mit Vergleichsgrößen wie dem eigenen Schulweg oder dem Kaloriengehalt eines Fastfood-Produkts wird sichergestellt, dass alle Lernenden eine halbwegs zutreffende Größenvorstellung aufbauen können.

Die Lehrkraft präsentiert der Klasse die Fragestellung und stellt dann die Idee vor, die eigene Schrittzahl mit technischen Mitteln zu messen; einige Lernende kennen das schon von einer App, die sie auf ihr Mobilfunktelefon geladen haben, aber es werden nicht allzu viele sein. Alle nehmen mit Erstaunen wahr, dass die Lehrkraft nun kleine Geräte austeilt mit der Ankündigung, dass sie diese für eine Woche von der Schule ausgeliehen bekommen und bitte auch benutzen sollten.

Die Geräte arbeiten mit einer Kombination aus Bewegungssensoren, brauchen keine Verbindung zum Internet und messen genauer als Mobiltelefone, weil sie mehr Sensoren nutzen. Fragen der Datensicherheit stellen sich nicht, weil die erhobenen Daten auf dem Gerät bleiben und von den Lernenden selbst gelöscht werden, bevor sie das Gerät zurückgeben.

Nun werden die Geräte eingerichtet. Die Lehrkraft führt das mit Beamer-Unterstützung vor und die Lernenden übertragen ihre eigenen Daten auf das persönlich zugeordnete Gerät: Körpergewicht, Körpergröße, Schrittlänge und die aktuelle Uhrzeit. Für die Feststellung der Schrittlänge hat die Lehrkraft einen Satz Gliedermaßstäbe aus dem Technikbereich geborgt, und nur für Einzelne, die ihr Körpergewicht nicht kennen, hält sie eine Personenwaage bereit. Damit reduziert sie die Gefahr, dass übergewichtige Personen diffamiert werden; es werden keine Daten anderer abgelesen und es entsteht keine Warteschlange hinter einer übergewichtigen Person.

Daten sammeln

Die Geräte werden aktiviert und der Arbeitsauftrag lautet: Trage das Gerät heute und für die nächsten sieben Tage den ganzen Tag am Körper, am besten in der Hosentasche. Notiere dir für jeden Tag in groben Zügen, was du gemacht hast, z. B. vormittags Schule, nachmittags Schule, zu Hause geblieben, Sportverein, Rumhängen, Computerspiel, Einkaufen. Den Lernenden wird gezeigt, wie sie den Stand ihrer Daten jederzeit abrufen können: Anzahl der

193 Ein Brückenschlag zur Physik als fächerverbindender Gedanke, falls der Fokus nicht ausschließlich auf der 7. Jahrgangsstufe liegt: Eine beeindruckende Unterrichtsstunde kann entstehen, wenn im Unterricht zum Beispiel eine Walnuss verbrannt und mit der entstehenden Wärme Wasser erwärmt wird. Über die Definition von einer Kalorie kommt man so zum Kaloriengehalt der Walnuss.

Schritte, zurückgelegte Strecke, verbrannte Kilokalorien, Anzahl der „Aerobic-Schritte".[194]

Am Ende der Stunde werden die gespeicherten Daten angesehen. Viel ist da noch nicht drauf, denn fast alle haben ja nur an ihrem Platz gesessen. Wer aber im Rest der Stunde an die Tafel gerufen wurde, fällt bereits jetzt auf. Die Lehrkraft ist sich sicher, dass kein einziger Lernender es versäumen wird, seine Daten erneut abzurufen, spätestens wenn er zu Hause angekommen ist und dann noch oft.

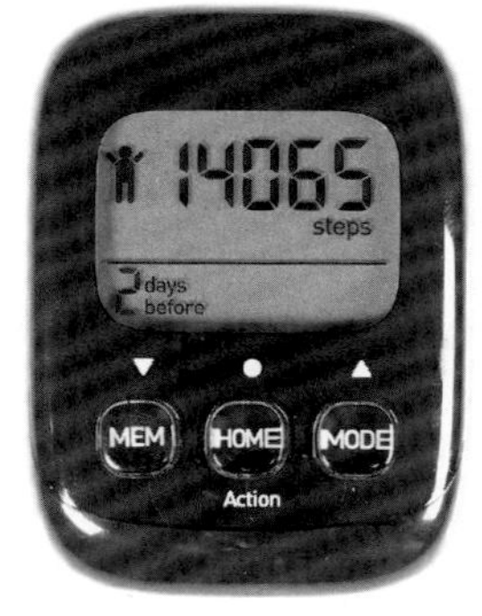

Abb. 11.9: Schrittzähler mit Anzeige der Schrittzahl

Es beginnt das Sammeln der Daten. Jeder Lernende sammelt seine eigenen Daten, eine Bekanntgabe an die Klasse ist nicht vorgesehen. Das Gerät speichert die Daten der letzten sieben Tage und löscht automatisch ältere Daten. Damit der Tag der Aktivierung nicht mitzählt, weil er ja teilweise schon verstrichen ist, als die Aufzeichnung begann, erstreckt sich der Arbeitsauftrag auf die folgenden sieben Tage, dann können am Ende sechs volle Tage ausgewertet werden.

Daten auswerten

Zunächst berichten die Lernenden über ihre Erfahrungen. „Als ich an einem Tag das Männchen gesehen habe, bin ich am nächsten Tag abends einfach noch mal mit dem Hund rausgegangen, um wieder ein Männchen zu bekommen."[195] Jeder Lernende kann mit seinen eigenen Daten arbeiten. Die hier in den Abbildungen dargestellten Daten sind zwar „echt", wurden aber von einem der Autoren selbst erzeugt und nur er weiß sie zu interpretieren. An drei von sechs Tagen wurde die Marke „10 000 Schritte" überschritten, an zwei davon deutlich. An drei Tagen wurde sie nicht erreicht, an zwei davon deutlich.

194 Ab einer bestimmten Impulsstärke geht das Gerät davon aus, dass Sport getrieben wird, und berücksichtigt diese Schritte sowohl in der Gesamtzahl der Schritte als auch in einer separaten Zählung.

195 Das Erreichen der 10 000-Schritte-Marke bestätigt das Gerät mit einem winkenden Männchen.

Tag	steps	km	kcal	Aerobic
Tag 1	10338	6,7	254	5360
Tag 2	9055	5,8	239	4890
Tag 3	4407	2,8	7	0
Tag 4	12281	7,9	332	2904
Tag 5	14065	9,1	384	3502
Tag 6	4008	2,6	3	0

Abb. 11.10: Im Schrittzähler gespeicherte Daten

Die Lernenden werden nun aufgefordert, ihre eigenen Daten in andere Darstellungsformen zu übertragen; dafür kommt ein Tabellenkalkulationsprogramm wie Excel zum Einsatz. Je nach Ausstattung der Schule findet die Stunde im Computerraum statt oder vorhandene Laptops, Notebooks oder Tablets werden genutzt.

Die Lernenden müssen nur die Grundfunktionen des Tabellenkalkulationsprogramms beherrschen:

- eine Tabelle anlegen,
- Werte eintragen,
- Werte markieren und kopieren,
- Diagramme auswählen.

Wir ordnen unsere Darstellungen so um, dass „Tag 1“ der Montag ist. Denn das erleichtert die Bewertung. Außerdem fördert das Umordnen die Grundvorstellung von einer Zuordnung: Zahlenpaare aus verschiedenen Größenbereichen, die zusammengehören, müssen auch zusammen verschoben werden.

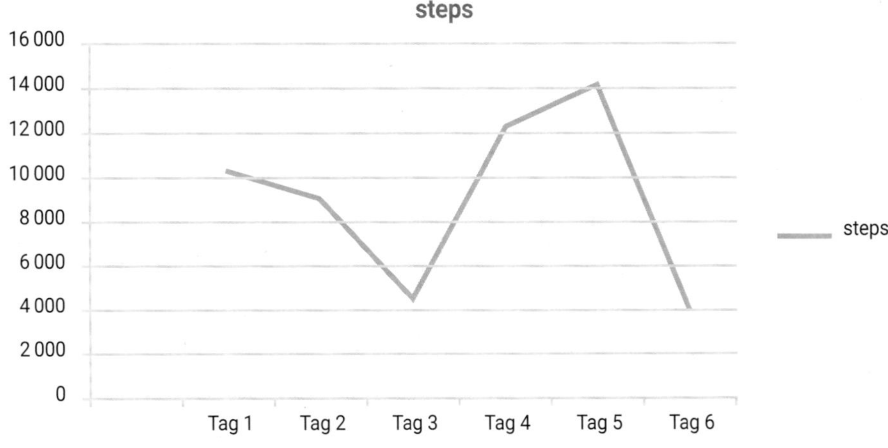

Abb. 11.11: Liniendiagramm

Die Darstellung als Liniendiagramm (Abb. 11.11) erweist sich als nicht angemessen, weil sie Zwischenwerte zeigt, die es nicht gibt; dadurch führt sie zu keinen oder falschen Erkenntnissen, weil eine Funktion als stetig dargestellt wird, die nicht stetig ist. Das Säulendiagramm (Abb. 11.12) generiert dagegen sofort Erklärungen, zum Beispiel:

- am Tag 4 hatten wir Nachmittagsunterricht, also bin ich zweimal zur Schule gegangen, deshalb mehr Schritte;
- am Tag 3 war ich nur zu Hause, deshalb habe ich mich wenig bewegt;
- am Tag 5 war ich mit meinen Freunden nach der Schule auf dem Sportplatz, deshalb habe ich mich mehr bewegt und deshalb habe ich auch ziemlich viele Schritte im aeroben Bereich.[196]

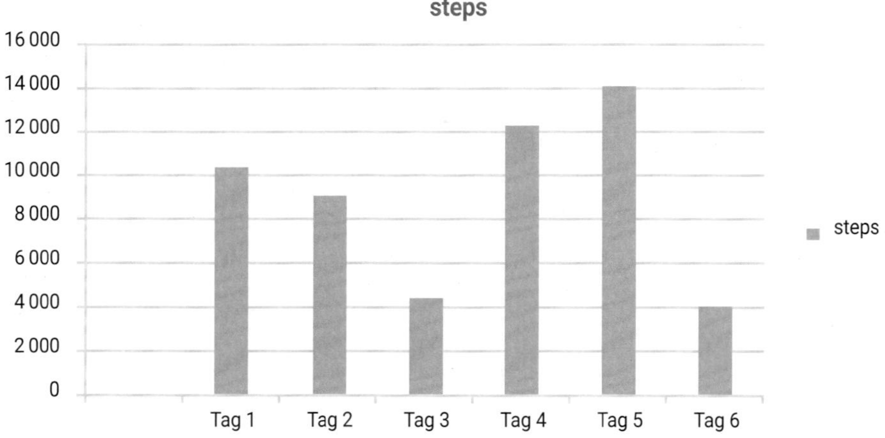

Abb. 11.12: Säulendiagramm

Dadurch, dass sie interpretiert werden, gewinnen die Daten an Aussagekraft. Die prozessbezogene Kompetenz *Mathematische Darstellungen verwenden* wird wahrscheinlich auf höherem Niveau gefördert, als das im analogen Unterricht möglich war. Zwar zeichneten damals die Lernenden die Diagramme selbst und mussten oft selbst über die Skalierung entscheiden. Aber sie hatten nicht die Möglichkeit, ohne erheblichen Mehraufwand zwischen verschiedenen Darstellungsformen zu wechseln und dabei deren Aussagekraft und Interpretierbarkeit zu vergleichen und eigene Urteile zu bilden.

196 Zur Erinnerung: Diese Äußerungen beziehen sich nicht direkt auf die in den verschiedenen Darstellungen gezeigten Daten, weil die Daten der Darstellungen aus einem anderen Zusammenhang stammen. Die Zuordnung könnte aber so sein.

Ohne großen Aufwand an händischem Zeichnen können die Lernenden digital eine passende Darstellung der Zuordnung finden, weil sie wissen, wie man Daten mithilfe eines Tabellenkalkulationsprogramms auf verschiedene Arten grafisch darstellt und das auch ausführen und damit experimentieren können. Dabei verfestigt sich der Zuordnungsbegriff[197] als eine Zusammengehörigkeit von Datenpaaren, welche keiner Gesetzmäßigkeit zu unterliegen braucht, aber kann.

Für die meisten Lernenden liegt es näher, Datenpaare innerhalb der Tabelle miteinander zu vergleichen. Und viele kommen darauf, den Faktor zu bestimmen, der von der Anzahl der Schritte auf die Anzahl der Kilometer führt. Damit kommen sie automatisch auf die Frage der Größeneinheiten, denn 6,7 km: 10 338 Schritte = 0,000648094 sagt wenig aus. Wenn man aber die Längeneinheit in Meter umwandelt, lautet die Rechnung 6 700 m : 10 338 Schritte = 0,6480 m, und das sind doch eigentlich die 65 cm, die ich als Schrittlänge eingegeben habe. Der Schritt, das für alle Datenpaare zu überprüfen, liegt nahe.

Tag	steps	m		m : steps
1	10338	6700		0,65
2	9055	5800		0,64
3	4407	2800		0,64
4	12281	7900		0,64
5	14065	9100		0,65
6	4008	2600		0,65

Abb. 11.13: Zuordnung Schrittzahl zu Entfernung

Dass die 65 Zentimeter, die eingegeben wurden, mit 0,64 m und 0,65 m als Rechenergebnis erscheinen, ist rundungsbedingt und behindert nicht die Erkenntnis: Das Gerät multipliziert die Anzahl der erfassten Schritte mit der anfangs eingegebenen Schrittlänge. Man braucht das als Lehrkraft nicht gleich bekanntzugeben, sondern kann die Lernenden durchaus ein Weile Daten vergleichen und entdecken lassen, dass einerseits jeder Lernende in seinem Datensatz eine proportionale Zuordnung erkennen kann, dass andererseits aber Unterschiede zwischen den Datensätzen feststellbar sind. Sie haben dabei die Chance, die Strategie „Rechnen mit einem Faktor“ für die Dreisatzrechnung zu entdecken, denn im digitalen Rechnen führt diese auf jeden Fall von allen Rechenverfahren zu den kürzesten Denk- und Rechenwegen.

Ein Vergleich weiterer Datenreihen führt zu der Erkenntnis, dass keine Regelmäßigkeit erkennbar ist. Zum Beispiel die Fragestellung, ob die Anzahl der

197 Der mathematische Begriff *Funktion* wird üblicherweise in der Schule als „Zuordnung“ didaktisch reduziert bezeichnet, während erst eine eineindeutige Zuordnung als „Funktion“ bezeichnet wird.

verbrauchten Kilokalorien proportional zur Schrittzahl sei, was ja eigentlich naheliegen würde, führt erstens zu der Erinnerung, dass mit anderen Größeneinheiten gearbeitet werden muss, um vorstellbare Ergebniszahlen zu erhalten, und zweitens stellt sich heraus, dass kein proportionaler Zusammenhang gegeben ist (Abb. 11.14).

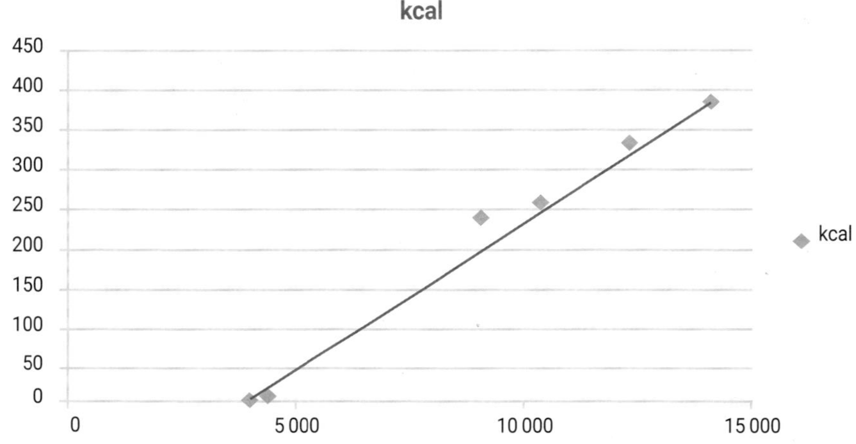

Abb. 11.14: Zuordnung Schrittzahl zu Kalorienverbrauch

Die Auswertung der Daten führt fast ohne Zutun der Lehrkraft zu Erkenntnissen wie dieser, dass das kleine Gerät einfach die Schritte, die es zählt, mit der eingegebenen Schrittlänge multipliziert, um uns die zurückgelegte Wegstrecke anzuzeigen. Und wenn es da Ergebnisse gibt, die aus dem Rahmen fallen, dann liegt es daran, dass unrealistische Werte für die Schrittlänge eingegeben wurden. Stimmt, da haben doch vergangene Woche einige Lernende wahre Sprünge vollzogen, als sie ihre Schrittlänge bestimmten. Die Lehrkraft hat gut daran getan, sich bei der Eingabe der Werte zurückzuhalten und nicht korrigierend einzugreifen, denn Fehler sind Lernchancen und die werden jetzt genutzt.

Für die Berechnung der Anzahl der verbrauchten Kalorien und die Einstufung der aeroben Schritte liegt offensichtlich ein anderes Modell als eine proportionale Zuordnung zugrunde, das wir mit unseren Mitteln nicht weiter entschlüsseln können. Deshalb mussten Körpergröße und Gewicht eingegeben werden. Zwar ist auch diese Zuordnung monoton wachsend, aber nicht proportional.

Eine mögliche Weiterführung könnte daraus bestehen, dass Diagramme vorgegeben werden und die Lernenden dazu eine Geschichte erfinden müssen oder dass sie sie in eine geeignetere Darstellungsform übertragen müssen.

12 Epilog

Seit wir mit der Arbeit an diesem Buch begonnen haben, hat sich im Bereich Digitalisierung im Bildungssektor einiges getan. Viel im Vergleich zu Initiativen in der Vergangenheit, die sich irgendwie in unglaublich langsamen Entwicklungsprozessen festgefahren zu haben schienen. Kompetenzorientierung, Aufgabenkultur, Differenzierung und Individualisierung haben gefühlt jeweils weniger Veränderungen an den Schulen ausgelöst als jetzt die Herausforderung der Digitalisierung; allerdings haben Schulschließungen diese Entwicklung quasi erzwungen.

Dinge, für die bisher kein Geld da war, konnten angeschafft werden. Längst notwendige Ausstattung kommt zunehmend an den Schulen an, wenn auch oft noch lange bürokratisch bedingte Verfahren und das Fehlen von Fachkräften bremsend wirken. Dienstgeräte für Lehrkräfte sind keine Seltenheit mehr. Viele Schulen sind mit WLAN, Beamern, Tablets und Schnittstellen ausgestattet, sodass mobile Endgeräte und digitale Medien zu Bestandteilen des Schulalltags geworden sind.

Jedoch muss allen Entscheidungsträgern klar sein, dass es mit einmaligen Anschaffungen nicht getan ist. Denn veraltete Ausstattung ist im Bereich der Digitalität nur unwesentlich besser als gar keine. Genauso ist eine unvollständige Ausstattung keine Lösung mit Nachhaltigkeit. Die „Tablet-Klasse" an der mehrzügigen Schule kann nicht mehr sein als ein erster Schritt in die richtige Richtung, dem bald die nächsten folgen müssen.

Die Politik scheint erkannt zu haben, dass technologiebasierte Innovationen dazu beitragen können, den Herausforderungen, vor denen das deutsche Bildungssystem steht, entgegenzutreten (vgl. KMK 2021 S. 4). Kreativität, Kollaboration, kritisches Denken und Kommunikation sollen laut KMK in zukünftige schriftliche und mündliche Prüfungsformate einbezogen werden. Dies ist nur mithilfe digitaler Medien möglich und könnte zu einer veränderten Prüfungskultur führen (vgl. ebd. S. 15).

Es bleibt aber entscheidend, ob es Lehrkräfte gibt, die den Mut haben und die Notwendigkeit sehen, die Potenziale digitaler Medien zu nutzen, sowie die Bereitschaft aufbringen, sich erfolgreich durch die zunehmende Vielfalt digitaler Angebote hindurchzuarbeiten. In unserem Umfeld sehen viele Lehrkräfte, die bisher die Finger von digitalen Medien, PC, E-Mails etc. gelassen haben, nun die Notwendigkeit ein, und Äußerungen wie diese, dass man noch nie im PC-Raum war, Dienst-E-Mails nicht nutzt etc., sind weitgehend verstummt.

Wir haben erlebt, wie sich unzählige Lehrkräfte während der Schulschließungen und auch danach in Online-Fortbildungen oder im Eigenstudium mittels Tutorials weitergebildet haben. Daraufhin wurden neue Prozesse, Lehr- und Lernformen entwickelt, erprobt und haben sich inzwischen teilweise etabliert. Schul- und Fachbuchverlage wenden sich zunehmend der Entwicklung digitaler Formate zu, bieten Online-Seminare an und vernetzen ihre analogen Medien mit digitalen Angeboten. Flächendeckende Lehrerfortbildung ist weiterhin notwendig. Unser Buch konnte dazu einen Beitrag leisten.

Allerdings besteht mittlerweile die Gefahr, dass diese produktive Schubwelle abebbt und in gewohnte Strukturen zurückgekehrt wird. Es ist Zeit, ehrlich zu reflektieren und zu evaluieren. Was hat funktioniert und was war eher kontraproduktiv? Was sollte in den Präsenzunterricht integriert werden? Wie kann man mit dem Überangebot an digitalen Medien und der damit einhergehenden Überfrachtung umgehen?

Was wir gar nicht befürworten können, ist eine beginnende Neigung einzelner Kultusverwaltungen, Digitalisierung als Mittel gegen Lehrkräftemangel zu instrumentalisieren. Ideen für eine 4-Tage-Woche an Schulen wie in Sachsen-Anhalt[198] wecken Befürchtungen. Die Idee: pro Unterrichtswoche vier Tage Präsenzunterricht und ein Tag Vertiefen und Üben zu Hause. Das wirkt wie eine konsequente Fortführung der Ideen *Doppelstunde* und *Stillarbeit*. Beides dient nur der leichteren Organisierbarkeit von Schule und lässt sich kaum pädagogisch oder psychologisch begründen.

Jede Abfolge von Lernen und Üben hängt davon ab, was gelernt wurde. Der Grundsatz, dass neu Gelerntes möglichst zeitnah wiederholt, also geübt, werden sollte[199], wird mit Ideen wie der 4-Tage-Woche fahrlässig missachtet. Man kann nicht montags bis donnerstags unterschiedliche Themen aus unterschiedlichen Fächern lernen und freitags alles üben.

Solche Überlegungen ignorieren nicht nur Erkenntnisse aus Pädagogik und Lernforschung, sondern auch die Interessen der Lehrkräfte. Denn was machen diese dann mit dem gewonnenen „freien Tag"? Genau. Es kann nicht sein, dass mit solchen Ideen auf den Rücken von Lernenden und Lehrkräften gegen Lehrkräftemangel vorgegangen wird; das wird ihn eher noch verstärken, weil der Lehrerberuf dadurch noch unattraktiver wird, als er ohnehin schon ist.

Kommen wir zum Aspekt Unterricht, unserem Kerngeschäft. Im digitalisierten Unterricht können Ergebnisse der Lernenden besser in diesen einbezogen werden. Lösungswege der Schülerinnen und Schüler können abfotografiert und projiziert werden. Dadurch erfahren diese Wertschätzung und sie werden stärker in den Unterricht eingebunden. Alternativen Lösungswegen und typischen Fehlvorstellungen kann mehr Zeit und Zuwendung zukommen.

198 Quelle: https://www.mdr.de/nachrichten/sachsen-anhalt/schule-vier-tage-woche-lehrermangel-100.html, abgerufen am 21.08.2022

199 vgl. S. 84, Zitat nach Heymann 1998

Vielfältigere Lernangebote sind aber auch für zu Hause möglich. Erklärvideos können als Wiederholung oder Alternative zur Erklärung der Lehrkraft verwendet werden. Das Lernen im eigenen Lerntempo ist einfacher organisierbar geworden. Das Angebot an Spielen als zusätzliche motivierende Übungsmöglichkeiten ist größer geworden. Checklisten können in interaktivem Format noch besser zum Üben und zur Vorbereitung auf Leistungsüberprüfungen eingesetzt werden. Regelmäßige Umfragen und Quiz im digitalen Format können der Lehrkraft bei der Diagnostik helfen und dazu beitragen, dass sie erfährt, was von wem verstanden wurde und welche Methoden wirksam sind.

Verbesserte Kommunikation kann sich positiv auswirken. Lehrkräfte sind auch außerhalb der Unterrichtszeit für die Lernenden erreichbar. Das erinnert ältere Lehrkräfte zwar an Zeiten, als Schülereltern mit privaten Telefonanrufen nervten, weil der Nachwuchs oder sie selbst die Hausaufgabe nicht verstanden oder weil sie um die Bewertung der Klassenarbeit feilschen wollten. Alle digitalen Endgeräte lassen sich abschalten, asynchron oder nur geplant synchron nutzen.

So kann beispielsweise die Lehrkraft noch mal im Chat gefragt werden, wie der Satz des Pythagoras angewendet wird oder warum man nicht auf die richtige Lösung kommt. Digitale Sprechstunden sind möglich und es ist die Lehrkraft, die darüber entscheidet. Erst recht in digitalen Zeiten ist ein guter Ratschlag an angehende Lehrkräfte: Schützen Sie Ihren privaten Raum und Ihre persönlichen Zeiten. Wenn wir hier dafür werben, als Lehrkraft für Lernende auch außerhalb der Unterrichtszeit erreichbar zu sein, dann meinen wir genau das eben nicht: außerhalb der Arbeitszeit. Auch Lehrkräfte haben ein Recht auf Feierabend und besitzen das Privileg, diesen in gewissen Grenzen selbst festlegen zu können.

Digitalisierter Unterricht ist nicht per se besser als analoger, sondern vielfältiger. Alle Angebote können vonseiten der Lernenden angenommen werden oder eben auch nicht. Mit unseren digitalen Unterrichtsangeboten haben wir viel positives Feedback erhalten sowohl von Lernenden als auch von deren Eltern. Das Feedback bezog sich nicht nur, aber hauptsächlich auf den Einsatz digitaler Medien und auf digital unterstützte Methoden. Sätze wie „Machen Sie das bitte das nächste Schuljahr auch“ deuten darauf hin, dass Digitalität in der Schule nicht nur Krisenbewältigung war, sondern eine Weiterentwicklung bedeutet.

Danksagung

Wir danken Frau Dr. Gabriela Holzmann vom Friedrich Verlag sowie Herrn Dirk Haupt und Frau Sarah Speisekorn für die vertrauensvolle und produktive Zusammenarbeit.

Verwendete Literatur

ABSHAGEN, M./BARZEL, B./KRAMER, J./RIECKE-BAULECKE, T./RÖSKEN-WINTER, B./SELTER, C. (Hrsg.), Basiswissen Lehrerbildung: Mathematik unterrichten. Kallmeyer in Verbindung mit Klett Friedrich Verlag, Seelze 2017

AEBLI, H., Zwölf Grundformen des Lehrens, Klett-Cotta Stuttgart 1983/14. Aufl. 2011

ARENS, T./HETTLICH, F./KARPFINGER, C./KOCKELKORN, U./LICHTENEGGER, K./STACHEL, H., Mathematik. Springer Spektrum im Springer-Verlag, Berlin 4. Aufl. 2018

AUSUBEL, D. P., Educational Psychology, A Cognitive View. Holt, Rinehart and Winston, New York 1968

BACKHAUS, M. u. a., Schnittpunkt 5 Mathematik – Differenzierende Ausgabe. Ernst Klett Verlag, Stuttgart 2015

BACKHAUS, M. u. a., Schnittpunkt 6 Mathematik – Differenzierende Ausgabe. Ernst Klett Verlag, Stuttgart 2015

BACKHAUS, M. u. a., Schnittpunkt 7 Mathematik – Differenzierende Ausgabe. Ernst Klett Verlag, Stuttgart 2016

BACKHAUS, M. u. a., Schnittpunkt 8 Mathematik – Differenzierende Ausgabe. Ernst Klett Verlag, Stuttgart 2017

BACKHAUS, M. u. a., Schnittpunkt 9 Mathematik – Differenzierende Ausgabe. Ernst Klett Verlag, Stuttgart 2018

BACKHAUS, M. u. a., Schnittpunkt 10 Mathematik – Differenzierende Ausgabe. Ernst Klett Verlag, Stuttgart 2019

BARZEL, B./BÜCHTER, A./LEUDERS, T., Mathematik Methodik, Cornelsen Verlag Scriptor, Berlin 2007

BARZEL, B./HUSSMANN, S./LEUDERS, T./PREDIGER, S. (Hrsg.), Mathewerkstatt Baden-Württemberg 1. Cornelsen Verlag, Berlin 2012a

BARZEL, B./HUSSMANN, S./LEUDERS, T./PREDIGER, S. (Hrsg.), Mathewerkstatt Baden-Württemberg 2. Cornelsen Verlag, Berlin 2013

BARZEL, B./HUSSMANN, S./LEUDERS, T./PREDIGER, S. (Hrsg.), Mathewerkstatt Baden-Württemberg 3. Cornelsen Verlag, Berlin 2014

BARZEL, B./HUSSMANN, S./LEUDERS, T./PREDIGER, S. (Hrsg.), Mathewerkstatt Baden-Württemberg 4. Cornelsen Verlag, Berlin 2015

BARZEL, B./HUSSMANN, S./LEUDERS, T./PREDIGER, S. (Hrsg.), Mathewerkstatt Baden-Württemberg 5. Cornelsen Verlag, Berlin 2016

BARZEL, B./HUSSMANN, S./LEUDERS, T./PREDIGER, S. (Hrsg.), Mathewerkstatt Baden-Württemberg 6. Cornelsen Verlag, Berlin 2017

BARZEL, B./HOLZÄPFEL, L. (Hrsg.), Start in den Unterricht Mathematik Klasse 5–10. Friedrich Verlag, Seelze 2011

BARZEL, B./HOLZÄPFEL, L./LEUDERS, T./STREIT, C., Mathematik unterrichten: Planen, durchführen, reflektieren. Cornelsen Verlag Scriptor, Berlin 2011

BARZEL, B./HUSSMANN, S./LEUDERS, T./PREDIGER, S. (Hrsg.), PM Praxis der Mathematik Heft 37/2011, Aulis Verlag, Hallbergmoos 2011

BARZEL, B./HUSSMANN, S./LEUDERS, T./PREDIGER, S. (Hrsg.), „Das macht Sinn!“, Sinnstiftung mit Kontexten und Kernideen, Praxis der Mathematik in der Schule 53/2011, Aulis Verlag, Hallbergmoos 2011

BARZEL, B./PREDIGER, S./LEUDERS, T./HUSSMANN, S., Kontexte und Kernprozesse – Aspekte eines theoriegeleiteten und praxiserprobten Schulbuchkonzepts, Beiträge zum Mathematikunterricht 1, WTM Verlag, Münster 2011

BARZEL, B./HUSSMANN, S./LEUDERS, T./PREDIGER, S. (Hrsg.), Mathewerkstatt Baden-Württemberg 1. Cornelsen Verlag, Berlin 2012a

BARZEL, B./HUSSMANN, S./LEUDERS, T./PREDIGER, S. (Hrsg.), Mathewerkstatt Baden-Württemberg 1 Handreichungen. Cornelsen Verlag, Berlin 2012 b

BARZEL, B./HUSSMANN, S./LEUDERS, T./PREDIGER, S. (Hrsg.), Mathewerkstatt Baden-Württemberg 5. Cornelsen Verlag, Berlin 2016

BARZEL, B./SCHREIBER, C., Digitale Medien im Unterricht in: ABSHAGEN, M. u. a. (Hrsg.), Basiswissen Lehrerbildung: Mathematik unterrichten. Klett Kallmeyer in Friedrich Verlag, Seelze 2017

BAYERISCHER LANDTAG, 16. Wahlperiode. Drucksache 16/3993 vom 24.03.2010

BEHÖRDE FÜR SCHULE UND BERUFSBILDUNG der Stadt Hamburg (Hrsg.), Bildungsplan Stadtteilschulen, Jahrgangsstufen 5–11 Mathematik, Hamburg 2011

BELING, B., Sehen, wo ihr steht. Mit Plickers diagnostizieren und planen. In: Zeitschrift mathematik lehren Heft 215/2019. Friedrich Verlag, Hannover 2019

BENNER, D., Johann Friedrich Herbart: Systematische Pädagogik. Deutscher Studienverlag, Stuttgart 1986/1997

BERNITZKE, F., Heil- und Sonderpädagogik, Bildungsverlag EINS, Köln 2015

BIKNER-AHSBAHS, A. (Hrsg.), Mathematikunterricht inklusiv gestalten. Klett Kallmeyer, Hannover 2019

BLUM, W./DRÜKE-NOE, C./HARTUNG, R./KÖHLER, O. (Hrsg.), Bildungsstandards Mathematik: konkret. Cornelsen Verlag Scriptor, Berlin 2006/4. Aufl. 2010

BLUM, W./LEISS, D., Modellieren im Unterricht mit der „Tanken“-Aufgabe, in: mathematik lehren H. 128. Friedrich Verlag, Velber 2005

BODENSOHN, R. M., Schlüsselqualifikationen. Studienheft_11_webausgabe.pdf Universität Koblenz-Landau 3. Auflage 2001, abgerufen am 06.08.2021

BOHL, T., Prüfen und Bewerten im Offenen Unterricht. Beltz Verlag, Weinheim und Basel 4. Aufl. 2015

BÖHM, T., „Nein, du gehst jetzt nicht aufs Klo“ – Was Lehrer dürfen. Mvg Verlag, München 7. Aufl. 2019

BÖTTNER, J. u. a., Schnittpunkt 1, Mathematik für Realschulen Baden-Württemberg, Ernst Klett Verlag, Stuttgart 2004

BÖTTNER, J. u. a., Schnittpunkt 2, Mathematik für Realschulen Baden-Württemberg. Ernst Klett Verlag, Stuttgart 2005

BÖTTNER, J. u. a., Schnittpunkt 3, Mathematik für Realschulen Baden-Württemberg. Ernst Klett Verlag, Stuttgart 2005

BROOM, D., Der Whisky Atlas. 2012 Hallwag im Gräfe und Unzer Verlag München

BRUDER, R./Collet, C., Problemlösen lernen im Mathematikunterricht. Cornelsen Verlag Scriptor, Berlin 2011

BRUDER, R. u. a. (Hrsg.), Handbuch der Mathematikdidaktik. Verlag Springer Spektrum, Berlin Heidelberg 2015

BRUDER, R./LEUDERS, T./BÜCHTER, A., Mathematikunterricht entwickeln, Cornelsen Verlag Scriptor, Berlin 2008

BRUNER, J. S., Entwurf einer Unterrichtstheorie. Berlin Verlag, Berlin 1974

BÜCHTER, A./LEUDERS, T., Mathematikaufgaben selbst entwickeln, Cornelsen Verlag Scriptor, Berlin 4. Aufl. 2009

BUNDESMANN, G., Mathe-Tafelfußball im Turnier. mathematik lehren Heft 186. Friedrich Verlag, Seelze 2014

BUROW, O. A. (Hrsg.), Schule digital – wie geht das? Beltz Verlag, Weinheim/Basel 2019

CAILLOIS, R, Théorie des jeux, in: Revue de Métaphysique et de Morale. Jg. 63, Nr. 1/1958, S. 83 – 102. Übersetzt von Manuel Stadler. Academia.edu/37746802/Roger_Caillois_Theorie_der_Spiele_Translation, abgerufen am 21.10.2021

CHI, M. TH./WYLIE, R., The ICAP framework: Linking cognitive engagement to active learning outcomes, in: Educational psychologist 49(4), S. 219 – 243. Taylor & Francis 2014

DAHRENDORF, R., Industrielle Fertigkeiten und soziale Schichtung. In: Kölner Zeitschrift für Soziologie und Sozialpsychologie Heft 4/1956, Verlag Springer VS, Wiesbaden 1956

DOEBLI HONEGGER, B., Mehr als 0 und 1 – Schule in einer digitalisierten Welt. hep verlag, Bern, 2. Aufl. 2017

DREHER, T., Analyse, Bewertung und Einsatz von Fachdidaktiksoftware im Mathematikunterricht der Realschule. In: Ministerium für Kultus, Jugend und Sport Baden-Württemberg (Hrsg.), Schulentwicklung Real – Neue Herausforderungen für die Lehrerbildung. Auer Verlag, Donauwörth 2002

DREHER, T., 2021 Realschule Original-Prüfungsaufgaben mit Lösungen Baden-Württemberg Mathematik. Stark-Verlag, München 35. ergänzte Aufl. 2020

DREHER, T., 2022 Realschule Original-Prüfungsaufgaben mit Lösungen Baden-Württemberg Mathematik. Stark-Verlag, München 36. ergänzte Auflage 2021

DUDEN, Die deutsche Rechtschreibung. Dudenverlag, Berlin Mannheim Zürich 26. Aufl. 2013

ERATH, K./PREDIGER, S., Lernende beim Navigieren auf „Erklärpfaden“ mitnehmen, in: Zeitschrift PM Praxis der Mathematik in der Schule Heft 64, Aulis Verlag, Hallbergmoos 2015

ETZOLD, H./PETZSCHLER, I., Intelligentes Üben im Spiel. Zeitschrift mathematik lehren Heft 186. Friedrich Verlag, Seelze 2014

EU-DSGVO Europäische Datenschutz-Grundverordnung URL: https://dsgvo-gesetz.de/art-4-dsgvo/, abgerufen am 04.08.2021

EU-DSGVO Verordnung (EU) des europäischen Parlaments und des Rates vom 27. April 2016 URL: eur-lex.eu/legal-content/DE/TXT/PDF/?uri=CELEX:32016R0679&from=DE, abgerufen am 18.09.2021

FADEL, C./BIALIK, M./TRILLING, B./MUUSS-MERHOLZ, J., Die vier Dimensionen der Bildung – Was Schülerinnen und Schüler im 21. Jahrhundert lernen müssen. Verlag ZLL21 e. V., Hamburg 2017

FES Friedrich Ebert Stiftung https://www.fes.de/themenportal-bildung-arbeit-digitalisierung/bildung/artikelseite-bildungsblog/zum-aktuellen-stand-der-inklusion-in-deutschlands-schulen, abgerufen am 20.08.2022

FAHSE, C./LINNEMANN, T., Genügt der Beweis, oder soll ich das auch erklären?, in: PM Praxis der Mathematik in der Schule Heft 64, Aulis Verlag, Hallbergmoos 2015

FAUTH, B./LEUDERS, T., Kognitive Aktivierung im Unterricht. Wirksamer Unterricht Band 2. Landesinstitut für Schulentwicklung Baden-Württemberg. Stuttgart 2018

FILK, C., „Online“-Partizipation für alle. In: BUROW, O. A. (Hrsg.), Schule digital – wie geht das? Beltz Verlag, Weinheim/Basel 2019

FINDEISEN, S./HORN, S./SEIFRIED, J., Lernen durch Videos – Empirische Befunde zur Gestaltung von Erklärvideos. In: MedienPädagogik: Zeitschrift für Theorie und Praxis Der Medienbildung 2019 (Occasional Papers) URL: https://doi.org/10.21240/mpaed/00/2019.10.01.X, abgerufen am 02.01.2022

FLORIAN, L., Minecraft. Über Blöcke, Schafe und Mathematik. In: Zeitschrift mathematik lehren Heft 215/2019. Friedrich Verlag, Hannover 2019

FREIE UND HANSESTADT HAMBURG, BEHÖRDE FÜR SCHULE UND BERUFSBILDUNG (Hrsg.), Anlage zum Bildungsplan Stadtteilschule Jahrgangsstufen 5–11 Mathematik, zur Umsetzung der KMK-Strategie „Bildung in der digitalen Welt“. Hamburg 2020

FREIE UND HANSESTADT HAMBURG, BEHÖRDE FÜR SCHULE UND BERUFSBILDUNG (Hrsg.), Bildungsplan Stadtteilschule Jahrgangsstufen 5–11 Mathematik, Hamburg 2011

FRIEDRICH, K. H., Mit Erfolg ist zu rechnen. In: Mathematik 5 bis 10 Heft 50, Friedrich Verlag, Hannover 2020

GALLIN, P./RUF, U., Sprache und Mathematik in der Schule, Kallmeyer-Verlag, Seelze 1998

GALLIN, P./RUF, U., Dialogisches Lernen in Sprache und Mathematik, Band 1: Austausch unter Ungleichen, Kallmeyer-Verlag, Seelze 4. Aufl. 2011

GAST, P. (Hrsg.), Friedrich Nietzsches Gesammelte Briefe. Band 4. Berlin 1908

GOOGLE Island Limited in Zusammenarbeit mit SZ Scala, Anzeigensonderveröffentlichung 2019 – 02_Aufbrauch Datensicherheit_Ausgabe#14(2).pdf, abgerufen am 26.04.2021a

GOOGLE Island Limited in Zusammenarbeit mit SZ Scala, Anzeigensonderveröffentlichung 2019 – 09_Aufbrauch Video.pdf, abgerufen am 26.04.2021b

GOOGLE Island Limited in Zusammenarbeit mit SZ Scala, Anzeigensonderveröffentlichung Nr. 22_Daten und Fortschriff.pdf, abgerufen am 26.04.2021c

GOTTSCHALK, A., Thesen zur Digitalisierung der Bildung und Stufen zur Umsetzung. In: BUROW, O.A. (Hrsg.), Schule digital – wie geht das? Beltz Verlag, Weinheim/Basel 2019

GREEFRATH, G./SCHUKAJLOW, S., Wie Modellierung gelingt. Zeitschrift mathematik lehren Heft 207. Friedrich Verlag, Seelze 2018

GROEBEN, A./KAISER, I., Werkstatt Individualisierung. Bergmann und Helbig Verlag, Hamburg 2012

GRÖTZSCHEL, S., Lehrplananalyse zum Technikunterricht in Deutschland. In: BINDER, M./ WIESMÜLLER, C./FINKBEINER, T. (Hrsg.), Technikunterricht: handfest und geistreich, 21. Tagung der DGTB in Flensburg 2019, von 2020

GRUNDGESETZ für die Bundesrepublik Deutschland 2021. Rechtlicher Stand 29.09.2020. Verlag Schöning und Partner, Düsseldorf

GURJANOW, I./JABLONSKI, S/LUDWIG, M./ZENDER, J., Modellieren mit MathCityMap. In: GRAFENHOFER, I./MAASS, J. (Hrsg.), Neue Materialien für einen realitätsbezogenen Mathematikunterricht 6. Springer Fachmedien, Wiesbaden 2019

GURJANOW, I., u. a. (2020, 13. Januar). https://mathcitymap.eu/de/publikationen/, abgerufen am 03.04.2021

HÄUSSER, P., Beschränkter Schlauberger. Interview geführt von Miriam Steinbrücken. Reutlinger General-Anzeiger vom 15.11.2021, S. 4

HATTIE, J., Lernen sichtbar machen für Lehrpersonen. Überarbeitete deutschsprachige Ausgabe von „Visible Learning for Teachers“ besorgt von BEYWL, W. und ZIERER, K. Schneider Verlag Hohengehren, Baltmannsweiler 2015

HECKHAUSEN, H., Motive und ihre Entstehung (Kap. 3), Einflussfaktoren der Motiventwicklung (Kap 4.), Bessere Lernmotivation und neue Lernziele (Kap. 18), in: Weinert, F. E. u. a. (Hrsg.): Funkkolleg Pädagogische Psychologie Band 1, Frankfurt a. M. 1974

HEIDEGGER, G., Von Schlüsselqualifikationen zu Schlüsselkompetenzen. In: GONON, P. (Hrsg.), Schlüsselqualifikationen kontrovers. Sauerländer Verlag, Aarau 1996

HEIMANN, P./OTTO, G./SCHULZ, W., Unterricht Analyse und Planung. Hermann Schroedel Verlag, Hannover 5. Aufl. 1970

HELMKE, A., Was wissen wir über guten Unterricht? in: Pädagogik Heft 2/2006 Beltz-Verlag Weinheim 2006

HELMKE, A., Unterrichtsqualität und Lehrerprofessionalität, Klett Kallmeyer Verlag, Seelze 6. Aufl. 2015

Von HENTIG, H., Einführung in den Bildungsplan 2004 in: Ministerium für Kultus, Jugend und Sport Baden-Württemberg, Bildungsplan 2004 Realschule. Stuttgart 2004, S. 7 – 20

HERGET, W., Prüfziffern und Strichcode – „Computer-Mathematik“ auch ohne Computer, in: Zeitschrift mathematik lehren Heft 33, Friedrich Verlag, Seelze 1989

HEUSER, H/TILLMANN, H.G./FRAUNHOLZ, W./NEUNZIG, W./SORGER, P./WEBER, F./ WINTER, H./ZIEGLER, T., Funk-Kolleg Mathematik 1, Fischer Taschenbuch-Verlag, Frankfurt/M. 1971a

HEUSER, H./TILLMANN, H. G./FRAUNHOLZ, W./NEUNZIG, W./SORGER, P./GÜNTHER, H./ BAESSLER, O./KONDER, P. P./WEBER, F./WINTER, H Funk-Kolleg Mathematik 2, Fischer Taschenbuch-Verlag, Frankfurt/M. 1971b

HEYMANN, H. W., Allgemeinbildender Mathematikunterricht – was könnte das sein?, in: mathematik lehren Heft 33, Friedrich Verlag, Seelze 1989

HEYMANN, H. W., Allgemeinbildung und Mathematik. Beltz Verlag Weinheim 1996/2. Aufl. 2013
HEYMANN, H. W., Der „Stoff" ist nicht entscheidend, in: Praxis Schule 5 – 10 Heft 3/1996
HEYMANN, H. W., Mathematikunterricht und sein (möglicher) Beitrag zur Allgemeinbildung, in: Pädagogik 1/1997 Beltz-Verlag, Weinheim
HEYMANN, H. W. Üben und Wiederholen – neu betrachtet, in: Pädagogik 10/1998. Beltz-Verlag, Weinheim
HEYMANN, H. W. Auf die Unterrichtskultur kommt es an! Friedrich Jahresheft 2009. Friedrich Verlag, Seelze 2009
HEYMANN, H. W., Kompetenz- und Standardorientierung im Mathematikunterricht, in: Pädagogik 7 – 8/2009 Beltz-Verlag, Weinheim
HILGENHEGER, N., J. F. Herbarts „Allgemeine Pädagogik als praktische Überlegung. Nodus Publikationen, Münster 1993
HOFFKAMP, A./PODEMSKI, J., Stellenwert-App. Stellenwerte bei Dezimalzahlen wirklich verstehen. In: mathematik lehren Heft 215/2019. Friedrich Verlag, Hannover 2019
HÜTTNER, A., Technik unterrichten, Verlag Europa-Lehrmittel, Haanm-Gruiten 3. Aufl. 2009
HÜTTNER, A., Kompetenzförderung im handlungsorientiert ausgerichteten Technikunterricht, in: Zeitschrift für Technik im Unterricht Heft 145. Neckar Verlag, Villingen-Schwenningen 2012
HUSSMANN, S./LEUDERS, T./PREDIGER, S., Schülerleistungen verstehen – Diagnose im Alltag, in: PM Praxis der Mathematik in der Schule Heft 15, Aulis Verlag, Hallbergmoos 2007
HUSSMANN, S./LEUDERS, T./PREDIGER, S./BARZEL, B. (Hrsg.), Mathewerkstatt Baden-Württemberg 4, Cornelsen Verlag, Berlin 2015
HUSSMANN, S./PREDIGER, S., Mit Unterschieden rechnen – Differenzieren und Individualisieren, in: PM Praxis der Mathematik in der Schule Heft 15, Aulis Verlag, Hallbergmoos 2007
HUSSMANN, S/SELTER, C., Standortbestimmungen – Leistungsfeststellung als Grundlage individueller Förderung, in: PM Praxis der Mathematik in der Schule Heft 15, Aulis Verlag, Hallbergmoos 2007
HUZINGA, J., Homo ludens – Vom Ursprung der Kultur im Spiel. Originalausgabe von 1938. Rowohlt Taschenbuch Verlag, Hamburg 1987
JANK, W./MEYER, H., Didaktische Modelle. Cornelsen Schulverlage, Berlin 11. Aufl. 2014
JORDAN, A./VOM HOFE, R., Diagnose von Schülerleistungen, in: Mathematik lehren Heft 150, Friedrich Verlag, Seelze 2008
JUNG, D., Let's rock education – Was Schule heute lernen muss. Droemer Verlag, München 2020
KIEL, E./MEYER, M./MÜLLER-HILL, E., Erklären, Was? Wie? Warum?, in: PM Praxis der Mathematik in der Schule Heft 64, Aulis Verlag, Hallbergmoos 2015
KLEE, W./WAMPFLER, P./KROMMER, A. (Hrsg.), Hybrides Lernen – Zur Theorie und Praxis von Präsenz- und Distanzlernen. Beltz Verlag, Weinheim/Basel 2021
KLETT MATHETRAINER Klasse 5, 6, 7, 8, 9, 10. Übungssoftware auf CD-ROM, Klett-Verlag Stuttgart 2005, 2006, 2007, 2009, 2010
KLINGER, M./SCHÜLER-MEYER, A., Wenn die App rechnet. Smartphone-basierte Computer-Algebra-Apps brauchen eine geeignete Aufgabenkultur. In: Zeitschrift mathematik lehren Heft 215/2019. Friedrich Verlag, Hannover 2019
KLIPPERT, H., Methoden-Training. Beltz Verlag, Weinheim und Basel 1994/16. Aufl. 2006
KORTENKAMP, U./LAMBERT, A., Wenn ..., dann ... bis ... Algorithmisches Denken (nicht nur) im Mathematikunterricht. in: mathematik lehren Heft 188/2015. Friedrich Verlag, Seelze 2015
KORTENKAMP, U./HOFFKAMP, A., Mathe in der Hosentasche. Keine Angst vor Apps und Co. im Unterricht. In: mathematik lehren Heft 215/2019. Friedrich Verlag, Hannover 2019

KREUTZER, T. u. a., Nicht alles, was geht, ist auch erlaubt. Downloaden, tauschen, online stellen – Urheberrecht im Alltag. Materialien für den Unterricht. URL.: https://www.klicksafe.de/fileadmin/media/documents/pdf/klicksafe_Materialien/Lehrer_LH_Zusatzmodule/LH_Zusatzmodul_Urheberrecht_klicksafe.pdf, aufgerufen am 11.08.2021

KROMMER, A. u. a., Routenplaner #digitale Bildung: auf dem Weg zu zeitgemäßem Lernen: eine Orientierungshilfe im digitalen Wandel, Verlag ZLL21 e. V., Hamburg 2019

KULTUSMINISTERKONFERENZ der Länder in der Bundesrepublik Deutschland, Bildungsstandards im Fach Mathematik für den Mittleren Schulabschluss, Beschluss der Kultusministerkonferenz vom 04.12.2003, Verlag Wolter Kluwer, München 2004

KULTUSMINISTERKONFERENZ der Länder in der Bundesrepublik Deutschland, Bildungsstandards im Fach Mathematik für den Primarbereich, Beschluss der Kultusministerkonferenz vom 15.10.2004, Verlag Wolter Kluwer, München 2005

KULTUSMINISTERKONFERENZ der Länder in der Bundesrepublik Deutschland, Inklusive Bildung von Kindern und Jugendlichen mit Behinderungen in Schulen, Beschluss der KMK vom 20.10.2011, www.kmk.org/fileadmin/veroeffentlichungen_beschluesse/2011/2011_10_20-Inklusive-Bildung.pdf, abgerufen am 28.11.2021

KULTUSMINISTERKONFERENZ der Länder in der Bundesrepublik Deutschland, Bildungsstandards im Fach Mathematik für die Allgemeine Hochschulreife, Beschluss der Kultusministerkonferenz vom 18.10.2012, PDF-Download unter www.kmk.org/fileadmin/veroeffent lichungen_beschluesse, abgerufen am 28.11.2021

KULTUSMINISTERKONFERENZ der Länder in der Bundesrepublik Deutschland, Bildung in der digitalen Welt, Beschluss der Kultusministerkonferenz vom 8.12.2016 in der Fassung vom 7.12.2017, PDF-Download unter kmk.org/fileadmin/Dateien/pdf/PresseundAktuel les/2018/Digitalstrategie_2017_mit_Weiterbildung.pdf, abgerufen am 10.12.2020

KULTUSMINISTER KONFERENZ KMK, Lehren und Lernen in der digitalen Welt – Ergänzungen zur Strategie der Kultusministerkonferenz „Bildung in der digitalen Welt". Beschluss der Kultusministerkonferenz vom 09.12.2021, PDF-Download unter https://www.kmk.org/fileadmin/Dateien/veroeffentlichungen_beschluesse/2021/2021_12_09-Lehren-und-Lernen-Digi.pdf, abgerufen am 09.12.2021

LANDESINSTITUT FÜR SCHULENTWICKLUNG STUTTGART (Hrsg.), Mit Kompetenzrastern dem Lernen auf der Spur, NL04, Stuttgart 2012

LANDESINSTITUT FÜR SCHULENTWICKLUNG STUTTGART (Hrsg.), Kompetenzraster als Instrument zur individuellen Förderung mit gymnasialen Standards, Teilband Mathematik NL13/M, Stuttgart 2012

LANDESRECHT NORDRHEIN-WESTFALEN § 120 SchulG – Schutz der Daten von Schülerinnen und Schülern und Eltern URL: http://www.lexsoft.de/cgi-bin/lexsoft/justizportal_nrw.cgi?t=162805847120730166&sessionID=1380848628163900234 0&chosenIndex=Dummy_nv_68&templateID=document&source=context&source=context&highlighting=off&xid=492252,121, abgerufen am 04.08.2021

LANGELA-BICKENBACH, A./WAMPFLER, P., Lernwirksame Videokonferenzen. In: KLEE, W./WAMPFLER, P./KROMMER, A. (Hrsg.), Hybrides Lernen – Zur Theorie und Praxis von Präsenz- und Distanzlernen. Beltz Verlag, Weinheim/Basel 2021

LEISEN, J., Handbuch Sprachförderung im Fach Grundlagenteil. Ernst Klett Sprachen, Stuttgart 2013

LEISEN, J., Handbuch Fortbildung Sprachförderung im Fach. Ernst Klett Sprachen, Stuttgart 2017

LEUDERS, T. Qualität im Mathematikunterricht der Sekundarstufe I und II. Cornelsen Verlag Scriptor, Berlin 2001

LEUDERS, T. (Hrsg.). Mathematik-Didaktik. Cornelsen Verlag Scriptor, Berlin 2003

LEUDERS, T., Kompetenzorientierung im Mathematikunterricht. Zeitschrift Schulverwaltung Hessen/Rheinland-Pfalz 2/2010. Verlag Wolters Kluwer, Köln 2010

LEUDERS, T., Guter Mathematikunterricht – Zwischen Evidenzbasierter Wirksamkeit und komplexer Praxis, in: VOGEL, M. (Hrsg.), Wirksamer Mathematikunterricht. Schneider Verlag Hohengehren, Baltmannsweiler 2018

LEUDERS, T./PREDIGER, S., Flexibel differenzieren und fokussiert fördern im Mathematikunterricht. Cornelsen Verlag, Berlin 2016

LEUDERS, T./PREDIGER, S./BARZEL, B./HUSSMANN, S. (Hrsg.), Mathewerkstatt Baden-Württemberg 3, Cornelsen Verlag, Berlin 2014

LEUDERS, T./HUSSMANN, S./BARZEL,B./PREDIGER, S. „Das macht Sinn!". in: PM Praxis der Mathematik in der Schule Heft 37. Aulis Verlag, Hallbergmoos 2011

LEUDERS, T./PREDIGER, S., Differenziert Differenzieren, in: LAZARIDES, R./ITTEL, A. (Hrsg.), Differenzierung im mathematisch-naturwissenschaftlichen Unterricht. Klinkhardt Verlag, Bad Heilbrunn 2012

LINNEWEBER-LAMMERSKITTEN, H. (Hrsg.), Fachdidaktik Mathematik. Kallmeyer in Verbindung mit Klett im Friedrich Verlag, Seelze 2014

LOTZ, J., Enaktiv, ikonisch, symbolisch., in: mathematik lehren Heft 223, Friedrich Verlag, Hannover 2020

LUDWIG, M./ BAUMANN-WEHNER, M./GURJANOW, I./JABLONSKI, S., Mathe draußen: MathCityMap. In: Zeitschrift mathematik lehren Heft 215/2019. Friedrich Verlag, Hannover 2019

LÜTJE-KLOSE, B./RIECKE-BAULECKE, T./WERNING, R. (Hrsg.), Basiswissen Lehrerbildung: Inklusion in Schule und Unterricht. Klett/Kallmeyer in Friedrich Verlag, Seelze 2018

MAASS, K., Mathematisches Modellieren, Cornelsen Verlag Scriptor, Berlin 2007

MAGER, R. F., Motivation und Lernerfolg, Beltz-Verlag, Weinheim 3. Aufl. 1970

MAGER, R. F., Lernziele und programmierter Unterricht, Beltz-Verlag, Weinheim 3. Aufl. 1971

MALLE, G., Grundvorstellungen zu Bruchzahlen, in: mathematik lehren Heft 123. Friedrich Verlag, Seelze 2004

MAROSKA, R. u. a., Schnittpunkt 4, Mathematik für Realschulen Baden-Württemberg. Ernst Klett Verlag, Stuttgart 2006

MAROSKA, R. u. a., Schnittpunkt 5, Mathematik für Realschulen Baden-Württemberg. Ernst Klett Verlag, Stuttgart 2007

MAROSKA, R. u. a., Schnittpunkt 6, Mathematik für Realschulen Baden-Württemberg. Ernst Klett Verlag, Stuttgart 2007

MAURER, S., Beziehungsräume schaffen. In: KLEE, W./WAMPFLER, P./KROMMER, A. (Hrsg.), Hybrides Lernen – Zur Theorie und Praxis von Präsenz- und Distanzlernen. Beltz Verlag, Weinheim/Basel 2021

MAYR, H., Rother Wanderführer Schwäbische Alb West. Bergverlag Rother, München 7., aktualisierte Aufl. 2019

MERTENS, D., Schlüsselqualifikationen, in: Mitteilungen aus der Arbeitsmarkt- und Berufsforschung Heft 1/74; Berlin 1974

MEYER, H., Mischwald ist besser als Monokultur, in: Seminar – Lehrerbildung und Schule Heft 3/2008. Schneider Verlag, Hohengehren 2008

MEYER, H. Was ist guter Unterricht? Cornelsen Verlag Scriptor, Berlin 10. Aufl. 2014

MINISTERIUM FÜR BILDUNG des Landes Sachsen-Anhalt (Hrsg.), Fachlehrplan Sekundarschule. Magdeburg 2012, Anpassung 2019

MINISTERIUM FÜR BILDUNG, WISSENSCHAFT UND KULTUR des Landes Mecklenburg-Vorpommern, Institut für Qualitätsentwicklung Fachbereich 4, verantwortlich Henning Lipski. Rahmenplan für die Sekundarstufe I, Regionale Schule, Gesamtschule Mathematik 2019

MINISTERIUM FÜR BILDUNG, WISSENSCHAFT, FORSCHUNG UND KULTUR des Landes Schleswig-Holstein, Lehrplan Mathematik für die Grundschule

MINISTERIUM FÜR BILDUNG, WISSENSCHAFT, FORSCHUNG UND KULTUR des Landes Schleswig-Holstein, Lehrplan Mathematik für die Sekundarstufe I der weiterführenden allgemeinbildenden Schulen Hauptschule, Realschule, Gymnasium, Gesamtschule.

MINISTERIUM FÜR SCHULE, JUGEND UND KINDER des Landes Nordrhein-Westfalen Düsseldorf, Kernlehrplan für die Realschule in Nordrhein-Westfalen, Mathematik. Ritterbach Verlag 2004

MINISTERIUM FÜR SCHULE UND BERUFSBILDUNG des Landes Schleswig-Holstein Kiel, Fachanforderungen Mathematik Allgemeinbildende Schulen Sekundarstufe I, Sekundarstufe II. Medienhaus Kiel 2014

MINISTERIUM FÜR KULTUS UND SPORT BADEN-WÜRTTEMBERG, Bildungsplan für die Realschule, Kultus und Unterricht Lehrplanheft 7/1984. Neckar-Verlag, Villingen-Schwenningen 1984

MINISTERIUM FÜR KULTUS, JUGEND UND SPORT BADEN-WÜRTTEMBERG (Hrsg.), Bildungsplan 2016, Bildungsplan der Grundschule. Stuttgart 2016a

MINISTERIUM FÜR KULTUS, JUGEND UND SPORT BADEN-WÜRTTEMBERG (Hrsg.), Bildungsplan 2016, Gemeinsamer Bildungsplan der Sekundarstufe Mathematik. Stuttgart 2016b

MÜSSENER, G., Johann Friedrich Herbart. Schneider Verlag Hohengehren, Balmannsweiler 2002

MUUSS-MERHOLZ, J. (Hrsg.), Der Gold-Standard für OER-Materialien – ein Kompendium für die Erstellung von Open Educational Ressources. Hamburg. Verlag ZLL21 e. V. 2020

MUUSS-MERHOLZ, J., Die 4 Ks – was bedeuten Kreativität, kritisches Denken, Kommunikation, Kollaboration? Agentur J & K – Jöran und Konsorten. Video NLQ-Impulse 5 (youtube.com/watch?v=IOIwWS3uiM, abgerufen am 23.01.2022)

NAGEL, C., Synchrones und asynchrones Lernen im Bildungsgang Abitur-Online in KLEE, W./WAMPFLER, P./KROMMER, A. (Hrsg.), Hybrides Lernen – Zur Theorie und Praxis von Präsenz- und Distanzlernen. Beltz Verlag, Weinheim/Basel 2021

NEUBRAND, M., PISA 2003: Anregungen zur Entwicklung des Mathematikunterrichts, in: mathematik lehren Heft 128. Friedrich Verlag, Velber 2005

ORTH, B./MERKEL, C., Die Drogenaffinität Jugendlicher in der Bundesrepublik Deutschland 2019. Teilband Computerspiele und Internet. BZgA-Forschungsbericht. Köln: Bundeszentrale für gesundheitliche Aufklärung. doi: 10.17623/BZGA: 225-DAS19-INT-DE-1.0

OSER, F./BAERISWYL, F., Choreographies of Teaching: Bridging Instruction to Learning. In: RICHARDSON, V. (Ed.), Handbook of research on teaching American Educational Research Association Washington D. C. 2001

PADBERG, F., Didaktik der Bruchrechnung. Spektrum Akademischer Verlag, Heidelberg 4. Aufl. 2009

PALLACK, A., Digitale Medien nutzen, in: mathematik lehren Heft189, Friedrich Verlag, Seelze 2015

PALLACK, A., Digitale Medien im Mathematikunterricht der Sekundarstufe I + II. Verlag Springer Spektrum, Berlin 2018

PEARSON, R.J., Clicker versus Plicker, Journal of Chemical Education 2020 97(8) URL: https://pubs.acs.org/sharingguidelines for options on how to legitimately share published articles, abgerufen am 27.10.2021

PETKO, D., Einführung in die Mediendidaktik. Beltz Verlag, Weinheim/Basel 2014

PIAGET, J., Psychologie der Intelligenz. Verlag Klett-Cotta, Stuttgart 10. Aufl. 2000

PIETSCH, M., Was guten Unterricht auszeichnet, in: bildung & wissenschaft Heft 12/2013. Süddeutscher Pädagogischer Verlag, Stuttgart

PINKERNELL, G., A, B, C oder D? Jeder ist gefragt!, in: mathematik lehren Heft189, Friedrich Verlag, Seelze 2015

PRECHT, R. D., Künstliche Intelligenz und der Sinn des Lebens 2020, Wilhelm Goldmann Verlag, München

PREDIGER, S., Verstehensorientiert und differenziert – von der Bedeutung, Lernziele zu spezifizieren, in: VOGEL, M. (Hrsg.), Wirksamer Mathematikunterricht. Schneider Verlag Hohengehren, Baltmannsweiler 2018

PREDIGER, S./BARZEL, B./HUSSMANN, S./LEUDERS, T. (Hrsg.), Mathewerkstatt Baden-Württemberg 2 Handreichungen. Cornelsen Verlag, Berlin 2013

PREDIGER, S./BARZEL, B./LEUDERS, T./HUSSMANN, S., Systematisieren und Sichern, in: Zeitschrift mathematik lehren Heft 164, Friedrich Verlag, Seelze 2011

PREDIGER, S./BARZEL, B./HUSSMANN, S./LEUDERS, T. (Hrsg.), Mathewerkstatt 6, Cornelsen Verlag, Berlin 2013

PREDIGER, S./BARZEL, B./HUSSMANN, S./LEUDERS, T. (Hrsg.), Mathewerkstatt Baden-Württemberg 2, Cornelsen Verlag, Berlin 2013

PREDIGER, S./BARZEL, B./HUSSMANN, S./LEUDERS, T. (Hrsg.), Mathewerkstatt Baden-Württemberg 6, Cornelsen Verlag, Berlin 2017

PREDIGER, S./LEUDERS, T./BARZEL, B./HUSSMANN, S., Anknüpfen, Erkunden, Ordnen, Vertiefen – Ein Modell zur Strukturierung von Design und Unterrichtshandeln, in: Beiträge zum Mathematikunterricht 2013, wtm Verlag, Münster

PRENGEL, A., Pädagogik der Vielfalt, VS Verlag für Sozialwissenschaften, Wiesbaden 3. Aufl. 2006

REIBOLD, D./REGIER, S., Training der Schlüsselqualifikationen in Schule und Beruf. Expert Verlag, Renningen 2009

REINHARDT, V./REHM,M./WILHELM, M. (Hrsg.), Wirksamer Mathematikunterricht in der Reihe Unterrichtsqualität: Perspektiven von Expertinnen und Experten. Schneider Verlag Hohengehren, Baltmannsweiler 2018

REISS, K. u. a. (Hrsg.), PISA 2015 – Eine Studie zwischen Kontinuität und Innovation. Waxmann Verlag, Münster 2016/2019

REUSSER, K./PAULI, C./WALDIS, M. (Hrsg.), Unterrichtsgestaltung und Unterrichtsqualität. Waxmann Verlag, Münster 2010

REUSSER, K., Aufgaben – Träger von Lerngelegenheiten und Lernprozessen im kompetenzorientierten Unterricht, in: Seminar Heft 4/2014. Schneider-Verlag Hohengehren, Baltmannsweiler

RHEINBERG, F., 2006: Motivation. In: SALISCH, M. v./SELG, H./ULICH, D. (Hrsg.), Grundriss der Psychologie Band 6 – 6. Überarbeitete und erweiterte Aufl. Stuttgart, Kohlhammer

RICHARZ, T./GREBE, U., Rechenschwäche im Brennpunkt, in: Zeitschrift mathematik lehren Heft 201, Friedrich Verlag, Seelze 2017

RIECKE-BAULECKE, T./HEINZE, A./SOMINKA, J./RAMM, G., Individuelle Förderung, Schulmanagement Handbuch 136, Oldenbourg Verlag, München 2010

RIECKE-BAULECKE, T., Unterrichtsqualität, in: ABSHAGEN, M. u. a. (Hrsg.), Basiswissen Lehrerbildung: Mathematik unterrichten. Kallmeyer in Verbindung mit Klett Friedrich Verlag, Seelze 2017

RUF, U./GALLIN, P., Dialogisches Lernen in Sprache und Mathematik, Band 1: Austausch unter Ungleichen. Kallmeyer-Verlag, Seelze 1999/4. Aufl. 2011

RUF, U./GALLIN, P., Dialogisches Lernen in Sprache und Mathematik, Band 2: Spuren legen – Spuren lesen. Kallmeyer-Verlag, Seelze 1999

RUMMLER, K./WOLF, K., Lernen mit geteilten Videos: aktuelle Ergebnisse zur Nutzung, Produktion und Publikation von Online-Videos durch Jugendliche. In: STÜTZL, W./STALDER, F./MAIER, R./HUG, T. (Hrsg.), Medien – Wissen – Bildung. Innsbruck 2012 University Press Innsbruck. http://www.uibk.ac.at/iup/buch_pdfs/9783902811745.pdf, S. 253 – 266

RYMES, R./WALTER, R./IBERER, U., Datenschutz beim Einsatz digitaler Medien in der Grundschule – Eine Handreichung für Lehrerinnen und Lehrer in Baden-Württemberg mit rechtlichen Grundlagen, pädagogischen Hinweisen und Fallbeispielen. Pädagogische Hochschule Ludwigsburg 2021.

SADEL, S., „Ein Tapplet für die Mathematik. Zur Bedeutung von Handlungen mit physischen und virtuellen Materialien, in: BASTIAN, J./AUFENANGER, S. (Hrsg.), Tablets in Schule und Unterricht. Springer, Wiesbaden 2017

SÄCHSISCHES STAATSMINISTERIUM FÜR KULTUS (Hrsg.), Lehrplan Oberschule Mathematik, Dresden 2019

SCHACHT, F., Funktionen untersuchen mit Kopf, CAS & Hand, in: mathematik lehren Heft 189, Friedrich Verlag, Seelze 2015

SCHLEICHER, A., Weltklasse – Schule für das 21. Jahrhundert gestalten. wbv Publikation. Bielefeld 2019

SCHMITZ, J., Das macht die Menschen kaputt. Interview mit dem Romanautor Wolfgang Kaes 2021. Reutlinger General-Anzeiger vom 2./3. Oktober 2021, S. m8

SCHÖNEBURG, S., Wer spielt, gewinnt und lernt, in: mathematik lehren Heft 186. Friedrich Verlag, Seelze 2014

SCHREIBER, J. R./SIEGE, H., Orientierungsrahmen für den Lernbereich Globale Entwicklung. Ergebnis des gemeinsamen Projekts der Kultusministerkonferenz (KMK) und des Bundesministeriums für wirtschaftliche Zusammenarbeit und Entwicklung (BMZ). Engagement Global Bonn und Cornelsen, Bonn/Berlin 2. Aufl. 2016.

SCHULZ, L., Digitale Medien im Bereich Inklusion. In: LÜTJE-KLOSE, B./RIECKE-BAULECKE, T./WERNING, R. (Hrsg.), Inklusion in Schule und Unterricht. Verlag Klett-Kallmeyer in Friedrich Verlag, Seelze 2018

SCHULZ, L., Digitale Medien und Inklusion – vielversprechende Möglichkeiten für den Unterricht (familienhandbuch.de), abgerufen am 05.11.2021

SEKRETARIAT DER STÄNDIGEN KONFERENZ DER KULTUSMINISTER DER LÄNDER IN DER BUNDESREPUBLIK DEUTSCHLAND (Hrsg.), Bildungsstandards im Fach Mathematik für den Mittleren Schulabschluss. Verlag Wolters Kluwer, München 2004

SEKRETARIAT DER STÄNDIGEN KONFERENZ DER KULTUSMINISTER DER LÄNDER IN DER BUNDESREPUBLIK DEUTSCHLAND (Hrsg.), Bildungsstandards im Fach Mathematik für den Primarbereich (Jahrgangsstufe 4). Verlag Wolters Kluwer, München 2005

SEKRETARIAT DER STÄNDIGEN KONFERENZ DER KULTUSMINISTER DER LÄNDER IN DER BUNDESREPUBLIK DEUTSCHLAND (Hrsg.), Bildung in der digitalen Welt – Strategie der Kultusministerkonferenz. Verlag KMK (Eigendruck), Berlin 2016

SEYDEL, O., Abschaffung der Schule?, in: BUROW, O. A. (Hrsg.), Schule digital – wie geht das? Beltz Verlag, Weinheim/Basel 2019

STAATSMINISTERIUM FÜR KULTUS des Freistaats Sachsen, Lehrplan Grundschule Mathematik 2004/2009/2019

STADE, P./WAMPFLER, P., Präsenz- und Distanzunterricht kombinieren. In: KLEE, W. u. a. (Hrsg.), Hybrides Lernen – Zur Theorie und Praxis von Präsenz- und Distanzlernen. Beltz Verlag, Weinheim/Basel 2021

STÖCKER, C., Nerd Attack! Eine Geschichte der digitalen Welt vom C64 bis Twitter und Facebook. Deutsche-Verlags-Anstalt, München 2011

STORZ, R., Fachdidaktik-Seminar Mathematik, Pro Business Verlag, Berlin 2009

STORZ, R., Eine gelungene Frontalstunde, Die Winkelsumme im Viereck erarbeiten, in: mathematik lehren Heft 158, Friedrich Verlag, Seelze 2010

STORZ, R., Was heißt schon „gleich“?, Die Idee der Gleichheit im Unterricht vermitteln, in: mathematik lehren Heft 169, Friedrich Verlag, Seelze 2011

STORZ, R., Unterrichtseinheit „Satz des Pythagoras“, in BARZEL, B./HOLZÄPFEL, L. (Hrsg.), Start in den Unterricht Mathematik Klasse 5 – 10, Friedrich Verlag, Seelze 2011

STORZ, R., Mathematik differenziert und individualisiert unterrichten. Aulis Verlag, Hallbergmoos 2014

STORZ, R., Mathematik kompetenzorientiert unterrichten. Aulis Verlag in Friedrich Verlag, Seelze 2018

STORZ, R., Guter Mathematikunterricht in der Sekundarstufe. Aulis Verlag in Friedrich Verlag, Hannover 2020

STRAFGESETZBUCH (StGB) zuletzt geändert am 30.03.2021, URL: http://www.gesetze-im-internet.de/stgb/pdf, abgerufen am 10.09.2021

URFF, C., Digitale Lernmedien zur Förderung grundlegender mathematischer Kompetenzen: Theoretische Analysen, empirische Fallstudien und praktische Umsetzung anhand der Entwicklung virtueller Arbeitsmittel, Mensch und Buch Verlag, Berlin 2014

URHEBERRECHTSGESETZ (UrhG) zuletzt geändert am 26.11.2020, URL: http://www.gesetze-im-internet.de/urhg/pdf, abgerufen am 08.09.2021

VERNAY, R., Berufe stellen sich vor, Zeitschrift Mathematik 5 bis 10 Heft 4. Kallmeyer bei Friedrich Verlag, Velber 2008

VOGEL, M. (Hrsg.), Wirksamer Mathematikunterricht. Schneider Verlag Hohengehren, Baltmannsweiler 2018

VOLLRATH, H./ROTH, J., Grundlagen des Mathematikunterrichts in der Sekundarstufe. Spektrum Akademischer Verlag, Heidelberg 2. Aufl. 2012

VOM HOFE, R./TIEDEMANN, K., Inklusion – Eine Herausforderung auch für den Mathematikunterricht, in: Zeitschrift mathematik lehren Heft 201, Friedrich Verlag, Seelze 2017

WAGNER, A./WÖRN, C., Erklär mal! In: PM Praxis der Mathematik in der Schule Heft 64. Aulis Verlag, Hallbergmoos 2015

WARTHA, S./ROTTMANN, T./SCHIPPER, W., Wenn Üben einfach nicht hilft, in: Zeitschrift mathematik lehren Heft 150, Friedrich Verlag, Seelze 2008

WEBER, A., Was ist Werkstatt-Unterricht? Verlag an der Ruhr, Mülheim 1998

WEIGAND, H. G., Form und Raum. In: LINNEWEBER-LAMMERSKITTEN, H. (Hrsg.), Fachdidaktik Mathematik. Kallmeyer in Verbindung mit Klett im Friedrich Verlag, Seelze 2014

WEIGAND, H. G. (Hrsg.): Handbuch der Mathematikdidaktik. Verlag Springer Spectrum, Berlin 2015

WEINERT, F. E., Guter Unterricht ist ein Unterricht, in dem mehr gelernt wird, als gelehrt wird, in: FREUND, J./GRUBER, H./WEIDINGER, W. (Hrsg.), Guter Unterricht – Was ist das? Aspekte von Unterrichtsqualität, ÖBV Pädagogischer Verlag, Wien 1998

WEINERT, F. E. (Hrsg.), Leistungsmessung in Schulen. Beltz Verlag, Weinheim/Basel 2003

WEIXLER, S./WEIXLER, P., Mathematik in Kaffeekapseln. Zeitschrift PM Praxis der Mathematik in der Schule Heft 59, Aulis Verlag in der Stark Verlagsgesellschaft, Hallbergmoos 2014

WICHMANN, D., Inklusion, Sonderpädagogische Förderung in Distanz. In: KLEE, W./WAMPFLER, P./KROMMER, A. (Hrsg.), Hybrides Lernen – Zur Theorie und Praxis von Präsenz- und Distanzlernen. Beltz Verlag, Weinheim/Basel 2021

WILHELM, M./REHM, M./REINHARDT, V., Qualitätsvoller Fachunterricht, in: VOGEL, M. (Hrsg.), Wirksamer Mathematikunterricht. Schneider Verlag Hohengehren, Baltmannsweiler 2018

WIENS, L., 9. Klasse Mathematik Lernheft von Daniel Jung. Study Help, Paderborn 2021

WINTERHOFF, M., Deutschland verdummt. Gütersloher Verlagshaus, Gütersloh 3. Aufl. 2019

ZECH, F., Grundkurs Mathematikdidaktik. Beltz Verlag, Weinheim/Basel 1977/1996/10. Aufl. 2002

ZIMMERMANN, F./EBERT, B., Pädagogisch-psychologische Diagnostik und sonderpädagogische Gutachten, in: LÜTJE-KLOSE, B./RIECKE-BAULECKE, T./WERNING, R. (Hrsg.), Inklusion in Schule und Unterricht, Verlag Klett-Kallmeyer in Friedrich Verlag, Seelze 2018

ZUMBACH, J., Digitales Lehren und Lernen. Kohlhammer Verlag, Stuttgart 2021

Unter **www.friedrich-verlag.de** finden Sie Materialien zum Buch als Download.
Bitte geben Sie den achtstelligen Download-Code in das Suchfeld ein.

DOWNLOAD-CODE: **d31588dm**

Hinweis:

Das Download-Material besteht aus allen Abbildungen dieses Buches in Farbe.

Durch den Kauf dieses Buches (ISBN 978-3-7727-1588-4) haben Sie das Recht erworben, das ergänzende Download-Material bei der Beratung und Ausbildung in Ihren derzeitigen und zukünftigen Lerngruppen einzusetzen und zu vervielfältigen. So können Sie etwa einzelne Seiten ausdrucken und verteilen oder mit Beamer oder Whiteboard verwenden.

Was Sie **nicht** dürfen:

- Das Download-Material oder Teile davon an Kolleginnen und Kollegen weitergeben.
- Das Download-Material oder Teile davon in Netzwerke einstellen, wie etwa Schulserver oder Cloud-Systeme, sodass Kolleginnen und Kollegen darauf Zugriff erhalten.
- Die Lizenzinformation und Quellenhinweise auf dem Download-Material entfernen.
- Bei einer Bibliotheksausleihe des Buches das Download-Material herunterladen.

Bitte tragen Sie im Sinne dieser Lizenz dazu bei, dass wir weiterhin digitales Ergänzungsmaterial für Lehrerinnen und Lehrer bereitstellen können. Der Verlag behält sich dabei vor, auch gegen urheberrechtliche Verstöße vorzugehen.

Unsere Autorinnen und Autoren sowie der Verlag wünschen Ihnen viel Erfolg bei der Nutzung der Materialien!

Haben Sie Fragen zum Download? Dann wenden Sie sich bitte an den Leserservice der Friedrich Verlags GmbH. Schreiben Sie uns oder rufen Sie uns an!

Sie erreichen unseren Leserservice
Montag bis Donnerstag von 8–18 Uhr
Freitag von 8–14 Uhr
Tel.: 0511/40004-150
Fax: 0511/40004-170
E-Mail: *leserservice@friedrich-verlag.de*

Wir freuen uns über Ihre Rückmeldung und helfen Ihnen gerne weiter!